新能源關鍵材料

王錫福、邱善得、薛康琳、蔡松雨　編著

全華圖書股份有限公司

序

　　21 世紀是一個高能源價位與降低碳排放的世紀，世界各先進國家對節能減碳、再生能源、二氧化碳捕捉與封存、以及新能源開發研究，莫不投入龐大人力與物力，期能減緩全球暖化趨勢。我國自然資源不足，政府乃積極擬定永續能源政策，致力於將有限資源作最有效利用，開發對環境友善之潔淨能源，確保能源穩定供應，以創造跨世代能源、環保與經濟三贏之願景。

　　人類的文明進程可由使用之材料來劃分階段，例如古代的石器時代和銅器時代，近代的鐵器時代和半導體時代，以及未來可能的新能源材料時代。材料和能源科技已然成爲今日主宰人類文明發展兩大科技。潔淨能源材料科技的範圍涵蓋金屬、陶瓷、高分子、半導體以及複合材料等。21 世紀是新能源發揮巨大作用的世代，可以預期新能源材料與其相關技術將發揮巨大的推動作用。現今新能源材料主要用於能量轉換、儲能、節能、綠能、氫能，亦包含太陽能、風能、地熱能、海洋潮汐等各種再生能源領域。

　　由傳統能源時代邁向新能源時代已是歷史必走之路，新能源材料是發展新能源技術的關鍵，也是發展新能源的核心和基石。能儲存和有效利用現有能源的材料均可以歸屬爲新能源材料，現今最受重視的新能源材料包括儲氫電極合金成功應用之鎳氫電池電極材料、嵌鋰碳負極和磷酸鋰鐵正極構成的鋰離子電池材料、固態氧化物電極與電解質材料所構成表之燃料電池材料、結 與非結晶型矽晶半導體材料所構成之太陽能電池材料、金屬氧化物等材料所構成之染敏太陽電池材料、以及其它相變儲能和節能材料等。

　　本書就當前的研究趨勢和技術發展，精選氫能與儲氫材料、二次電池材料、燃料電池材料及太陽電池材料等四大應用領域，由北科大王錫福副校長登高一呼，力邀國內中央大學、台北科技大學、聯合大學及工研院太陽光電科技中心四位教授，組成一堅強的編著群。經過多次的研討，最後由王錫福教授負責燃料電池材料、薛康琳教授負責二次電池材料、蔡松雨教授負責太陽光電材料，邱善得教授負責氫能與儲氫材料，可說是集合了四位材料科學博士所學專長，投入無數心力與時間，精心雕琢下完成的一本心血力作。

本書撰寫時參考大量最新國內外相關文獻資料，並於每章之末註明其出處，其目的即是希望，使其能成為國內外從事能源材料研究的學者專家，先進同業和研究生們，能夠人手一冊作為必備的參考工具。本書本於嚴謹之學理基礎，同時佐以淺顯易懂之圖表與工業實例，每章之末並編列習作，就是有意提供國內各大專院校，開設能源材料課程之先進教授，挑選作為一本立論嚴謹而內容豐富的主要教科書，供我辛辛學子學習之參考，培養我國優秀之能源材料人才，為國家建設奠定堅實之基礎，此乃編著群每位成員共同之願望。

　　(台北科技大學、聯合大學、工研院太電中心、中央大學 --- 王錫福、薛康琳、蔡松雨 邱善得 共序)

編輯部序

　　「系統編輯」是我們的編輯方針，我們所提供給您的，絕不只是一本書，而是關於這門學問的所有知識，它們由淺入深，循序漸進。

　　本書就當前的新能源研究趨勢和技術發展，精選氫能與儲氫材料、二次電池材料、燃料電池材料及太陽電池材料等四大應用領域，由北科大王錫福副校長登高一呼，力邀國內中央大學、台北科技大學、聯合大學及工研院太陽光電科技中心四位教授，集合了四位材料科學博士所學專長，投入無數心力與時間，精心雕琢下完成的一本心血力作。

　　本書以嚴謹之學理基礎，同時佐以淺顯易懂之圖表與工業實例，每章之末並編列習作。撰寫時參考大量最新國內外相關文獻資料，並於每章之末註明其出處，其目的即是希望，使其能成為國內外從事能源材料研究的學者專家，先進同業和研究生們，能夠人手一冊作為必備的參考工具。

　　本書適合大學、科大之材料系、能源與冷凍系及應化材系等科系之「新能源材料」課程使用。

　　同時，為了使您能有系統且循序漸進研習相關方面的叢書，我們列出各有關圖書的閱讀順序，已減少您研習此門學問的摸索時間，並能對這門學問有完整的知識。若您在這方面有任何問題，歡迎來函聯繫，我們將竭誠為您服務。

相關叢書介紹

書號：05474
書名：奈米結構材料科學
編著：郭正次.朝春光
16K/336 頁/350 元

書號：06013
書名：奈米材料的製作與應用
　　　－陽極氧化鋁膜及奈米
　　　線製作技術
編著：劉如熹.辛嘉芬
　　　陳浩銘
20K/160 頁/250 元

書號：05635
書名：圖解燃料電池百科
日譯：王建義
16K/352 頁/420 元

書號：06111
書名：燃料電池技術
編譯：管衍德
20K/352 頁/350 元

書號：06096
書名：油氣雙燃料車－LPG 引擎
編著：楊成宗.郭中屏
16K/248 頁/280 元

書號：0581901
書名：能源應用與原動力廠
　　　（第二版）
編著：蘇燈城
16K/344 頁/450 元

◎上列書價若有變動，請以
　最新定價為準。

流程圖

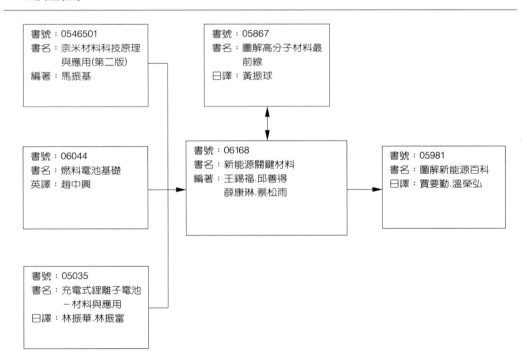

書號：0546501
書名：奈米材料科技原理
　　　與應用(第二版)
編著：馬振基

書號：05867
書名：圖解高分子材料最
　　　前線
日譯：黃振球

書號：06044
書名：燃料電池基礎
英譯：趙中興

書號：06168
書名：新能源關鍵材料
編著：王錫福.邱善得
　　　薛康琳.蔡松雨

書號：05981
書名：圖解新能源百科
日譯：賈要勤.溫榮弘

書號：05035
書名：充電式鋰離子電池
　　　－材料與應用
日譯：林振華.林振富

目　　錄

緒言

❀ 1-1　能源、環保與經濟

近 30 年來，隨著世界經濟快速發展和人口持續成長，全球能源消耗量大幅增加。目前全球石油和天然氣等石化燃料已經呈現無法供應全球經濟發展所需之窘況。油價不斷上漲，伴隨燃燒石化燃料產生二氧化碳等有害氣體，已造成全球環境氣候急劇惡化。傳統能源工業面臨自工業革命以來最大的發展瓶頸，越來越難符合現今人類永續發展的需求。面對日益嚴峻的能源問題，有識之士莫不苦思因應之道，目前一致認同，欲解決能源問題就必須在新能源材料科技上有所突破。

21 世紀是一個高價能源與低碳排放的世紀，世界各先進國家對節能減碳、再生能源、二氧化碳捕捉與封存、以及新能源等的開發研究，莫不投入龐大人力與物力，希望藉由科技的創新突破，用以減緩全球暖化的趨勢，在兼顧地球生態環境的前提下，提供人類永續發展所需的能源。我國受限於自然資源不足，政府乃積極擬定永續能源政策，致力於將有限資源作最有效率之利用，開發對環境友善之潔淨能源，確保能源之持續穩定供應，以創造跨世代能源、環保與經濟三贏之願景。

❀ 1-2　能源材料

從歷史演進的軌跡來看，人類的文明進程可由其使用之材料來劃分階段，例如古代的石器時代和銅器時代，近代的鐵器時代和半導體時代，以及未來可能的新能源材料時代。材料和能源科技已然成為今日主宰人類文明發展兩大重要科技。潔淨能源材料科技的範圍涵蓋金屬、陶瓷、高分子、半導體以及複合材料等。如何透過各種物理和化學的方法來改變材料的特性或行為使其變得更能符合環境友善之需求，就是新能源材料發展的核心。21 世紀是新能源發揮巨大作用的世代，可以預期的是新能源材料與其相關技術也將發揮巨大的推動作用。現今之新能源材料主要用於能量轉換、儲能、節能、綠能、氫能，亦包含太陽能、風能、地熱能、海洋潮汐等各種再生能源領域。能量轉換與儲能材料是各種能量轉換與儲能裝置所使用的材料，是發展研製各種新型、高效能量轉換與儲能裝置的關鍵，包括鋰離子電池材料、鎳氫電池材料、燃料電池材料、超級電容器材料和熱電轉換材料等。節能材料是能夠提高能源利用效率的各種新型節能技術所使用的材料，包括超導材料、超臨界鍋爐發電材料，新型熱交換材料、建築節能綠建材等等，琳瑯滿目，凡是能夠提高傳統工業能源效率的各種新型材料均屬之。

由傳統能源時代邁向新能源時代已是歷史發展的必走之路，全力發展新能源，調整能源結構是人類永續發展的必然選擇，而新能源材料乃是發展新能源技術中所的關鍵，也是發展新能源的核心和基石。從材料學本身和能源發展的觀點來看，能儲存和有效利用現有能源的材料均可以歸屬為新能源材料。現今最受重視的幾種新能源材料應用包括儲氫電極合金成功應用之鎳氫電池電極材料、嵌鋰碳負極和磷酸鋰鐵正極構成的鋰離子電池材料、固態氧化物電極與電解質材料所構成之燃料電池材料、結晶與非結晶型矽晶半導體材料所構成之太陽能電池材料、金屬氧化物等材料所構成之染敏太陽電池材料、以及其它許多新型之相變儲能和節能材料等。本書將就當前的研究趨勢和技術發展，選擇氫能與儲氫材料、二次電池材料、燃料電池材料及太陽電池材料四大應用作詳細之學理與應用介紹。

⚛ 1-3 儲能材料

儲能是指使不穩定之能量產出轉化為在自然條件下比較穩定產出型態的過程，它包括自然儲能與人為儲能兩類。

依照儲存能量狀態之差異，可分為機械儲能、化學儲能、電磁儲能、風力能和抽蓄儲能等。熱有關儲能指的是，不管是把傳遞的熱量儲存起來，還是以物體內部能量的方式儲存能量，都稱為蓄熱。在能源開發、轉換、運輸和利用過程中，能量供應和需求之間，往往存在數量上、型態上和時間上的差異。為了調整這些差異和有效地利用能量，常常視需要採行必要之儲存和釋放能量的技術稱為儲能技術。儲能技術必須受到熱力學三大定律的支配。

儲能系統本身並不節約能源，它們的引入主要目的在於能夠提高能源利用體系的效率，促進再生能源如太陽能和風能的發展，以及對廢熱的利用。儲能技術有很多，分類也繁瑣，若按儲存能量的形態可把這些技術分為機械儲能、蓄熱、化學儲能、電磁儲能。目前二次電池儲能的研發著重於提高二次電池的能量密度和循環壽命、開發新材料和材料改質、改進現有製造程序和操作條件等技術。針對攜帶型應用方面，研發重點是開發鋰離子和鋰高分子和鎳氫電池。針對電動和混合動力汽車，研發重點是針對鎳金屬氫化物、鋰離子和鋰高分子電池，提其高能量和動力密度。但二次電池儲能受到容量之限制，雖然現在已經發展出像釩還原電池 (VRB)，可儲存 kW 級之電力，但一時尚難真正達到供作調節大型電力的境界。

近年來在再生能源利用中，特別需要發展儲能技術。例如風力、海洋能和太陽能發電，即是非常不穩定輸出的發電方式，爲克服這種先天的缺點，達到穩定供電的需求目的，即必須透過儲能手段才能達成。此外像夏季尖峰和離峰電力需求相差很大，電力公司除了在有限的地點採用抽蓄儲能外，若能透過儲能來調節尖峰和離峰電力需求，便能大幅降低備載容量之投資而降低營運成本。現有的構想是利用離峰電力期間電解水生產氫氣予以儲存，再於尖峰負載期間利用燃料電池再發電獲得所需電力。再生能源不穩定的問題同樣也可以透過電解水產氫方式，以氫作爲能量載體的方式來突破二次電池儲電容量之限制，以獲得大量儲存、穩定輸出與調節電力等電力調度之需求。本書會在往後各章節中詳細介紹與儲能相關之氫能、二次電池與燃料電池等材料相關原理、製程與應用。

✧ 1-4 氫能與儲氫材料

現今環境汙染問題日益嚴重，傳統使用石化燃料之能源應用技術，受到很大挑戰。目前都會地區的空氣汙染源，大部分是來自車輛等交通運輸工具所排放的廢氣，隨著石化燃料燃燒日益增多，造成嚴重的溫室效應。目前車輛動力的來源是汽油或柴油之內燃機爲主，這種動力來源有兩項重大缺點，一是能源效率低；二是造成嚴重之空氣汙染。

改善石化燃料問題，可從以下兩方面著手：1. 以氫氣作爲內燃機之燃料，將燃燒之化學能經熱能轉換成機械能，其副產物爲水。此種方法之能源轉換效率較使用柴油燃料高。2. 以燃料電池動力代替內燃機動力。目前儲電用二次電池技術，尚未能滿足電動車輛的性能要求。若要同時提高其能源效率，且兼顧電動車的續航力及加速性，就必須提高其能量密度和功率密度。使用氫氣爲燃料，透過固態儲存，可同時提昇其儲存之能量密度和功率密度。因此改用氫氣爲燃料之燃料電池電動車，將是未來的最佳選擇。

氫能是一種既經濟又環保之潔淨能源，燃燒時不會產生 CO_2、NO_2 等污染物質，燃燒副產物只有水且具有高能源效率。而在各種儲氫材料中，以鎂基合金方式儲氫，因有較高儲氫重量密度和體積密度之優點，具有很大之發展潛力。針對氫能短中長發展，歐聯以每 10 年爲一階段，規劃出未來 50 年氫能與燃料電池發展藍圖如圖 1-1 與圖 1-2 所示。

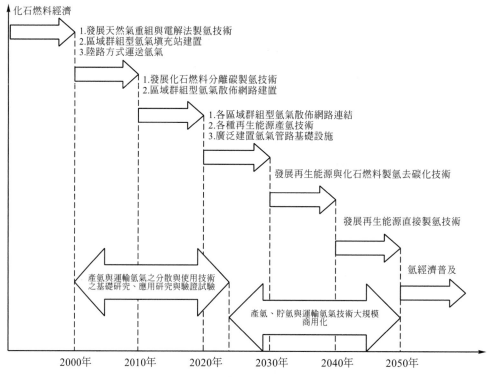

圖 1-1　氫能發展藍圖

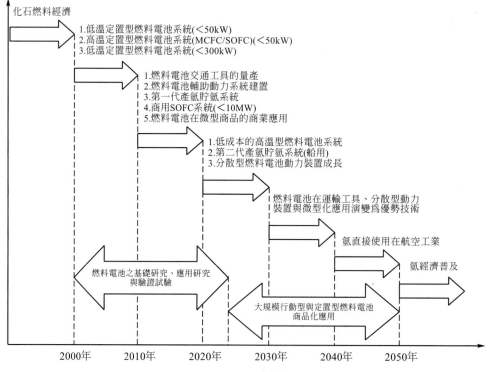

圖 1-2　燃料電池發展藍圖

依據美國能源部的研究[1]，一部使用質子交換膜燃料電池的車輛，行駛 480 公里需 3.58 公斤的氫氣。據此美國能源部對電動車發展所訂定之發展目標如表 1-1 所示。2010 年使用固態儲氫燃料之重量能量密度，以達到 6wt% 為目標；2015 年使用固態儲氫燃料之重量能量密度，以達到 9wt% 為目標[2]。

表 1-1　美國能源部所訂定用於電動車中之儲氫合金研發目標[2]

	2010年	2015年
單位系統重量儲電 (能) 容量	2.0kWh/kg(7.2MJ/kg)	3kWh/kg(10.8MJ/kg)
儲氫合金重量百分率儲氫容量	～ 6wt%	～ 9wt%
單位系統重量儲氫量	0.060kg・H_2/kg 系統	0.090kg・H_2/kg 系統
系統總重量	83kg・H_2	55.6kg・H_2
單位合金容積儲電容量	1.5kWh/L(5.4MJ/L)	2.7kWh/L(9.7MJ/L)
單位儲氫合金容積儲氫容量	0.045kg・H_2/L	0.081kg・H_2/L
系統成本	4 美元 /kWh =～ 133 美元 /kg・H_2	2 美元 /kWh =～ 67 美元 /kg・H_2
總成本	665 美元	335 美元
充氫速率	1.5kg・H_2/ 分鐘	2.0kg・H_2/ 分鐘

鎂基合金有很高儲氫能力，理論上可達 7.6wt%(MgH_2)，且具有價格低廉、儲量高及重量輕、較一般高壓氫態儲氫方式安全等優點；但仍有吸放氫溫度較高及吸放氫速度較慢等缺點[3]。因此很多研究希望經由添加其它元素，改善其吸放氫特性，讓此合金能夠早日達到實用化的目標。本書將於第二章及第四章中分別對儲氫合金之製程與應用作詳細說明。

✺ 1-5　二次電池材料[4]

目前的小型二次電池以鎳氫電池、鎳鎘電池和鋰電池為主，2010 年以鋰電池佔第一位，鎳氫電池的產量與鎳鎘電池相近，三種電池總數量從 1990 年的不到 20 億顆增加到 2009 年的 50 億顆以上，其中鎳氫與鎳鎘電池大約各佔 10 億顆，其餘 30 億顆為鋰電池，鋰電池包括鋰離子電池與鋰高分子電池。1994 年的產值不到 30 億美元，2009 年的產值已超過 90 億美元，其中鋰電池約佔 70 億美元市場，除了因為鋰電池產量較高外，其單價也高於鎳氫與鎳鎘電池，鋰電池是目前市佔率最大的二次電池。鋰電池的需求將隨著電動車與電動工具的市場成長而蓬勃發展，但是針對鋰電池使用安全性之疑慮，仍是消費者最為重視的一項課題。

鋰電池正負極與電解質材料

(1) 鋰離子電池材料

針對正極的改善，目前日本廠商朝向使用磷酸鐵鋰或三元鎳錳鈷系列爲主，主要原因是具有橄欖石結構的磷酸鐵鋰擁有很好的結構穩定性，在遇到電壓或是環境溫度過高的情況，不易發生結晶構造變化，但是充放電平台過低仍是此材料的弱點。在負極材料的開發上，日本廠商主張以非石墨系的材料作爲未來發展的主軸，主要是因爲石墨碳極會與鋰離子作用，產生熱穩定性較差的鈍化膜，因此必須減少鈍化膜的影響而發生熱爆炸的機會；另外在電池電容量的提升方面，增加負極電容量也是一種研發方向，報導指出以鋰、矽或錫爲主的負極可提供超過 10 倍的有效能量密度，並可解決材料體積膨脹。

正負極中作爲黏結活性物質的高分子則爲混漿程序的必添加物 [4]，日系大廠的策略即是將此種高分子改質爲含鹵素物質，藉由含鹵素的耐燃性，可減緩及降低危險的發生。另外，在 2007 年於福岡的日本電化學會議及 2008 年於天津的國際鋰電池會議中，Sony 公司也發表一款高熱穩定性的電池

"Apelion" 及未來鋰電池設計規格，會中提到高安全性 Apelion 採用層狀鈷酸鋰系列作爲正極材料及新式負極塗佈方式，解決電池處於高溫環境所可能膨脹及短路的危險，將高分子電解質分層塗佈於碳上，以增加與極板的接觸性，並完全發揮電解質的導離子與防止短路的能力。另外也提升負極拉伸附著力至 0.7N/cm，可降低電池因高溫膨脹的可能性，藉由電池高溫循環壽命測試，顯示電池無論在厚度及壽命的循環上皆具有非常好的穩定性。

鋰離子電池及其關鍵材料的研究是新能源材料技術方面突破點最多的領域，在產業化工作方面也做得最好。鋰離子電池具有電壓高、能量密度大、循環壽命高、自放電小、無記憶效應等突出優點。在這個領域的主要研究重點是開發研究用於高性能鋰離子電池的新材料、新設計和新技術。在鋰離子電池正極材料方面，研究最多的是具有 α–$NaFeO_2$ 型層狀結構的 $LiCoO_2$、$LiNiO_2$ 和尖晶石結構的 $LiMn_2O_4$ 及它們的摻雜化合物。鋰離子電池負極材料方面，商用鋰離子電池負極碳材料及中間相碳微球 (MCMB) 和石墨材料爲代表。

(2) 鎳氫電池材料

在各式電池的應用領域中，鎳鎘電池的主要應用是在動力工具上，占了將近一半，其他如電動腳踏車，照明，玩具等也有不少的應用。整體而言，鎳鎘電池 2008 年大約有 8 億美金的產值，目前最大的製造商是日本的 Sanyo，不過值得注意的是鎳鎘電池在這幾年的各種應用市場幾乎都是呈現萎縮的狀態，只有電動腳踏車呈現成長，然而總體的成長率仍是 -16%，主要因素來自於鎘的毒性問題，以及其能量密度較小，充電時間較久，且具有記憶效應等缺點，這些特性使其部分市場被鎳氫電池與鋰電池取代。鎳氫電池雖也同樣遭受到鋰電池的挑戰，其市場原本也應該逐漸萎縮，然而近年因為電動車的興起，特別是油電混合車 (HEV)，幾乎皆使用鎳氫電池，此部份鎳氫電池市場佔了用量的一半以上，2008 年產值為 12 億美元，目前主要製造商是 Panasonic 與 Sanyo，兩家日系廠商的市占率總和超過 50%，因為油電混合車的關係，使得市場得以持平，未來短期內若是純電動車發展不如預期順利，油電混合車仍將佔有大部分的電動車市場，則鎳氫電池市場很可能會出現正成長。

鎳氫電池的組成以鎳金屬為主，主要來自於正極材料的氫氧化鎳或氧化鎳，佔了大約 30-40wt%，這也是鎳氫電池最主要的回收標的，另外，鐵的含量依不同形式的電池而有所不同，圓柱型與鈕扣型佔了 20wt% 以上，主要來自於不銹鋼的外殼，但稜柱型則不到 10wt%，鈷也佔有 2-4wt% 含量，另外稀土金屬佔有 5-10wt% 含量，鈷與稀土金屬主要來自於負極材料的儲氫合金，雖然鎳氫電池具有回收價值的部分包含鎳、鈷以及稀有金屬，但目前電池總量不大，鈷及稀有金屬所佔的比例也不高。

鎳氫電池是近年來開發的一種新型電池，與常用的鎳鎘電池相比，容量可以提高一倍，沒有記憶效應，對環境沒有汙染。它的核心儲氫合金材料，目前主要使用的是稀土系、鎂系和過渡金屬系儲氫材料，目前正朝方形密封、大容量、高比能量方向發展。

鎳氫電池的主要特性是：1. 鎳氫電池能量比鎳鎘電池大兩倍；2. 能達到 500 次的完全循環放電；3. 用專門的充電器充電可在 1 小時內快速充電；4. 自放電特性比鎳鎘電池好，充電後可保留更長時間；

5. 可達到 3 倍的連續高效率放電；可應用於：照相機、綠影機、行動電話、無線電話、對講機、筆記型電腦、PDA、各種攜帶型設備電源和電動工具等。鎳氫電池的優缺點是：放電曲線非常平滑，到電力快要消耗完時，電壓才會突然下降。鎳氫是以氫氧化鎳為正極，以高能儲氫合金為負極，高能儲氫合金材料使得鎳氫電池具有更大的能量。同時鎳氫電池在電化學特性與鎳鎘電池相似，故鎳氫電池在使用時可完全替代鎳鎘電池，而不需要對設備進行任何改造。當然，它也有缺點，主要是充放電較麻煩，自放電現象較重，不利於環保。

鎳氫電池幾乎可用於所有的電子產品 (如行動電話、答錄機、電腦、照相機、遊戲機等)，也可以作為動力用於電動汽車及太空梭 (船) 中。另一方面，用稀土合金作的永磁材料具有極強的永磁特性，可以廣泛應用到從小到手錶、照相機、答錄機、雷射唱盤機、影碟機、錄影機，大到電腦、汽車、發電機、醫療器械、磁浮列車等上面。用這種材料做的電子或電器產品的體積可以大幅度地減小，這就像半導體取代真空管減小體積一樣，在航太和航空開發方面尤其具有價值。

🔬 1-6　燃料電池材料

燃料電池是一種能在等溫環境下，直接將儲存在燃料的化學能高效率、無污染地轉化為電能的發電裝置。它的發電原理與二次電池一樣，由電極提供電子轉移的場所，在陽極進行催化燃料如氫的氧化過程，在陰極進行催化氧化劑如氧的還原過程。導電離子在將陰陽極分開的電解質內移動，電子通過外部電路做電功並構成電的迴路。但是燃料電池的工作方式又與二次電池不同，而更類似於汽油、柴油燃料發電，是一種將氫燃料的化學能通過電極反應直接轉換成電能的裝置。依電解質材料之不同，燃料電池可分為以下數類：鹼性燃料電池 (AFC)、磷酸鹽燃料電池 (PAFC)、固態氧化物燃料電池 (SOFC)、熔融碳酸鹽燃料電池 (MCFC) 和質子交換膜燃料電池 (PEMFC)。另外直接甲醇燃料電池 (DMFC)、再生型燃料電池 (RFC) 也是現正在研究發展中的燃料電池。本書將於往後各章節中詳細介紹各種燃料電池材料相關原理、製程與應用。

🔬 1-7　太陽能電池材料

太陽電池的研究是最近興起的重點，其關鍵材料的研究是影響下一步應用的瓶頸。太陽能與風能、生物質能並稱世界三大可再生潔淨能源。目前多晶矽電池在實驗室中轉換效率達到了 17%，引起了各方面的關注。砷化鎵太陽電池的轉換效率已經達到 20% ～ 28%，採用多層結構還可以進一步提高轉換效率。

太陽能是各種可再生能源中最重要的基本能源，生物質能、風能、海洋能、水能等都來自太陽能，廣義地說，太陽能包括以上各種可再生能源。太陽能作爲可再生能源的一種，是指太陽能的直接轉化和利用。通過轉換裝置把太陽輻射能轉換成熱能利用的屬於太陽能熱利用技術，通過轉換裝置把太陽輻射能轉換成電能利用的屬於太陽能光發電技術，光電轉換裝置通常是利用半導體材料的光電效應原理進行光電轉換，因此又稱太陽能光電技術。光生伏特效應簡稱爲光電效應，指光照使不均勻半導體或半導體與金屬組合的不同部位之間產生電位差的現象。產生這種電位差的機制很多，主要的一種是由於阻擋層的存在。太陽電池是利用光電轉換原理，使太陽的輻射光通過半導體物質轉變爲電能的一種裝置，這種光電轉換過程稱作「光電效應」，因此太陽電池又稱爲「光電電池」。製造太陽電池的半導體材料的有十幾種，因此太陽電池的種類也很多。目前，技術最成熟並具有商業價值的太陽電池就是矽太陽電池。

太陽電池以材料區分有結晶矽電池、非晶矽薄膜電池、銅銦硒 (CIS) 電池、碲化鎘 (CdTe) 電池、砷化鎵電池等。目前太陽電池在太陽光電製氫、居家太陽能電源、交通領域、通訊或通信領域、海洋與氣象領域、家庭燈具電源、光電電站、太陽能綠建築等都有重要的前景。本書將在往第十章至十二章中詳細介紹各種太陽電池材料相關原理、製程與應用。

參考文獻

1. 廖世傑，「儲氫材料及系統」，化工技術，第十卷第六期，239 頁，民國 91 年。

2. Dhanesh Chandra, James J. Reilly and Raja Chellappa, "Metal Hydrides for Vehicular Application：The State of the Art", Metal Hydrides, JOM, February, p27, 2006.

3. A. Seiler, L. Schlapbach, Th. Von Waldkirch, D. Shaltiel and F. Stucki "Surface analysis of Mg_2Ni-Mg, Mg_2Ni and Mg_2Cu", Journal of the Less-Common Metals, Vol.73, pp.193-199, 1980.

4. 「工業材料雜誌」275 期，2009 年 11 月。

習作

一、選擇題

1. (　　) 氫能科技包含
   (1) 產氫
   (2) 氫輸送
   (3) 氫儲存
   (4) 氫發電
   (5) 以上皆是。

2. (　　) 以下何者非屬一級能源 (primary energy)？
   (1) 石油
   (2) 鈾
   (3) 太陽能
   (4) 氫能
   (5) 以上皆非。

3. (　　) 未來人類所面臨的十大問題有
   (1) 能源
   (2) 環境
   (3) 水
   (4) 食物
   (5) 以上皆是。

4. (　　) 以下何種氫氣來源具有發展潛力，而且未來可能可以根本解決環境污染問題？
   (1) 天然氣重組
   (2) 煤炭氣化
   (3) 再生能源製氫
   (4) 月球氦 3
   (5) 以上皆是。

5. (　　) 以下何者屬再生能源？
   (1) 太陽能
   (2) 地熱
   (3) 風能
   (4) 生質能
   (5) 以上皆是。

6. (　　) 最有可能用在 3C 產品的燃料電池為何者？
   (1) PEMFC
   (2) SOFC
   (3) MCFC
   (4) DMFC
   (5) 以上皆非。

7. (　　) 以下何者不是 21 世紀能源工業挑戰之 3E？

(1)Energy security

(2)Environmental preservation

(3)Economy growth

(4)Energy technology

(5) 以上皆非。

8. (　　) 以下那一種技術可達到 "comfort" & "environmental friendliness" with synergism and sustainability 的境界？

(1)residential hydrogen fuel cells

(2)post fossil fuel

(3)distributed power

(4)solar power

(5)all of above。

9. (　　) 各國能源政策：

(1) 普遍重產業發展，輕環境保護

(2) 日本有續建核電計畫

(3) 日本希望藉核電達成減少 6%CO_2 排放之目標

(4) 京都議定書敦促各國減少石化燃料使用，各國可能會重新考慮使用核能

(5) 以上皆是。

10. (　　) 以下有關尖離峰用電調節陳述何者不正確？

(1) 氫是一種能量載體

(2) 氫可用於調節尖離峰用電需求

(3) 抽畜發電是台灣最大尖離峰用電調節方式

(4) 氫用於調節尖離峰用電沒有效率問題

(5) 以上皆非。

二、問答題

1. Pen-Hu islands as a remote area of Taiwan, both electricity and water are usually shortage, especially on summer time. Please draw a concept diagram for solving the problem by integrating hydrogen production, storage, fuel cell with thermal desalination and wind power.

一、選擇題答案：

1. (5)　　2. (4)　3. (5)　4. (5)　5. (5)　6. (1，4)　7. (1)　8. (5)

9. (5)　　10. (4)

2 儲氫合金與鎳氫電池

⚛ 2-1 儲氫合金簡介

儲氫合金 (Hydrogen Storage Alloy, HSA) 由 1958 年 ZrNi 儲氫合金的發現 [1]，此間經過 1968 年，Reilly 和 Wiswall 發現了輕型儲氫材料 Mg_2Ni[2]，現今各種儲氫材料於實用上已有相當多的應用。1982 年時美國 Ovonic 公司曾經申請儲氫合金應用於電池電極製造之專利，使得此一材料受到重視，同年日本亦開始進行儲氫合金的研究，到了 1985 年荷蘭菲利浦公司突破儲氫合金在充放電過程中容量衰減的問題，使得儲氫合金在鎳氫電池負極材料上之應用脫穎而出，並於 1990 年由日本首度研製成功具有高體積和重量能量密度的鎳氫電池商品化產品，而成為影響鎳氫電池性能的關鍵技術。目前儲氫合金更因其安全特性，而成為燃料電池既安全又有效的氫氣燃料儲存選項 [1]。

近年來以儲氫材料做成電極之電池，其電容量高、循環壽命佳而且沒有污染，已廣泛地應用在 3C 等產品。目前各種氫能源應用的技術瓶頸主要為氫氣之儲存與運輸，已有之儲存氫氣的方式可分為以下幾種：

(1) 高壓儲氫

以高壓將氫氣壓縮至鋼瓶內儲存，在 10,000psi 的高壓下儲存氫氣的能量 4.4MJ/L，相較於汽油的儲存能量 (31.6MJ/L) 是非常少的 [3]，相對來說相同能量之下，其佔用空間非常大的，且高壓也帶來安全性的問題。

(2) 液態儲氫

將氫氣液化後儲存在容器中，其優點是液態儲氫的能量約 8.4MJ/L，相較於高壓儲氫 (10,000psi) 是較優異的 [3]，但液態儲氫亦有容器安全性的問題，且將氫氣液化過程中需要大量的能量，使用過程中液態氫轉換成氣態也有損耗的問題，這些問題都有待克服。

(3) 固態儲氫

主要可分為金屬氫化物、化學氫化物與奈米結構的材料。利用金屬氫化物儲存氫氣，其主要的原理是週期表中很多金屬都可以與氫反應生成氫化物，其中又可分為易與氫反應形成穩的氫化物的放熱型金屬並給予代號 A，另一種代號 B 的金屬與氫反應需要吸熱且具有催化活性的效果，兩者組合成不同的儲氫合金。金屬儲氫的特點是其儲放氫具有可逆性，只要改變不同的溫度和壓力，即可直接進行吸放氫的行為，但缺點是儲氫重量能量密度過低或是反應條件過於嚴苛不便使用。

以前儲存氫氣的方法，大多數是利用高壓儲氫或是液態儲氫，近年來利用

固態儲氫法使用儲氫材料來儲運高純度氫氣，除了沒有爆炸的危險，並具儲存時間長且無損耗等優點，是一個既安全又有效的方法。圖 2-1 是各種儲氫方式之儲氫重量和體積能量密度之比較[4]。實用儲氫合金應該具備以下的特性：高的儲氫量、容易活化、吸放氫反應之溫度壓力適中、吸放氫反應速率快、使用壽命長、成本低廉等[5]。

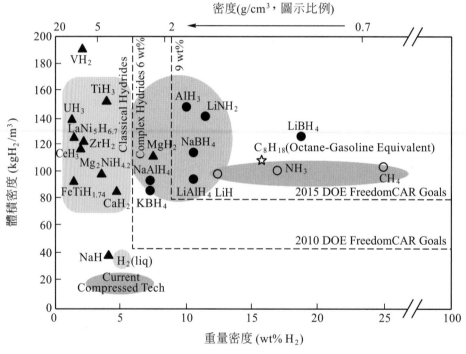

圖 2-1　各種儲氫方式之儲氫重量和體積能量密度比較[4]

⚛ 2-2　氫化物的種類

金屬氫化物大致上可以分成以下三個不同的種類：古典間隙型金屬氫化物 (Classical/Interstitial Metal Hydrides)、化學氫化物 (Chemical Hydrides) 和複合

型輕金屬氫化物 (Complex Light Metal Hydrides)[6]。解說如下：

(1)　古典間隙型金屬氫化物

主要分為 AB_2、A_2B、AB 和 AB_5 四種類型，以 AB_5 為例，A

通常是鑭系元素 (原子序 57-71)、Ca、或是 Mm 稀土混合金屬等，B 元素通常為 Ni、Co、Al、Mn、Fe、Sn、Cu、Ti 等。此類氫化物可以進行吸放氫的可逆反應，並有良好的動力學性質，適合使用於大型固定式的儲存設備，其優點為具有好的儲氫體積能量密度 (～ 130kg H_2/m^3 對 $LaNi_5H_{6.7}$ 而言)，但使用在交通工具上有個缺點就是其重量能量密度較低。

(2)　化學氫化物

此類氫化物利用化學反應製備，具有高理論儲氫重量能量密度，例如 CH_3OH(8.9wt%)、$CH_3C_6H_{12}$(13.2wt%)、NH_3(15.1wt%)、NH_3BH_3(6wt%) 其缺點為無法進行可逆反應且生成的產物對於環境汙染有很大的影響，所以不適合用於運輸上利用。

(3)　複合型輕金屬氫化物

此類氫化物主要由輕金屬鋁組成 (又稱作 alanates)，例如 $MAlH_4$ 和 M_3AlH_6(M = Na，Li) 此種氫化物有高氫含量卻無法進行可逆反應，但是在其中添加過渡金屬作為催化劑有機會讓可逆反應發生。

⚛ 2-3　儲氫合金的種類

大部分儲氫合金由所謂 AmBn，(AB、AB_5、A_2B、AB_3、A_2B_7 和 AB_5 等) 介金屬 (intermetallic) 化合物所構成，表 2-1 為各種儲氫合金之實例與晶體結構 [6]；A 元素為主要吸氫元素，可與氫形成穩定氫化物放熱型金屬，如 La、Ca、Mm 混合稀土金屬、Ti、Zr、Mg、V 等，B 元素為具有氫催化活性之吸熱型金屬，如 Ni、Co、Fe、Mn、Al、Cu 等，可以加速合金的吸放氫反應。其中過渡金屬元素 B 於氫化過程中具有催化作用，因此可調整吸放氫之熱力學及動力學性質 [7]。儲氫合金包括稀土系、鈦系、鐵系、鎂系合金等。前三種合金儲氫密度通常不超過 2wt%，而鎂系合金可高達 5wt% 以上。表 2-2 是幾種具代表性儲氫材料之性質 [8]。

表 2-1　各種儲氫合金實例與晶體結構 [6]

介金屬化合物	化合物名稱	晶體結構
AB_5	$LaNi_5$	六方晶體 , Haucke 相
AB_2	ZrV_2, $ZrMn_2$, $TiMn_2$	六方或立方晶體 , Laves 相
AB_3	$CeNi_3$, YFe_3	六方晶體 , $PuNi_3$
A_2B_7	Y_2Ni_7, Th_2Fe_7	六方晶體 , Ce_2Ni_7
A_6B_{23}	Y_6Fe_{23}	立方晶體 , Th_6Mn_{23}
AB	TiFe, ZrNi	立方晶體 , CsCl or CrB
A_2B	Mg_2Ni, Ti_2Ni	立方晶體 , $MoSi_2$ or Ti_2Ni

表 2-2　5 種代表性儲氫材料之性質比較[8]

性質 材料	密度 (g/cm³)	儲氫量 (wt%)	放氫壓力 (MPa)	反應焓 (kJ/mol H₂)	反應焓 (kJ/kg alloy)	反應熵 (kJ/K mol H₂)
LaNi₅	8.3	1.4	0.2(25℃)	30.0	210	108
FeTi	6.2	1.8	1(50℃)	33.3	300	104
Mg₂Ni	4.1	3.7	0.1(290℃)	64.2	1188	122
Mg	1.74	7.7	0.1(250℃)	74.2	2856	134
Mg-23.5wt%Ni (共析合金)	2.54	6.3	0.6(340℃)	70.8	2230	130

⚛ 2-4　稀土系儲氫合金

　　如圖 2-2 所示[9]，此種合金為最早被開發的儲氫材料，屬 AB_5 六方晶系，以 $LaNi_5$ 為代表，因為 La 稀土金屬價格昂貴，也有以 Mn 代替 La 的 $MnNi_5$ 的混合稀土儲氫研究，此系列的儲氫量大約在 1.3% 左右，且能在常溫下進行吸放氫反應，缺點就是 La 價格較貴，且儲氫量太低。

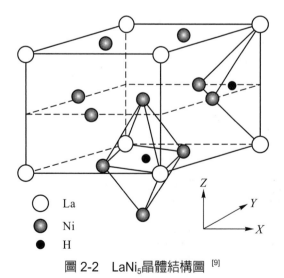

　　　　○　La
　　　　●　Ni
　　　　●　H

圖 2-2　$LaNi_5$ 晶體結構圖[9]

⚛ 2-5　鈦系儲氫合金

　　鈦系儲氫合金大多屬於 AB_2 型的金屬間化物，屬 Laves Phase 型，有下圖 2-3 所列 Cubic C15、六方結構 C14、C36 三種形式[10]，而成分有 Ti-Mn、Ti-Cr、Ti-Ni 等多種組成。AB_2 型儲氫材料，有鋯基和鈦基兩大類，其二元合金，儲氫量大、易活化、動力學性能好。透過添加合金元素，可以得到較好的綜合性能。$TiMn_2$ 儲氫材料的成本較低，是一種適合於較大規模工程應用的無鎳儲氫材料，當 Ti 與 Mn 的化學配比明顯偏離 $TiMn_2$ 時，仍具有單一的 Laves 相特徵。$TiMn_2$ 在用其它過渡合金元素，如 Zr, V, Cr, Cu 和 Mo 等置換 $TiMn_2$ 中的部分 Ti 或 Mn 後，材料的吸放氫性能可以得到顯著改善。日本研究發現 $Ti_{1-x} Zr_x Mn_{2-2} Cr_z V_y$ ($x = 0.1 \sim 0.2, y = 0.2, z = 0.2 \sim 0.6$) 合金不需要熱處理就具有良好的儲氫特性。

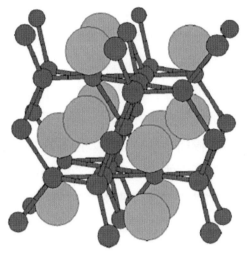

(a) MgZn$_2$ 六方 Laves 結構 (C14)

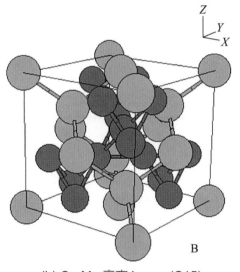

(b) Cu$_2$Mg 立方 Laves (C15)

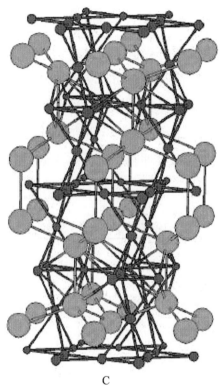

(c) MgNi$_2$ 六方 Laves 結構 (C36)

圖 2-3　Laves phase 晶體結構圖 [10]

⚛ 2-6　鐵系儲氫合金

此類合金以 FeTi 為代表，如圖 2-4 所示 [10]，為 AB 型的金屬間化合物的 CsCl 立方體結構，很早就被開發出來。優點在於常溫下就可吸放氫、平台壓適中、價格便宜等。但缺點在於，活化不易、容易氧化而影響儲氫效能。

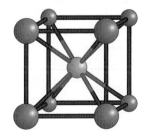

圖 2-4　CsCl (B2) 晶體結構圖 [10]

2-7 鎂基儲氫合金

純鎂之儲氫能力理論上可達7.6wt%。但實際上，鎂金屬表面很容易覆蓋一層氧化物，這會嚴重影響氫的吸附，並造成活化處理困難，即使在極高溫400℃下儲氫通常不超過5wt%。而且在350℃以下，MgH_2之吸放氫反應很慢，通常需要好幾個小時才能完成。若在鎂金屬中添加鎳，可以大幅提升其活化性，但缺點是其儲氫量會降低。參考圖2-5鎂鎳二元相圖[11]，添加鎳後產生之Mg_2Ni合金其理論吸氫量為3.6wt%，

Mg_2Ni合金之氫化物為Mg_2NiH_4，其晶體結構如圖2-6[10]。圖2-7為Mg_2Ni在不同溫度下之PCI曲線圖[12]。鎂基儲氫合金有重量輕、中等儲氫量、價格低廉、原料蘊藏量豐富等優點。但是仍有吸放氫溫度較高，吸氫速率太慢等缺點，以致限制了它的廣泛運用，若能經由添加合金元素或改善熔煉技術，將吸放氫溫度降低，提高其吸氫速率，並進一步提高其儲氫量，則可以大大提升其實用價值。表2-3列出各種鎂基合金氫化物之特性供讀者參閱[13]。

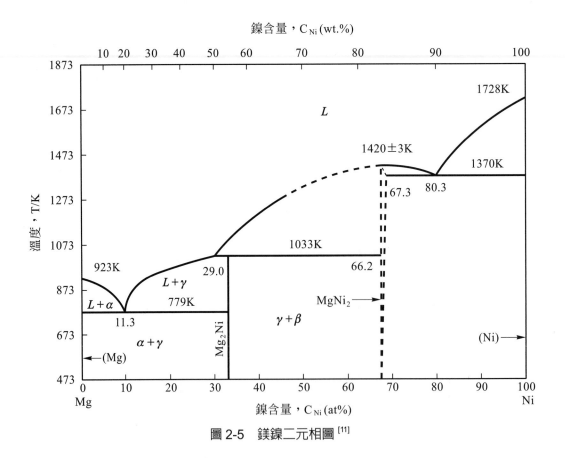

圖 2-5　鎂鎳二元相圖[11]

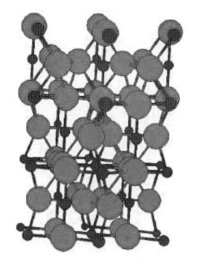

圖 2-6　Mg$_2$Ni 之晶體結構圖 [10]

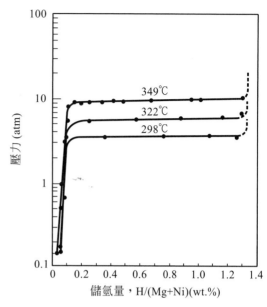

圖 2-7　Mg$_2$Ni 儲氫合金於不同溫度下之 PCI 曲線圖 [12]

表 2-3　各種 Mg 基合金氫化物之特性 [13]

Mg合金氫化物	儲氫量 (wt%)	平台壓 (MPa)	生成焓△ H(kJ/mol H$_2$)
MgH$_2$	7.6	0.1(290℃)	−74.5
Mg$_2$NiH$_4$	3.6	0.1(250℃)	−64.4
Mg$_2$Cu-H	2.7	0.1(239℃)	−72.8
Mg-10%Ni-H	5.7	0.5～0.6(343℃)	−82.8
Mg-23.3%Ni-H	6.5	0.5～0.6(340℃)	−80.8
CeMg$_{12}$-H	4.0	0.3(325℃)	−65.0
Mg$_{51}$Zn$_{20}$H$_{95}$	3.6	0.4(300℃)	−81.2
Mg$_2$Ni$_{0.75}$Cu$_{0.25}$-H	3.5	0.1(227℃)	−50.6
Mg$_2$Ni$_{0.75}$Fe$_{0.25}$H$_{3.1}$	3.6	0.1(253℃)	−63.2
Mg$_2$CaH$_{3.72}$	5.5	0.5(350℃)	−72.8
CaMg$_{1.8}$Ni$_{0.5}$-H	3.7	0.1(380℃)	−20 ～ 30

✡ 2-8　儲氫材料熔煉技術

儲氫合金的熔煉技術有眞空熔煉及眞空熔煉噴霧造粒法，茲說明如下 [14]：

(1)　真空感應熔煉 (Vacuum Induction Melting, VIM)：

　　VIM 利用高週波感應金屬，使其表面產生渦電流而達到加熱熔化目的。眞空感應熔煉必須使用陶瓷坩堝 (氧化鋁、氧化鎂、氧化鋯或石墨)。因爲熔融金屬與坩堝材料之間的反應將無法避免，所以無法使用水冶銅坩堝。以 VIM 製成之鑄錠可作爲後續眞空電弧熔煉 (VAR) 製程之原料。

(2)　真空電弧熔煉 (Vacuum Arc Melting, VAR)：

　　在眞空或鈍性氣體中，以所欲熔煉之金屬做爲陽極，利用尖端放電產生高熱原理將金屬熔化。此法使用水冶銅坩堝，因此，沒有熔融金屬與坩堝材料之間反應的問題，所得金屬純度高。本法適合高純度金屬之熔煉。

(3)　真空熔煉氣體噴霧造粒 (Vacuum Melting Gas Atomizing)：

　　原理爲金屬或非金屬在眞空或惰性氣氛下經高週波加熱熔融後，經流道流至噴嘴形成一束連續液流，此時高壓氣體通過霧化噴嘴產生高頻高速之震波，使該液流分散，霧化成微小的液滴，並經由氣體冷卻形成規則形狀細微粉末，所用噴霧氣體有 N_2、Ar、He 或空氣。可應用在無氧化圓球形、平均粒徑 30/μm ～ 5/μm 粉末之製造。

　　迴轉圓筒法 (Rotation–Cylinder Method, RCM) 利用其操作方便，保護氣氛易於控制，具有良好攪拌等優點來製備儲氫合金。如圖 2-8、2-9 所示，是 Tae-Whan Hong 等人所使用之 RCM 熔煉設備 [11]，RCM 熔煉爐特別適用於製備合金成分之熔點差異大之合金。熔煉時可先將低熔點金屬放入坩堝中熔融，然後再利用自動進料系統，以一定速率加入高熔點金屬，在保護氣體下，藉由控制特殊構造之中空旋轉攪拌軸與翼片於適當之轉速，可將熔湯充分攪拌混合，一方面避免氧化，一方面更避免合金偏析而獲得組織均勻之合金。

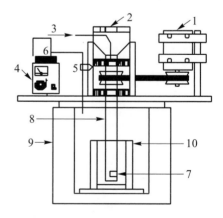

1. 馬達　2. 鎳片　3. 氮氣　4. 控制介面
5. 轉速感測器
6. 六氟化硫(SF_6) + 二氧化碳(CO_2)混合氣
7. 翼片　8. 中空旋轉攪拌軸
9. 電阻式高溫爐　10. 坩鍋

圖 2-8　RCM 熔煉爐系統圖 [11]

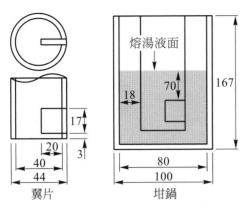

圖 2-9　攪拌軸之規格大小 [15]

✿ 2-9　動力學性質

當儲氫合金與氫氣接觸時，反應形成氫化物，其反應過程可以分成以下五個階段，如圖 2-10 所示 [15]：

1. 物理吸附 (physisorption)：

氣體氫分子接觸金屬表面時，氫分子受到凡得瓦爾力 (Van del Waals force) 的作用後，吸附於合金表面。

$H_{2(g)} \leftrightarrow H_{2(ad)}$

2. 化學吸附 (chemisorption)：

吸附在合金表面上的氫分子，分解成氫原子。 $H_{2(ad)} \leftrightarrow 2H_{(ad)}$

3. 表面穿透 (surface penetration)：

化學吸附在合金表面之氫原子藉由擴散跳躍之作用 (Diffusion Jump)，達到合金次表面 (Subsurface)，此過程稱為表面穿透。

4. 擴散 (diffusion)：

在金屬次表面分解後之氫原子，藉擴散固溶進入金屬，佔據晶格間隙位置，形成與母材結構相同之 α 相固溶體。

5. 氫化物形成 (hydride formation)：

當外部氫原子藉擴散進入合金內部會形成與母材相同結構之 α 相固溶體，而 α 相固溶體濃度趨近飽和時，金屬與氫化物介面產生相變化，形成高含氫量之 β 相，此為儲氫合金吸氫反應之主要機制。

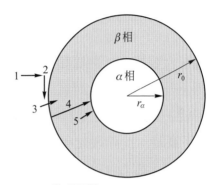

物理吸附 (physisorption)
化學吸附 (chemisorption)
表面穿透 (surface penetration)
擴散 (diffusion)
氫化物形成 (hydride formation)

(a) 吸氫過程

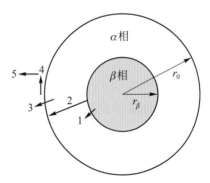

氫化物分解 (hydride decomposition)
擴散 (diffusion)
表面穿透 (surface penetration)
再結合 (recombination)
脫附轉變成氣相 (desorption to gas phase)
化學吸附 (chemisorption)

(b) 放氫過程

圖 2-10　儲氫合金之吸放氫過程示意圖 [15]

⚛ 2-10 熱力學性質

儲氫合金與氫的相互作用是一個伴隨熱效應的化學反應，吸氫是一自發的放熱反應，加熱或減壓可以使反應逆轉。Willems 在等溫條件下，用壓力與成分之關係來表示儲氫合金之吸放氫行為，稱之為 PCI(Pressure Composition Isotherms, PCI) 曲線 [16]。圖 2-11 為一理想儲氫合金的 PCI 曲線圖，反應開始時曲線上升得很快，此時氫固溶於金屬中而形成 α相固溶體，當材料中氫濃度 (H_{solid}) 不高時，此階段之吸氫現象遵循 Sievert 定律，如 (2-1) 式所示：

$$H_{solid} = K_s \times P^{1/2} \qquad (2-1)$$

其中 K_s 是 Sievert 常數，P 是平衡氫氣壓。當材料中氫濃度逐漸增加，α相固溶體逐漸達到固溶飽和，使得母材晶格膨脹，並減少其彈性能，此時氫含量較高之金屬氫化物 β相，便開始成核成長。當氫固溶量達到飽和後，最後全部轉變為單一 β相，此區通入之氫氣都轉為合金外氣體壓力，氫氣壓力對氫氣濃度圖中之斜率會急速增加。另外由圖 2-12 典型 PCI 曲線中 [17]，可以得知合金的各種吸放氫性質，如下列所示：

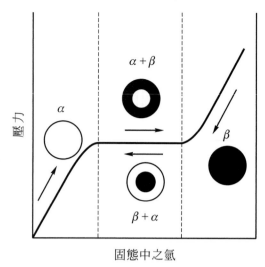

圖 2-11　理想的儲氫合金 PCI 曲線圖 [16]

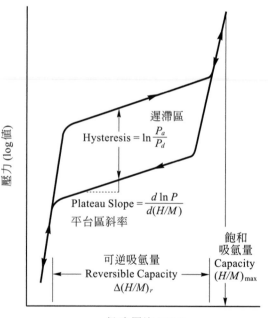

圖 2-12　典型 PCI 曲線圖 [17]

(1)　飽和吸氫量 (Capacity H/M_{max})

合金與氫氣反應，儲氫合金所能儲存之最大吸氫量。

(2)　可逆儲氫量 (Reversible Capacity)

儲氫合金經吸氫反應後，所能放出之氫含量。

(3)　平台區斜率 (Plateau Slope)

平台區為壓力相對於吸氫量無明顯變動之兩相共存區域，此平台區域約保持在一定壓力值。理想儲氫合金應具有接近水平之平台特性與寬廣之平台區域。平台區斜率通常如 (2-2) 式所示：

$$平台區斜率 = \frac{d(\ln p)}{d(\ln H/M)} \qquad (2\text{-}2)$$

(4)　遲滯效應 (Hysteresis Effect)

在合金吸氫與放氫循環中，平台區有一壓差即遲滯現象，原因為儲氫合金與金屬氫化物兩者間比體積差異，當金屬氧化物產生時，氫化物周圍會產生內部應力，這些應力大於儲氫合金之彈性限時，在氫化物周圍便有差排產生，而在放氫過程中，這些差排仍存在於儲氫合金中，此一不可逆之塑性變形造成材料能量損失，此能量損失如 (2-3) 式所示：

$$遲滯量 = RT \ln \frac{P_a}{P_d} \qquad (2\text{-}3)$$

其中 P_a 與 P_d 分別為平台區中某特定點之吸氫和放氫壓力。

放氫平台壓力為溫度的函數 (見圖 2-13[18])，可用 Van't Hoff 方程式 (2-4) 式來表示：

$$\ln P = \frac{\Delta H}{RT} - \frac{\Delta S}{R} \qquad (2\text{-}4)$$

合金氫化物的生成焓 ΔH 與生成熵 ΔS 可利用此方程式求得。如圖 2-14 [19] 所示將 $\ln P$ 對 $1/T$ 作圖之直線，由其斜率即可求得 ΔH，由其截距即可求得 ΔS。氫氣平衡壓力與 ΔH 有關，放熱愈大者表示氫化物愈穩定。

依上述方法，求得各不同配比之鎂鎳合金 ΔH 與 ΔS 如表 2-4 所示。隨鎳含量增加及鋅含量增加，鎂鎳合金氫化物之生成焓有降低之趨勢。此結果表示鎳、鋅含量增加，其合金氫化物之穩定性降低，亦即合金與氫之鍵結力變弱，吸放氫之可逆性增加。由 PCI 圖之放氫曲線計算合金氫化物的生成焓 (ΔH) 與測得 DSC 曲線圖再利用軟體計算之生成焓，兩者經過比較後發現數據相近。

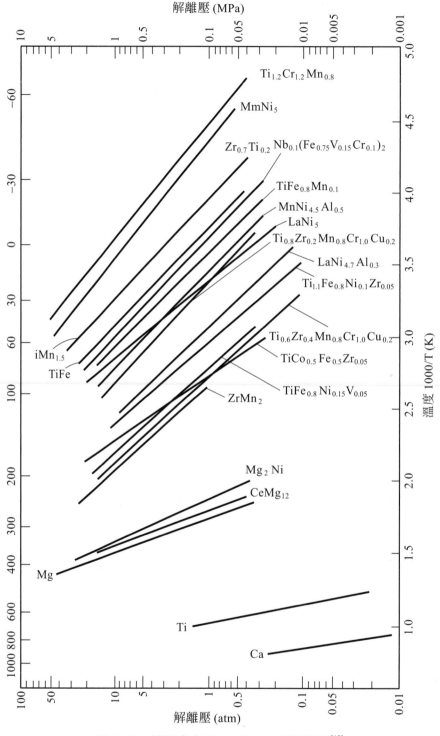

圖 2-13　儲氫合金之 Van't Hoff 關係圖[18]

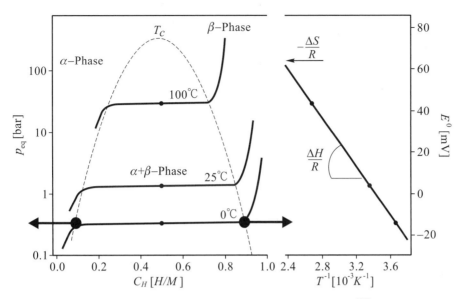

圖2-14　PCI吸放氫曲線與Van't Hoff 關係圖[19]

表 2-4　鎂鎳合金氫化物之生成焓與生成熵

項目 合金	$\triangle H$ (KJ/mol)	$\triangle H$ (Kcal/mol)	$\triangle S$ (J/mol·K)	$\triangle S$ (cal/mol·K)	DSC $\triangle H$ (KJ/mol)	DSC $\triangle H$ (Kcal/mol)
Mg90Ni10+10%Zn	−64.1	−15.3	−122.1	−29.1	−62.5	−14.9
Mg_2NiH_4[Reilly]	−64.4	−15.4	−122.4	−29.2		
Mg90Ni10+5%Zn	−65.3	−15.6	−127.1	−30.4	−63.7	−15.2
Mg90Ni10+1%Zn	−66.6	−15.9	−129.6	−30.9	−64.0	−15.3
Mg70Ni30	−67.1	−16.0	−130.6	−31.1	−64.5	−15.4
Mg90Ni10	−72.6	−17.3	−141.2	−33.7	−71.8	−17.1
Mg	NA*	NA*	NA*	NA*	100.7	−24.1
MgH_2[Reilly]	−77.5	−18.5	−138.6	−33.1		

*NA：　not available，表中未列入純鎂之實驗數據，此乃純鎂在 300℃無明顯平台壓，因此無法計算生
　　　成焓與生成熵。

2-11　合金配製

　　二元鎂鎳合金實驗：分別配製鎳含量 10wt%、30wt% 及 55wt% 之鎂鎳合金，經真空感應熔煉後，對成品進行吸放氫測試實驗，並進行合金微結構觀察與分析。三元合金實驗：將 Mg70Ni30 各別加入第三元過渡元素 Al、Zn 與 Nb，配製成三組合金，進行吸放氫測試實驗，並進行合金微結構觀察與分析。實驗使用下列金屬，其外觀如圖 2-15 所示，材料規格如下：

Mg (Aldrich，Magnesium，ingot，3.18 × 1.59 × 25.4cm，99.9%)

Zn (Aldrich，Zinc，shot，1～5mm，0.04～0.21in，99.999%)

Ni (Aldrich，Nickel，shot，3～25mm，99.95%)

Al (Aldrich，Aluminum，shot，4～8mm，99.999%)

Nb (Aldrich，Niobium，turnings，80%)

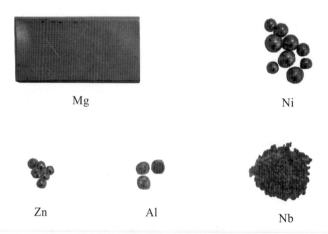

圖 2-15　鎂、鎳、鋅、鋁及鈮原料外觀

　　試片清潔方式如下：用 1000 號砂紙研磨鎂錠表面，去除合金表面氧化層後，使用 95% 藥用酒精沖洗，再置於烤箱 100℃烘乾。鎳粒、鋅粒與鋁粒則以浸泡 95% 藥用酒精，使用超音波震盪清潔合金表面，同樣置於 100℃烤箱中烘乾。

　　熔煉儲氫合金之真空感應熔煉爐如圖 2-16 所示，搭配 440V 感應加熱器，上、下腔體分別如圖 2-17 和圖 2-18 所示。熔煉前上、下兩腔體使用油壓系統將其結合，爐體為 304 不鏽鋼材質，內層有水冷裝置，可帶走熔煉所產生之熱量。此外搭配機械、魯式與擴散真空幫浦，真空度可達 10⁻⁵torr。本研究實驗時只使用 10⁻²torr 真空度，並在爐內充入氬氣作為保護性氣體，以防止鎂合金氧化。本設備並可視需要更換不鏽鋼、石墨、氧化鋯及氧化鎂坩堝，圖 2-20 為正在熔煉中之坩堝內部情形。

圖 2-16　真空感應熔煉爐整體外觀

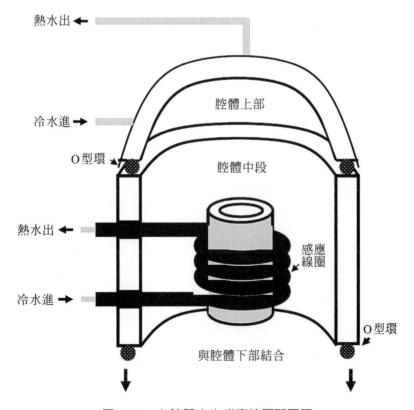

圖 2-17　上腔體中之感應線圈配置圖

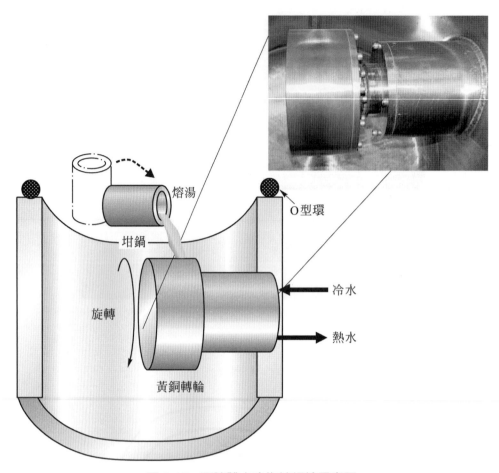

圖 2-18　下腔體水冷旋轉銅輪示意圖

圖 2-19　真空感應加熱爐內之感應線圈

本熔煉爐配備 35kW 之加熱感應電源，感應線圈如圖 2-19 所示，加熱時可使用 200kHz 線圈，藉自動變頻率來控制加熱輸出功率。

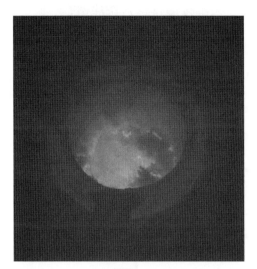

圖 2-20　正在熔煉中之坩堝內部情形

合金熔煉前爐體準備工作如下：

1. 先以無塵紙清潔，再用無塵布沾酒精和丙酮擦拭腔體內部與坩堝。

2. 將室外氮氣、氬氣鋼瓶之閥門打開，開啟爐體與感應加熱器之冷卻水馬達。

3. 將配置好之合金原料置入 304 不鏽鋼坩堝中，關上爐蓋，抽眞空。

4. 啓動眞空幫浦將腔體內部空氣抽出至 10⁻²torr 後，將感應加熱器電源打開，功率開到 1.0kW，使合金原料預熱溫度到 150℃左右，此溫度爲使鎂錠不發生氧化又可去除水氣之安全溫度。

5. 等 5 分鐘後，停止感應加熱器之電源，通入工業級純度 99.9% 之氬氣回填氬氣至 50torr，再使用眞空邦浦抽到 10⁻²torr。

6. 關上幫浦閥門，通入氬氣至 200torr。

7. 重複步驟 4 ～ 6 三至四次，最後通入氬氣至 700torr。

二元 Mg-Ni 合金與三元合金 Mg-Ni-M(M = Zn、Al、Nb) 均可利用此熔煉製備，依圖 2-21 實驗流程圖之步驟熔煉，而詳細熔煉細節如下：

1. 合金配方配製：將鎂錠及鎳粒重量按比例，配製成不同成分之鎂鎳合金。添加其它元素鋅、鋁及鈮，配製成不同組成之合金。

2. 爐體準備：按前節所示之爐體準備工作步驟，再進行熔煉，步驟中之預熱合金原料，非常重要，由於鎂活性大，於大氣下常會夾帶水汽與氧，進入熔煉爐體內，使熔煉過程中，氧化層容易急速形成，使金屬熔湯表面不再光滑，感應加熱困難，出來之成品常常氧化物過多，表面呈褐色狀無金屬光澤，因此有時需重複抽眞空與回填氬氣以確保降低熔爐內氧氣含量。

3. 熔煉爐眞空感應加熱：開啟電磁感應加熱器開始熔煉，一開始開小功

率加熱，再逐次緩慢加大功率，待
合金熔化成熔融狀態後，搖動坩堝
將合金翻面，並重覆翻面六至七
次，使合金原料能熔合均勻。

4. 啓動下腔體之旋轉水冷銅輪，固定
旋轉速率為 4.8m/sec(365rpm)，傾

倒坩堝，使熔湯掉落於旋轉之水冷
銅輪正上方，熔湯迅速降溫形成合
金薄片，掉於腔底。

5. 待其冷卻後從腔體中取出薄片狀合
金供後續試驗分析使用。

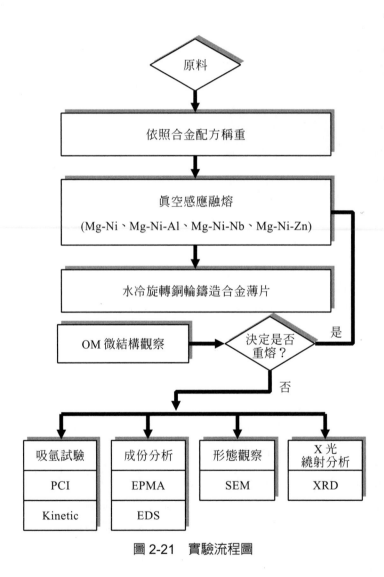

圖 2-21　實驗流程圖

✿ 2-12　金相與電子顯微鏡觀察及成分分析

取下之合金塊材，依照順序由 200 號砂紙磨至 2000 號後之後，以 95% 藥用酒精進行拋光處理。拋光後即進行浸蝕，浸蝕液成分為硝酸：乙醇 = 1.5c.c：100c.c。完成浸蝕後置於去離子水中以超音波震盪清洗，再用酒精清洗後烘乾，最後置於光學顯微鏡下，觀察顯微組織與進行拍照。使用之掃描電子顯微鏡 (scanning electron microscopy, SEM)，搭配能量分散光譜儀 (energy dispersive spectrometry, EDS) 來分析儲氫合金之化學成分，同時可利用點、線或面之分析以獲知元素之分佈狀況。

由圖 2-5 Mg-Ni 二元相圖可得知，Mg70Ni30 合金從高溫降至低溫度後，跟 Mg90Ni10 合金不同的是 Mg70Ni30 合金會先產生較多初析的 γ 相，γ 相為較粗之樹枝狀晶偏析現象。自 γ+L 兩相區再降溫至 779K 以下，後其他的殘留液體最後形成 $\alpha+\gamma$ 共晶相，如圖 2-22 所示。圖 2-23 為 Mg70Ni30 合金之大範圍的 EDS 分析，分析結果如表 2-5、圖 2-24 所示，合金內的鎂鎳比與 ICP-AES 分析相接近。進一步將 SEM 倍率放大如圖 2-25，首先針對 $\alpha + \gamma$ 共晶相進行分析結果如表 2-6 所示，此基地之鎂鎳原子百分比除去氧化的成分之外大

致與原來 Mg70Ni30 合金之熔煉配比接近。接著對於金相組織中較粗之樹枝狀結構分析，表 2-7 為 EDS 分析結果，此結構之成分含量分別為鎂 36.59wt%、鎳 54.23wt%、氧 9.18wt% 與前述之 γ 相 Mg2Ni 化合物 (鎂為 45.4wt%，鎳為 54.6wt%) 接近，所以可以確定此結構應為 Mg2Ni。

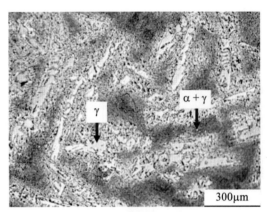

(a) 200X

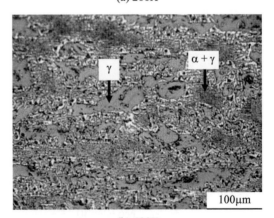

(b) 500X

圖 2-22　不同放大倍率之 Mg70Ni30 合金顯微組織

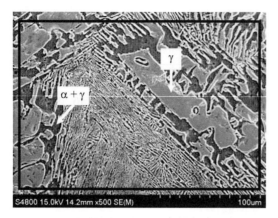

圖 2-23　Mg70Ni30 合金之 SEM 表面形態分析圖 (500X)

表 2-5　Mg70Ni30 合金之大範圍 EDS 分析

元素	重量百分比 %	原子百分比 %
鎂 (Mg)	60.77	67.21
鎳 (Ni)	27.10	12.41
氧 (O)	12.13	20.38

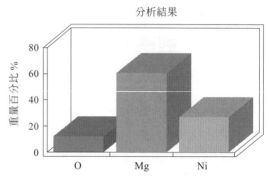

圖 2-24　Mg70Ni30 合金大範圍 EDS 分析

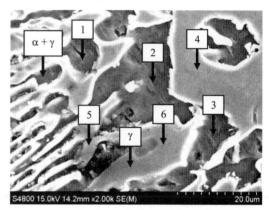

圖 2-25　Mg70Ni30 合金之 SEM 表面形態分析圖 (2000X)

表 2-6　Mg70Ni30 合金中 α + γ 相內，三個不同位置之 EDS 成分分析

	1			2			3	
元素	重量百分比 %	原子百分比 %	元素	重量百分比 %	原子百分比 %	元素	重量百分比 %	原子百分比 %
鎂 (Mg)	60.84	67.74	鎂 (Mg)	64.16	71.35	鎂 (Mg)	66.73	72.55
鎳 (Ni)	27.62	12.73	鎳 (Ni)	25.95	11.95	鎳 (Ni)	22.89	10.30
氧 (O)	11.54	19.52	氧 (O)	9.89	16.70	氧 (O)	10.38	17.15

表 2-7　Mg70Ni30 合金中 γ 相內，三個不同位置之 EDS 成分分析

	4			5			6	
元素	重量百分比 %	原子百分比 %	元素	重量百分比 %	原子百分比 %	元素	重量百分比 %	原子百分比 %
鎂 (Mg)	36.59	50.12	鎂 (Mg)	35.95	49.21	鎂 (Mg)	37.67	51.23
鎳 (Ni)	54.23	30.76	鎳 (Ni)	54.47	30.87	鎳 (Ni)	53.23	29.97
氧 (O)	9.18	19.11	氧 (O)	9.57	19.91	氧 (O)	9.09	18.79

❀ 2-13　合金之 XRD分析

利用 RCM 法製備之純 Mg、Mg90Ni10 合金及 Mg70Ni30 合金之 X-ray 繞射結果如圖 2-26 所示，經由 JCPDS Data 比對後將各繞射峰結構標示於圖中，先從純 Mg 之 XRD 分析結果顯示各個繞射峰皆與 JCPDS Data 的標準峰值相符，接著針對 Mg90Ni10 合金進行分析，由繞射圖中可以發現，其主要繞射峰均為鎂，用 RCM 法所製造之 Mg90Ni10 合金在 $2\theta = 36.7$、63.02、68.39 三處有顯示明顯的鎂繞射峰，此外在 Mg90Ni10 合金中也含有部份的 Mg_2Ni 繞射峰產生與之前的金相圖及 SEM 分析結果相印證。然後對 Mg70Ni30 合金進行分析，由圖上發現鎳的含量從原本的 10wt% 增加到 30wt% 之後，可見鎂的繞射峰明顯減弱許多，另外在 36 到 45 度的這個範圍內有幾個很明顯的 Mg_2Ni 繞射峰產生，因為有較多的 Mg_2Ni 產生，使得 Mg70Ni30 合金的吸放氫速率較 Mg90Ni10 合金來得快速。

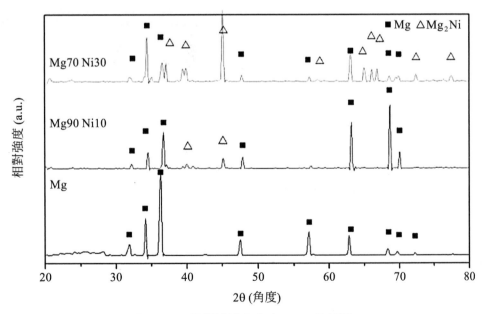

圖 2-26　各種鎂鎳合金之 XRD 分析圖

✿ 2-14 儲氫性能評估－PCI(Pressure Concentration Isotherm) 曲線量測

PCI 曲線量測設備採用 Sievet 吸放氫反應量測系統，如圖 2-27 所示。此為 Advanced Materials 公司出品之 PCI 量測系統，附有恆溫控制器，其最大容許氣體壓力為 2000psi。測量時將活化過後之儲氫合金，放入小試樣室，並塞入玻璃纖維 (不能超過五克) 防止抽眞空時流失，在控制試樣室於固定溫度條件下以逐步加壓吸氫或減壓放氫方式，使氫氣進入或離開儲氫合金，每次改變壓力經過吸放氫而達到穩定。在此過程利用壓力感測器紀錄平衡壓力值，再由修正之理想氣體方程式 Beattie-Bridgeman equation 如式 (2-5)。

$$n = (\frac{pv}{RT})\left\{1 + B(T)\frac{n}{v} + C(T)\frac{n^2}{v^2} + D(T)\frac{n^3}{v^3}\right\}$$

$$(2-5)$$

其中

$$B(T) = B_0 - A_0 / RT - c / T^3$$

$$C(T) = -B_0 b + A_0 a / RT - B_0 c / T^3$$

$$D(T) = B_0 bc / T^3$$

公式中 n 是莫耳數，p 是氫氣體壓力，v 是氫氣體積，R 是氣體常數，T 是氫氣溫度，A_0、a、B_0、b 及 c 是氣體常數值。

求出吸放氫過程氫氣增減之壓力變化，最後利用氫之理論密度，求得儲氫合金氫氣吸收或放出之莫耳數，進一步利用合金重量求得儲氫合金所含氫氣之重量百分比。取平衡壓 (ln P) 值對吸或放氫重量百分比作圖，即可得到 PCI 曲線。由 PCI 曲線，可得知儲氫合金吸放氫過程之遲滯率、平台區斜率、平台區壓力及可逆吸氫量等重要資訊。

圖 2-27 儲氫合金 PCI 量測系統

圖 2-28 和表 2-8 為 Mg70Ni30 之 PCI 吸放氫結果。在 300 和 250℃下最大吸氫量分別為 4.83、5.24wt%，與 5.45wt% 之理論吸氫量相近，且吸放氫溫度再下降至 200℃時，由圖中之曲線可觀察到幾乎沒有吸放氫的反應，所以由圖可得知吸放氫反應的最低溫度約為 250℃左右。

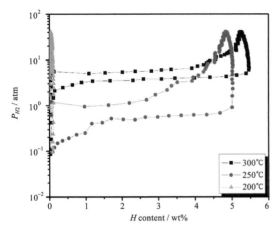

圖 2-28　Mg70Ni30 合金於不同溫度下之吸
　　　　放氫曲線

表 2-8　Mg70Ni30 合金平台壓及最大吸氫量

溫度 (℃)	平台壓 (atm)	儲氫量 (wt%)
200	X[*1]	0.03
250	A　0.94-2.17[*2] D　0.24-0.9	4.83
300	A　4.98-7.16 D　3.16-4.56	5.24

[*1] X 代表無法取得數據，[*2] A 代表吸氫平台壓，
D 代表放氫平台壓。

☸ 2-15　鎳氫電池之發展與應用

　　儲氫合金經過長期之研究與發展，一直到成功用於鎳氫電池之負極材料，才真正達到實用階段。當時鎳氫可充電電池 (Ni-MH Rechargeable Battery) 之發展是為取代 Ni-Cd 而設計出的電池，和 Ni-Cd 電池比較，鎳氫電池之性能較佳，包括電容量比高，循環壽命長，可充放次數高，約可充放達 1000 次以上，放電深度較大，較能忍受過充過放，內電阻較低，記憶效應較不明顯且無 Ni-Cd 電池鎘汙染問題。目前日本鎳氫電池產品之技術及品質較領先，大陸及台灣產品正積極迎頭趕上中。鎳氫電池之產品可製成各種外型，主要有鈕扣型、方型和圓柱型等。價格方面，鎳氫電池比 Ni-Cd 電池稍高，目前鎳氫電池仍是各種二次可充式電池中最佳選擇之一。表 2-8 列出鎳氫電池與鎳鎘電池各種電池特性之比較。

　　氫化電池可製成任何大小及形狀。因此其用途非常廣泛，可取代鉛酸電池及乾電池而應用於下列各項：

1. 家庭及個人用電器用品：手電筒、兒童玩具、收音機、手提電視、錄影機、照相機、刮鬍刀、真空吸塵器、電子錶。

2. 工商業原始裝備製造廠 (OEM) 使用儀器：電流 / 電位計、酸度針、警報器、手提電腦、醫學儀器、電動工具、電話等。

3. 儲存及調節能源：電力公司、電話公司、電腦、大廈、醫院，緊急用電源或平常用調節能源。

4. 航空及軍事用途：飛機、汽車及各種車輛發動引擎能源、軍事通訊、資訊能源、航空偵測器、人造衛星儀器能源。

表 2-9　鎳氫電池與鎳鎘電池特性比較

	鎳氫電池	鎳鎘電池
體積能量密度	250 ～ 300Wh/L	80 ～ 200Wh/L
重量能量密度	50 ～ 60Wh/Kg	35 ～ 55Wh/Kg
優點	輕微記憶效應、可以快速充電、抗逆電壓尚可、放電平穩	適用溫度範圍大 (-20 ～ 70℃)、耐過充電能力尚可、放電平穩
缺點	適用溫度範圍小 (-10 ～ 50℃)、自放電率高、耐過充電敏感	自放電率高、記憶效應嚴重、抗逆電壓敏感
環保衝擊	綠能電池，無重金屬污染問題	鎘是重金屬，有污染問題

❋ 2-16　鎳氫電池作用原理

圖 2-29 是鎳氫電池作用原理示意圖，其正負極之化學反應如下：

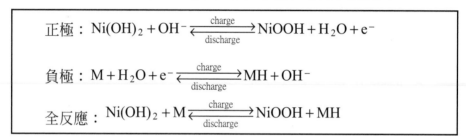

$$正極：Ni(OH)_2 + OH^- \underset{discharge}{\overset{charge}{\rightleftharpoons}} NiOOH + H_2O + e^-$$

$$負極：M + H_2O + e^- \underset{discharge}{\overset{charge}{\rightleftharpoons}} MH + OH^-$$

$$全反應：Ni(OH)_2 + M \underset{discharge}{\overset{charge}{\rightleftharpoons}} NiOOH + MH$$

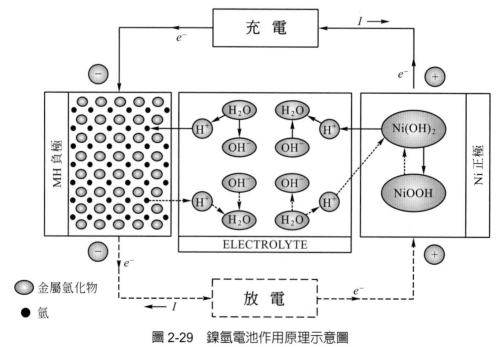

圖 2-29　鎳氫電池作用原理示意圖

充電時在氫氧化鉀電解液中，儲氫合金表面發生電化學反應。脫離水分子的微小氫原子在合金表面移動，進而擴散進入合金內，與合金反應生成金屬氫化物，同時釋出反應熱。鎳氫電池之大部份材料在鎳鎘電池中已有長期使用經驗，因此技術發展主要以儲氫合金材料為主。

✿ 2-17　正電極材料製作

鎳氫電池之負極材料一般為鍍鎳鐵網，而正極則以純鎳為主。過去鎳鎘電池極板使用鍍鎳鋼板，孔隙度只達 80%，氫氧化鎳活性物質無法再提高，已難以突破高容量化需求。目前鎳氫電池負極所使用之儲氫合金，本身即擁有良好導電度及電容特性。由於正、負極材料電容量差距過於懸殊，因此需藉由電極最適化匹配來加以調整。正極材料主要由以下五種成分所構成：(1) 作為電流蒐集器之導電基板 (2) 包含 β-Ni(OH)$_2$或 α-Ni(OH)$_2$活性物質 (3) 金屬鎳或碳粉等導電添加劑 (4)TiO$_2$等抗膨脹劑 (5) 黏著劑。市場上常用之正極基板有海綿狀發泡鎳網和纖維狀的鎳網。發泡鎳網與纖維狀鎳網孔隙度可達 95%，故可大幅提高活性物質填充空間，減少電池體積及重量。纖維狀鎳網之製法相當多，其中有人使用細徑鎳金屬纖維與木質纖維材料混合。發泡鎳網則是 PU 發泡體以化學浸鍍法鍍鎳後，置於高溫爐中燒除有機物製成。新型基板的使用明顯提升電池能量密度與放電

功率，在價格上也提升很多。鎳氫電池正極活性物質採用氫氧化鎳粉末，氫氧化鎳用於電池已經有很長的歷史，經過長時以來不斷地改良，目前擁有的製作方法很多。各廠商常使用不同製程，所以所得產品品質差很大。目前市售產品以使用球型氫氧化鎳粉末製得的電極品質較佳。此乃鎳電極板之製作已從鎳鎘電池之燒結式極板，轉變為發泡式鎳極，因而可促使電容量大幅提昇。活性物質粉末本身的品質要求指標包含電容量、組成分、形狀、晶型、粒徑及密度等。鎳氫電池所使用之氫氧化鎳活性物質，一方面要求其純度，另一方面又要求加入其它共沈澱元素以為改質之用，常使用的共沈澱元素鈷具有提高電流放電活性的功能，而加入鋅可調整電極膨脹率，避免電極在充放電中產生崩解現象。當極板中添加之氫氧化鎳活性物質密度越高時，單位電極體積的電容量即可提高，而均勻的球型取代不定型氫氧化鎳，可提升粉末流動性，增加填充率，因而明顯地提升有限電極空間中之電容量。

Ni(OH)$_2$電極的製作方法很多，其中有一種是用陰極沉積的方式製造的，稱作陰極化 (cathodizing) 製程。這種方法是將陰極基板置於高溫融熔的硝酸鹽電解質中，再加一隋性輔助陽極，硝酸根在陰極表面進行還原反應產生 NH$_4^+$和氫氧根離子，氫氧根離子並立即與極板材料鎳作用生成 Ni(OH)$_2$沉積在陰極極板上。以往鎳鎘或早期的鎳氫電池正極都是使用燒結 (sintering) 方式製造，

這種方法是將針狀鎳粉、導電碳粉、抗膨脹劑和黏著劑等配成膏狀物後，塗於拋光之鋼材表面，在稍低於熔點溫度下鍛燒，形成一高強度之多孔性之樹枝狀結構。後來發展的泡末 (foaming) 法則是將 $Ni(OH)_2$ 粉末和其它添加劑混合加壓使進入多孔之高分子 PU 孔隙中，最後再置於高溫爐中將高分子 PU 燒除而得到非常高比表面積之正極。泡末法製得之 $Ni(OH)_2$ 電極，能量密度比燒結法製得的電極高出 15～20%。圖 2-30 是一般商用發泡鎳的製作流程圖。

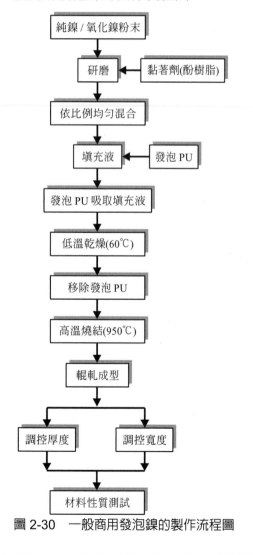

圖 2-30　一般商用發泡鎳的製作流程圖

⚛ 2-18　負電極材料製作

負極儲氫合金為影響鎳氫電池性能之關鍵所在，其主要構成為兩大類金屬經熔煉所得。A 類表強吸氫能力金屬如 Mg，Al，Ti，V，La 系金屬。B 類則為具觸媒能力之過渡金屬元素，如 Fe，Co，Ni，Mn，Al，Cr，V 等。曾被開發之多元素多晶相儲氫合金有 AB_5，AB_2，A_2B 及 AB 系列合金。AB_5 系列合金為目前市場佔有率最高者，其中 MmNi 3.55 Co 0.75 Mn 0.4 Al 0.3 的比例最為常見。Mm：稀土金屬，主要含有 La，Ce，Pr，Nd 等強吸氫元素，又稱為 mischemetal。因為 AB_5 系列合金製程較容易控制，成本也較低，市場佔有率高達 95%。不過此材料電容量之發展已達接近瓶頸階段。AB_2 系列合金，由於具有較高之理論電容量，部份業者特別針對此系列開發，其中則以美國 Ovonic 公司為代表。在合金製作時，各元素成分的比例對電池品質有絕對性之影響，如 Ni，Co，Mn，Al，Cr 等元素組成，多用以改進合金性能，合金粒徑需控制在 100μm 下。目前合金粉碎的方法採用吸氫後體積膨脹，放氫後自然粉碎的方式。再藉由溫度與壓力控制獲得所需之粒徑分佈。為了增加儲氫合金之導電度，最後產品常添加碳粉。表面以化學方法包覆銅處理則對材料之循環有良好之改善。圖 2-31 是鎳氫電池負極儲氫合金之製作流程圖。

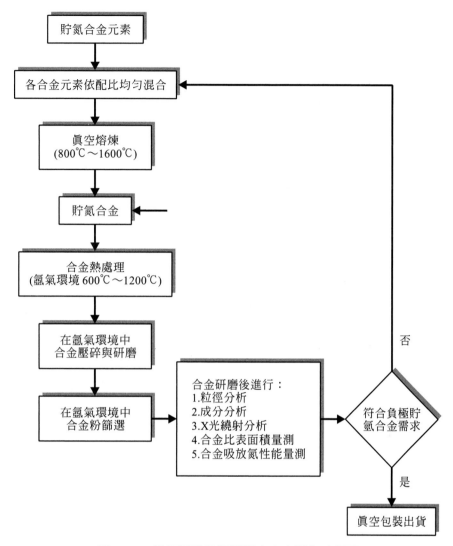

圖 2-31　鎳氫電池負極儲氫合金之製作流程圖

❀ 2-19　充放電曲線

圖 2-32 是一典型的鎳氫電池放電曲線，在此曲線中前 2 小時之第一階段，電池之電壓迅速下降，這是電池之電極發生活性極化所導致之結果。在此曲線中第 2 小時至第 8 小時之第二階段，這是電池之之歐姆極化所導致之結果。在此曲線中第 8 小時以後之第三階段，這是電池之電極發生濃度極化所導致之結果。圖 2-33 鎳氫電池在室溫下不同倍率下的放電曲線，圖 2-34 鎳氫電池在室溫下不同倍率下的充電曲線。由這兩圖可以看出充電倍率對鎳氫電池之性能有明顯影響。為了延長鎳氫電池使用壽命。慢充時，一般建議以 0.1C 標準充

電 5 小時或 1C 快速充電 1.2-1.5 小時。快充時,建議使用有終止電壓控制開關或溫度感應器的充電器,避免過充或過熱之發生,一方面保護鎳氫電池,延長使用壽命,一方面也節省充電之熱損耗,提高充電效率。

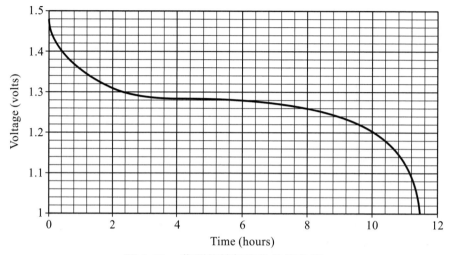

圖 2-32 典型的鎳氫電池放電曲線

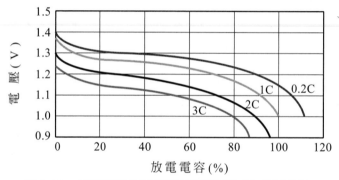

圖 2-33 鎳氫電池在室溫下不同倍率下的放電曲線

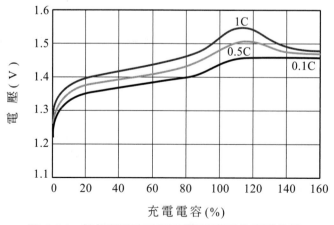

圖 2-34 鎳氫電池在不同充電倍率下的充電曲線

參考文獻

1. http：//www.itis.org.tw/rptDetailFree. screen, 產業評析 ITIS 智網, 2004.

2. J.J. Reilly, R.H. Wiswall, "The Reaction of Hydrogen with Alloys of Magnesium and Nickel and the Formation of Mg_2NiH_4", Inorganic Chemistry, Vol.7, p2254, 1968.

3. U.S. Department of energy (DOE), "Basic Research Needs for the Hydrogen Economy", 2003.

4. Dhanesh Chandra, James J. Reilly, and Raja Chellappa, "Metal Hydrides for Vehicular Application：The State of the Art", Metal Hydrides, JOM · February, p27, 2006.

5. 廖世傑,「儲氫材料及系統」,化工技術, 第十卷第六期,246 頁,民國九十一年。

6. Andreas Züttel, "Muterial for hydrogen storage", Material Today Sep 2003.

7. Tanaka, Kazuhide; Kanda, Yoshisada; Furuhashi, Masaki; Saito, Katsushi; Kuroda, Kotaro; Saka, Hiroyasu, "Improvement of hydrogen storage properties of melt-spun Mg–Ni–RE alloys by nanocrystallization", Vol293–295, pp.521–525, 1999.

8. 廖世傑,「儲氫材料及系統」,化工技術, 第十卷第六期,238 頁,民國九十一年。

9. 大角泰章, 水素吸藏合金, p50, 1993.

10. U.S. Naval Research Laboratory, http：// www.nrl.navy.mil.

11. Hong, Tae-Whan; Kim, Young Jig, "Fabrication and evaluation of hydriding / dehydriding behaviors of Mg–10 wt.%Ni alloys by rotation-cylinder method", Journal of Allys and compounds Vol333, pp.L1-L6.

12. 大角泰章, 水素吸藏合金, p145, 1993.

13. 大角泰章, 水素吸藏合金, p142, 1993.

14. 廖世傑,「儲氫材料及系統」,化工技術, 第十卷第六期, 243-244 頁,民國九十一年。

15. M. Martin, C. Gommel, C. Borkhart, E. Formm, "Absorpatipn and desorption kinetics of Hydrogen storage alloys", Journal of Alloys and Compounds, Vol.238, pp.193-201, 1996.

16. J. J. G. Willems, K. H. J. Buschow, J. Less-Common Met.,129,13, 1978.

17. Gary Sandrock, "A panoramic overview of hydrogen storage alloys from a gas reaction point of view", Journal of Alloys and Compounds, Vol.293-295, pp.877-888, 1999.

18. 大角泰章, 水素吸藏合金, p40, 1993.

19. A. Zuttel, "Materials for hydrogen storage", Material Today, Vol.6, pp24-33, 2003.

習作

一、選擇題

1. (　　) 目前之固態儲氫何者爲非？

    (1) 安全

    (2) 高容積能密度

    (3) 高重量能密度

    (4) 吸放氫速率有待突破

    (5) 以上皆非。

2. (　　) 和固態儲存方式比較，使高壓方式儲存等容積氫氣約需加大壓力至

    (1)1000

    (2)3500

    (3)5000

    (4)7500

    (5)10000psi。

3. (　　) 儲氫合金不可用於：

    (1) 冷暖氣機

    (2) 氫氣純化

    (3) 電極材料

    (4) 感測材料

    (5) 光學應用。

4. (　　) 以下何者不易形成氫化物

    (1)Au

    (2)Pd

    (3)Al

    (4)Mg

    (5)Ti。

5. (　　) 比較 AB_5 和 AB_2 儲氫合金

    (1) 後者理論電容量校高

    (2) 後者屬過渡金屬合金

    (3) 前者屬稀土金屬合金

    (4) 兩者都曾用於鎳氫電池

    (5) 以上皆是。

6. (　　) 儲氫材料的發展過程

    (1)1980 年以前只有 AB_5 和 AB_2 合金

    (2) 鎂和鎂合金自 1980 至今一直都被研究

    (3) 鈉鋁合金自 1998 年後才密集研究

    (4) 奈米碳材近 10 年來有很多研究

    (5) 以上皆是。

7. (　　) 依照美國能源部所訂定對電動車的發展目標，至 2010 年時使用燃料之能量密度應達到

    (1)1.5kWh/L

    (2)5.0kWh/kg

    (3)9kWh/L

    (4)15kWh/L

    (5) 以上皆非。

8. (　　) 有關 PCI 圖何者爲非？

    (1) 水平區是雙相共存區

    (2) 溫度愈高水平區愈短

    (3) 曲線上每一個數據點的蹤座標不是平衡壓

    (4)Sievert's apparatus 可作爲測量吸放氫的量測裝置

    (5) 以上皆非。

9. (　　) 依照美國能源部所訂定對電動車的發展目標，至 2010 年時使用固態儲氫燃料之能量密度應達到多少 wt%？

(1)4

(2)6

(3)8

(4)10

(5) 以上皆非。

10. (　　) 下列那一種儲氫材料具有最高之理論儲氫重量能量密度？

(1)FeTi

(2)LaNi$_5$

(3)Mg$_2$Ni

(4) 奈米碳管

(5) 以上皆非。

11. (　　) 下列那一種儲氫材料是最近才發展出來的儲氫材料？

(1)FeTi

(2)LaNi$_5$

(3)Mg$_2$Ni

(4)NaAlH$_4$

(5) 以上皆非。

12. (　　) 有關機械冶金 (mechanical alloying) 何者為非？

(1) 早期曾用於製造超合金

(2) 球粉比愈低形成合金機會愈大

(3) 球粉比愈高代表愈能獲得形成合

金之活化能

(4) 適用於配方研究

(5) 不適用於工業生產。

13. (　　) 依據 Reilly 先生的分類，下列那一種儲氫材料屬於化學氫化物 (Chemical Hydrides)？

(1)CH$_3$C6H$_{12}$

(2)LaNi$_5$H$_6$

(3)Mg$_2$NiH$_4$

(4)NaAlH$_4$

(5) 以上皆非。

14. (　　) 依據 Reilly 先生的分類，下列那一種儲氫材料屬於 Classical/ Interstitial MHs？

(1)CH$_3$C$_6$H$_{12}$

(2)LaNi$_5$H$_{6.7}$

(3)Mg$_2$Ni

(4)NaAlH$_4$

(5) 以上皆非。

15. (　　) 依據 Reilly 先生的分類，下列那一種儲氫材料屬於複合輕金屬氫化物 (Complex Light Metal Hydrides)？

(1)CH$_3$C$_6$H$_{12}$

(2)LaNi$_5$H$_{6.7}$

(3)Mg$_2$Ni

(4)NaAlH$_4$

(5) 以上皆非。

16. (　　) 一般儲氫合金氫化物主要之化學鍵結多屬於

(1) 離子鍵

(2) 氫鍵

(3) 共價鍵

(4) 金屬鍵

(5) 以上皆非。

17. (　　) 何者是合成儲氫合金成分元素中單價最高的？

(1)Co

(2)V

(4)Zr

(5)Ti。

18. (　　)LaNi$_5$ 的體積能量密度約為

(1)130kgH$_2$/m^3

(2)50kgH$_2$/m^3

(3)20kgH$_2$/m^3

(4)300kgH$_2$/m^3

(5)800kgH$_2$/m^3

19. (　　) 有關 complex light metal hydrides 何者為非？

(1)Li-N 基合金屬之

(2)borohydrides 屬之

(3) 重量能量密度不佳

(4) 有高體積能量密度

(5) 可能可以用於電動車。

20. (　　) 有關 AB$_5$ 儲氫材料何者正確？

(1)A 可以是鑭系元素或 Mm

(2) 吸放氫速率佳

(3) 可逆性佳

(4) 氫原子儲存在晶格間隙

(5) 以上皆是。

二、問答題

1. In order to study the adsorption rate of hydrogen with the powder of hydrogen storage alloy, could you please suggest a mechanism with several steps to describe the interaction for the hydrogen gas molecules with the metal？

2. Using the following PCI curves obtained at three different temperatures, please describe how could you obtain the Gibbs Free energy (ΔG), the enthalpy (ΔH)and entropy(ΔS)for a Mg-Ni hydrogen storage alloy？

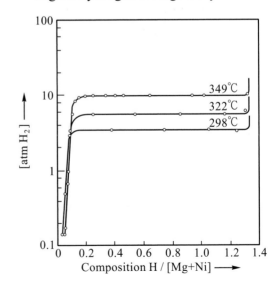

3. (1) 鎳氫電池的正負極材料爲何？儲氫合金用於那一極？ (2) 鎳氫電池正極活性物質爲氫氧化鎳粉末，鎳鎘電池之燒結式製程，進步爲鎳氫電池之發泡式鎳極製程有何好處？

一、選擇題答案：

　　1. (3)　　2. (4)　　3. (5)　　4. (1)　　5. (4)　　6. (5)　　7. (1)　　8. (3)

　　9. (2)　　10. (4)　　11. (4)　　12. (2)　　13. (1)　　14. (2)　　15. (4)　　16. (4)

　　17. (2)　　18. (1)　　19. (3)　　20. (5)

3 鋰離子電池

　　鋰金屬是一個非常具有吸引力的電極材料。因為它具有質輕、高電壓、高導電度、高電化學當量 (electrochemical equivalence) 等等的優點。化學當量是指單位體積或是單位重量所能釋放出來的電量。高化學當量的電池表示很小的電池就可以儲存很高的電量。這些優點使得近年來高效率的一次電池 (primary battery)、二次電池 (secondary battery) 都是以鋰電池為發展重點。一次電池是電池放完電之後不能再充電，必須回收再利用。二次電池是電池放完電之後，可以充電再使用。鋰電池的能量密度 (單位體積或重量所具有的電能) 與功率密度 (單位體積或重量所能釋放的功率) 都很高。它的輸出電壓可達 4.0V，能量密度可達 100-150Wh kg^{-1}。這是目前各種商業電池中輸出電壓與能量密度最高的電池。使用它做電源的電子產品，它們的體積變得較小、重量較輕。它的廣泛運用促成許多攜帶型電子產品的發展，例如手機、筆記型電腦、電動遊戲器等等。

　　因應未來石化能源可能短缺，各國積極發展如太陽電池、風力發電等再生能源技術。現有能源使用技術，不論是火力發電或是轉化成汽油供給汽機車，使用的結果都是將石化能源燃燒，產生大量二氧化碳排放到大氣中，造成全球暖化、氣候變遷等問題。電動機車或混合動力車、電動車等等的發展與推廣可以結合再生能源，減緩二氧化碳的排放量。這些電動車或是油電混合動力車所使用的電池由早期的鎳鎘電池、鎳氫電池進展到鋰電池的使用。圖 3-1 是目前使用最廣泛的三種可以充放電的二次電池比較。鉛酸電池的能量密度與功率密度是這三種電池中最低的一種，但是因為價格便宜，因此使用在汽機車啟動、電動堆高機、不斷電保護系統等場合。鎳氫電池能量密度與功率密度較鉛酸電池為高，現用在油電混合動力車以及 3C 產品中。鋰離子電池是這三種電池中能量密度與功率密度最高的一種。目前用在筆記型電腦、手機等需要質輕、空間小的攜帶型電子產品中。圖中 HEV 與 EV 標示用於是分別用於油電混合動力車 (HEV，hybrid electrical vehicle) 與電動車 (EV, electrical vehicle) 鋰離子電池的功率密度與能量密度。用於油電混合動力車中的電池僅用於短時間車輛加速場合，因此需要短時間能輸出較高的功率。電動車內的電池則是驅動車輛的主要動力，為了長距離行駛，因此需要較高的能量密度。

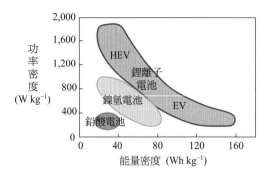

圖 3-1　三種可充放電之二次電池功率密度
　　　　與能量密度

　　早期 (1960 年代) 鋰電池的發展是以鋰金屬爲陽極，有機溶劑系列的一次電池。這些鋰金屬一次電池包括：Li-TiS$_2$、Li-MoS$_2$、Li-Li$_x$MnO$_2$等系統。Tadiran Inc. 在 1990 年代推出手機用 AA 規格 Li-Li$_x$MnO$_2$鋰金屬電池。Li-TiS$_2$、Li-MoS$_2$、則因安全原因並沒有商業化。一次鋰金屬電池最早是作爲軍事用途。鋰金屬電池的應用由 5mAh 小型鈕扣電池作爲記憶體備用電源到 10,000Ah 長方型火箭發射基地備用電源。鋰金屬的活性很高，它接觸到空氣便會氧化，或是與空氣中的水分反應產生氫氣 (Li + H$_2$O → LiOH + 1/2 H$_2$)。這些反應會釋放大量的熱量，氫氣混合空氣中的氧氣就會有燃燒或爆炸之虞。由於鋰金屬電池的價格和操作安全性考量，與鹼性乾電池相較，它並沒有很廣泛的應用。鋰金屬電池也有朝向二次電池的方向發展，但是因爲低充放電週期壽命、低充放電效率、以及安全等等因素，它並沒有廣泛的應用。

　　鋰離子電池的陽極不使用鋰金屬而用石墨，陽極使用鋰合金材料 LiCoO$_2$ (LiMO$_2$系列，M = Co、Ni)。鋰離子在充放電過程中以離子型態穿梭於陰、陽兩極之間。雖然它的能量密度因爲使用鋰離子而降低一些，但是安全性卻大幅度的提高，並且價格較爲低廉、可以充電循環使用。這些優點使得鋰離子電池是至今運用最廣的鋰電池。自從 1990 年代 Sony 推出鋰離子電池 (石墨 -LiCoO$_2$) 之後，許多攜帶型電子產品，如手機、筆記型電腦，照相機等等都以它爲電源。

✿ 3-1　鋰電池的種類、特性、與安全

　　鋰金屬在室溫下是金屬固體。它的密度是 0.534g cm^{-3}，是週期表各種元素中最輕的金屬。它的熔點是 180.54C，沸點是 1342C，比熱 24.86J mol^{-1} K^{-1}，電阻是 92.8 × 10^{-9} ohm m，導熱度 84.8W m^{-1}K^{-1}。下表是鋰金屬與其他各種用於電池陽極金屬的比較。鋰金屬的標準還原電位是這些金屬中最負的一種 (-3.05V)，也就是說最容易被氧化。它的原子量最小 (6.94g mole^{-1})。由法拉第定律可以計算出每一克鋰金屬所能放出的電容量 (電化學當量，Ah g^{-1})，它是這些金屬中最高的一種。它的密度最小，相對的每一立方公分金屬所能放出的電容量 (Ah cm^{-3}) 也較小一些。

表 3-1　各種電化學反應的還原電位與金屬密度

電極	電化學反應	標準還原電位 (V)	原子量 (g)	密度 (g cm⁻³)	價數變化	電化學當量	
						Ah/g	Ah cm⁻³
鋰，Li	$Li^+ + e^- \rightleftharpoons Li_{(s)}$	− 3.05	6.94	0.54	1	3.86	2.08
鈉，Na	$Na^+ + e^- \rightleftharpoons Na_{(s)}$	− 2.71	23.0	0.97	1	1.16	1.12
鎂，Mg	$Mg^{+2} + 2\,e^- \rightleftharpoons Mg_{(s)}$	− 2.37	24.3	1.74	2	2.20	3.8
鋁，Al	$Al^{+3} + 3\,e^- \rightleftharpoons Al_{(s)}$	− 1.66	26.9	2.70	3	2.98	8.1
鈣，Ca	$Ca^{+2} + 2\,e^- \rightleftharpoons Ca_{(s)}$	− 2.87	40.1	1.54	2	1.34	2.06
鐵，Fe	$Fe^{+2} + 2\,e^- \rightleftharpoons Fe_{(s)}$	− 0.44	55.8	7.85	2	0.96	7.5
鋅，Zn	$Zn^{+2} + 2\,e^- \rightleftharpoons Zn_{(s)}$	− 0.76	65.4	7.10	2	0.82	5.8
鎘，Cd	$Cd^{+2} + 2\,e^- \rightleftharpoons Cd_{(s)}$	− 0.40	112	8.65	2	0.48	4.1
鉛，Pb	$Pb^{+2} + 2\,e^- \rightleftharpoons Pb_{(s)}$	− 0.13	207	11.30	2	0.26	2.9

典型的鋰電池結構包括負極 (放電時的陽極)、含電解質的隔離膜、正極 (放電時的陰極)。負極是石墨材料的中間相碳微粒，(MCMB，mesocarbon microbead)。這些碳微粒是塗佈在銅箔集電片上。陰極是鋰金屬的氧化物 (例如 $LiCoO_2$)，這些氧化物粉體塗佈在鋁箔電極片上。多孔隔離膜內含有鋰離子鹽類 (例如 $LiPF_4$) 與有機溶劑 (例如 EC-DMC，ethylene carbonate-dimethyl carbonate) 的電解質。

3-1-1　鋰電池種類

鋰電池隨著所用材料的不同，它的特性與用途也不同。鋰電池的大致分類如圖 3-2 所示。鋰金屬作為陽極的鋰金屬電池，大多數屬於一次電池，

具有很高的能量密度。鋰金屬電池隨著電解質與陰極材料不同而發展出不同的電池。由於鋰金屬會與水產生劇烈反應，電解質必須選擇不會與鋰金屬起反應，傳導離子、化學安定的有機溶劑。這些有機溶劑包括：乙腈 (acetonitrile)、丁內酯 (butyrolactone)、二甲基亞碸 (dimethylsulfoxide)、亞硫酸二甲酯 (dimethylsulfite)、二甲氧基乙烷 (1, 2-dimethoxyethane)、甲氧基乙烷 (dioxolane)、甲酸甲酯 (methyl formate)、硝基甲烷 (nitromethane)、碳酸丙烯酯 (propylene carbonate)、四氫呋喃 (tetrahydrofuran) 等等。

鋰金屬電池的陰極可分為溶解型陰極與固態陰極。溶解型陰極使用

SO_2或是 $SOCl_2$、SO_2Cl_2做為陰極的反應物,這些反應物可以溶解在有機溶劑中。碳粉塗佈在鋁箔上作為陰極集電板,電子經由這集電板將 SO_2或是 $SOCl_2$、SO_2Cl_2還原。固態的陰極包括:MnO_2、$(CF)_n$、$Cu_4O(PO_4)_2$、CuO、FeS_2、Ag_2CrO_4、$AgV_2O_{5.5}$、V_2O_5等等。

鋰金屬電池也有研發作為二次電池使用。隨著電解質與陽極的不同,二次鋰金屬電池可以分成下列四大類,(1) 高分子電解質、(2) 無機電解質、(3) 有機電解質 (4) 鋰合金等等。二次鋰金屬電池在充放電時的電化學反應是:

正極:

$$x\ Li \underset{充電}{\overset{放電}{\rightleftarrows}} Li^+ + xe^- \qquad (3\text{-}1)$$

負極:

$$x\ Li^+ + M_yB_z + xe^- \underset{充電}{\overset{放電}{\rightleftarrows}} Li_xM_yB_z \quad (3\text{-}2)$$

其中 M_yB_z是指在陰極的過渡性金屬化合物,如 MoS_2、$NbSe_3$、V_2O_5、$LiCoO_2$、MnO_2等等。鋰金屬陽極在放電時會氧化成鋰離子 (Li^+) 並釋放出電子,電子經由外部迴路流向陰極。鋰離子經過電解質游離到陰極,在陰極鋰離子會嵌入 (intercalation) 陰極過渡性金屬化合物,並與流入的電子還原形成 $Li_xM_yB_z$。充電時,上述的反應步驟相反。

鋰離子電池與鋰金屬電池不同的地方就是電池正極使用較為安定的鋰金屬氧化物,這樣大幅提高電池操作的安全性。鋰金屬氧化物包括層狀結構的 $LiCoO_2$或者是具有管狀通道結構的 $LiMn_2O_4$。這些粉體黏附在鋁箔集電板上。負極常是石墨粉黏附在銅箔集電板上。電極所用的典型黏著劑包括:聚偏氟乙烯 (PVDF,polyvinylidene fluoride) 或者是聚偏氟乙烯 - 六氟丙烯高分子共聚物 (PVDF-HFP,polyvinylidene fluoride -hexafluoropropylene)。典型的鋰離子電池在充放電時的電化學反應是:

正極:

$$LiMnO_2 \underset{充電}{\overset{放電}{\rightleftarrows}} Li_{1-x}\ MnO_2 + x\ Li^+ + x\ e^- \qquad (3\text{-}3)$$

負極:

$$C + x\ Li^+ + x\ e^- \underset{充電}{\overset{放電}{\rightleftarrows}} Li_xC \qquad (3\text{-}4)$$

鋰氧化物正極在放電時,部份鋰氧化物中的鋰會氧化成鋰離子 (Li^+) 並釋放出電子,電子經由外部迴路流向陰極。鋰離子經過電解質游離到陰極,在陰極鋰離子會嵌入 (intercalation) 陰極含鋰的多孔碳材中,並與流入的電子還原形成 Li_xC。充電時,這些程序反向發生。鋰離子電池種類繁多,圖 3-2 僅列出主要依正極、負極、電解質或隔離膜材料的分類。詳細種類將在本章敘述。

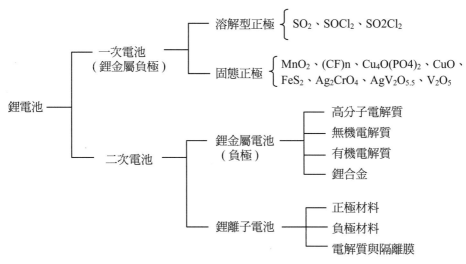

圖 3-2　各種鋰電池的分類

3-1-2　鋰離子電池特性

第一個商業化也是現在最為廣泛應用的鋰電池使用 $LiCoO_2$ 為陽極材料。這種材料化學安定性好，導電度高，容易製造，使用安全。鋰電池充放電原理是運用鋰離子嵌入 (intercalation, insertion) 基材的可逆行為。這些基材本身有層狀結構或是孔道結構，鋰離子嵌入或移出基材時，只會造成基材結構些微的變化，並且鋰離子和基材的鍵結微弱，因此容易嵌入或移出基材，使得電池可以充放電。圖 3-3 左是鋰金屬電池充放電，圖 3-3 右是鋰離子電池充放電。鋰金屬電池 (圖 3-3 左) 在放電時，會由負極 (－) 鋰金屬板氧化，釋出鋰離子，鋰離子擴散到正極 (＋)，遷入正極基材間隙，還原沉積在基材內。充電時，鋰在正極氧化並還原到負極鋰金屬板上。鋰離子電池 (圖 3-3 右) 在放電時，鋰會由負極層狀石墨碳材中氧化，釋出鋰離子，鋰離子擴散到正極，遷入正極基材間隙，還原沉積在基材內。充電時，鋰在正極氧化並還原到負極層狀石墨碳材中。與鋰金屬相比，鋰離子的活性較低，較為安全，充放電週期壽命也較長。這裡所謂的正極 (＋)、負極 (－) 是指電池在放電時，電池的正、負極。依照定義，電子是由負極流向正極。在充電時電子流動的方向正好與放電時相反。因此充電時電池的極性與在放電時電池的極性正好相反。

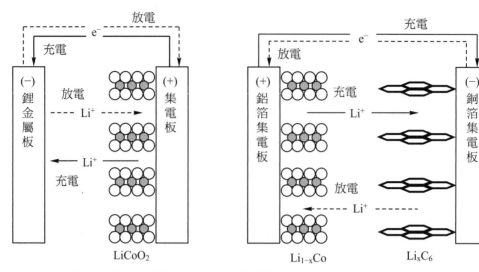

圖 3-3　鋰金屬電池 (左圖) 與鋰離子電池 (右圖) 充放電示意圖

3-1-3　電池安全與操作

　　由 於 鋰 的 活 性 很 高 ， 熔 點 在 180℃，加上所用電解質可能易燃或是有毒性，使用或產品設計時需要注意到它的安全。鋰離子電池沒有使用鋰金屬，在安全性上提高了很多。各種鋰電池特性都會影響到它操作安全，這些考量因素包括：

1. 電池材料與組成，例如電解液的沸點、熔點、蒸氣壓等等。

2. 電池體積與形狀，通常小電池所含活性物質較少，也相對的安全。

3. 鋰的含量，小電池所含活性物質較少，也相對的安全。

4. 電池設計，高功率型可以瞬間釋放出大電流，或是低功率型作爲長時間、小電流運轉。

5. 電池安全設計，例如密封、洩壓、防止過充、高溫斷電等等的安全防護。

6. 電池與電池組的封裝、串並聯的保護裝置、維持各電池均衡放電的保護裝置。

　　電池在正常的使用是相當的安全，但是需要注意到避免不當的使用，這些包括：

1. 大電流放電或是短路。超過電池設計範圍電流的放電，包括短路，電池內部溫度會因電池內阻加熱效應 (Joule heating) 變高。低功率型電池因爲電流被限制，電池溫度不會太高。大型電池或者是高功率型電池，通常裝設有安全閥避免危險的發生。此外熱熔保險絲或者是過熱開關都可以保護電池溫度在一定範圍內。

2. 強制充放電或電池極性反接。電池極性反接常發生在多個單電池串聯的情況。電池組長期使用後，各個電池性能會產生差異，電池性能好的有可能驅使電池性能差的電壓降到零伏特以下，極性反接的現象。並聯時電壓高的電池電流有流向電壓低的電池，為了防止這現象，電池電路中常裝設有整流二極體，避免電流回流現象。充電器設有充電保護裝置，限制過高的充電電壓。

3. 電池過熱。避免電池操作在額定溫度以上，造成電解質汽化，內部壓力上升。電池內部過熱保護裝置如熱熔保險絲、過熱開關、洩壓安全閥等裝置可以避免操作意外。

4. 燃燒焚化。電池避免接觸到火苗或者丟棄到垃圾中，應該集中回收，避免遇到高溫。

5. 電池破壞。電池穿孔、外殼受擠變形等等都要避免。

✸ 3-2　鋰電池負極材料

鋰電池負極材料包括：金屬鋰、鋰合金、碳材、鋰氧化物。這些材料特性分述如下。

3-2-1　金屬鋰負極材料

鋰金屬非常容易氧化的活性，造成它在使用上有安全的顧慮，以及很短的充放電週期。這些問題阻礙它的推廣使用。然而，金屬鋰有最高的能量密度 ($3860mAh\ g^{-1}$) 與最負的還原電位 (-3.05V)。這使得許多電池研究資源仍然投入在鋰金屬上，尤其是應用於攜帶式電子產品和電動車上。

鋰金屬的充放電反應如式 (3-1) 所示，是個很單純的電化學反應。但是在實際充電時，鋰常會以樹枝針狀 (dendrite) 或苔蘚狀 (mossy) 沉積在電極上，而不是緊密的堆積。這些鬆弛的沉積物也有剝落的可能，造成電極有效反應物的損失。充電時，一部分電流會分解電解質，造成充電效率的損失並且減短電池的壽命。這些樹枝針狀的沉積有時會穿透隔離膜造成電池內部的短路。這些問題是鋰金屬電極需要解決的問題。

解決上述樹枝針狀的沉積與短充放電週期問題，初期是以過量的鋰金屬來延長電池的充放電週期。但是這也只能做到充放電週期約 200 次。另外的方法是使用鋰合金。鈕扣型鋰金屬電池常使用鋰合金電極材料。由於這類電池常用於充放電深度不大的記憶體備用電力，因此它的壽命可達 1,000 次以上。

由於鋰金屬的還原電位非常的低，當鋰金屬一接觸到電解質，立刻會將電解質內的溶劑或是鹽類還原分解，並且在鋰金屬表面形成一層鈍化的保護膜。這層鈍化保護膜稱為固態電解質介面 (SEI，solid electrolyte interface)。 這層保護膜不但防止鋰金屬繼續氧化，或者是分解電解質內的溶劑或是鹽類，它也使得不安定的鋰金屬在有機電解液中處於假穩定狀態 (pseudo-stability)。下表是鋰金屬表面在各種電解質中所生成的固態電解質介面 (SEI)。這些固態電解質介面除了要防止鋰金屬繼續分解電解質之外，也需要讓鋰離子在充放電時自由的進出。固態電解質介面不但影響鋰金屬表面形態，也影響到電池的充放電週期壽命。電池效率上，鋰金屬表面呈晶體或是塊狀的會比呈樹枝針狀或苔蘚狀的要好很多。

表 3-2 鋰金屬表面在各種電解質中所生成的固態電解質介面 (SEI)

電解質	固態電解質介面	電解質	固態電解質介面
無電解質，自然形成	$LiOH$、Li_2CO_3、Li_2O	一般 THF 電解液	$BuOLi$
一般 PC 電解液	$CH_3CH(OCO_2Li)CH_2OCO_2Li$	THF/$LiAsF_6$	$BuOLi$、RLi、$-As-O-As-$、$ROLi$、$-O(CH_2)_4-THF^+$、$F_2-As-O-As-F_2$
PC/$LiPF_6$	LiF、Li_2O、$LiOH$	一般 2MeTHF 電解液	五氧化鋰 (Li pentoxide)
PC/$LiClO_4$	Li_2O_3、$LiOH$、Li_2O、$LiCl$ $ROCO_2Li$、$LiCHClCHCl$、$LiCH_2CHClCH_2Cl$	2MeTHF/$LiAsF_6$	$(-As-O-)_n$、$LiAs(OR)_nF_{6-n}$、AsO_nF_{5-n}、$AS(OR)_nF_{3-n}$
一般 EC 電解液	$(CH_2OCO_2Li)_2$	一般 DME 電解液	CH_3OLi
一般 DMC 電解液	$CH_3CH_2OCO_2Li$、CH_3CH_2OLi	DME/$LiAsF_6$	CH_3OLi、LiF
一般 DEC 電解液	$CH_3CH_2OCO_2Li$、CH_3CH_2OLi	一般 BL 電解液	$C_3H_7OCO_2Li$、環 β-酮酯 (cyclic b-keto ester)
SO$_2$/$LiAlCl_4$	$Li_2S_2O_4$、Li_2SO_3、LiS_nO_6、$Li_2S_2O_5$	一般 DOL 電解液	CH_3OLi、C_2H_5OLi、$LiOC_2H_4(OCH_2)_nOX$ (X = OLi、H、OR)

PC：propylene carbonate，碳酸丙烯酯
EC：ethylene carbonate，碳酸乙烯酯
DMC：dimethyl carbonate，碳酸二甲酯
DEC：diethyl carbonate，碳酸二乙酯
THF：tetrahydrofuran，四氫呋喃

2MeTHF：2-metyl tetrahydrofuran，2- 甲基四氫呋喃
DME：dimethoxyethane，二甲氧基乙烷
BL：butyrolactone，丁內酯
DOL：Dioxolane 二氧化環
R：碳氫化合物
Bu：Butyl，丁烷基

此外，在電解質中摻入添加物也可以改變固態電解質介面的特性。這些添加物與鋰反應或者是吸附在鋰表面上，改善固態電解質介面，提高鋰電池的充放電效率。這些添加物包括：

1. 無機物，HF、Al I_3、MgI_2、Sn_2、S_x^{2-}
2. 有機物，2MeTHF、THF、吡啶衍生物 (pyridine derivatives)、吡聯啶衍生物 (dipyridyl derivatives)、十六烷基三甲基氯化銨 (cetyltrimethylammonium chloride)、非離子型介面活性劑、冠醚 (crown ether)、甲苯
3. 氣體，CO_2、N_2O、CO 等。

除了在電解質中入添加物之外，添加微量 (5% 以下) 的其他金屬 (例如鋁、錫、鎵等等) 到鋰金屬內，也可以降低固態電解質介面阻抗和改變它的表面形態。這有別於鋰金屬合金的材料。

3-2-2　碳負極材料

含碳負極材料在各種負極材料中具有相當多的優點。碳材可由石油焦 (petroleum coke) 石墨化得到，它的成本相對於其他負極材料而言是很低的。碳材在電池充放電時的體積變化很小，鋰在碳材的嵌入與遷出相當可逆。碳材與電解質的介面會形成固態電解質介面 (SEI)，因此碳材電池充放電時相當安定也不會破壞電解質。這些優點使得它成為目前負極材料的主流。

含鋰碳材的研究可以追溯到 1955 年 Herold 備製鋰 - 碳嵌入複合材料，直到 1991 年 Sony 首先推出鋰離子電池，鋰電池才開始大量推廣運用。該電池負極 (陽極) 使用碳材，正極 (陰極) 使用 $LiCoO_2$。之後在 1996 年 NEC 提出 $LiMn_2O_4$。電池在第一次使用時須先充電，將鋰離子遷移到負極。鋰嵌入或遷出碳材的數量、品質與碳材的種類、結晶、表面形態、微結構等等都非常有關係。負極碳材可以分成兩類：(a) 石墨碳，(b) 非石墨碳。

石墨碳材具有較規則的結晶排列，它是由碳原子以 sp^2 軌域鍵結形成，結晶呈蜂巢狀平面結構 (圖 3-4)。結晶層之間是由吸引力較弱的凡德瓦爾力 (Van der Waals) 結合在一起。石墨是指碳原子以這種有規則方式排列的碳材。各碳結晶層之間是以 AB 或者是 ABC 交互穿差的方式疊堆。AB 交叉方式排列的結構稱為六角結構石墨 (hexagonal，2H-，或者是 α 相)，ABC 交叉方式排列的結構稱為菱形結構石墨 (rhombohedral，3R-，或者是 β 相)。一般的石墨中通常是 α 相佔多數，參雜著少量的 β 相。由於石墨 α 相在熱力學上較為穩定，高溫處理後的石墨多傾向 α 相石墨的排列。在石墨的表面有兩種結構，一是平滑面 (basal plane surface)，另一種是斜晶面 (prismatic (edge) surface)。理想的平滑面石墨表面是非常平滑，表面幾乎全是碳原子。在斜晶面的石墨表面通常較為粗糙，並且會含有其他的元素 (通常是氧原子)。

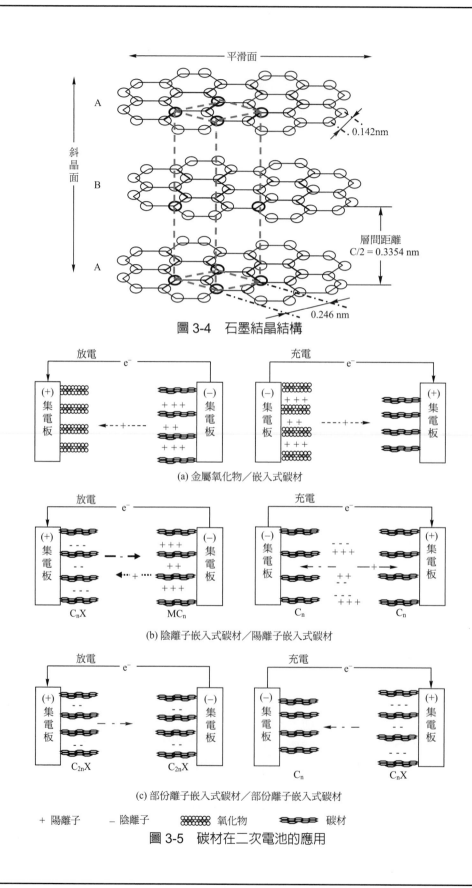

圖 3-4　石墨結晶結構

(a) 金屬氧化物／嵌入式碳材

(b) 陰離子嵌入式碳材／陽離子嵌入式碳材

(c) 部份離子嵌入式碳材／部份離子嵌入式碳材

＋ 陽離子　　　－ 陰離子　　　氧化物　　　碳材

圖 3-5　碳材在二次電池的應用

3-2-3　氧化物負極材料

　　氧化物負極材料可以分成兩類。第一種是鋰嵌入式的氧化物，鋰在這種氧化物中的嵌入與遷出非常容易、可逆。使用這種負極材料電池的充放電效率較高，但是儲電的容量較小。第二種是會被鋰還原的氧化物，當鋰加入這種氧化物中，鋰先會氧化成 Li_2O，並將氧化物還原成金屬態並包容於 Li_2O 的基材內。這種形式儲存的鋰容量較高，但是在充放電時會有遲滯現象，充放電效率較低。

1. 嵌入式氧化物，較為普遍使用的金屬氧化物要算是尖晶石結構的 $Li_4Ti_5O_{12}$。鋰嵌入這種氧化物中幾乎是零變形量，材質的體積幾乎沒有變化。分子結構式為 $Li[Li_{1/3}Ti_{5/3}]O_4$，代表 Li 與 Ti 在八面體 (octahedral)16d 位置的混合，剩下的鋰是位於四面體 (tetrahedral) 的 8a 位置。這種材質的電容量約在 150mAh/g。由 (溶膠 - 凝膠) 製程所製作出的奈米晶體薄膜或是以噴霧乾燥製作出的奈米粉體都可以加工成具有高表面積的電極。由這些高表面積電極組成的電池適合做大電流充放電。

2. 被鋰還原的氧化物，最先使用在深度放電的金屬氧化物要算是 α-Fe_2O_3、Co_3O_4。當鋰與這些金屬氧化物接觸，便會氧化成 Li_2O 並將氧化物還原成金屬包容在 Li_2O 基材中。其他研究的金屬氧化物包括：$LiMVO_4$ (M = Zn、Cd、Ni)、Li_xMO_z、$Li_xM_yV_{1-y}O_z$(M = 過渡金屬)、RVO_4 (R = In、Fe)、MV_2O_6(M = Fe、Mn、Co)、A_xMoO_3 等等。這些材質展現良好的性能要歸因於奈米粉體的混合。

3. 混合過渡金屬氧化物，這種類型的氧化物可以 $CaFe_2O_4$ 為代表。當 Sn 添加到這氧化物中，電極的可逆電容量會明顯的提升。部分不可逆的電容量損失可以歸因於 Li_2O 的形成。較佳的組成為 $Li_{0.5}Ca_{0.5}Sn_{0.5}Fe_{1.5}O_4$ 具有 600mAh/g 以上的可逆的電容量。

3-2-4　合金類負極材料

　　早期鋰合金電極的發展是用在 400-450℃的高溫電池上。負極使用 Li-Al 或是 Li-Si 等鋰合金，電解質使用熔融氯鹽類，正極使用 FeS_2。高溫鋰合金電池在平時不用時，是儲存在常溫下。常溫下電池自衰退率很低，因此這種電池在常溫下可以保存很久。在使用時，電池才提高到它的操作溫度。這通常是用在軍事上，利用火箭噴射所產生的熱，加熱電池。最早使用鋰金屬合金的常溫電池是日本松下 (Matsushita)，在鈕扣型電池的負極使用低熔點 (約 70℃，含重量百分比 50% 鉍，26.7% 鉛，13.3% 錫，and 10% 鎘) 的伍德金屬 (Wood's metal alloy)。當金屬鋰摻入其他金屬成為合金，電池的電壓會因為其他金屬的介入而下降，並且原來鋰金屬所具有的高能量密度也會因而減少。

一般而言，多孔的電極因為表面積的增加，使用多孔的金屬可以提高電極輸出的電流。但是在電池充放電情況下，金屬的氧化溶解，再沉積會使得原來多孔的微結構變型，甚至將孔道阻塞，電極活性面積縮減 (圖 3-6 上圖)。因此將活性金屬以微顆粒形式沉積在多孔導電基材上，可以防止因為電池充放電所造成電極多孔微結構的變化，增加電池充放電週期壽命 (圖 3-5 下圖)。多孔導電基材可以維持電極在充放電時的多孔型態和導電度。鋰金屬合金電池包括在高溫 (∼ 400℃) 的 LiSi/LiSn、常溫的 Li-Sn-Cd。此外當鋰金屬嵌入或是遷出基材都會造成基材體積的收縮與膨脹，基材的選取是非常的重要。

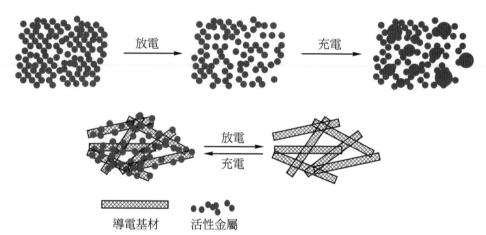

放電

充電

放電
充電

導電基材   活性金屬

圖 3-6　多孔金屬與多孔金屬 / 混合導電基材在充放電時的行為比較

鋰金屬與其他金屬混合的複合材料可以分類為含有錫、銻、鋁的鋰金屬化合物和矽化合物。

1. 含有錫、銻、鋁的金屬間化合物，這金屬間化合物含有兩種金屬，第一種金屬是充放電活性物質。第二種金屬不具活性，是作為導電載體和電極結構的支撐架構。

a. 氧化錫，當鋰與氧化錫 (SnO_2) 混合的初期會還原氧化錫形成 LiO_2 和金屬 Sn。繼續吸收鋰金屬後，在 LiO_2 基材上會形成 $Li_{4.4}Sn$ 奈米顆粒。氧化鋰的形成使得這部份的鋰金屬無法利用，喪失電池的活性物質。鋰金屬電極中要避免氧化物的存在。

b. 活性 / 鈍性化合物，錫化合物 M_xSn_y (M = Fe、Ni、Mn、Co) 沒有氧原子，不會形成氧化鋰。它吸收鋰金屬並被還原成 Li_xSn 與 M 基材 (M-Sn + x Li^+ + x e^- → M + Li_xSn)。基材 M 的主要功能是維持電極的結構與導電性，不會因為電極在充放電時，體積的膨脹與收縮瓦解掉電極結構。當鋰遷出電極時，反應有兩個可能，一是還原成金屬錫 (Li_xSn + M → Sn + M + x Li^+ + x e^-)，或者是重組回原始錫化物 (Li_xSn + M → Sn-M + x Li^+ + x e^-)。除了錫化合物，也可使用銻化合物 Li_3Sb。這兩種化合物在電池充放電循環下，都有體積膨脹與收縮的問題。

c. 嵌入式基材合金，不同於活性 / 鈍性化合物的觀念，銅錫合金作為鋰離子嵌入遷出的宿主基材。這種基材比較沒有體積膨脹與收縮的問題。銅錫合金 h-Cu_6Sn_5在吸收鋰的初期會起相變化形成 Li_2CuSn 結構 (Cu_6Sn_5 + 10 Li → 5 Li_2CuSn + Cu)。

d. 鋁化合物，從熱力學理論上，鋁化合物如 Al-Cu-Li 系列 ($LiAl_2Cu$、Li_3CuAl_6、$LiAlCu$、Al_2Cu) 等等也可以作為陽極材料。但是鋰離子嵌入、遷出所需的活化能太大，會造成電池過多的電壓損失，並不實際。

2. 矽化物，現有軍事用途的熱電池內鋰 - 矽化合物電極含有重量 44% 的鋰，鋰 / 矽比例 3.18。部分研發矽化鎂 (Mg_2Si) 作為鋰電極的可能性。目前為止，這基材的反應機制並不十分明確。

❀ 3-3　鋰電池正極材料

鋰離子電池所用的正極材料有：鋰錳氧化合物、鋰鎂氧化合物、鋰鈷氧化合物、鋰鎳氧化合物等等。自從一次鋰金屬電池 Li/MnO_2電池問世之後，以 Li_xC 為負極，$LiCoO_2$為正極的鋰離子電池接踵而來成為筆記型電腦與手機產品廣泛使用的電池。鋰離子電池的充放電是依賴鋰離子在負極 / 正極 ($Li_xC/Li_{1-x}CoO_2$) 基材中嵌入、移出的機制。鋰離子在基材中嵌入、移出會造成基材結構的膨脹與收縮，也影響到電池的充放電週期壽命。若基材在鋰離子嵌入、移出時只有微量的變化,不會造成電池充放電性能的衰退。但是基材在鋰離子嵌入、移出時破壞基材的晶體結構,或者是化學組成的變化,就會造成電池充放電性能的衰退。例如在過度充電的 $Li_{1-x}NiO_2$ 電極中,電極會失去氧原子,降低鎳原子的氧化價數 (增加 Ni:O 比例),電極也會逐漸失去它的電化學活性。因此基材結構的選取與備製是非常的重要。

電極基材的結構依據鋰離子嵌入、移出方式可以分成一維的隧道結構 (one-dimensional tunnel structure)、二維的層狀結構 (two-dimensional layered structure)、三維的框架結構 (three-dimensional framework structure)。一維隧道結構的正極材料是以二氧化錳 (MnO_2) 為主。二維層狀結構的正極材料的化學通式是 $LiMO_2$ (M = Co、Ni、Mn、Fe、V),包括鋰鈷氧、鋰鎳氧、鋰錳氧、鋰鐵氧、鋰釩氧等化合物。尖晶石 (spinel) 具有三維框架的結構,它的化學通式是 $A[B_2]X_4$。其中 A、B 代表 Li、Mg、Fe、Co 等等陽離子,X 代表 O、S、Se、F、Cl、Br 等陰離子。

3-3-1 一維隧道結構二氧化錳 (MnO₂)

二氧化錳有數種不同的結構,包括 α-MnO$_2$、β-MnO$_2$、γ-MnO$_2$、ramsdellite (針鐵)-MnO$_2$ 等四種。各種結構中隧道的方向與大小可以依八面體 (octahedron) 晶體中孔洞晶向描述,β-MnO$_2$ 為 (1×1),ramsdellite-MnO$_2$ 為 (2×1),α-MnO$_2$ 為 (1×1) 與 (2×2) 的組合,γ-MnO$_2$、則為 β-MnO$_2$ 與 ramsdellite-MnO$_2$ 的混合結構。

α-MnO$_2$ 存在於自然的礦石中,例如 $BaMn_8O_{16}$、KMn_8O_{16}。陽離子 Ba^{+2} 與 K^+ 佔據 α-MnO$_2$ 中 (2×2) 的隧道中。這些陽離子會穩定 α-MnO$_2$ 的晶體結構。但是這些陽離子在電池充放電時會阻礙鋰離子的進出,因此由 Li_2MnO_3 或 Mn_2O_3 的前驅物 (precursor) 可以合成不含其他陽離子,高結晶度的 α-MnO$_2$。這些高結晶度的 α-MnO$_2$ 是依賴在隧道中的水分子穩定它的結構。晶體加溫到 300℃ 可以在不影響結構的情況下,將水分子移除。但是高純度的 α-MnO$_2$ 晶體結構對於鋰離子進出並不穩定,因此以它為正極材料的電池在初期數次充放電週期後,電池的電容量會由 200mAh g^{-1} 降到一個約在 100-120mAh g^{-1} 的穩定值。原因是部分 (2×2) 的隧道會在初期充放電時,因為鋰離子的進出而崩潰。較高電容量的正極材料可以將 α-MnO$_2$ 與 LiOH 在 300-400℃ 下反應形成 $0.15Li_2O \cdot MnO_2$ 的正極材料。這種正極材料具有 150mAh g^{-1} 的電容量。這種結構也可以將 α-MnO$_2 \cdot nH_2O$ 除去水分後與 $LiOH \cdot H_2O$ 在 275℃ 下反應形成。

β-MnO$_2$在氧化錳化合物中具有比較穩定的結構。結晶 β-MnO$_2$正極材料 (Li$_{0.2}$MnO$_2$) 所具有的電容量很低 (約 62mAh g^{-1})，並不考慮作為電極材料。非結晶 β-MnO$_2$正極材料的電容量可以達到 200mAh g^{-1}以上。但是在電池充放電過程中，電極結構會產生變化。

γ-MnO$_2$是一般熟知應用在乾電池或是鹼性乾電池的正極材料中。這些電池使用水溶液電解質。它也使用在含有機溶液電解質的一次鋰電池中。γ-MnO$_2$ 的組成中含有 ramsdellite-MnO$_2$。它在合成過程中會有相當多的水分子殘留在晶體表面上或者是晶格中。這些水分可以將材料加溫到 375℃移除。以無水 γ-MnO$_2$與 LiOH 在莫耳比 3：7 或 (0.43：1)、375-420℃ 溫度下反應，所形成的正極材料具有較高的電池充放電週期。這種正極材料 Sanyo 公司稱為 CDMO (composite dimensional manganese oxide)，材料中 Li：Mn 的比值約為 0.5：1.0 到 0.8：10 之間。

將 ramsdellite-MnO$_2$摻雜鋰離子 (lithiation) 的方法之一是與正丁基鋰 (n-butyl lithium) 或碘化鋰 (lithium iodide) 反應，形成 Li$_x$MnO$_2$ (0 ≤ x ≤ 1) 的產物。以 LiOH 與 ramsdellite-MnO$_2$在 300 ℃下反應，會將 Li$_2$O 摻雜到 MnO$_2$ 晶格中，形成 Li$_{2x}$MnO$_{2+x}$(0 ≤ x ≤ 0.15) 化合物。鋰離子的摻雜會將原有最密堆積六面體 (hexagonal closed-packed) 晶體剪切與扭曲傾向立方最密堆積 (cubic close-packed) 晶體並造成單位晶格體積 21.4% 的增加。結果是晶格顯著的變形與晶格內應力的產生。這種材料在電池深度放電的情形下，正極材料內部鋰離子的進出，會造成電極結構的劣化。

3-3-2　二維層狀結構 LiMO$_2$

二維層狀結構的化學通式是 LiMO$_2$，其中 M 代表鈷 (Co)、鎳 (Ni)、錳 (Mn)、釩 (V) 等金屬。Li$^+$ 與 M^{+3} 交替疊堆在每一層立方最密堆積的氧原子層中。LiCoO$_2$具有穩定的晶體結構，也是目前鋰離子電池中使用最廣泛的正極材料。它的缺點是價格貴。在 0 ≤ x ≤ 0.5 的範圍內，Li$_{1-x}$CoO$_2$材料的可逆性很好，有很優異的充放電週期壽命。全固態 Li/lipon/Li$_{1-x}$CoO$_2$的充放電週期可以高達 40,000 次以上。這 lipon 是代表鋰磷固態電解質玻璃 (lithium-phosphorus-oxynitride solid electrolyte glass)。Li$_{1-x}$CoO$_2$在 x ≈ 0.5 左右，會有晶相的變化，但是對晶格結構的影響很小。在過度充電 (脫鋰化，delithiated) 的情形下，Li$_{1-x}$CoO$_2$ (x ≥ 0.5) 在有機溶液電解質中很容易失去氧原子。

LiNiO$_2$ 比 LiCoO$_2$ 便宜並且具有 130mAh g^{-1}的電容量。但是它不易大量備製具有層狀結構的 LiNiO$_2$。備製 LiNiO$_2$材料的 Li 層中常有微量的 Ni 存在，因此這材料常以 Li$_{1-y}$Ni$_{1+y}$O$_2$表示。Li 層中微量的 Ni 會顯著的影響到正極的電化學活性。在 $x \leq 0.5$ 的範圍內，$Li_{1-x}NiO_2$ 材料結構隨著鋰離子進出逐漸變化，可以保持晶格的完整特性，因此這種材料的可逆性很好。它比 $Li_{1-x}CoO_2$ 正極材料略為不穩定，因為在電池內有機溶液電解質中 Ni^{+4} 比 Co^{+4} 較為容易被還原。這種結構的限制可以將 Ni 部份用 Co 取代形成 $LiNi_{1-z}Co_zO_2$ 來克服。$LiNi_{0.85}Co_{0.15}O_2$ 的正極材料可達 180mAh g^{-1} 的電容量。

$LiMnO_2$ 化合物可以由層狀結構的 α-$NaMnO_2$ 以離子交換法，在正己醇或甲醇中以 LiCl 或 LiBr 將 Na 取代出來。$LiMnO_2$ 並非理想的層狀結構，此外在 Li 層中常含有 3-9% 的 Mn。即使在電池初期放電時，可以將所有的鋰離子釋出，正極若含有 9% 的 Ni，在後繼電池放電時，它的電容量會變得很小。含有 3% Ni 的正極材料具有較好的可逆性。Li_2MnO_2 具有層狀結構，包括一層 Li 與 Li：Mn = 1：2 的 Li-Mn 層，這種 Li 與 Li-Mn 交替疊堆的層狀結構可用 Li $(Li_{0.35}Mn_{0.67})$ O_2 表示。Li_2MnO_2 並不具電化學活性，要將部份 Li_2O 溶出形成 $Li_{2-x}MnO_{3-x/2}$ $(0 < x < 2)$，或者是 $Li_{0.36}Mn_{0.91}O_2$ 的基材，再以 LiI 摻雜進去形成 $Li_{1.09}Mn_{0.91}O_2$ 的正極材料。斜方晶 (orthorhombic) $LiMnO_2$ 可以在 800-

1000℃ 惰性氣體 (如氬氣) 中合成。它也可以用碳在 600℃，含有 LiOH 的環境下，將 MnO_2 還原。或者是 LiOH 與 γ-$MnOOH$ 在 300-450℃ 的氮氣氣氛下反應形成。這種材料具有將近～ 200mAh g^{-1} 的電容量。這種結構在脫鋰化 (delithiation) 時並不穩定，它會轉換成尖晶石 (spinel) 的結構。

$LiFeO_2$ 較 $LiCoO_2$ 為便宜，它可由 LiOH 與 FeOOH 反應形成。$LiFeO_2$ 在鋰離子釋出並不穩定，$Li_{1-x}FeO_2$ 會轉變成多晶形態，它的電容量與斜方晶 $LiMnO_2$ 的電容量相比並不高，約在 80-100mAh g^{-1}。

$LiVO_2$ 在電池放電的過程中並不安定，當脫鋰化到 $Li_{1-x}VO_2$ $(x \approx 0.3)$ 的組成，它的結構會開始產生變化。當 $x > 0.3$ 時，$Li_{1-x}VO_2$ 的結構沒有鋰離子可以通行規則的通道，因而影響這種材料的電化學活性。α-V_2O_5 是頗具潛力的正極材料，因為它有 V^{+5}、V^{+4}、V^{+3} 等數種離子狀態。理論上它可以有 442mAh g^{-1} 的電容量。在鋰嵌入時，釩原子的價數會由 V_2O_5 的 5 價逐步降到 $Li_3V_2O_5$ 的 3.5 價。隨著 Li 的嵌入，$Li_xV_2O_5$ 組成逐步由 $x = 0$ 變化到 $x = 3$，並且由 α-V_2O_5 轉換成 ε、δ、γ、ω 等相。當 $x = 1$ 與 $x \approx 2$ 時，分別形成 δ-V_2O_5 與 γ-V_2O_5。在 $0 \leq x \leq 1$ 範圍內，鋰離子嵌入

與移出是可逆的反應，材料結構並不會變化。在 γ - V_2O_5材料中，鋰離子釋出之後 γ - V_2O_5無法回復到 α - V_2O_5的結構，但是在較高的充電電壓下，仍然可以將鋰由 γ - V_2O_5中移除。在 $x > 2$，產生結構的變化，形成沒有規律鋰離子通道的 ω - V_2O_5。因此需要較高的電壓(4V以上)才能完全將鋰由 ω - V_2O_5中移除。ω - V_2O_5的結構本身很安定，充放電多次仍然不會劣化。此外 $Li_{1.2}V_3O_8$也是結構安定的正極材料，鋰離子在材料中進出，對於 V_3O_8結構影響很小。

3-3-3　三維框架結構 A [B_2] X_4

具有 A[B_2]X_4組成、尖晶石 (spinel) 結構的化合物是很好的電極材料，因為自然礦石中存在許多這類型的化合物，並且它很安定。它有許多可能的化學組成，包括各種不同價數的 A、B 陽離子與 X 陰離子，例如。O、S、Se、F、Cl、Br 等等。

早期 1970 年代，氧化鐵化合物如磁鐵礦 (magnetite，Fe_3O_4，尖晶石結構)、赤鐵礦 (hematite，α - Fe_2O_3剛玉結構，corundum-type)、$LiFeO_2$(岩鹽型，rock salt-type) 被使用在 LiAl/LiCl, KCl/ 氧化鐵的高溫電池中的正極材料。這種電池在 420℃ 下有很好的充放電性能。鋰離子在室溫下可以嵌入 Fe_3O_4、Mn_3O_4、Co_3O_4等尖晶石結構中。主要原因是鋰進入結構中，取代原有在 A 位置的陽離子，原有陽離子位移到附近的位置。[Fe_2]O_4結構在鋰化過程中保持完整，並且提供三維的鋰離子通道。Fe_3O_4、Mn_3O_4、Co_3O_4等化合物與過量的正丁基鋰作用，會進一步鋰化這些氧化物顆粒。高度鋰化的氧化鐵若暴露在空氣中會引起火花。這些氧化物並不適合作為鋰電池的正極材料，因為這些過渡元素金屬過於龐大，阻礙鋰離子在結構中的遷移。

用於鋰電池 Li-Mn-O 尖晶石的材料系統座落於如圖 3-7 的相圖中，$Li[Mn_2]O_4$ - $Li_4Mn_5O_{12}$ - $Li_2[Mn_4]O_9$三種化合物之間。材料系統可以粗分為兩類：(1)$Li_{1+x}Mn_{2-x}O_4$化學計量比尖晶石 ($0 \leq x \leq 0.33$)；(2) 富氧非化學計量比的尖晶石 ($LiMn_2O_4+d$，$0 \leq d \leq 0.5$ 或是 $Li_{1-d}Mn_{2-2d}O_4$，$0 \leq d \leq 0.11$) 或是缺氧非化學計量比的尖晶石 ($LiMn_2O_4-d$，$0 \leq d \leq 0.14$)。在 $Li_{1+x}Mn_{2-x}O_4$化學計量比尖晶石中，$Li[Mn_2]O_4$是材料系統中 $x = 0$ 的化學計量組成。在鋰化過程它會轉換成 $Li_2[Mn_2]O_4$。$Li_x[Mn_2]O_4$ ($1 \leq x \leq 2$) 並不能有效的作為電極材料因為在鋰化過程會產生結構的變化，並造成顆粒材料表面破裂，失去顆粒之間的接觸。$Li[Mn_2]O_4$在電池電壓 4V 下，進行脫鋰。若在高

度脫鋰的 $Li_x[Mn_2]O_4$ $(0 < x < 1)$ 材料中，強行脫鋰會造成晶格體積的收縮，也會有分解的可能。雖然 $Li_x[Mn_2]O_4$ 是 4V 鋰電池理想的正極材料，在高電壓操作環境中它會逐漸喪失電容量。究其原因可能是 (1) 在放電末期，部份 Mn^{+3} 會轉換成 Mn^{+4} 與會溶出的 Mn^{+2}，造成框架結構的溶解。(2) 在放電末期，電極框架結構受到扭曲，造成結構的劣化。(3) 在高度脫鋰的充電末期，材料在有機溶液中變得不穩定。這些問題可以在材料中添加些微過量的鋰形成 $Li_{1.05}[Mn_{1.95}]O_4$ 來克服。理論上，這會使正極材料的電容量由 $Li_{1.05}[Mn_{1.95}]O_4$ 的 148mAh g^{-1} 降至 $Li_{1.05}[Mn_{1.95}]O_4$ 的 128mAh g^{-1}。$Li_4Mn_5O_{12}$ 是 $Li_{1+x}Mn_{2-x}O_4$ 化學計量比尖晶石在相圖中另外一端的組成 $(x = 0.33)$。它在理論上可有 163mAh g^{-1} 的

電容量，實際電池中可達 130-140mAh g^{-1} 的電容量。該化合物的鋰化電壓在 3V，因此適合作為 3V 鋰電池的正極材料。3V Li-Mn-O 系統的尖晶石結構可以藉由 Ni^{+2} 陽離子的引入，讓電極在充電完全下，錳離子能夠維持在 Mn^{+4} 的氧化態。在 $Li[Mn_{1.5}Ni_{0.5}]O_4$ 中錳離子保持 Mn^{+4} 的氧化態。$Li[Mn_{1.5}Ni_{0.5}]O_4$ 鋰化成為 $Li_2[Mn_{1.5}Ni_{0.5}]O_4$ 會造成 Mn 氧化價數降至 3.5 或 3.3，但是結構上並沒有明顯的變化。富氧或缺氧的非化學計量比的尖晶石可以藉由改變材料合成條件達成。將 $MnCO_3$ 與 $LiCO_3$ 以 Li：Mn = 1：2 比例混合，在 300-400°C 下反應生成富氧的 $Li_2Mn_4O_9$。$Li/Li_2Mn_4O_9$ 的操作電壓分別是充電 4V，放電 3V。缺氧的非化學計量比的尖晶石 $LiMn_2O_{4-d}$ 可由 $Li[Mn_2]O_4$ 加熱到～ 780°C 形成。

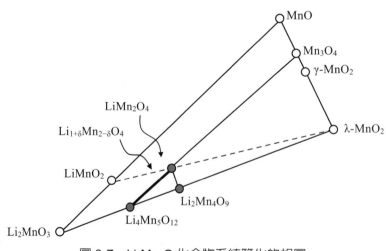

圖 3-7　Li-Mn-O 化合物系統簡化的相圖

Li[V$_2$]O$_4$在鋰化過程中 [V$_2$]O$_4$維持它的尖晶石框架結構，但是在脫鋰過程中卻不穩定，釩離子會由富釩層遷移到鄰近晶格層去。這不但造成結構的破壞也破壞鋰離子的通道。Li-V-O 材料系統的不穩定起源於 V^{+4}很容易轉換成 V^{+3}與 V^{+5}。

低溫備製 (～ 400℃) 的 LiCoO$_2$標示為 LT-LiCoO$_2$與高溫備製 (～ 850℃) 的 LiCoO$_2$有不同的特性。LT-LiCoO$_2$的結構類似 LiMnO$_2$或是 Li$_{1-x}$Ni$_{1+x}$O$_2$，部份 Mn 或是 Ni 殘留在 Li 層中，造成較低的電化學活性與電容量。鎳部份置換的 LT-LiCo$_{1-x}$Ni$_x$O$_2$(0 < x ≤ 0.2) 材料特性略有改善。這材料經過酸處理之後，電化學特性有顯著的提升。可能原因是在酸處理過程中形成 Li[Co$_2$]O$_4$的結構 (3 LT-LiCoO$_2$ Li[Co$_2$]O$_4$ + CoO + Li$_2$O)。

❀ 3-4　電解質材料

由於鋰金屬電極在水溶液中很不安定，會分解水，因此必須使用非水溶液電解質作為它的電解質。電解質的作用是在兩個電極之間傳導離子。目前電解質的發展有 (1) 液態非水溶液電解質 (liquid nonaqueous electrolyte)，(2) 高分子電解質 (polymer electrolyte)，(3) 固態電解質 (solid electrolyte)。

3-4-1　液態非水溶液電解質

液態非水溶液電解質的組成包括溶劑與鹽類，或者是室溫下的熔融鹽類。

這些鹽類通常包括鋰鹽。它的操作範圍會比水溶液電解質要廣。例如，水溶液電解質只能承受約 2V 的電池電壓，超過這電壓便會有將水分解的顧慮。非水有機溶液可以承受約 5V 的電池電壓，操作溫度可以由 –150℃ 到 300℃。它有很大的酸鹼度調整空間，並且許多電解質都可以溶解到有機溶劑中。它的缺點是低離子導電度、高成本、易燃、與環境問題。理想的液態非水溶液電解質需具備下列條件：(1) 高離子導電度約 3 × 10^{-3} – 2 × 10^{-2} S cm^{-1}，(2) 約有 3.5 - 4.5V 寬廣的操作電壓，在這電壓範圍內都很安定，(3) 約有 - 40℃ ～ 70℃ 寬廣的操作溫度，(4) 低蒸氣壓，(5) 低黏度溫度係數，(6) 高鋰離子溶解度，(7) 高化學安定性與溫度安定性，(8) 低毒性，(9) 容易生化分解，(10) 低成本。

鋰金屬對於電解質中水分的存在是很敏感的。例如在 0.2mM LiBF$_4$溶於 THF 的電解質中，30ppm 的水分會使得電解質的導電度增加 4.4%，380ppm 的水分會使得電解質的導電度增加 51.7%。但是即使 0.02ppm 的水分就會使得鋰金屬表面生成一層 LiOH 薄膜，將鋰金屬鈍化。

液態電解質中的溶劑特性包括介電常數 (ε，permittivity)、黏度 (η，viscosity)、熔點、沸點等等。下表是常用的電解質溶劑特性。

表 3-3　各種鋰電池溶劑的物理特性

	溶劑	熔點 °C	沸點 °C	介電常數	黏度 cP	密度 Kg L^{-1}
1	Acetonitrile (AN)	− 48.8	81.6	35.95	0.341	0.777
2	Diethyl carbonate (DEC)	− 43.0	126.8	2.81	0.753	0.969
3	Dimethoxyethane (DME)	− 58	84.5	7.08	0.407	0.861
4	Dimethyl carbonate (DMC)	4.6	90	3.11	0.59	1.063
5	Ethylene carbonate (EC)	36.5	238	90.4	1.9	1.32
6	1,3-Dioxolane	− 97.2	76.5		0.6	1.06
7	Propylene carbonate (PC)	− 54.5	242	65.0	2.512	1.20
8	Tetrahydrofuran (THF)	− 108.5	65.9	7.43	0.459	0.882

　　溶劑的種類基本上可以分為醇類 (R-OH)、羧酸類 (R-COOH)、胺類 (R-NH, R$_2$-NH)、吡啶 (C$_5$H$_5$N)、酯類 (R-COO-R')、醚類 (R-O-R')、苯類 (C$_6$H$_6$)、以及烷類、氟烷類等。其中 R 與 R' 代表碳氫官能基，例如甲烷基 (-CH$_3$)、乙烷基 (-C$_2$H$_5$)、丙烷基 (-C$_3$H$_7$) 等等。這些溶劑中適用於鋰電池的主要是 EC、PC、DMC、MEC、DEC 等酯類 (R-COO-R') 與 DIOX、DME、THF 等醚類 (R-O-R') 溶劑。因為鋰金屬或是嵌入碳材的鋰的活性很高，常會將含氫的溶劑分解產氫，(RH + Li → Li$^+$ + R$^-$ + 1/2 H$_2$)。除此之外，有機硫化物 (SO$_2$、SOCl$_2$) 也是有應用在 電池中作為溶劑與液態陰極反應物。這些溶劑的安定性依序排列是 MDE(5.1) < THF、DIOX(5.2) < EC(6.2) < AN (6.3) < MA(6.4) < PC(6.6) < DMC、DEC、EMC (6.7)。括弧中的數字是相對於 Li/Li$^+$ 參考電極所測量到的極限氧化電位。

　　電解質中的鹽類是鋰離子與陰離子所形成的鹽類。適於鋰電池鹽類的要件是 (1) 具有熱安定性，(2) 電化學安定性，也就是說陰離子可以承受高的氧化電位，同時陽離子也可以承受低的還原電位，(3) 在溶劑中的溶解度高，(4) 與溶劑相容，具化學安定性，(5) 高離子導電度，(6) 低成本。初期鋰電池開發時所用的陰離子包括：ClO$_4$$^-$、BF$_4$$^-$、AsF$_6$$^-$、PF$_6$$^-$ 等等，後來陸續開發出其它的鹽類，例如 CF$_3$SO$_3$$^-$ 等三氟化物、亞胺等等 (如圖 3-8)。

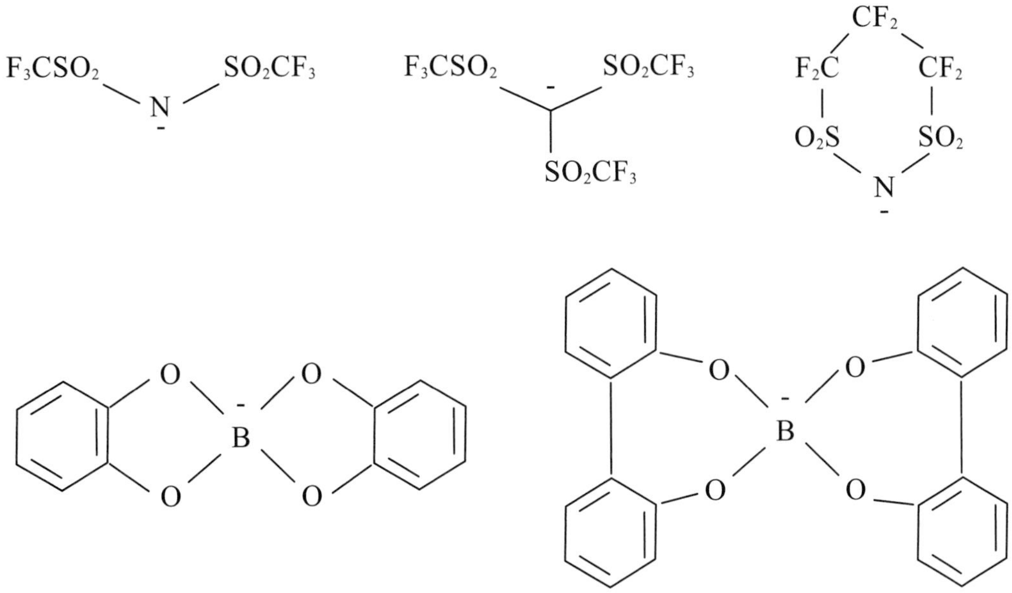

圖 3-8　各種正在發展的電解質鹽類 (陰離子部份)

電解質的導電度 (k) 是莫耳導電度 (Λ)、濃度 (c)、電化學當量 (n) 的乘積 (式 3-5)。而莫耳導電度 (Λ) 等於是陰離子導電度 (λ_-) 與陽離子導電度 (λ_+) 的總和 (式 3-6)。

$$\kappa = n\Lambda c \qquad (3\text{-}5)$$

$$\Lambda = \lambda_+ + \lambda_- = F(\mu_+ + \mu_-) \qquad (3\text{-}6)$$

式中 μ_+ 與 μ_- 分別是陽離子與陰離子的遷移率 (單位電場強度下，離子的游離速度)。上式中，F 是法拉第常數 (96,500 庫倫 / 莫耳電子)。電化學當量是陰、陽離子電荷 (z_-、z_+) 與其化學計量 (n_-、n_+) 的乘積，如下式。

$$n = v_+ z_+ = |v_- z_-| \qquad (3\text{-}7)$$

電解質的導電度隨著鹽類在溶劑中濃度的提高而增加；但是鹽類濃度過高時，它的導電度卻會因為離子遷移率的下降而降低。電解質的黏度、鹽類離子半徑、離子與溶劑的結合程度 (solvation)，溶劑的結合常數 (association constant) 也是電解質導電度決定因素。一般電解質的導電度約在 1-50mS cm^{-1}。

3-4-2　高分子電解質

高分子電解質的優點是它沒有液態電解質洩漏的問題，或者是液體溶劑的蒸汽壓與易燃性質在高溫下電池有爆裂的危險。此外在小型電池的結構與組裝上，高分子電解質比液態電解質容易得多。但是高分子電解質的離子導電度較低約為液態電解質導電度的 1% 以下。高分子電解質多用於一次鋰電池。

高分子電解質可以大致分成四類：(1) 導離子高分子，在高分子材料中摻雜具有傳導離子的鹽類，(2) 膠態電解質 (gel electrolyte)，在液態極性溶劑中添加導離子鹽類以及化學安定的高分子材料，降低電解質的流動性，(3) 塑化電解質 (plasticized electrolyte)，在高分子溶劑中添加少量具有高介電常數的液體，提高電解質的離子導電度，(4) 導離子高分子膜 (membrane ionomer)，高化學安定性高分子主鏈上連結具有離子交換功能的官能基，例如杜邦的 Nafion。

金屬鹽類 (MX，M：金屬陽離子，X：陰離子) 摻雜在高分子結構中，鹽類解離 (M^{+n} X^{-n}) 並會與高分子官能基 (-O-、-NH-、-S-) 交互作用。高分子的結構與官能基會影響到離子在高分子內的遷移數率、導電度。目前最為廣泛研究的是聚環氧乙烷 (PEO，poly ethylene oxide)，它是鹼金屬、鹼土金屬、過渡金屬、鑭系金屬、稀有金屬等陽離子理想的溶劑。其他的高分子材料包括：聚環氧琥珀酸 (PESc，poly ethylene succinate)、聚環氧丙烷 (PPO，poly propylene oxide)、聚乙烯亞胺 (PEI，poly ethylene imine)、聚甲氧基乙氧基磷 (MEEP，poly methoxy ethoxy-ethoxy phosphazene)、非晶甲氧基聯鍵結的聚環氧乙烷 (aPEO，amorphous methoxy-linked PEO)、聚丙烯 (PAN，polyacrylo-nitrile)、碳酸丙烯酯 (PC，propylene carbonate)、碳酸乙烯酯 (EC，ethylene carbonate) 等等。

膠態電解質是在溶劑中添加可溶性的高分子，例如 PEO、PMMA、PAN、PVdF 等等，增加電解質的黏度，降低流動性。或者是將含有鹽類的溶劑注入微孔的高分子基材中形成膠態電解質。以 PS (polystyrene)、PVC (poly vinyl chloride)、PVA (poly vinyl alcohol)、PAN (p0oly acrylo-nitrile)、PVdF (poly vinly di-flouride) 為基材，添加鹽類與高介電常數的溶劑，這種膠態電解質近年被廣泛的研究。它的導電度主要是取決於其中的鹽類與溶劑。膠態電解質中溶劑的含量至少要到 40%，它的導電度才會和液態電解質相當。但是在這高溶劑含量的膠態電解質的機械強度就會減弱。對鈕扣型等小尺寸電池的影響不大，但是大尺寸電池就產生組裝、密封的問題。雙相電解質 (DPE、dual-phase electrolyte) 在不影響導電度情況下，提升高分子的結構機械強度。它可說是複合高分子材料，例如 PEO-MEEP、(SBR，styrene-butadiene rubber)、(NBR，acrylonitrile-butadiene rubber) 等。這種雙相高分子的其中一相是具有極性高分子所組成，鹽類與溶劑吸附其中並形成離子傳導途徑。另外一相是非極性高分子，它提供膠態電解液的機械強度。此外是核殼 (core-shell) 高分子結構也有類似的功能。核殼高分子結構是以非極性高分子作為核心，在這高分子外圍 (殼) 是極性分子。鋰鹽與溶劑便以極性高分子為介質傳導離子。典型的膠態電解質是以多孔的 PVdF-HFP(hexafluoropropylene) 共聚高分子薄膜作為電池的隔離膜。薄膜孔內吸滿 $LiPF_6$ 溶於 (ethylene carbonate：dimethyl carbonate) EC：DMC = 2：1 的液態電解質。電池陽極是石墨，陰極是氧化鋰鎂。

3-4-3　無機固體電解質

固態電解質是指氧化鋯、氧化鋁等傳導氧離子的固態氧化物。氧化鋯被用來作為高溫燃料電池 (～ 500 - 900℃) 的隔離膜，氧化鋁則是用在作為鈉 / 硫二次電池 (～ 300℃) 的隔離膜。這些隔離膜可以傳導氧離子。離子在這些固體內的移動是因為晶格缺陷的存在，離子的傳導機制有二：(1) 晶格內離子的空缺位置 (vacancies)，讓氧離子可以藉由這空缺位置在晶格內移動，(2) 在晶格外的離子 (interstitial ions)，這些游離在晶格外的離子與晶格鍵結很弱，比較容易在固體內遷移。表 3-5 是各種固態電解質的導電度與離子游離活化能。

表 3-4　各種固態電解質的導電度與離子游離活化能

固態電解質	導電度，s, S cm^{-1} @ 25 ℃	活化能，E_a (eV)
0.01 Li$_3$PO$_4$ – 0.63 Li$_2$S – 0.36 SiS$_2$	1.6×10^{-3}	0.3 (< 200 ℃)
Li$_{1.3}$Al$_{0.3}$Ti$_{1.7}$(PO$_4$)$_3$	7×10^{-4}	0.35 (<150 ℃)
0.5 LiTaO$_3$ – 0.5 SrTiO$_3$	5×10^{-4}	0.33 (< 150 ℃)
Li$_{0.34}$La$_{0.51}$TiO$_{2.94}$	10^{-3}	0.4
LiI.4CH$_3$OH	2.2×10^{-4}	0.51
Li (40 mole % Al$_2$O$_3$)	10^{-5}	0.43
LiAlCl$_4$	1×10^{-6}	0.47
Li$_7$SiPO$_8$	3.7×10^{-6}	0.52
Li$_9$AlSiO$_8$	2.3×10^{-4}	0.55

參考文獻

1. Jurgen O. Besenhard, "Handbook of Battery Materials", Wiley-VCH (1999).

2. W.H. Mayer, "Polymer Electrolyte for Lithium Batteries", Advanced Materials, 10：6 (1998) pp.439-448.

3. P.G.. Balakrishnan, R.Ramesh, T.P. Kumar, "Safety Mechanisms in Lithium-ion Batteries", J. Power Sources, 155 (2006) pp.401-414.

4. V. Etacheri, R. Marom, R. Elazari, G. Salitra, and D. Aurbach, "Challenges in the Development of Advanced Li-ion Batteries：a review", Energy Environ. Sci., 4 (2011) pp.3243-3262.

5. T.M. Bandhauer, S. Garlmella, and T.F. Fuller, "A Critical Review of Thermal Issues in Lithium-ion Batteries", J. Electrochem. Soc., 158：3, (2011) pp.R1-R25.

6. J.B. Goodenough and Y. Kim, "Challenges for Rechargeable Batteries", J. Power Sources, 196, (2011) pp.6688-6694.

7. J. Li, C. Daniel, D. Wood, "Materials Processing for Lithium-ion Batteries", J. Power Sources, 196 (2011) pp.2452-2460.

8. M.S. Whiteeingham, "Lithium Batteries and Cathode Materials", Chem. Rev., 104 (2004) pp.4271-4301.

9. "A Review of Battery Life-cycle Analysis：State of Knowledge and Critical Needs", Argonne National Laboratory, ANL/ESD/10-7, (2010)

10. B. Scrosati and J. Garche, "Lithium Batteries：Status, Prospects, and Future", J. Power Sources, 195 (2010) pp.2419-2430.

習作

一、問答題

1. 請描述鋰電池的種類與它們的特點。

2. 請計算鋰電池的理論能量密度 (kWh/kg Li) 並與鉛酸電池比較。

3. 請說明鋰電池在攜帶型電子產品 (電腦、手機)，電動交通工具 (電動機車、電動車)，定置型 (備用電力、不斷電系統) 等等應用上的差異與需求。

4. 請說明鋰電池的安全性與相關防護措施 (見參考文獻)。

奈米碳材與氫能應用

⚛ 4-1 奈米碳材的儲氫研究概況

美國能源部 (DOE) 為 2010 年儲氫材料應用於電動車用儲氫合金之氫氣吸收能力訂定了一個目標值 (圖 4-1)，必須達到重量能量密度為 6.5wt%，體積能量密度為 62Kg H_2/m^3，才能供電動車之燃料電池使用。通常電動車輛至少需攜帶大於 3.1kg 之氫氣才能行駛 500Km[1]。近幾年來研究發現，奈米碳管與碳纖維的儲氫能力有優異的表現。假若近期內，儲氫的實驗能被簡易地重複且奈米碳管也能大量製造，則美國能源部[1] 所訂定的目標將有可機會可以達成。

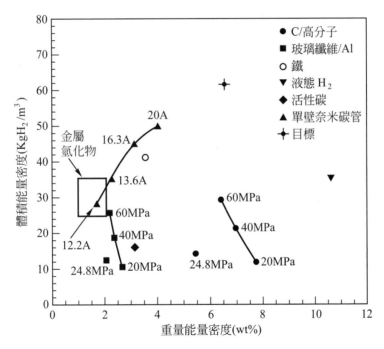

圖 4-1 美國能源會 (DOE) 所訂定的目標[1]

⚛ 4-2 化學氣相沈積法製備奈米碳管

在奈米碳管的製備方法中，以流動觸媒[2-4]之化學氣相沈積 (CVD) 法最為方便，此法具量產高純度奈米碳管之潛力。流動觸媒法原本為氣相成長碳纖維 (VGCF) 之製做方法，早在 1975 年就有學者[2]在利用此法合成碳纖維時，發現 10nm 之奈米細絲，但未進一步研究其結構，而稱其為奈米碳纖維。近來流動觸媒法頗受歡迎，主要是其成本低廉又可成長單壁奈米碳管。此法之裝置如圖 4-2[3]所示，使用催化劑前驅物如二環戊二烯亞鐵 ($Fe(C_5H_5)_2$，ferrocene，一般簡稱為二茂鐵)，以前段爐將之加熱揮發後進入高溫爐管，約 400℃ 裂解出鐵團簇提供碳管成長所需之催化劑，而碳源供給常以氣體通過液態之碳氫化合物 (如苯、甲苯或二甲苯…) 將其蒸汽載入高溫爐管，經高溫 (850 ∼ 1200℃) 熱裂解提供大量碳源，於高溫區經催化形成奈米碳管。在此製程中氫氣扮演極重要之角色，除了還原催化劑使之保持催化活性外，還具有降低非晶質碳產生之效果而增加純度。Thiophene (C_4H_4S) 為促進劑，目的在於提高奈米碳管之產率。另外一種類似的方法[4-6]如圖 4-3[4]所示，乃是將苯 (或其他液態碳氫化合物) 與二茂鐵之混合溶液以噴霧方式噴入高溫爐管中，形成的奈米碳管則沈積於爐管管壁上，其 SEM 影像如圖 4-4[4]。

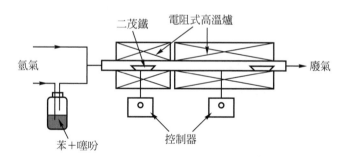

圖 4-2　流動觸媒法裝置示意圖[3]

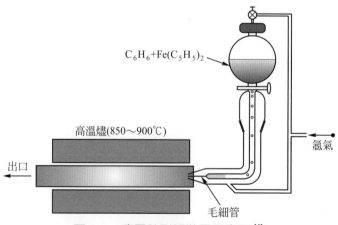

圖 4-3　噴霧熱裂解裝置示意圖[4]

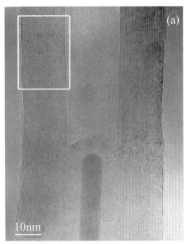

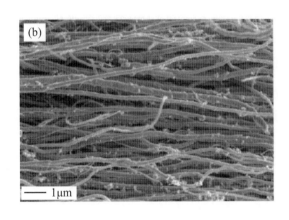

圖 4-4　噴霧熱裂解所製得奈米碳管之 SEM 與 TEM 影像 [4]

❀ 4-3　估計奈米碳管理論吸氫量

具有高表面積以及孔洞性的構造使奈米碳管成為一個很好的吸氫材料。對於這樣一個多孔性碳材，氫的吸收與其高表面積與孔洞體積成一正比關係，然而，在液態氮的低溫下可得到氫吸收容量達 4 ～ 6wt% [7]，與理論值接近。

儘管奈米碳管與奈米碳纖具有高表面積與多孔結構以致具有高儲氫容量，科學家們還是強調不同的理論計算與推論來作合理的詮釋。此等理論推演可歸納成以下幾點：

（一）　怎樣的結構特性會影響到此種物理或化學過程？

（二）　何處會發生此種吸收，在中空的管內或是其他孔洞處（例如管與管之間的間隙）？

（三）在奈米碳管中發生的吸氫現象，是以何種物理或化學作用發生在碳或氫原子之間？

（四）吸收的機制如何？

（五）最大吸收容量為何？

❀ 4-4 簡易幾何計算與定性研究

由於氫分子在高壓下，能在固體表面以最密堆積結構排列，Dresselhlam[8]等人，以理論模擬去觀察最密堆積結構的氫分子在平面石墨層的幾何排列，單一的石墨層只吸收了一層的氫原子。他們發現 2.8wt% 是以 $\sqrt{3}\times\sqrt{3}$ 對稱堆積如圖 4-5[9]，及在較高壓力下 4.1wt% 是以三角結構高密度非對稱堆積兩種排列。

現在對單壁奈米碳管的另一項爭論，即是管與管之間所產生的空隙是否會發生氫吸收。Dresselhaus[8]提出了針對單壁奈米碳管，管與管之間空隙的兩種幾何計算。一為假定進行吸收時，氫完全變成可變形的流體；另一論點則是：堆積的氫分子以符合動力學的 0.29nm 填充在管內中與管與管之間空隙中，如圖 4-6[8]所示。

利用幾何模型模擬最密堆積的氫分子在 (10,10) 單壁奈米碳管情境，得到管內擁有 3.3wt% 氫吸附，在管與管空隙則有 0.7wt% 氫吸附，或說總共有 4.0wt% 氫吸附[8]。

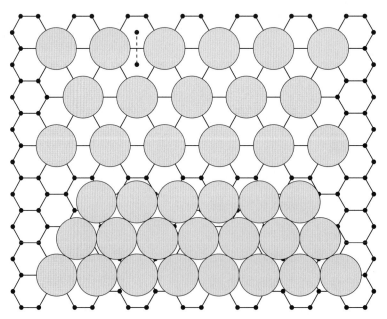

圖 4-5 $\sqrt{3}\times\sqrt{3}$ 對稱堆積[9]

在高壓 (10MPa) 情況下，壓縮氫以分子內的相互作用得到最密堆積的氫分子，此一結論與 Stan[10]等人所計算的結果一致。氫吸附總量在高壓下會比簡單幾何計算高出許多。

Dresselhaus 認為氫分子在管與管空隙間的吸附比起單層石墨層表面具有更強的吸附力 [8]，這也相當接近三層石墨層的表面吸附。因此氫分子在此空隙中的吸附會比在單層石墨層表面的吸附來的稠密。

總之，雖然只是一個簡單的物理模式，它推斷了單壁奈米碳管的氫吸附發生在管與管之間的空隙，並且儲存氫的密度比平面石墨表面更高。在此，氫的吸附總量更高於 4.0wt%，與實驗值一致。

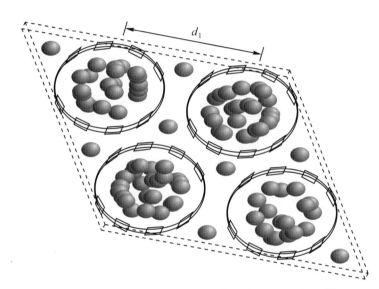

圖 4-6　氫分子填充在管內中與管與管之間空隙 [8]

🌸 4-5　模擬奈米碳管中吸氫

Monte Carlo[11.12.13]的模擬與計算，皆以假設物理吸附為基礎，針對奈米碳管的氫吸附容量作各式各樣的模擬與計算。在所有的計算中，一個很重要的因子就是要選擇分子間的位能，用來描述分子間的氫原子與碳原子的相互作用。不管使用哪一種運算，都達成以下幾點結論：

1. 在單壁碳管中，氫的吸附會發生在不同的束縛能處。Williams[11]等人在 10MPa 與 77K 下定量地檢驗 7-SWNT 束位能的最大值。他們發現最強的平均吸附位能是在管與管的空隙間 (–1443K)；管壁內側面 (–758K)；外層管壁表面 (–603K)，除此之外，他們的研究還顯示在兩根碳管之間所形成的楔行溝槽的平均吸附位能為 –1088K。這些結果支持以物理吸附所模擬的單壁奈米碳管束的表面反應，這項結果不僅告訴了我們所觀察到高表面積的幾何理由，也告知我們另一個充滿活性的理由。典型的成束結構具有許多楔形溝槽在外層表面。

2. 相對於平面表面與相似大小的孔洞，對於氫而言，內層管壁有很高的吸附位能，如圖 4-7[13] 單壁奈米碳管有非常小的直徑分佈，並有不同程度的碳碳間作用力 [12]。如圖 4-7[13] 表示直徑為 1.22nm 的 (9, 9) 單壁奈米碳管的位能明顯大於裂開孔洞，因為碳管的曲率增加了鄰近碳原子的數目。

3. 對於較大管徑的碳管，像直徑 2.44nm 的 (18, 18) 單壁奈米碳管，管與管之間的空隙構成了一個較大的吸附孔洞，但並不是可完全被填滿。相較之下，(9, 9) 單壁奈米碳管的管與管之間的空隙所產生的吸附值幾乎可以忽略，此乃量子效應所造成。在 77K 下，(18, 18) 單壁奈米碳管的管與管之間的空隙吸附至少為總吸附量的 14%[13]。

4. 單壁奈米碳管的幾何堆積，在氫吸附時扮演了一個很重要的角色。Williams[11] 的模擬計算中，單壁奈米碳管束的幾何排列與管徑會有很強的重量吸附。

5. 大多數的計算不能證明在單壁奈米碳管與碳纖相似系統的高氫吸附量值，然而 Williams[11] 所報導，以 Monte Carlo 對單壁奈米碳管的物理吸附氫模擬計算，與 Ye 等人在 77K 下的實驗值一致，他們的結果顯示氫的最大吸附重量是在 (10, 10) 單壁奈米碳管中。在 77K，10MPa 下可達到 9.6wt%。雖然他們的實驗結果尚未能解釋氫在室溫下的吸附，但足以提供科學家相當的自信，以便發掘單壁奈米碳管的氫吸附與物理吸附模擬之間的差異[11]。

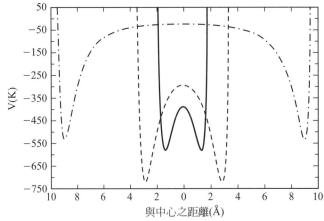

圖 4-7 直徑為 1.22nm 的 (9, 9) 單壁奈米碳管的位能 [13]

❀ 4-6 物理吸附與化學吸附

最近 Lee[14]等人報導利用密度函數計算法，計算單壁奈米碳管的吸附特性，並假設單壁奈米碳管的吸附是一種化學吸附過程。計算結果指出氫的吸附在 (10, 10) 單壁奈米碳管中，可達到 $14wt\%(160Kg\ H_2/m^3)$，這個數值甚至超過實驗值。

事實上不同理論計算的結果，並無法達到一個共同的結論。然而許多理論計算可幫助實驗的設計。更一步了解奈米碳管的孔洞性結構與吸附過程。如此可幫助我們選擇最佳的分子間位能，並藉由計算直接發展以奈米碳管為基礎的儲氫系統。

❀ 4-7 奈米碳管吸氫試驗

1997 年，Dillon[15]首先聲稱單壁奈米碳管具有高的儲氫能力，而後許許多多團體開始對儲氫材料進行實驗，並有了一些令人注意的成果。現今大多數奈米碳管的儲氫結果列於表 4-1[16]。

表 4-1　現今奈米碳管的儲氫容量 [16]

材料	儲氫量 (wt%)	儲氫溫度 (K)	儲氫壓力 (Mpa)
SWNTs(低純度)	5-10	273	0.040
SWNTs(高純度)	3.5-4.5	298	0.040
SWNTs(高純度)	8.25	80	7.18
SWNTs(純度 50%)	4.2	300	10.1
GNFs	～ 10	300	10.1
GNFs	～ 5	300	10.1
Li-MWNTs(SWNT)	～ 2.5	～ 473-673	0.1
K-MWNTs	～ 1.8	< 313	0.1
Li/K-GNTs(SWNT)	～ 10	300	8 ～ 12
GNFs	～ 10	300	8 ～ 12
GNFs	6.5	～ 300	～ 12
MWNTs	～ 5	～ 300	～ 10
SWNTs	～ 0.1	300 ～ 520	0.1
MWNTs(電化學法)	< 1	－	－
奈米結構石墨	7.4	～ 300	0.1
SWNTs(純度 50-70%，電化學法)	～ 2	－	－

由 Dillon[15]先前的研究顯示，在狹小的單壁奈米碳管 (1.2nm) 中，氫能被壓縮成高密度 (5-10wt%)，而在單壁奈米碳管 (2nm 與 1.63nm) 中，氫能被壓縮成高密度 (6.5wt%)。這些單壁奈米碳管的氫吸收都是由 TPD (TPD：temperature programmed desorption) 可程式控溫吸附儀測得，TPD 實驗支持了氫的物理吸附。氫吸附的活化能為 19.6kJ/mol，比理論高出許多，大約為平面石墨層的五倍高，此結果或許是因為在高溫下進行氫的吸附導致。他們曾積極發展一種方法，能夠製造出高濃度而且具開口的短單壁奈米碳管，因為這樣更能加速氫分子的進入，而這些精製的單壁奈米碳管在數分鐘中可以吸附氫達到 3.5 到 4.5wt%[18]。

Ye[19]報導，在 80K，12MPa 下，碳氫原子比為 1 的結晶形單層奈米碳管，在 4MPa 下，單壁奈米碳管吸氫能力突然增加，他並推測是結構產生了相變化。

根據 Dillon[15]與 Cheng[20]的研究，大管徑的單壁奈米碳管儲氫能力相對增加。圖 4-8[17]為對單壁奈米碳管改變氫壓力對時間函數圖，氫的吸附在幾個小時之內完成，氫在開口中空的單壁奈米碳管被吸附，之前亦提到管與管之間的空隙吸附佔了總吸附量相當大的比例，因此對於這樣大管徑的單壁奈米碳管 (1.8nm)，氫的吸附將充滿了管與管之間的空隙。換句話說，更多開口且大管徑的碳管將導致較高氫吸附量。

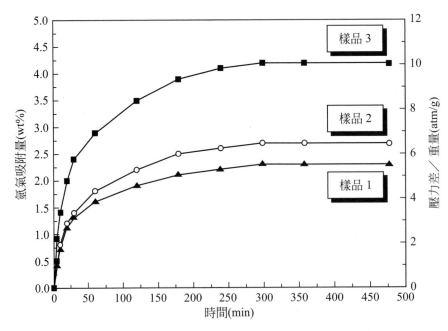

圖 4-8　單壁奈米碳管改變氫壓力對時間函數圖 [17]

由 Chamber[21]等人所做的衝擊性研究顯示，石墨奈米碳纖 (GNFs) 在室溫，12MPa 下可吸附 11wt% (tublar) 氫量，他們最近的論文發表了這樣有關石墨奈米碳纖吸附氫的數據，並表示石墨奈米碳纖具有相當特別的結構可以容納下像氫這樣的小分子，而且非剛性的多孔管壁能夠容納下更多的氫，文中並指出，進行氫吸附的前處理相當重要，環境的濕度對於氫吸附而言是一大要害。

Chen[22]等人報導了他們的 TPD 實驗數據，指出在室溫下，摻雜鉀原子的多層奈米碳管的吸氫量可以達到 14wt%，但是它們卻非穩定態的，並且需要很高溫 (473 ～ 673K) 才能達到吸收氫的最大值，最近 Yang[23] 用乾燥的重複了以上的實驗，他表示摻雜鉀原子的多層奈米碳管只能吸附 2wt% 氫量；但是濕的氫卻達 21wt%，因此他認為與含鹼金族的碳反應時，氫中的水分大大地影響了重量測定的準確性。

Fan[24]等人發現 100nm 的奈米碳纖在室溫下、中等壓力，具有高的儲氫容量 (5 ～ 10wt%)，現在它們的實驗結果顯示多壁碳管 (3 ～ 20nm) 也有很高的儲氫容量。這些使得我們相信多孔洞結構與表面微結構對於多壁奈米碳管、奈米碳纖與單壁奈米碳管的儲氫能力有著很大的影響。

✵ 4-8　石墨層結晶性對奈米碳管吸氫之影響

對一般儲氫機制而言，大部分是以物理吸附在 CNT 表面上以及進入到 CNT 中空位置，因此石墨層的表面排列結晶性對於氫分子進入到碳管內部的難易程度有相當大的影響，直接影響儲氫量的多寡。這方面的討論對於 CNT 應用於儲氫試驗有很大的影響[25]，結晶性越好的石墨層，其提供氫分子進入 CNT 內部的路徑越多，進而使得儲氫量可達到明顯的提昇。但是當石墨層達到完全結晶化後，其儲氫量卻不升反降，這是因為結晶化太完全以至於將氫分子進入 CNT 所需要的路徑完全封閉，使得氫分子無法有效進入碳管，進而降低儲氫量。而結晶化太差的石墨層，理論上可提供氫分子較多路徑進入碳管內部，但實際上卻會因石墨層與氫分子鍵結力太差而無法有效吸附氫分子，無法有明顯的儲氫效果[25]。

要達到明顯結晶化需將已成長之 CNT 進行退火熱處理。以流動觸媒法 (Floating catalyst method) 成長之 CNT 其結晶化較差[26]，以圖 4-9 表示其 TEM 顯微結構圖，需以退火處理增加石墨層結晶性，可知隨著溫度由 1700℃ 提高至 2000℃，使得石墨層趨向於結晶化，其 TEM 顯微結構圖以圖 4-10 表示，比較兩圖可知圖 4-10 石墨層較平行於軸向，可知石墨層確實已達到結晶化目的。而其結晶化過程以圖 4-11 表示，由石墨層逐漸成長合併，當退火過程進行時，平面石墨層和較彎曲石墨層間在退火熱處理過程中會產生高能量晶界，而此高能量晶界在退火達到 2200℃時會形成缺陷，此缺陷正是提供氫分子進入碳管的路徑。同時此結晶化過程可以熱力學觀點解釋，溫度增加可使結晶性較差的石墨層逐漸降低表面能，因此是屬於自發反應，表示退火處理理論上是可增加石墨層結晶性。由表 4-2 可知隨著退火溫度增加，其結晶性增加的結果使得儲氫量也相對增加，這同時可驗證結晶性提供氫分子較多路徑進入碳管，進一步提升儲氫量[26]。

另比較圖 4-10 和圖 4-12 可發現出以種子觸媒法 (Seed catalyst method) 成長之碳管 (SCNT)，未經處理即可達到很高之結晶性，甚至比流動觸媒法成長之碳管 (FCNT) 經退火熱處理至 2200℃結晶性還高。因此理論上 SCNT 結晶性越高儲氫量應該越高，但由圖 4-13 可發現在任何溫度下 SCNT 卻比 FCNT 儲氫量低，甚至比 FCNT 退火熱處理 2200℃來的高。這是因為 SCNT 結晶性太好以至於將氫分子進入碳管內壁的路徑完全封閉，因此儲氫量無法顯著提升[26]。

圖 4-9　流動觸媒法成長碳管未經處理的 TEM 圖 [26]

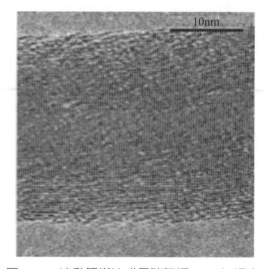

圖 4-10　流動觸媒法成長碳管經 2200℃退火熱處理的 TEM 圖 [26]

表 4-2　CNT 在不同退火溫度下之儲氫量 [26]

樣品序號	退火程序溫度	儲氫量 (wt%)
1	生成態	1.29
2	1700℃	1.62
3	1900℃	2.21
4	2000℃	2.34
5	2200℃	3.98

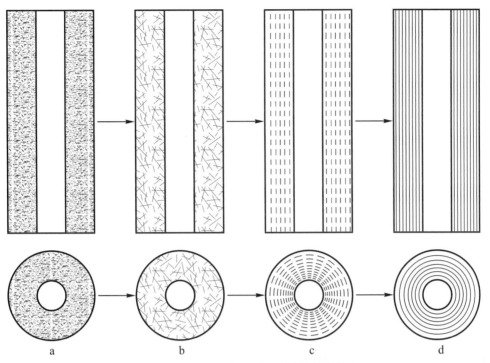

圖 4-11　CNT 結晶化過程示意圖[26]

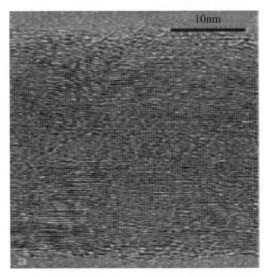

圖 4-12　種子觸媒法成長碳管未經處理的 TEM 圖[26]

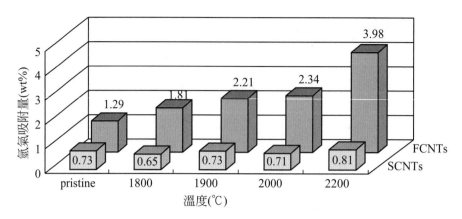

圖 4-13　種子觸媒法和流動觸媒法在不同溫度下之儲氫量比較圖 [26]

另一方面，氫分子也有可能被吸附在碳層間距上。退火溫度越高造成結晶化程度增加，會使得石墨層間距變小，逐漸趨近於完美結晶化碳層間距0.334nm。而氫分子和石墨層物理吸附的同時，造成石墨層間距會變的更小，這是因為氫分子和石磨層間具有強大的交互作用力，使得石墨層間因氫分子吸引而排列較緊密 [27]。

綜合以上所述，CNT必具有適當退火熱處理以增加石墨層結晶性，且必須具有適當結晶性，才可達到明顯以及較高儲氫量。

❀ 4-9　奈米碳管儲氫之展望

愈來愈多的實驗與理論結果特續地出現，也越來越多的證據指出奈米碳管是一良好的儲氫材料，即使也有一些負面報導。

為了使用奈米碳管作為吸附氫的材末，大量生產與可利用的碳管仍有一大

段路要走，科學家將這一些工作分為以下幾個重點：

（一）在經濟的考量下，製造出可控制奈微米結構的碳材料及可以大量生產的單壁奈米碳管。

（二）奈米碳管純化以及發展開口形奈米碳管的最佳化反應機制，用以提升奈米碳管的儲氫量。

（三）提出奈米碳管多孔洞結構與表面微結構，吸附與脫附氫氣的新觀點。

（四）研究提高奈米碳管儲存容量的的新方法。

（五）利用動力學與熱力學研究奈米碳管吸附與脫附循環。

（六）奈米碳管吸附氫氣機制與理論相結合，用以設計以奈米碳管為基礎的儲氫材料。

（七）實用儲氫系統的發展，用於質子交換膜燃少電池 (PEMFC) 交通工具或其他領域。

事實上，氫燃料是一個相當乾淨、多變化性的、高效能的、安全的，而且也適用於傳輸方面最好的燃料，不久的未來氫能將扮演非常重要的角色。初步的實驗結果與一些理論計算指出奈米碳管與奈米碳纖在儲氫方面能有很大的進展，這將加速氫為燃料電池裝置交通工具之發展。不論如何，許多的量測結果必須具有再現性，而不論是理論計算與實驗方面，各式各樣奈米碳管儲氫能力將持續被研究。目前很多文獻之實驗顯示，奈米碳管的儲氫量並不顯著，而且沒有大家共同認同之，量測奈米碳管氫儲存量的實驗儀器及標準量測步驟與方法。因此導致各實驗室所得數據難以比較參考。還有一項因素就是各別儀器所生產的奈米碳管，其形式及結構也不同，當然也會影響到實驗結果。

✴ 4-10　TCD 法測量奈米碳管吸氫量

熱 傳 導 偵 測 器 TCD (Thermal Conductivity Detector) 可用來偵測反應室內氣流中氫氣含量的變化量，從而推算奈米碳材之吸氫量，所使用之試驗裝置如圖 4-14 所示。偵測器本體是一組惠斯登電橋 (Wheatstone bridge)，經由流通的氣體可將其熱電阻絲所產生的熱量帶走。由於不同的氣體有不同的熱傳導係數，因此熱量散失的速率會隨氣體組成的不同而改變。當熱電阻絲的失熱速率降低時，記錄器會畫出正向的波峰；反之則會畫出負向的波峰。此實驗 TCD 的偵測電流是 60mA，使用的氣體是氫氣和氬氣的混合氣體 (體積比為 H_2：Ar ＝ 1：9)，流速為 30sccm。由於氫氣的熱傳導係數較大，因此隨著氫氣的消耗，會產生正向波峰；反之氫氣從試體中脫附出來，則產生負向波峰。其中程式控溫系統的反應器是一 U 型石英管，利用溫度控制器配合熱電偶來控制樣品之加熱溫度。混合氣體的流速以質量流速控制器 (Mass flow controller) 控制在 30sccm。以電腦同步記錄反應器內電阻絲失熱速率及溫度的變化。反應器所產生的水氣，在通過乾燥管時，先以矽膠及沸石加以吸收，以免水氣影響偵測結果。

進行 TCD 量測法實驗時，依以下驟操作：

(a)　將待測的奈米碳管置入 U 型石英管中。

(b)　通入氫氣並控制流量於 30sccm。

(c)　如圖 4-15 所示，將 U 型石英管置入升溫爐中，以每分鐘 5℃的升溫速率，上升到 500℃持溫 2 小時 (圖 4-16)，目的在於去除試體中的水份。

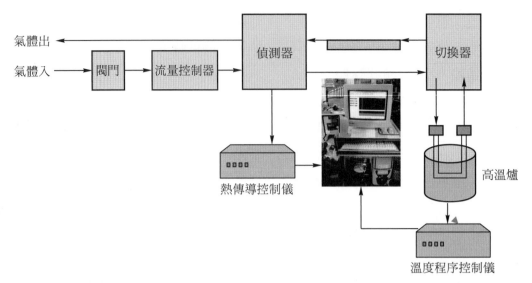

圖 4-14 利用熱傳導偵測器 TCD (Thermal Conductivity Detector) 來偵測氣流中氫氣含量的變化量，再推算奈米碳管吸氫量之試裝圖

圖 4-15 U 型石英管置於升溫爐中

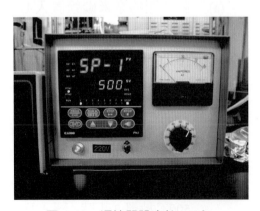

圖 4-16 溫控器設定於 500℃

(d) 再切換氣體通入 Ar：H_2 9：1 的混合氣體。

(e) 通入混合氣體後，等到通過試體前與通過試體後的濃度相等時，才開始降溫量測。

(f) 由 500℃降至室溫由電腦接收其氫氣濃度變化的數據。

(g) 將其數據曲線經過積分，運算得其吸附氫氣的莫耳數。

其中，圖 4-17 所示是本試驗所用之熱傳導偵測器，圖 4-18 所示則是熱傳導偵測控制器。

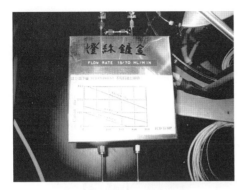

圖 4-17　熱傳導偵測器

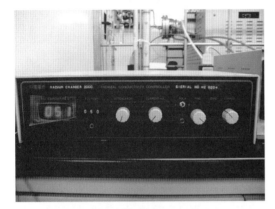

圖 4-18　熱傳導偵測控制器

將產物製成粉末狀，再與鎳粉混合，將混合物置於壓錠模具中，使用油壓機施予固定壓力，將混合粉末壓成錠狀，再置於氣相壓力量測儀器中，抽真空後，灌入氫氣，於固定溫度下，量測其壓力變化。吸氫容量之計算公式如下：

$$PV = nRT$$

$$(P_i V_t / RT_r + P_c V_c / RT_c) - (P_e V_t / RT_r + P_e (V_c - V_s) / RT_c) = dn$$

$$wt \% = (2dn/carbon\ weight) \times 100\%$$

P_i：初始壓力　　T_r：室內溫度

P_e：最後壓力　　T_c：反應腔溫度

P_c：cell 開始反應前壓力

V_t：腔體體積

dn：吸氫前後之氫氣莫耳數差

V_c：cell 體積

V_s：試片體積

$wt\%$：所得之吸氫重量百分比

TCD法測量奈米碳管吸氫結果

本測試分別對多批奈米碳管，抽取出其中最理想的樣品做吸氫量的試驗，其結果如表 4-3 所示。

表 4-3　各批奈米碳管中抽取最理想樣品之吸氫量試驗結果

批次	吸氫量	批次	吸氫量
第一批	0.507wt%	第七批	1.002wt%
第二批	0.363wt%	第八批	0.615wt%
第三批	0.849wt%	第九批	0.870wt%
第四批	0.941wt%	第十批	0.275wt%
第五批	0.714wt%	第十一批	1.057wt%
第六批	0.820wt%	第十二批	0.700wt%

奈米碳管吸氫量的量測到目前為止，已有多處研究單位投入，所得的結果相當分歧，因此也引發各種不同的揣測與爭論，就科學實驗的觀點來看，導致這些誤差的可能有下列幾點原因：1.奈米碳管的不易取得，2.系統易受環境的干擾，3.真空氣密性的維持，4.奈米碳管的純度及微結構的不同。

⚛ 4-11　活化處理與 PCI 測量吸氫量

由於前述各種研磨、氧化、原子植入 (doping) 與化學處理均無法獲致高的吸氫量，於是外嘗試使用其它化學試液之處理，以提高奈米碳材吸氫量。詳細之特殊處理程序與吸氫測量結果敘述如後。

活化程序

步驟 (1)：配製含 0.1M 化合物 M 之水溶液。

步驟 (2)：含 0.1M 化合物 M 之水溶液以 HCl 或 NaOH 調整至某一特定之 pH 值。

步驟 (3)：將稱重完之奈米碳管或奈米碳纖維置入步驟 (2) 之溶液中，以超音波震盪 N 小時。

步驟 (4)：將完成步驟 (3) 之奈米碳管後過濾取出碳管，在保護氣氛爐中，維持溫度於 T℃，經過 N 小時烘乾後取出稱重。

將上述活化處理過之奈米碳管或奈米碳纖維，置入 PCI 測試儀之反應室中，抽真空再加熱至 300℃ 維持 3 小時後，關掉加熱電源冷卻至室溫，隨即進行吸放氫試驗。吸放氫試驗之最大氫氣平衡壓設定為 700psi。PCI 法之原理與實驗　驟，詳細敘述於後。

PCI 原理與實驗步驟

本研究用來自動量測奈米碳材吸放氫行為之商用系統 (GRC 廠牌) 如圖 4-19 所示。本系統可進行恆溫壓力組成 (PCI：pressure concentration isothermal) 之測量。操作步驟與原理如下。

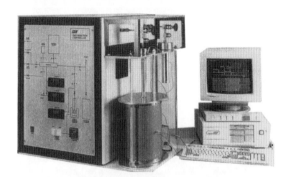

圖 4-19　可自動量測奈米碳材吸放氫行為之恆溫壓力組成 (PCI：pressure concentration isothermal) 測量系統

步驟 (1)：將稱重後之定量奈米碳管，置入一已知容積之反應室中，系統依據所輸入碳之原子量計算出奈米碳管莫耳數。

步驟 (2)：設定吸放試驗之溫度為 25℃，最高氫氣平衡壓力設定為 700psi。打開氫氣鋼瓶，使定量氫氣進入準備室中，再啟動循環吸放氫試驗。系統會自動控制鋼瓶與準備室間之電磁閥，使準備室中之氫氣維持於一定壓力。

步驟 (3)：使碳管開始進行充氫反應，系統之電腦程式自動控制，介於反應室與預備室間之閥門，讓小量適當量之氫氣，由預備室流入反應室中，此時反應室中之壓力會稍微增大。

步驟 (4)：當氣體和固體間之反應完成後，反應室中之壓力逐漸會回到一穩定平衡壓力，表示氫氣已被碳管吸收。此時系統軟體會依據反應室中氫氣平衡前後之壓力變化量，利用試驗時之溫度與壓力變化量，計算出反應室中碳管所吸收氫氣之總，再依步驟 (1) 奈米碳管莫耳數算出相對於一莫耳碳管所吸收氫氣之莫耳數 (x)，計算後記錄此時之平衡壓力與相對於一莫耳碳管所吸收氫氣之莫耳數。

步驟 (5)：反覆進行步驟 (3) 與步驟 (4)，平衡壓會慢慢增大，最後平衡壓達到設定值之 700psi，此時表示吸氫過程完成。

步驟 (6)：開始進行放氫反應時，系統一樣會自動控制真空泵，先讓小量的氫氣從反應室流向室外，此時反應室之壓力稍微降低。

步驟 (7)：此時固體內之氫氣會釋放至反應室中，使反應室之壓力會逐漸回復，最後反應室中之壓力會達到一個穩定平衡壓力。此時系統軟體會自動計算反應室中氣體之壓力改變，計算並記錄此時之平衡壓力與相相對於一莫耳碳管所放出氫氣之莫耳數 (x)。

步驟 (8)：反覆進行步驟 (6) 與步驟 (7) 直至平衡壓已達無法再降低時即停止本試驗，此時表示放氫試驗完成。

步驟 (9)：系統繪製並輸出等溫吸放氫之平衡壓力 - 吸放氫量曲線，如圖 4-20 所示。

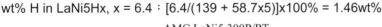

wt% H in LaNi5Hx, x = 6.4：[6.4/(139 + 58.7x5)]x100% = 1.46wt%

AMC LaNi5 300P/RT

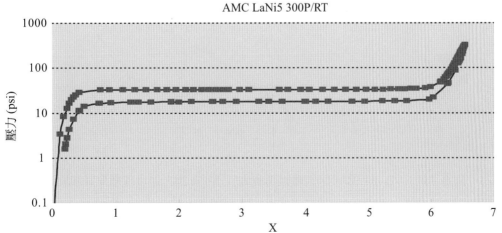

圖 4-20　室溫下測量之鑭化鎳 $(LaNi_5H_x)$ 等溫吸放氫平衡壓力與吸放氫莫耳數間之關係曲線圖

測量前先利用高純度鑭化鎳(LaNi$_5$)進行校正測試。在室溫下所測量所得之鑭化鎳(LaNi$_5$)等溫吸放氫平衡壓力-吸放氫量曲線如圖 4-20 所示。圖中鑭化鎳之吸放氫曲線擁有非常平的平台壓，遲滯現象很小，操作溫度和壓力很接近常溫常壓，所以是一非常實用的儲氫材料，唯最大吸氫量只達到 1.46wt%。此實驗結果與其它報導結果一致。由此證明本試驗系統已達到很好量測精確性。

活化與 PCI量測結果

各種不同處奈米碳管與碳材，經不同處理後在 700psi 氫氣壓及 25℃下以 PCI 法量測，結果如圖 4-21 至圖 4-26 所示。由圖 4-21 之測試結果發現，以熱化學 CVD 法研製之奈米碳纖維，其最大吸氫量為 1.58wt%。此吸氫量比一

典型的儲氫合金 LaNi$_5$之最大吸氫量 1.46wt% 稍高。若將此奈米碳纖維置於 2,400℃爐中，進行 30 分鐘之石墨化及活化處理後，如圖 4-22 所示，最大吸氫量可提升至 2.60wt%。圖 4-23 是外購之多壁奈米碳管經表面活化處理後之吸放氫試驗結果，其最大吸氫量為 1.88wt%。圖 4-24 是熱 CVD 法自製奈米碳管，僅進行一道表面活化處理後之吸放氫試驗結果，其最大吸氫量為 1.96wt%。圖 4-25 是熱 CVD 法自製奈米碳管，經純化及表面活化兩道處理後之吸放氫試驗結果，其最大吸氫量為 3.07wt%。圖 4-26 是熱 CVD 法自製奈米碳管，經純化、表面活化及植入鉀離子於碳材石墨層間等三道處理後之吸放氫試驗結果，其最大吸氫量為 3.23wt%。

wt% H in CHx, x = 0.19：(0.19/12.19) x100% = 1.59wt%

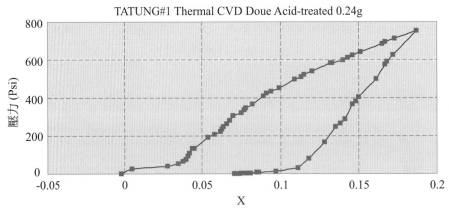

圖 4-21 室溫下熱 CVD 法自製奈米碳纖維等溫吸放氫平衡壓力與吸放氫莫耳數間之關係曲線圖

wt %H in CHx, x = 0.32：(0.32/12.32)x100% = 2.60wt%

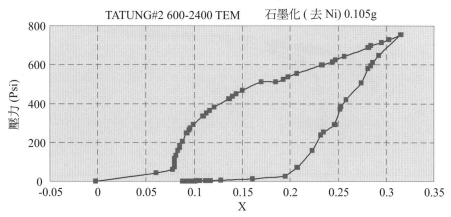

圖 4-22　室溫下熱 CVD 法自製奈米碳纖維，經石墨化與活化處理後之等溫吸放氫平衡壓力與吸放氫莫耳數間之關係曲線圖

wt% H in CHx, x = 0.23：(0.23/12.23)x100% = 1.88wt%

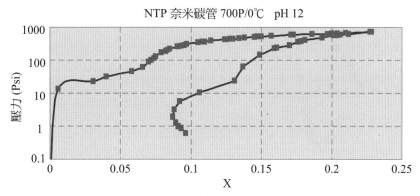

圖 4-23　室溫下外購奈米碳管之等溫吸放氫平衡壓力與吸放氫莫耳數間之關係曲線圖

wt% H in CHx, x = 0.24：(0.24/12.24)x100% = 1.96wt%

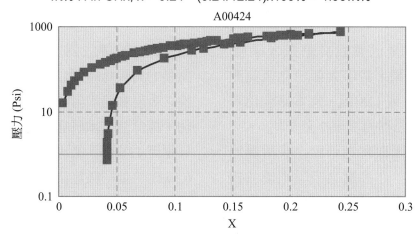

圖 4-24　室溫下熱 CVD 法自製奈米碳管，經純化處理後之等溫吸放氫平衡壓力與吸放氫莫耳數間之關係曲線圖

wt% H in CHx, x = 0.38：(0.38/12.38)x100% = 3.07wt%

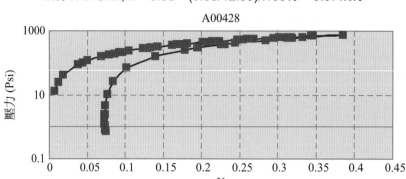

圖 4-25　室溫下熱 CVD 法自製奈米碳管，經純化與活化後之等溫吸放氫平衡壓力與吸放氫莫耳數間之關係曲線圖

wt% H in CHx, x = 0.40：(0.40/12.40)x100% = 3.23wt%

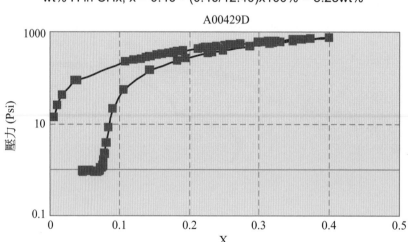

圖 4-26　室溫下熱 CVD 法自製奈米碳管，經純化、活化並植入鉀離子後之等溫吸放氫平衡壓力與吸放氫莫耳數間之關係曲線圖

　　表 4-4[28]是己發表文獻奈米碳材之吸氫量結果。其中大部份之氫氣測試壓力是 10 或 12MPa，比本研究使用之 700psi 氫氣壓力高至 2 至 2.4 倍。一般而言，奈米碳材在低壓之吸附屬於化學性吸附；在高壓之吸附則屬於物理性吸附。本研究所使用之測試儀器最大操作壓力為 700psi，所以無法獲致 10 或 12Mpa 外壓數據以資比較。參考圖 4-8，Liu 等人對單壁奈米碳管改變氫壓力對吸氫時間之函數圖。發現物理性之吸附會隨吸附氣體外壓之增加而增加，據此估算本研究所得結果，若增加外壓至 12MPa，最大吸氫量應可達到將 6.5wt%。此一吸氫量已經達到美國能源部所訂定，儲氫材料用於電動車輛之吸氫量最低要求。

表 4-4　奈米碳材應用於儲氫材料的儲氫結果 [28]

參考文獻	吸附物	儲氫量 (wt%)	溫度 (K)	壓力 (MPa)
Darkrimet al.	SWNT	11	80	10
Wang et al.	SWNT	2	80	10
Yin et al.	SWNT	6.5	300	16
Dillon et al.	SWNT	5-10	300	0.04
Ye et al.	SWNT	8	80	8
Dillon et al.	SWNT	10	300	0.04
Liu et al.	SWNT	4	300	12
Zhu et al.	MWNT	5	300	10
Wu et al.	MWNT	0.25	300	0.1
Chen et al.	Li doped MWNT K doped MWNT	20 14	200-400 300	0.1 0.1
Yang et al.	Li doped MWNT	2.5	200-400	0.1
Pinkerton et al.	K doped MWNT	1.8	300	0.1
Chambers et al.	GNF	65	300	12
Browning et al.	GNF	6.5	300	12
Gupta et al.	GNF	10	300	12

　　以上各種處理何以會促進奈米碳管或奈米碳纖維之吸氫能力？Murata 等人[29]曾用自穩定化效應 (self-stablization effect) 與自鎖式吸附機構 (self-locking adsorption mechanism) 解釋奈米碳吸氫之機制。本研究參考其作用機構，茲詳細討論可能之作用機構如下。奈米碳管純化可以提升吸氫量之道理不言自喻，不另說明。活化處理中酸鹼度之變化，改變了碳材表面之電性，可能是促進氫吸附的原因。鉀離子本來就具有吸氫化性，活化後再注入鉀離子於石墨層間，其提高吸氫量可能是來自鉀離子之催化作用。奈米碳纖維吸氫量提升之效應可能是奈米碳纖維在石墨化處理後，形成較佳之結晶化結構有關。與前述未經處理碳材之吸氫結果比較，吸氫量有明顯提升。造成奈米碳纖維吸氫容量提升之原因，可能歸因於其石墨化產生特殊之結構有關。

　　奈米碳纖維具有如圖 4-27 之魚骨形斜向堆排及圖 4-28 之表面環狀石墨結構，可能是促進吸氫量提高之原因。石墨化處理後，奈米碳纖維表面形成環狀結構，此結構使得斜向排列之石墨平面間在表面形成較大之狹縫式微開口，而較一般奈米碳纖維更利於氫氣之進出所致。除了化學純化，本研究亦有一新發現，即以電漿處理後可去除金屬催化劑顆粒，亦是一純化碳管之方法。如圖 4-29 至 4-31 所示，催化劑顆粒被電漿移除後，奈米碳管端點可明顯看到呈開口狀，也有利於氫之進入。

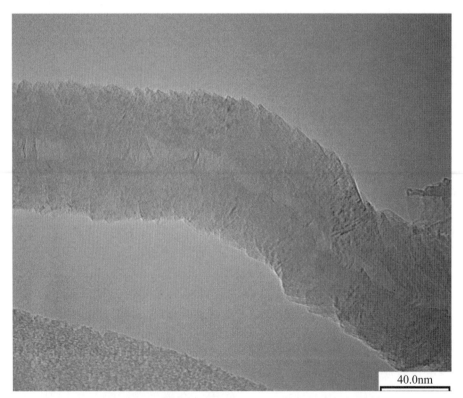

圖 4-27　GNFs：CVD, Feitknecht 化合物催化劑，合成溫度：700°C，CH_4：H_2 =1：3，石墨化溫度：2400°C，石墨化時間：30 分

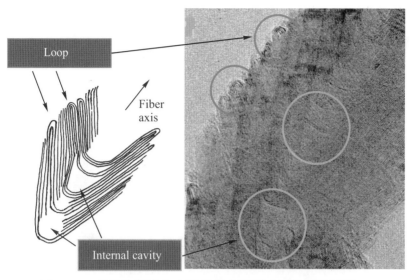

圖 4-28　石墨化促進奈米碳纖微表面形成環狀石墨結構。

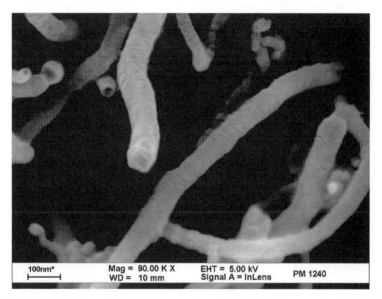

圖 4-29　CVD 法製得之奈米管石墨化溫度：2400℃，石墨化時間：30 分。碳管端可明顯看到呈開口狀

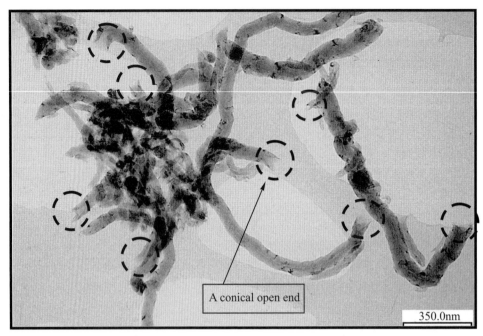

圖 4-30　CVD 法製得之奈米管，石墨化溫度：2400℃，石墨化時間：30 分。碳管端可明顯看到呈開口狀

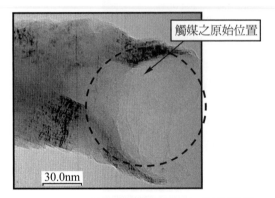

圖 4-31　CVD 法製得之奈米管，石墨化溫度：2400℃，石墨化時間：30 分。碳管端可明顯看到呈開口狀

✦ 4-12　奈米碳材儲氫結果與討論

未進行任何前處理之奈米碳管進行儲氫性能量測，結果吸氫量只有 0.275 到 1.0057wt%。自製及外購之奈米碳管進行植入 Pd、植入 Ni、不同程度之球磨、不同濃度 HCl 之化學表面處理、空氣、氧氣、臭氧、二氧化碳等氣體氧化等處理期能提高其吸氫量。結果發現各種研磨、氧化、原子植入與化學處理均無法獲致高的吸氫量。

改採取活化處理與注入鉀離子於奈米碳材石墨層間之方法後，發現可以明顯提升奈米碳管之吸氫量。以熱化學 CVD 法研製之奈米碳纖維，其最大吸氫量為 1.58wt%。此吸氫量比一典型的儲氫合金 LaNi$_5$ 之最大吸氫量 1.46wt% 稍高。若將此奈米碳纖維石墨化及活化處理後，最大吸氫量又可提升至 2.60wt%。外購多壁奈米碳管經表面活化處理後之吸放氫試驗結果，其最大吸氫量為 1.88wt%。熱 CVD 法自製奈米碳管，僅進行一道表面活化處理後之吸放氫試驗結果，其最大吸氫量為 1.96wt%。經純化及表面活化兩道處理後之吸放氫試驗結果，其最大吸氫量為 3.07wt%。經純化、表面活化及注入鉀離子於碳材石墨層間處理後，其最大吸氫量為 3.23wt%。若增加外壓至 12MPa，估計最大吸氫量應可達到將 6.5wt%。此一吸氫量剛好達到美國能源部所訂定，儲氫材料用於電動車輛之吸氫量最低要求。

活化處理中調整碳材酸鹼度，改變了碳材表面之電性，可促進氫吸附。活化後再注入鉀離子於石墨層間，提高吸氫量可能是來自鉀離子之催化作用。奈米碳纖維石墨化處理後，產生特殊魚骨形斜向堆排及表面環狀石墨結構，可能是促進吸氫量提高之原因。石墨化處理後，奈米碳纖維表面形成環狀結構，此結構使得斜向排列之石墨平面間在表面形成較大之狹縫式微開口，而較一般奈米碳纖維更利於氫氣之進出所致。除了化學純化，本研究亦有一新發現，即以電漿處理後可去除金屬催化劑顆粒，亦是一純化碳管之有效方法。

❂ 4-13　結語

（一）　熱 CVD 法，以苯為碳源所成長之奈米碳管，結構具有相當筆直之型貌，直徑介於約為 20-100nm。而以環己烷為碳源所生產之碳管直徑大約為 30nm 以下，且由多根集結成束狀型態，並在成束碳管中會出現較細小之單根碳管，估計單根奈米碳管直徑約 2.5nm-3nm 左右，有部分碳管只有少數 2、3 層管壁，石墨層間距約 0.34nm-0.35nm。外購的奈米碳管結構都是彎曲及糾結在一起，直徑約在 20nm-70nm 形貌都是一節一節的結構，是竹節狀 CNTs。而以苯為碳源所成長之奈米碳管，其石墨層結構不如碳源為 cyclohanxne 所成長之奈米碳管與外購之奈米碳管。

（二）　熱 CVD 法製得奈米碳管，以 Ni-植入與 Pd- 植入表面，表面有吸附顆粒狀物體，可見表面處理均勻性良好，但吸氫性質並沒有預期中理想。一般 Pd- 儲氫合金的氫吸附量測是利用壓力為機制的量測，而 Ni 在儲氫合金所扮演的角色是抗氧化抗腐蝕的功能。也許對於單純溫度變化在氫吸附上不是有明顯的效果，日後可再續做壓力方面的量測。而 TCD 量測數據不明顯，可能有其他參數未做調整，如氣體的流通速率、溫度的程控等。因此需要更進一步改善或使用其它測量方法作佐證。本研究於是進一步採用 PCI 法測量。

（三） 高密度電漿氣相成長製程，無論以鈷 - 磷薄膜或鎳／氧化鋁複合催化劑，進行以 1000W 之高電漿功率，成長奈米碳管或奈米碳纖維，電漿之侵蝕作用不利於奈米碳管或碳纖維之成長；以較低功率 (300W) 進行之製程研究顯示，奈米碳管及奈米碳纖維的成長密度明顯提升。以鈷 - 磷薄膜催化劑進行製程時，可製備具完整中空結構之奈米碳管，而以鎳／氧化鋁催化劑可成長具中心錐形間隙的奈米碳纖維。

（四） 高密度電漿氣相成長奈米纖維沉積製程，於 900mtorr 及 450mtorr 之壓力進行之複合催化劑之結果顯示，奈米纖維僅於 900mtorr 形成，同時產率明顯提升，目前最高產率為 2.5 倍。而純乙炔及乙炔 - 氫氣兩種反應氣氛之比較顯示，反應氣氛中之氫氣為奈米碳纖維生成之必要氣氛。純化處理及石墨化處理的結果顯示，酸洗處理可去除 80wt.% 以上之催化劑，而石墨化熱處理可顯著提升奈米碳纖維之石墨結晶程度。

（五） 未進行任前何處理之奈米碳管，進行儲氫性能量測，結果吸氫量只有 0.275 到 1.0057wt%。自製及外購之奈米碳管進行 doping Pd、doping Ni、不同程度之球磨、不同濃度 HCl 之化學表面處理、空氣、氧氣、臭氧、二氧化碳等氣體氧化等處理。結果發現各種處理均無法獲致高的吸氫量，因此本研究進一 採活化與注入鉀離子之處理。

（六） 活化處理與注入鉀離子於奈米碳材石墨層間後，發現可以明顯提升奈米碳管或纖維之吸氫量。以熱化學 CVD 法研製之奈米碳纖維，在 5MPa 氫壓下，最大吸氫量為 1.58wt%。此吸氫量比一典型的儲氫合金 $LaNi_5$ 之最大吸氫量 1.46wt% 稍高。若將此奈米碳纖維石墨化及活化處理後，最大吸氫量可提升至 2.60wt%。外購多壁奈米碳管經表面活化處理後，最大吸氫量為 1.88wt%。熱 CVD 法自製奈米碳管，僅進行表面活化處理後，最大吸氫量為 1.96wt%。經純化及表面活化兩道處理後，最大吸氫量為 3.07wt%。經純化、表面活化及注入鉀離子於碳材石墨層間處理後，最大吸氫量為 3.23wt%。若使用 12Mpa 氫氣壓力測試，估算得最大吸氫量可達 6.5wt%，亦即達到美國能源部所定電動車所用儲氫材料之吸氫量要求。

(七)　2005 年 Dillon 實驗室合成之 $C_{60}[ScH_2(H_2)_4]_{12}$ 及 $C_{48}B_{12}[ScH(H_2)_5]_{12}$ 兩種新奈米碳材，分別具有 7.01wt% 及 8.77wt% 之可逆吸氫量。有機金屬類的奈米碳材無論從理論或實驗研究，為奈米碳材儲氫之可能性注入一股新的希望與活力。由本研究及 Dillon 等人之最新研究證實，奈米碳材確實具有很大的應用潛力，很可能近年內即可達到美國能源部所訂定，儲氫材料用於電動車輛之吸氫量之實用要求。只是目前針對碳材製程中，如何提升其產能、製程之穩定性與碳材之純化等環節，尚需研發突破，以達到實際之應用目標。

(八)　活化處理中調整碳材之酸鹼度，可改變碳材表面之電性，從而促進氫吸附。活化後再注入鉀離子於石墨層間，提高吸氫量可能來自鉀離子之催化作用。奈米碳纖維石墨化處理後，可能產生特殊魚骨形斜向堆排及表面環狀石墨結構，亦可能促進吸氫。此種魚骨形與環狀結構使得斜向排列之

石墨平面，在表面形成較大之狹縫開口，因而比一般奈米碳纖維更利於氫氣進入。除了化學純化，本研究亦有一新發現，即以電漿處理後可去除金屬催化劑顆粒，亦是一純化碳管之有效方法。

參考文獻

1. Dillon AC, Jones KM, Bekkedahl TA, Kiang CH, Bethune DS, Heben MJ. Storage of hydrogen in single-walled carbon nanotubes. Nature 1997; 386：377-9

2. Mildred S. Dresselhaus, Gene Dresselhaus and Phaedon Avouris, "Carbon Nanotubes：synthesis, structure, properties, and applications", 21(2000)

3. Lijie Ci, Jinquan Wei, Bingqing Wei, Ji Liang, Cailu Xu and Dehai Wu, "Carbon nanofibers and single-walled carbon nanotubes prepared by the floating catalyst method", Carbon, 39, 329(2001)

4. R. Kamalakaran, M. Terrones, T. Seeger, Ph. Kohler-Redlich, M. Ru hle, Y. A. Kim, T. Hayashi, and M. Endo, "Synthesis of thick and crystalline nanotube arrays by spray pyrolysis", Appl. Phys. Lett., 77(24), 3385(2000)

5. Xianfeng Zhang, Anyuan Cao, Bingqing Wei, Yanhui Li, Jinquan Wei, Cailu Xu and Dehai Wu, "Rapid growth of well-aligned carbon nanotube arrays", Chem. Phys. Lett., 362, 285(2002)

6. R. Andrews, D. Jacques, A.M. Rao, F. Derbyshire, D. Qian, X. Fan, E.C. Dickey and J. Chen, "Continuous production of aligned carbon nanotubes：a step claoser to commercial realization", Chem. Phys. Lett., 303, 467(1999)

7. Agarwal RK, Noh JS, Schwarz JA. Effect of surface acidity of activated carbon on hydrogen storage. Carbon 1987; 25：219-26.

8. Dresselhaus MS, Williams KA, Eklund PC. Hydrogen ad- sorption in carbon materials. MRS Bull 1999; 24：45-50.

9. Brown SDM, Dresselhaus G, Dresselhaus MS. Reversible hydrogen uptake in carbon-based materials. In：Rodriguez NM, Soled SL, Hrbek J, editors, Recent advances in catalytic materials, Mater. Res. Soc. Symp. Rroc, Vol. 497, PA：Warrendale, 1998, pp.157-63

10. Stan G, Cole M. Low coverage adsorption in cylindrical pores. Surf .Sci . 1998; 395：280-91

11. Williams KA, Eklund PC. Monto Carlo simulation of H2 Physisorption in finite diameter carbon nanotube ropes. Chem. Phys. Lett. 2000; 320：352-8

12. Rzepka M, Zlamp P, de la Casa-lillo MA. Physisorption of hydrogen on microporous carbon and carbon nanotubes. J. Phys. Chem. B 1998;102：10894-8

13. Wang QY, Johnson JK. Molecular simulation of hydrogen adsorption in single walled carbon nanotubes and

idealized carbon slit pores. *J. Chem. Phys. 1999; 110(1)：577-86*

14. Lee SM, Lee YH. *Hydrogen storage in single-walled carbon nanotubes. Appl. Phys. Lett. 2000; 76(20)：2877-9*

15. Dillon AC, Jones KM, Bekkedahl TA, Kiang CH, Bethune DS, Heben MJ. *Storage of hydrogen in single-walled carbon nanotubes. Nature 1997; 386：377-9*

16. H.M. Cheng et al. *Hydrogen storage in carbon nanotubes. Carbon 39(2001)1447-1454*

17. Liu C, Fan YY, Liu M, Cong HT, Cheng HM, Dresselhaus MS . *Hydrogen storage in single wall carbon nanotubes at room temperature. Science 1999; 186：1127-9*

18. Dillon AC, Gennett T, Alleman JZL, Jones KM, Parilla PA, Heben MJ. *Carbon nanotube materials for hydrogen storage. In：Proceedings of the 1999 U.S. DOE hydrogen program review, 1999.*

19. Ye Y, Ahn CC, Witham C, Fultz B, Liu J, Rinzler AG , Colbert D, Smith KA, Smalley RE. *Hydrogen adsorption and cohesive energy of single-walled carbon nanotubes. Appl. Phys. Lett. 1999; 74(16)：2307-709*

20. Cheng HM, Li F, Sun X, Brown SDM, Pimenta MA, Marucci A, Dresselhaus G, Dresselhaus MS. *Bulk morphology and diameter distribution of single-walled carbon nanotubes synthesized by catalytic decomposition of hydrocarbon. Chem. Phys. Lett. 1998;289：602–10.*

21. Chambers A, Park C, Baker RTK, Rodriguez NM. *Hydrogen storage in graphite nanofibers. J Phys Chem B 1998; 102：4253–6.*

22. Chen P, Wu X, Lin J, Tan KL. *High H uptake by alkali- 2doped carbon nanotubes under ambient pressure and moderate temperatures. Science, 1999; 285：91–3.*

23. Yang RT. *Hydrogen storage by alkali-doped carbon naotubes revisited. Carbon 2000; 38：623–6.*

24. Cheng HM, Liu C, Fan YY, Li F, Su G, Cong HT, He LL, Liu M. *Synthesis and hydrogen storage of carbon nanofibers and single-walled carbon nanotubes. Z Metallkd, 2000; 91：306–11.*

25. Xuesong Li ,Hongwei Zhu, Lijie Ci, Cailu Xu, Zongqiang Mao, Bingqing Wei, Ji Liang, Dehai Wu.*Hydrogen uptake by graphitized multi-walled carbon nannotubes under moderate pressure and at room temperature. CARBON(2001)*

26. Lijie Ci ,Bingqing Wei ,Cailu Xu ,Ji Liang ,Dehai Wu ,Sishen Xie ,Weiya Zhou ,Yubao Li ,Zuqin ,Dongsheng Tang. *Crystallization behavior of the amorphous carbon nanotubes prepared by the CVD method .CRYSTAL GROETH (2001)*

27. *Annealing amorphous carbon nanotubes for their application in hydrogen storage, Lijie Ci ,Hongwei Zhu, Bingqing Wei, Cailu Xu ,Dehai Wu, Applied Surface Science (2003)*

28. *F. Lamari Darkrim, P. Malbrunot and G. P. Tartaglia "Review of hydrogen storage by adsorption in carbon nanotubes" International Journal of Hydrogen Energy, Vol 27, Issue 2, 2002, p193-p202*

29. *K.Murata, K.Kaneko, H.Kanoh, D.Kasuya, K.Takahashi, F.Kokai, M.Yudasaka, and S.Iijima, J.Phys.Chem. B 2002,106,11132-11138.*

習作

一、問答題

1. 比較電弧放電、雷射蒸發、PECVD、hdPCVD 和 themal CVD 等不同方法製造奈米碳管之品質差異。

2. 常用來製造奈米碳管的觸媒為何？觸媒的大小如何影響所製 SWNT 的品質？

3. 奈米碳管之貯氫機制為何？如何從奈米碳管結構上或經由化學活化提昇奈米碳管之吸氫能力？

5 再生能源用儲電電池

再生能源係指理論上能取之不盡的天然資源，在發電過程中不會產生汙染。例如太陽能、風能、地熱、生質能、海洋能、慣常水力等。這些能源具有什麼樣的特性？是否能夠融入或者取代現今電力系統中的火力、核能以及抽蓄水力發電？可能要先從傳統的電力系統架構來看，電力供應系統主要是由發電系統、輸電系統、配電系統與用戶結合而成(圖5-1)，過去電的發、輸、配、用是必須在瞬間完成的，供電業者根據用戶用電的需求量來調節供應量，由於電力的用戶可能受到諸如產能的變動、季節更替以及日常作息等之影響，用電量並不會一成不變。所以，供電端的升載與降載發電成為必然的現象。為了能夠因應需求量的變化，電力供應者不僅要能供應足夠的量，更要能迅捷的調節以維持供需之間的動態平衡，才不致於降低了供電的品質。可見，電力的供應不僅是「量」的問題，穩定的電力品「質」更是供電業者良莠的重要指標，所以再生能源的導入需要連結的機制，才能夠無縫啣接到電力系統中。

近年來，由於石化能源的日益枯竭，溫室氣體對生存環境的影響不容輕忽，因此再生能源成為供電來源的需求已日益顯著。只可惜，再生能源本質上的不穩定性，例如太陽能受到日照強度，風能受到風速等天候因素影響，難以成為供應穩定的電源，投入電網營運時不僅僅用戶端不穩定的既有變因，若連供電端也上下起伏，那麼對確保電力品質的需求無疑多了一層障礙。引進儲電技術是目前被認為解決電力系統不穩定性的最為有效的對策之一。因為，儲電除了可在發、輸、配、用的任何一個環節中加入之外，更可以藉由儲電的加入使供需的調整更有彈性。例如在離峰區段的過剩電力經過儲電之後，可於尖峰時段補足供電量之不足；而再生能源所生產的不穩定電力，也可經過儲電裝置儲放過程予以平穩化。不單解決了電廠升降載所造成發電成本提高、新電廠建置不易等問題，也對再生能源所衍生的困境提供了解決的方案。將儲電設施安置於用戶端，實際是減少了尖峰電廠的建設問題，也減緩再生能源對電力系統的衝擊，並提升了整個線路的效率，安置在發電端也能穩定供電品質、提高一次能源的使用效率。顯然，發、輸、儲、配、用形態的電力系統將逐漸發展成形。

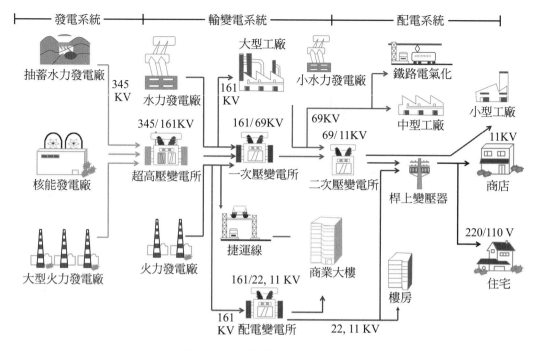

圖 5-1 台灣電力系統示意圖

⚛ 5-1 再生能源的發電特質與儲電

慣常水力是開發最為成熟的再生能源，風能與太陽能的開發近年來更是如火如荼地在世界各地推動。雖然如此，但再生能源受到天候與環境因素之影響的宿命依然相伴相隨。抽蓄儲電技術的出現解決了離峰時段電量過剩、尖峰時段電量不足的問題，所憑藉的是能量轉換技術。能量轉換技術是否也能解決再生能源的不穩定特性呢？是否能夠為再生能源所將面臨的障礙找到了突破的缺口？熟悉再生能源的發電特質，以及深入瞭解儲電技術應是最為基本的課題。

5-1-1 再生能源的多元化與發電特質

慣常水力發電是以水為介質，引導較高位能的水源到位於標高較低的水力發電廠，藉水輪機將位能轉換為電能，發完電之後的水回到下游河川匯流到海洋，重回水資源循環，並無耗損是潔淨的再生能源發電的方法。慣常水力發電依水的蓄存量可區分成川流式發電、調整池式發電以及水庫式發電等常見的三種類型，發電量取決於「落差」與「流量」。落差的形成是在河流上游適當的地方建築一座水壩，攔阻河水以抬高水位，或引水使其順著輸水管路送到下游的水力發電廠取得落差，流量則依水壩蓄水量與輸水管的管徑而定。

太陽能是源自於太陽光輻射所產生的能量，利用太陽能發電的方法可分為太陽光能發電及太陽熱能發電兩種，前者是利用太陽光電池將太陽光能轉換成電能。後者則利用聚熱裝置將太陽光聚集以獲取高溫熱源後加熱於熱媒，以汽化後的熱媒用來推動渦輪機發電。兩者之中以太陽電池發電技術較為成熟也具有較高的能源轉換效率。太陽電池是由高純度的半導體材料，添加微量不同種類其它物質後呈現光電性質相異的兩種材料接合而成，屬於 p-n 接面二極體元件。例如矽加入硼可形成 p 型半導體，加入磷可形成 n 型半導體；再將 p-n 兩型半導體加以接合後，在太陽光照射下，會有電位差產生。如果接上負載，電路中便有電流通過，這種利用照光產生電能就是太陽能轉換為電能的過程。電能的多寡即受到太陽光電池所在地的日照強度與日照時間所影響。按世界氣象組織定義 " 日照時間 " 是指一個地區直接接收到的陽光輻照度在每平方公尺 120 瓦特以上的時間累積。

風能則是地球表面空氣流動所產生的動能，利用風力發電機可將風能轉換為電能。風力發電機，主要由塔架、葉片、發電機等三大部分所構成。當風速大於每秒 2 至 4 公尺時，大部份的發電機即能有電能輸出。當風速達每秒 10 至 16 公尺時，即可達滿載發電。最大耐風速，根據風機類別的不同，依 IEC 標準 I 類風機約為每秒 70 公尺。所以，除了一年四季吹風的日子多，且風速大小適中而穩定是好的風場需具備的重要條件。一般而言，風能通常在人煙稀少的地方資源較為充沛，故風力發電設備大多設置在遠離城市的地方，這增加電力輸送的成本。

地熱能是指來自於地球內部的熔岩，以熱力形式存於地殼的天然熱能。在地球的內部其溫度可高達攝氏 7000 度，而在 80 至 100 公里的深度處也達到攝氏 650 度至 1200 度。地熱能透過地下水的流動和熔岩被轉送至較接近地面的地方。地熱能的利用可分為地熱發電和直接利用兩大類。人類很早以前就開始利用地熱能，例如利用溫泉沐浴、醫療，利用地下熱水取暖、建造農作物溫室、水產養殖及烘乾穀物等。現今地熱發電的發電技術有四種最主要的應用系統，分別是：全流發電系統、地熱蒸汽發電系統、熾熱岩發電系統與雙迴圈發電系統。其中以地熱蒸汽發電系統運用技術較為成熟，是目前地熱發電最主要的形式。發電時先將高溫地熱水經單段或多段閃化成為蒸汽，再由汽水分離裝置去除熱水，以蒸汽推動渦輪機發電。

海洋能是利用諸如潮汐、波浪、海流等海洋運動過程，或者海洋溫度、鹽份濃度差異所產出來的能源。海洋能源的開發是針對海水的自然能量直接或間接地加以利用，使它轉換為電能。地球表面海水的水位，會隨地球自轉運動及月球繞地球公轉間的引力作用而產生高低變化，這種海水高低起伏的現象就稱為潮汐。潮汐發電即是利用潮汐水位落差的變化，把海水動、位能間的變化轉換成電能的發電方式。波浪發電是利用波浪上下振動的特性，擷取蘊含在波浪中的動能轉換為電能。位能與潮汐振幅有關，動能則與潮流流速相關。海洋中的水體受到地球自轉與陸地邊界影響，所產生固定方向且生生不息的水流運動，就是海流的成因，海流發電是利用水流運動轉換成電能的發電方式。海洋溫差發電是利用表層與深層海水間的溫度差，經過熱交換器及渦輪機來發電。一般而言，溫度差若達到 20 度就可有效發電。

生質能包括了農林及海藻類植物、沼氣、一般廢棄物與工商業廢棄物等可供直接利用或經轉換所獲得的電與熱等可用的能源。例如木材與林業廢棄物如木屑等；農作物與農業廢棄物如稻稈、稻殼、玉米穗軸、蔗渣等；畜牧業廢棄物如動物屍體、排洩物；廢水處理所產生的沼氣；都市垃圾與垃圾掩埋場與下

水道污泥處理廠所產生的沼氣；工業有機廢棄物如有機污泥、廢塑橡膠、廢紙、造紙廢液等。生質能轉換為能源的方式可概分為直接燃燒技術與物理／化學／生物轉換技術。直接燃燒技術是把廢棄物直接燃燒以產生熱能與電力，例如現有的大型垃圾焚化廠，以焚化垃圾發電。轉換技術是採物理／化學／生物方法將生質能原物料製成易於運輸及儲存的固態衍生燃料，或利用氣化與液化等熱轉換程序產生合成燃油或瓦斯，作為燃燒與發電設備的燃料，或者經醱酵、轉酯化等生物化學轉換程序以產生沼氣、酒精、生質柴油、氫氣等，作為引擎、發電機與燃料電池的燃料。

無論慣常水力、風能、太陽能、地熱能或者海洋能做為發電的能源都有同樣的特性，亦即可產出電能的多寡受到自然環境條件例如降雨量、風場、日照度等因素所影響，無法以人為方式來做有效控制，欲依照負載的變動來調整發量幾乎不可能。所以，然提高了裝置容量，卻難以使發電量有效增加，只能當成輔助電力來增加局部及短時間的供電量，並無法像核能、火力發電廠來當成基載電力使用。圖 5-2 說明中屯風場建置完成後十年間的月發電量變化條形圖，圖中紅色圓點標示處為當年度 12 月份的發電量。圖形的變化可以看出月發電量大致以一年為週期呈規律的變

化，一年之中以 10 至 12 月冬季季時期為風電最為豐沛的月份。圖 5-3 為 1kW 小型太陽光電夏季某一天的發電記錄，圖中顯示該太陽光電發電功率隨著太陽起落而變化，中午 12 時左右有最大功率輸出。從以上的實際發電記錄，不難看出再生能源的不穩定特質。

生質能是一種再生能源，與風能、太陽能一樣具有取之不盡、用之不竭的特性。與其他再生能源比較，生質能的優勢包括技術較成熟、有商業化運轉能力、經濟效益較高、且因使用材料為廢棄物，故兼具廢棄物的回收處理與能源生產的雙重效益。而且，生質能可併用在傳統能源供應的架構中，例如生質柴油可與市售柴油混合使用、氣化系統可與汽電共生或複循環發電系統結合等。

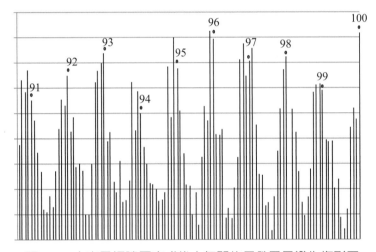

圖 5-2　中屯風場建置完成後十年間的月發電量變化條形圖

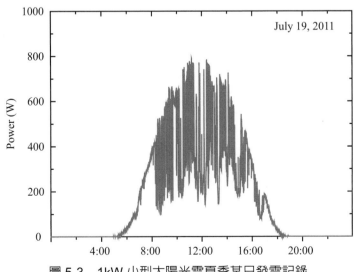

圖 5-3　1kW 小型太陽光電夏季某日發電記錄

5-1-2　各種儲電技術

將電能儲存於電容器是最直接而有效率的儲電方式,只可惜大量化卻相當困難。因此,大型的電能儲存都是將其轉換成其它能量形態,諸如機械能(動能和位能)、化學能、電磁能等來達到儲電的目的。其中機械儲能熟知的有,抽蓄儲能、壓縮空氣儲能和飛輪儲能,電化學儲能則包括鉛酸、鎳氫、鎳鎘、鋰離子、鈉硫和液流等電池儲能。各種的儲電技術各有其優點,也有其應用上的限制,以抽蓄儲電技術為例,該項技術最為成熟,其儲電容量更佔大型儲電總量的99%[1]。然而,卻受地理條件限制,以致於無法依照需求量持續性的加以開發。表 5-1 及表 5-2 分別說明了目前大型儲電技術發展狀態以及性能特徵[2-4]。從表 5-1 知發展成熟的儲電技術有抽蓄儲電以及鉛酸電池,商業化的有壓縮空氣儲能、新型鉛酸電池、鎳鎘電池、鈉硫電池等,其他的仍處於示範運轉、試驗工場甚至於實驗室的階段。不難看出,蓄電池儲電技術被寄予厚望。

表 5-1　大型儲電技術發展狀態

發展狀態	大型儲電技術
非常成熟	抽蓄儲電,鉛酸電池
已經商業化	壓縮空氣儲能,新型鉛酸電池,鎳鎘電池,鈉硫電池
示範運轉中	全釩液流電池,鋰離子電池,先進型鉛酸電池,超級電容器
試驗工場階段	新型鋰離子電池,Fe-Cr, Na-NiCl$_2$電池
實驗室研發階段	鋅 - 空氣電池,鋅 - 氯電池,先進型鋰離子電池

表 5-2　大型儲電技術性能特徵

	容量規模 (MWh)	發電功率 (MW)	使用時間 (hours)	能量效率 % (循環次數)	裝置費用 ($/kW)
抽蓄儲電	22,000	～4000	1-12	76～85(>10,000)	650-3000*
CAES(陸上型)	250	50	5	71(>10,000)	1950-2150
先進型鉛酸電池	3.2-48	1-12	3.2-4	75-90(4500)	2000-4600
鈉硫電池	7.2	1	7.2	75(4500)	3200-4000
鋅溴液流電池	5-50	1-10	5	60-65(>10,000)	1670-2015
釩液流電池	4-40	1-10	4	65-70(>10,000)	3000-3310
鋰離子電池	4-24	1-10	2-4	90-94(4500)	1800-4100
Fe/Cr 液流電池	4	1	4	75(>10,000)	1200-1600
鋅空氣電池	5.4	1	5.4	75(4500)	1750-1900

* 歐元 / 美金以 1.33 計算

抽蓄儲電技術是一種以水爲媒介的儲電方法，義大利和瑞士早在 19 世紀 1890 年代即有應用實例，主要的用途是做爲能量管理、頻率調控以及電量調節。抽蓄儲電的方法是利用離峰電力將水以幫浦抽存到高度較高的上蓄水池，在有電力需求之際，水從上池經過水輪機洩放至高度較低的下池，而產出電力 (如圖 5-4)，其儲電容量取決於上池的蓄水容量。截至 2010，全世界約有 104GW 的抽蓄儲電，約佔全球發電容量的 2.17%[5]。在台灣，民國 74 年底所完工的台電大觀二廠啓動了抽蓄儲電技術的應用先例，成爲國內第一座大容量抽蓄發電廠，該廠共有四部抽蓄機組，地下廠房安裝豎軸可逆式抽蓄水輪機及電動發電機 4 部，每部機最大容量 250MW，總裝置容量 1,000MW。民國 84 年 4 月台電明潭發電廠抽蓄機組加入運轉，該機組裝置可逆型法蘭西斯式抽水水輪機及電動發電機 6 部，每部機容量 267MW，總裝置容量 1,602MW。這兩座儲電廠裝置容量合計 2,602MW，

均以日月潭爲上池 (如圖 5-4) 利用夜間離峰電力執行抽水運轉，於日間進行發電運轉，以供應系統尖峰用電，除可調整系統頻率外，也兼具穩定電壓提高電力品質的效能。由於日月潭水庫標高 748m，與標高 448m 的大觀二廠與 373m 的明潭抽蓄發電廠有 300m 以上的有效落差。因此，具備了絕佳的天然地理條件，成爲台灣目前僅有的抽蓄儲電電廠。

具有這般優異廠址條件的處所並不多見，若要經人工開鑿不僅破壞了自然生態環境且需要更高成本，也非良策。所以地理環境條件，已然成爲抽蓄儲電開發的最大限制。雖然如此，隨著再生能源的開發量提高以及電業自由化的影響，各國也都更爲積極地找尋適宜廠址，如歐美及日本在未來的 8 年間仍有超過 7GW 以上的抽蓄儲電開發案在進行 [3]。台灣適宜做爲抽蓄廠址的地點並不多，台電公司目前也曾對大甲溪、南澳北溪 / 羅東溪以及北勢溪等幾個流域，進行興建抽蓄電廠的先期評估。

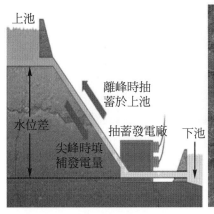
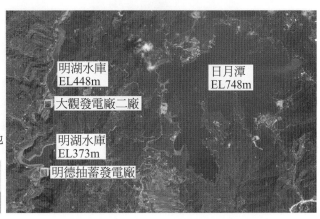

圖 5-4　抽蓄儲電原理示意圖 (左)，台電明潭與大觀二廠的抽蓄儲電廠空照圖 (右)

壓縮空氣儲電技術是一種以空氣為媒介的儲電方法，大都是以離峰的電力將空氣壓縮於地底密閉的洞穴、礦坑之中，或者地上的桶槽管件之內。當有電力需求之際，經過壓縮儲存的高壓氣體經過加熱、膨脹程序即可經由傳統的氣渦輪機產年電力[4] 如圖 5-5 所說明，第二代的 CAES 設計將高壓氣體與天燃氣混合，在改良的氣渦輪機中混合燃燒以提高效率。

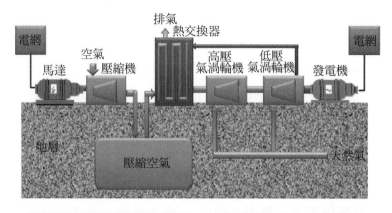

圖 5-5　壓縮空氣儲電原理示意圖 (上)，德國 Huntorf CAES 發電廠建於 1978(下)，圖片來源：http：//www.renewableenergyworld.com

第一部商業化的 CAES 於 1978 年興建於德國 Hundorf，儲電容量為 290MW(圖 5-5)。目前全世界的裝置量約為 440MW，是僅次於抽蓄儲電的大型儲電技術。壓縮空氣電的建設投資和發電成本均低於抽水蓄能電廠，但其能量密度低，並受岩層等地形條件的限制，所以應用的規模較小。在美國方面除了 1991 於 McIntosh, Ala., 所建置的 110MW 的第一代 CAES 之外，2009 年底 New York State Electric& Gas 及 PG&E 分別在 DOE 資助下建置 150MW/10-hours 及 300MW/10-hours 的第二代 CAES，最新的絕熱型 CAES(adiabatic CAES; A-CAES) 技術仍朝向減少壓縮與膨脹過程中能量耗損的研究持續進行中。2010 德國奇異公司 (General electric company; GE) 和 RWE AG 以及 German National Aerospace Institute 等簽署 ADELE(為德文 adiabatic compressed air energy storage for electricity supply 的縮寫字母) 計劃[6]，預計於 2013 開始運轉，其發電容量為 200MW，儲電容量達 1GWh，是更為先進的壓縮空氣儲電廠。此外，俄、法、意、盧森堡、以色列和中國也在積極開發和建設這種電廠。隨著分散式能量系統的發展以及減小儲氣庫容積和提高儲氣壓力至 10-15MPa 的需要，容量界於

8-12MW 的微型壓縮空氣儲能系統也成為另項關注焦點。

飛輪儲能技術是藉由旋轉運動將能量以動能形式儲存的方法，其儲能系統是由高速轉動的飛輪轉子磁軸承系統、充電 / 發電機、真空罩和電力轉換系統等部分所組成 (圖 5-6)。充電時外加的電流流經馬達驅動飛輪以增加速度，藉由飛輪旋轉運動，即可將能量以動能的形式加以儲存。所儲存的能量大小和飛輪的質量以及旋轉的速度平方成正比，所以充電過程就是不斷的提升飛輪的轉速，以達到儲存電能的目的。飛輪具有高能量、高功率密度，高能量轉換效率 (約 90%)，長循環壽命，工作溫度範圍寬廣以及不受放電深度影響等優點。然而，由於飛輪所承受的應力會隨著轉速提高而增加，所以最高的轉速就受限於飛輪材料所能承受的最大應力，儲電容能不高。且如果要長時間儲存能量，飛輪旋轉時軸承的摩擦損耗與空氣阻力，都會降低飛輪的儲能性能，以致於每小時的自放電速率高達約 20% 儲電容量[7]。這是飛輪不適於做長時間儲電之用的主要原因。目前已知最大的飛輪儲電系統是由 Piller Power Systems 所建置[8]，該系統設計的轉速範圍介於 1500 ～ 3600rpm 裝置容量為 8s-21MW。

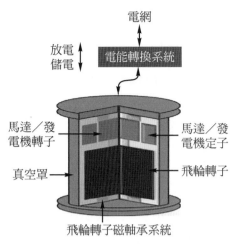

圖 5-6　飛輪儲電原理示意圖 (左)，德國 Piller 21 MWs UPS，圖片來源：http：//www.piller.com

5-1-3　電化學儲電技術

電化學儲電技術按儲能機制的不同可分為：以化學能方式儲存的蓄電池，以及電荷方式儲存的電化學電容器兩種主要型態。電化學儲電系統的電壓與容量可經由電池單元的串聯與並聯方式達成，具備模組化設計優點又不受地理環境所限制。因此，不僅在 3C 商品中隨處可見，在中型的電動手工具、電動載具之應用也日趨成熟。同時，電化學儲電技術也是被認為最具有替代抽蓄儲電潛力的大型儲能技術之一，例如鈉硫電池、釩液流電池、改良型鉛酸電池以及鋰離子電池都相當被看好。

🎴 5-2　傳統電池與發展中的電化學儲電技術

傳統電池以鉛酸電池及鎳鎘電池最具代表性，自從 1859 年普蘭特 (Plante) 發 明 鉛 酸 電 池，1899 年 Waldemar Janger 發明鎳鎘電池，至今已有一百多年的歷史。到 20 世紀初鉛酸電池仍以開口式 (Vent type) 鉛酸蓄電池為主，此一類型的鉛酸電池在使用過程中需補充散失的水份，且氣體溢出時攜帶酸霧，對周圍設備產生腐蝕，並污染環境。直到 1975 年 Gates Rutter 公司獲得密封鉛酸乾電池的發明專利，該產品就是免加水的閥調式鉛酸 (Valve regulated lead-acid; VRLA) 電池的原型機種。VRLA 被研發出來之後解決了大部份的開口式電池的問題，到了 1987 年左右隨著電信業的發達 VRLA 的應用更為普及，並逐步取代開口式鉛酸蓄電池。鉛酸蓄電池自發明至今，以其技術成熟、價格低廉、原材料易於獲得等優點，廣泛使用在各領域。鎳氫電池則在 1985 年荷蘭菲利浦公司突破了儲氫合金在充放電過程中容量衰減的問題後脫穎而出，目前仍被使用在 3C、電動車及小型儲能裝置市場。1991 年日本新力能源科技公司正式推出鋰離子二次電池商品[9]，目前已在小型電池的市場成為主流產品，並在電動車輛市場佔有重要地位。以最晚商業化的鋰離子二次電池而言，至今也超過二十年的歷史，在日常生活中隨處可見。然而，想要將這些技術成熟的傳統電池做為再生能源儲電用途之際，卻發覺不是容量過小就是循環壽命太短。因此，因應大型化儲能需求，除了先進型的鉛酸電池及鋰離子電池之外，鈉硫電池、釩液流電池等電化學儲電技術發展再次受到矚目。

5-2-1　鉛酸電池

鉛酸電池是技術最為成熟的化學能儲電技術，廣泛的應用在緊急照明、電動車輛以及不斷電系統中。放電時電池的氧化還原反應以及淨反應如下面方程式所表示，單電池的公稱電壓為 2.0V，充電時在兩個電極上進行逆向反應如圖 5-7 所顯示。

負極氧化：$Pb_{(s)} + SO_4^{2-} \rightarrow PbSO_{4\,(s)} + 2e^-$　　　　　　　　　　　　(5-1)

正極還原：$PbO_{2(s)} + SO_4^{2-} + 4H^+ + 2e^- \rightarrow PbSO_{4\,(s)} + 2\,H_2O$　　　　　(5-2)

淨反應：$PbO_{2\,(s)} + Pb(s) + 2H_2SO_4 \rightarrow 2\,PbSO_{4\,(s)} + 2\,H_2O$　　$E_{Cell} = 2.0\,V$　(5-3)

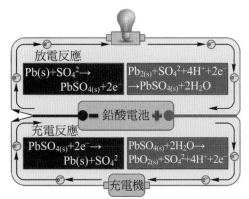

圖 5-7　鉛酸電池儲電原理示意圖 (左)，EPRI 在 1988 年建於 Chino 的 10MW/40MWh 鉛酸電池儲電場鳥瞰照片 (右)，圖片來 http：//energystorage.org

受限於電池重量及循環壽命，鉛酸電池在大型儲電系統中並不多見。已知最大的儲電系統規模為 10MW/40MWh，係美國 Electrical power research institute (EPRI) 在 1988 年建於 Chino, California[10]。在台灣，大型鉛酸電池已使用在發電廠、電信機房及基地台等處所最為廣見，主要的用途是做為直流馬達、控制系統及緊急照明等系統的備用電源，以因應交流電源中斷時的緊急需求，其容量在 500KW/4MWh 以內。由於鉛酸電池循環充放電的壽命受到充放電速率、放電深度與環境溫度的影響很大，應用在需要深度充放電的大型儲電領域中，估計其壽命僅 2-3 年，據此估算儲電成本將數倍或數十倍於目前的發電成本。因此，鉛酸電池仍較適合應用在淺度放電的不斷電系統、頻率調整及熱備載容量支援或者短時間的啟動點火等系統中。

$$\text{負極氧化：} 2Na \rightarrow 2Na^+ + 2e^- \qquad (5\text{-}4)$$
$$\text{正極還原：} 2Na^+ + xS + 2e^- \rightarrow Na_2Sx \qquad (5\text{-}5)$$
$$\text{淨反應：} 2Na + + xS \rightarrow Na_2Sx \quad E_{Cell} = 2.0\ V \qquad (5\text{-}6)$$

一般常見的蓄電池是由一個液體電解質將兩個固體電極隔開，而 NaS 電池正好相反，是由 $\beta - Al_2O_3$ 固體電解質做成的中心管將兩個液體電極，即熔融鈉 (熔點 98℃) 和外室的熔融硫 (熔點 119℃) 隔開，並允許 Na^+ 離子通過。整個裝置密封於不銹鋼容器內，此容器又兼作硫電極的集流器。在電池內部，Na^+ 離子穿過固體電解質和硫反應從而傳遞電流，如圖 5-8 說明。鈉硫電池具有許多特色之處是其他電池難以比擬的，例如高比能量，鈉硫電池的理論比能量為 760Wh/kg，實際值已超過 300Wh/kg，是鉛酸電池的 3～4 倍。又由於採用固體電解質，所以沒有通常採用液體電解質二次電池的自放電及副反應，充放電電流效率高達 90%。又有長壽命、環境友好等優點。現存的問題是

5-2-2　鈉硫電池

鈉硫電池是一種操作溫度約在 300℃ 高溫型蓄電池，硫磺為正極活性物質，融熔態的金屬鈉為負極活性物質，β- 氧化鋁陶瓷管為電解質。放電時鈉離子通過電解質與硫磺反應生成硫化鈉，氧化還原反應以及淨反應如下面方程式所表示，充電時為逆反應

克服安全上的疑慮，以及建置成本過高的問題。

1967 年美國福特汽車首先發表鈉硫電池基本原理，1970 年代福特、GE、DOW Chemical 等在美國能源部 DOE 所推動的國家專案計畫下，投入了鈉硫電池開發，終因政府補助縮減等因素在 1980 年代後期退出。歐洲因電力負荷率較高，主要鎖定電動車用途。積極投入開發的有 CSPL(英) 與 BBS(德) 兩家企業，其在英、德、美政府支援下持續投入鈉硫電池開發直到 1990 年代後期。CSPL 受到政府補助金減少，BBS 則更名 ABB 後因進行事業重整而退出。顯然，鈉硫電池在技術開發過程並不順遂。不過 BBC 的研發成果後來透過與日本碍子株式會社 (Nippon Gaishi Kabushikigaisha；NGK) 的合資企業移

轉到日本碍子株式會社。使得 NaS 電池商業化的時程大幅縮減[11]。

NGK 公司和日本東京電力公司從 1983 年起開始合作進行鈉硫電池開發，並於 2002 年開始進入商業化階段。NGK 公司自始都將 NaS 電池定位於儲能應用，鎖定產品市場在負載荷平準化 (Load Leveling；LL)、緊急電源 (Emergency Power Supply；EPS)、不斷電供應系統 (Stand-by Power Supply；SPS) 等應用。截止到 2010 年 9 月，全球已經建成了超過 223 個應用個案，安裝容量總計 316MW。其中，用於 LL 的安裝容量最大，超過 140MW。用於 LL+ EPS 和 LL+SPS 模式的安裝容量都在 60MW 左右，用於再生能源

領域應用也達到 40MW[12]。2001 年，NGK 首度在日本之外的地區設置示範系統於美國電力公司 (American Electric Power, AEP)Dohran 研究所，容量規模僅 13KW。2006 年再次建置了額定功率 1MW 規模的鈉硫儲能系統，其峰值功率是 12MW，能提供的最大能量為 72MWh，可以為 500 至 600 個家庭提供 6 小時左右的電能，2007 年更達到 6MW 用於輔助風力發電之用途，AEP 因而獲得了幾年內以低價格購買鈉硫電池的優惠權。德國與法國也分別於 2009 年 7 月及同年 12 月建置了容量超過 1MW 鈉硫儲能系統，使用在再生能源領域。無庸置疑的，NGK 引領並主導整個鈉硫儲能電池的市場與技術。

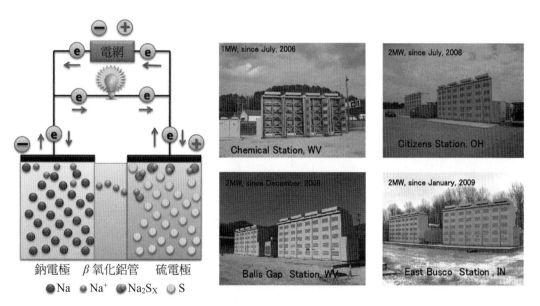

圖 5-8　鈉硫電池儲電原理示意圖 (左)，建置於 AEP 的鈉硫儲電站

中國對於鈉硫電池的研究啓始於 1968 年上海矽酸鹽研究所車用鈉硫電池的研究 [13]，並在 1977 年 4 月成功組裝示範運行 6kW 功率的鈉硫電池電動車。20 世紀末，車用鈉硫電池研究也與國際發展同樣陷入困境而停滯下來。在此期間，上海矽酸鹽研究所獲得了中國科學院重大專案、國家 863 等專案的支持得以保留團隊持續相關研究，曾研製成功 30Ah 單體電池的 6kW 車載鈉硫儲能電池。2006 年 8 月上海市電力公司與上海矽酸鹽研究所合作，展開儲能型鈉硫單體電池的研究專案，於 2007 年 1 月試製成功容量 650Ah 的鈉硫單體電池。同年 8 月投資建置"上海鈉硫電池研製基地"，在國家科技、上海市科委重大專案以及國家電網、中國科學院的鈉硫儲能電池科研專案支持下從事大容量網域儲能電池模組、電網接入系統和儲能系統的研製。2009 年 2 月已具備年產 2MW 鈉硫儲能電池的生產能力，並成功研製穩定運行的 10kW 功率模組，

2010 年上海世博會已展示 100kW 級的鈉硫電池儲能系統。另外，蕪湖海力實業有限公司則與清華大學合作，開發生產大功率鈉硫電池，逐步建立研發中心和生產基地。海力公司早在 20 世紀 80 年代初就開始研究鈉硫電池，2007 年 4 月獲得了大功率鈉硫動力電池的國家發明專利，海力公司投資 2000 萬元與清華大學達成長期合作協定以加快大功率鈉硫電池生產步伐，在蕪湖機械工業開發區建立大功率鈉硫電池生產線，打造大型鈉硫電池生產基地。

5-2-3 液流電池

釩氧化還原液流電池 (Vanadium Redox Battery，縮寫爲 VRB)，是一種將電能儲在具有不同價態釩離子硫酸電解液中的一種蓄電池，放電時正極電解液中的 V^{+5} (或 VO_2^+) 還原成 V^{+4} (或 VO^{2+})，負極電解液中的 V^{+2} 氧化成 V^{+3}，氧化還原反應以及淨反應如下面方程式所表示，充電時爲逆反應。

負極氧化：$V^{+2} \rightarrow V^{+3} + e^-$ (5-7)

正極還原：$V^{+5} + e^- \rightarrow V^{+4}$ (或 $VO_2^+ + e^- \rightarrow VO^{2+}$)   (5-8)

淨反應：$V^{+2} + V^{+5} \rightarrow V^{+3} + V^{+4}$ (或 $V^{+2} + VO_2^+ \rightarrow V^{+3} + VO^{2+}$) $E_{Cell} = 1.25V$ (5-9)

利用外接泵分別把正負極電解液抽離或壓入電池組體內，使其在正負極各自的儲液罐和半電池的封閉回路中循環流動，正負極之間以質子交換膜作爲電

池組的隔膜，經由帶 H^+ 離子的傳遞形成迴路，電解液則平行流過電極表面並發生電化學反應，通過集電板收集和傳導電流，從而使得儲存在溶液中的電能

與化學能進行轉換。這個可逆的反應過程使釩電池順利完成充電、放電和再充電，釩電池的工作原理如圖 5-9 的說明。VRB 儲能系統的模組化特性，使得系統的輸出入功率可由電池組的數量決定，而電解液的抽離儲存特性使儲電容量由電解液的體積決定。這樣的特色，使得儲能系統的設計簡便而靈活，如果一套系統需要較高的額定功率或者額外的儲電容量，那麼簡單地增加電池組數量或者添加電解液就可以解決了，此一特色使得釩液流電池在大型儲電領域的應用前景相當被看好。

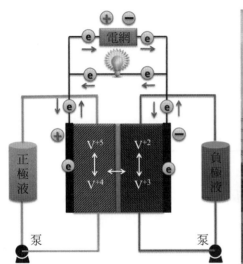

圖 5-9　釩電池儲電原理示意圖 (左)，建置於住友電工大阪製作所的 250KW/2.5MWh 釩液流電池儲電示範場

VRB 技術 1980 年代發展於澳洲新南威爾斯大學 (University of New South Wales；UNSW)，1996 年澳洲 Pinnacle VRB 取得 UNSW 的 VRB 專利權並授權予日本住友電工 (Sumitomo Electric Industries；SEI)。此後，SEI 在日本推動幾項的專案進行 VRB 系統的儲電示範與驗證，表 5-3 列出了 SEI 在日本所推動的 VRB 應用實例。2005 年，SEI 公司獲得日本 NEDO 專案資助建成世界上規模最大的釩電池儲能系統用於苫前町 (Tomammae) 風電場儲能。該系統額定功率 4MW，最大功率 6MW，儲能時間 1.5 小時，平穩風電場不穩定的功率輸出。該風電場位於日本 Hokkaido 島，由 J-Power 公司負責運營，發電功率為 32MW。該系統在 3 年的時間實現迴圈 270,000 次，並成功實現儲能系統 SOC 的即時監測管理，2008 年計畫結束而拆除。

表 5-3　SEI 在日本所推動的 VRB 應用實例

用戶類型	應用性質	系統規格	實施時間
電網公司	尖離峰電力平整	200kW x 8h	1996 年
電網公司	尖離峰電力平整	450kW x 2 hours	1996 年
辦公大廈	尖離峰電力平整	100kW x 8h	2000 年
LCD 工廠	不斷電系統 UPS 尖離峰電力平整	3000kWx 1.5 sec 1500kW x 1h	2001 年
圖書館	風力發電系統	170kW x 6 hours	2001 年
高爾夫球場	太陽光電系統	30kW x 8h	2001 年
大學	尖離峰電力平整	500kW x 10h	2001 年
風電場	風力發電系統	4MW x 1.5h	2005 年
住友電工大阪製作所	太陽光電儲電示範	250kW x 10h	2012 年

5-2-4　電化學電容器

電化學電容器 (electrochemical capacitor) 是一種具有高功率密度的儲電裝置，也稱為超電容器 (supercapacitor，ultracapacitor)。此一儲電裝置具有充放電速率快，循環壽命長的特質。依儲電機制的不同有電雙層電容器 (Electrical Double Layer capacitor; EDLC) 及偽電容 (pseudocapacitor) 兩種型態[14]。實體的電雙層電容器結構是由兩個多孔碳電極與電解液所構成，電極的形式至少有平板式以及捲繞成圓筒式兩種。不論平板式或者圓筒式，從微觀的角度來看都可以看成是由兩相對的電極與電解液所組成，多孔碳電極雖導電性良好仍遠遜於金屬材料，為減少電極的極化阻抗縮短電子傳導的路徑，集流板是電極重要的一部份。電解液可採用固體或液體電解液，也可以是水溶液或者有機溶液。電雙層電容器通常沒有正、負極性，其工作時的電化學過程可以寫成：

$$正極：E_S + A^- \rightarrow E_S^+ // A^- + e^- \tag{5-10}$$

$$負極：E_S + C^+ + e^- \rightarrow E_S^- // C^+ \tag{5-11}$$

$$總反應：E_S + E_S + A^- C^+ \rightarrow E_S^+ // A^- + E_S^- // C^+ \tag{5-12}$$

式中 E_s 表示電極表面，// 表示雙電層，A^- 與 C^+ 分別表示電解液中的正、負離子。

　　圖 5-10 說明了電雙層電容器工作的原理。偽電容器是在充放電過程中電極活性物質本身發生氧化還原反應，充電時電解液中帶正電荷的離子以嵌入的方式與活性物質結合而使其氧化數提高，並產生法拉第電流，在固定電流大小之下電壓會隨時間而線性昇高類似於純電容的現象。此種反應機制有別於電池活性物質的氧化還原反應是發生於某一特定的電壓條件下，故以法拉第偽電容器

(psudocapacitor) 稱呼，以貴金屬氧化物 RuO_2 及導電性聚合物 poly aniline 為電極材料所製備的電容器為典型的代表。不論是電池或者電容器，電子的傳導都是經由外接的導線，從高電子密度的一端傳向低電子密度的一端，而帶電荷離子的傳導則經由電解質受到異種電荷的相吸及同種電荷的相斥而遷移。這兩者之間的差異僅在於電容器的電荷不通過電極與電解液界面轉移，只有電荷的重新排列。也因此其能量密度遠低於電池，電池經由物質的轉換源源不絕的進行電量的貯存，直到活性物質用完為止。

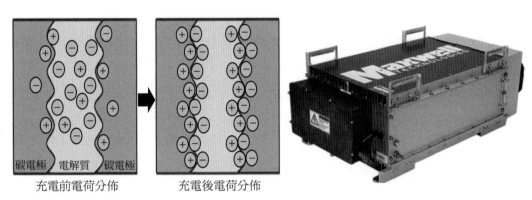

充電前電荷分佈　　　　　充電後電荷分佈

圖 5-10　電化學電容器儲電原理示意圖 (左)，125V/63F 交通工具用超電容模組，圖片來 http：//www.maxwell.com/

　　上述兩種超電容器類型中以 EDLC 出現較早，現今市面上的產品也大部份為 EDLC。有關於 EDLC 的報導最早出現於 H.I. Becker 及他所屬的 General Electric 公司在 1957 年所公開的美國專利資料 (U.S. Patent 2,800,616)，至於商業化產品則到了 1970 年才由 Standard

Oil Company of Ohio; SOHIO 所發表。1978 日本電器 NEC 的超電容器產品經 SOHIO 授權下，正式將超電容器產品導入市場。從此之後 NEC 便積極投入產品的研發製造，NEC 公司在此後的數十年間於超電容器產業佔有重要的地位，其超電容器的品牌名稱自 2002 年

以後以 NEC-Tokin 上市。在日本，除了 NEC 之外松下電器 (panasonic) 早在 1978 年也投入超電容器的製造生產行列，有別於 NEC 的超電容器以水溶液為電解質，其電極採用塗佈式 (pasted electrod) 的雙極式電池 (Bipolar cell) 設計，松下電器自行開發出以非水溶液電解質／非塗佈式電極的超電容器 "金電容" (goldcap)，金電容超電容器的設計有鈕扣型 (coin cell) 及纏繞式 (spiral-wound) 兩種，1980 年代鈕扣型超電容器與太陽光電手錶的搭配深受使用者的歡迎，主要原因在於超電容器幾無壽命限制所以不僅可在製造手錶時同時植入，更可以永久不需更換。1990 年代松下電器有大型的超電容器推出，單元電容耐電壓達 2.3V，其容量已高達 1500F。到了 1999 年配合於混合電動車的應用推出了 "UpCAP"，單元電容耐電壓達 2.3V，其容量提昇到 2000F。1990 之後，世界上有許多的廠商陸續投入超電容器製造的產業，例如美國 Maxwell、Cooper、蘇聯 ESMA 及韓國 Ness 等，經過 30 幾年來的發展，超電容器的生產技術已日趨成熟，應用的領域更為寬廣。超電容器雖然受限於儲電容量太小的缺點無法單獨做為大型儲電設備，但以其高速的充放電能力及幾乎無壽命限制的獨特性質成為混合型儲電系統的最佳選配，不論在再生能源儲電或電動車輛的應用均深具發展潛力。

5-2-4 鋰離子電池

鋰離子二次電池係指以含鋰化合物 (通常為鋰鈷、鋰錳、鋰鎳、鋰鐵) 作為電池正極活性材料，以碳質材料為主要電池負極活性材料的一類電池。1947 年法國工程師 Hajek 提出鋰電池 (Lithium battery) 構想，其電池結構首先利用應用金屬鋰或鋰合金為負極，使用 $LiCoO_2$ 作為正極材料。由於電極材料在充放電過程中易產生樹枝狀結晶物，當枝晶累積一定程度後，有時會刺穿隔離膜，造成電池內部短路，短路造成大量反應熱，往往會使電池的溫度高於鋰金屬的熔點 (108℃)，導致電池失效，甚至引起爆炸。在 1980 年，Armand 提出 "搖椅式電池" 的概念[15]，採用嵌入式非金屬化合物負極材料 (如石墨類材料) 來取代鋰金屬，可以極大提高電池的安全性能，而電池的工作電壓只是稍有下降。由於只靠著鋰離子反覆的來回嵌入於正負極之間 (如圖 5-11 左)。為了與初期採用鋰金屬的「鋰電池」做出區別，因此特別取名為「鋰離子電池」(Lithium ion battery)。1990 年，日本 Sony Energytech Inc 推出了以碳材為負極、$LiCoO_2$ 為正極的「鋰離子二次電池」，推動鋰離子電池的商業化進展。20 年來，鋰離子電池發展集中在 3C 產品為主，無法有效取代鉛酸電池，延伸應用到儲能與動力電池市場，包括電動車、電動手工具與中大型 UPS 等。主要原因就是鋰離子電池的正級材料 $LiCoO_2$，無法提供大電流、高電壓、耐穿刺、高溫等特殊環境與安全需求。直到 1996 年德州大學 Goodenough 教授團隊發現了磷酸鋰鐵 $LiFePO_4$ 的正極材 [16]，此類物質爲一種橄欖石結構，此種材料在穩定性方面遠遠優於一般 3C 產品使用的鋰鈷正極層狀材料即便遇到穿刺、過充電或大電流通過時，也不至於有爆炸的危險，安全性能大幅度提高，氧化還原反應以及淨反應如下面方程式所表示。也因此使得鋰離子電池，不僅在中型的電動工具及電動車輛市場，也在大型儲電的應用出現曙光。

$$\text{負極氧化：} Li_xC_6 \rightarrow xLi^+ + xe^- + 6C \tag{5-13}$$

$$\text{正極還原：} Li_{1-x}FePO_4 + xLi^+ + xe^- \rightarrow LiFePO_4 \tag{5-14}$$

$$\text{淨反應：} Li_xC_6 + Li_{1-x}FePO_4 \rightarrow 6C + LiFePO_4 \quad E_{Cell} = 3.3\ V \tag{5-15}$$

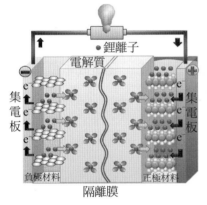 

圖 5-11　鋰離子電池儲電原理示意圖 (左)，Altair Nanotechnologies Inc. 與 AES Corporation 所建置於 53 呎長拖車上的 1MW/250kWh，圖片來 http：//www.altairnano.com/

由於鋰離子電池在能量密度與功率密度上遠優於其它類型的蓄電池，因此在設置空間場所有限的應用情境下，具有相當的優勢。加上高循環壽命及能量轉換率達 85%-90% 的優異性能，在微型電網以及再生能源儲電應用已有相當多的實例，例如 2008 年 Altair Nanotechnologies Inc. 與 AES Corporation 所建置於 53 呎長拖車上的 1MW/250kWh[17] 鋰離子電池儲電系統，做爲 AES 供電系統頻率調節 (frequency regulation) 的用途 (圖 5-11)。另外 2008 年 A123 Systems 也分別設置 2MW 以及 12MW 鋰離子電池儲電系統於應用於 California ISO 和 AES Gener 在智利的 Lose Andes 變電所，做爲配電系統頻率調整及熱備載容量 (spinning reserve) 的用途 [18]。目前已知最大型的鋰離子電池儲電系統是 EPRI 以電動車用的鋰離子電池模組所建構的 1MW/2MWh 可移動式儲電系統，預計在 2012 年進行示範運展 [1]。

⚛ 5-3 前景與挑戰

依據國際能源總署 (International Energy Agency；IEA) 於 2008 年世界能源展望報告指出，爲解決未來全球能源短缺及環境污染等衝擊問題，新能源科技之開發與推廣將扮演關鍵角色。經建會按照在 2008 年底所召開的行政院產業科技策略會議決論，訂定台灣開發包括太陽能、風能、水力發電、生質能發電等再生能源應於 2025 年達到全國發電量的 8%，占發電裝置容量爲 20% 的目標 [19]。悠關台灣再生能源發展的「再生能源發展條例」於 2009 年 6 月 12 日經立法院三讀通過，爲台灣再生能源奠立了長遠發展的根基。由此可見，開發新能源解決能源短缺及環境污染問題是世界潮流，相關科技技術的發展主宰著這股洪流的走向與速度。再生能源技術、儲能技術、電池技術與材料科技逐漸形成緊密的上、下游間相互依存關係。也就是說再生能源在能源供應鏈的佔比將會受到儲能技術是否成熟所左右，而儲能技術領域中電池技術的進展亦爲影響著成敗關鍵性的角色。故以材料科技的基礎促進電池性能的提供，再以成熟的電池技術讓儲能技術能彈性靈活的在再生能源網中應用，藉以提高再生能源在電力供應系統中的比例，應是能源領中技術發展的基本論調之一，是相當值得投入的能源科技題材。

石化燃料提供了科技進步的動力，也帶來了環境的衝擊。人們歷經多次的能源危機之後，已然發覺高能源價格的時代來臨，享受科技的成果需要付出更高的代價。再生能源成爲解決能源短缺問題的一線曙光，然而不穩定的特性卻讓它的功效大打折扣。因此，如何將再生能源穩定化、發電成本低廉化將是接下來的挑戰。

參考文獻

1. D. Rastler, "Electrical energy storage technology options：A White Paper Primer on Applications, Costs, and Benefits. ," Electric Power Research Institute, Palo Alto, CA Report 1020676, December, 2010.

2. B. Dunn, H. Kamath, and J.-M. Tarascon, "Electrical Energy Storage for the Grid：A Battery of Choices," Science, vol. 334, pp. 928-935, November 18, 2011 2011.

3. J. P. Deane, B. P. Ó Gallachóir, and E. J. McKeogh, "Techno-economic review of existing and new pumped hydro energy storage plant," Renewable and Sustainable Energy Reviews, vol. 14, pp. 1293-1302, 2010.

4. F. Díaz-González, A. Sumper, O. Gomis-Bellmunt, and R. Villafáfila-Robles, "A review of energy storage technologies for wind power applications," Renewable and Sustainable Energy Reviews, vol. 16, pp. 2154-2171, 2012.

5. I. E. Statistics, "http：//www.eia.gov/cfapps/ipdbproject/iedindex3.cfm," The U.S. Energy Information Administration, 2012.

6. R. A. Website, "http：//www.rwe.com/web/cms/en/365478/rwe/innovations/power-generation /energy-storage/compressed-air-energy-storage/project-adele/."

7. I. Hadjipaschalis, A. Poullikkas, and V. Efthimiou, "Overview of current and future energy storage technologies for electric power applications," Renewable and Sustainable Energy Reviews, vol. 13, pp. 1513-1522, 2009.

8. "Piller Power Systems website," http：//www.piller.com

9. 李文雄，"鋰電池 E 世代的能源，" 科學發展, vol. 362 期, pp. 32-35, 2003 年 2 月.

10. G. M. Cook and W. C. Spindler, "Low-maintenance, valve-regulated, lead/acid batteries in utility applications," Journal of Power Sources, vol. 33, pp. 145-161, 1991.

11. 陳諭萱，" 電力儲存用鈉硫磺電池開發秘辛," 資策會 MIC 情報顧問服務資料, 2010.

12. H. Abe, "TPC NAS Presentation," 2011.

13. 溫兆銀 等，" 中國鈉硫電池技術的發展與現況概述," 供用電, 2010.

14. B. E. Conway, " Electrochemical Supercapacitors：Scientific, Fundamentals and Technological Applications," 1999.

15. M. Fouletier, P. Degott, and M. B. Armand, "Lithium intercalation in polyacetylene," Solid State Ionics, vol. 8, pp. 165-168, 1983.

16. A. K. Padhi, K. S. Nanjundaswamy, and J. B. Goodenough, "Phospho-olivines

as Positive-Electrode Materials for Rechargeable Lithium Batteries," Journal of The Electrochemical Society, vol. 144, pp. 1188-1194, 1997.

17. *A. N. I. Website, http：//www.altairnano.com/.*

18. *I. W. A123 Systems, http：//www.a123systems.com/media-room-2008-press-releases.htm.*

19. *葉惠青, "2010 能源產業技術白皮書," 經濟部能源局, 99 年 4 月.*

習作

一、問答題

1. 台灣電力供應系統中火力、水力、再生能源以及核能發電所佔的百分比 (%) 現況為何？最近十年的變化趨勢為何？國營與民營電廠的供電比例為何？

2. 全世界中目前所採用最多的儲電方法是那一種？佔儲電裝置容量的百分比 (%) 是多少？，又以裝置容量來看儲電佔供電的的百分比 (%) 是多少？

3. 同第 2 題問題，台灣目前的狀況為何？

4. 調查普通家庭一天中用電的曲線，並表列出常見電器用品的耗電量。

5. 按照一個四口之家的小家庭的用電量為基礎，設計一個以再生能源為主要電源、市電為輔助電源、配置蓄電池為儲電單元的微型電網，電網中亦需要有能量轉換裝置以及能量管理系統。

6. 在定電流輸出條件之下比較鉛酸、鎳鎘、鋰離子電池以及電化學電容器何者的回應速率較快，在相同的放電速率之下何者的電壓下降最大？

6 燃料電池

❀ 6-1 前言

6-1-1 燃料電池發展背景

　　近年來隨著油價不斷的攀升，燃料電池的發展也就愈漸受到重視。然而，燃料電池自十九世紀便有文獻記載它的發展，直到 1950 年代才有實際的應用，做為太空艙 (space capsule) 的發電裝置。在太空中，它使用太空艙的推進劑 (純氫、純氧) 作為電池的燃料產生電力與熱能供太空艙使用。除了在太空的應用之外，因為它操作時所產生的噪音很小、排放的廢熱溫度低，深具隱密性，軍事上也有許多的用途。近年來因為全球能源短缺、地球暖化、以及經濟效益等三個主要因素 (Energy、Environment、Economy) 推動它蓬勃的發展。

　　煤、石油、天然氣是我們日常生活的主要能源，全球 (包括台灣)80% 左右的能源是由它們供應。圖 6-1a 代表現有能源的使用方式，現在以煤、石油、天然氣等等碳氫化合物為主要的能源，也就是以碳為能源載體的能源循環方式。自從地球生物形成以來，千萬年在地下蘊藏的這些碳氫化合物，它的儲存量有限並且幾乎不能再生。自從工業革命，隨著火車、汽車，飛機，以及各種電器用品的發明與普及，在 19、20 世紀被大量的開採使用。本世紀隨著全球人口增加、經濟繁榮、生活水準提高，這些能源的消耗量會更快速的攀升，不久將會消耗殆盡。石油的枯竭對交通工具 (包括車輛、船舶、與飛機) 的影響最大，因為交通工具除了石油沒有其他的替代品。新的替代能源或再生能源的開發變得刻不容緩。

　　煤、石油、天然氣等能源都是經由燃燒的方式產生電力透過電網傳輸到各地或是產生動力推動各型交通工具。以現在能源的使用方式，它們最後都是變成二氧化碳和熱量排放到大氣中。這樣不但造成環境的污染也會因二氧化碳的溫室效應而使得地球暖化。沒有溫室效應的潔淨能源使用方式也是本世紀科技發展重要的課題。

　　以氫氣為能量載體的氫能經濟 (hydrogen economy) 在數十年前便已提出 (如圖 6-1b)。直到最近氫氣的生產、儲存、運送、使用的能源架構才開始在世界各先進國家中展開。氫氣的生成有多種來源，它可由生質原料、石油、煤、天然氣等等熱裂解生成，也可以由水電解生成。由生質原料、石油、煤、天然氣生成氫氣並不會減少二氧化碳的排放，因爲這些原料中的碳成分最後都是以二氧化碳的形式排放。在近期內，因爲技術與經濟的考量，仍然以傳統的火力發電爲主，煤、石油、天然氣是主要的能源。未來長期的發展將逐漸轉移到以太陽光電、風力發電、水力發電等再生能源。所產生的電力，除了經由電網直接供應給消費者之外，部份電力可將水電解產生氫氣。氫氣可以儲存到須要電力的時後再經燃料電池放電，或者氫氣經由加氫站供給燃料電池驅動的電動車使用。燃料電池最終的產物是水，水可以循環使用。這樣以太陽光電、風力、水力的再生能源和以氫氣爲載體將能源儲存、運送的使用方式，不但沒有二氧化碳排放的問題，也是社會所需能源永續發展的途徑之一。

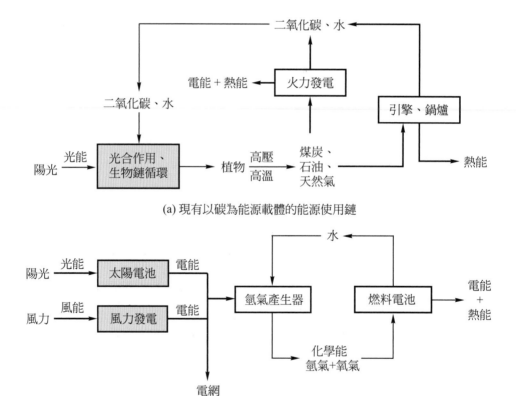

(a) 現有以碳爲能源載體的能源使用鏈

(b) 未來以氫爲能源載體的能源使用鏈

圖 6-1　能源的產生與消耗

6-1-2　燃料電池的優點與應用

　　燃料電池的優點是它具有很高的能量密度，也就是說它在單位體積或單位重量中所具有的能量很高。此外，沒有二氧化碳的排放，並且能與太陽光電、風力、生質能結合成為未來多元化能源的使用方式等等這些優點，使得它蓬勃的發展。除了在太空與軍事上的用途之外，燃料電池的應用範圍已經擴展到下列三種應用。

1. 定置型 (stationary) 電源，包括分散式發電 (DG，distributed generation)、不斷電系統 (UPS，un-interrupted power supply)、備用電力 (backup power)、輔助電源 (APU，auxiliary power unit)、熱電共生設備 (CHP，combined heat and power)。
2. 移動式 (mobile) 電源，各種電動交通工具的電源，包括電動巴士、電動車、電動摩托車、電動代步車、電動堆高機等等。
3. 攜帶式 (portable) 電源，各種可攜式電子產品的電源，包括筆記型電腦、手機、數位攝影機等等。

6-1-3　燃料電池與二次電池的差異

　　燃料電池與電池同樣是將物質所具有的化學能經電化學反應轉換成電能。燃料電池與一般市面上所看到的電池有甚麼不同呢？圖 6-2 比較鉛酸電池與燃料電池的異同。一次電池 (primary battery，乾電池、鹼性電池) 或是二次電池 (secondary battery，鉛酸電池、鎳鎘電池、鎳氫電池、二次鋰電池)，它們在放電時，電極會產生化學變化而逐漸消耗掉，乾電池用完之後便得丟棄，充電電池則必須充電以後才能再使用。以鉛酸電池為例，陽極的鉛 (Pb) 與陰極的氧化鉛 (PbO_2) 在電池放電時會逐漸轉化成硫酸鉛 ($PbSO_4$)。當全部轉化成硫酸鉛 ($PbSO_4$) 之後便不能再放出電，它須要充電將硫酸鉛分別轉化成鉛 (Pb) 和氧化鉛 (PbO_2)。但是燃料電池的電極是當作觸媒使用，它催化燃料的氧化還原反應，本身並不會因放電而消耗，只要燃料源源不絕，燃料電池就可以持續放電。

　　燃料電池可以看作是一個電化學發電機，它最大的特點就是它的反應物，即燃料，是與電池本體分開的。若要延長電池的供電時間，燃料電池只需加大燃料的體積就可以，電池本身不需要變動。若是乾電池或是充電電池，電池本身就需要加大。燃料電池內的電極和薄膜本身在輸出電能時並不會產生變化，只要燃料電池的燃料源源不斷，就可以持續發電。

就以一個消耗固定功率 (1MW) 的電器用品、社區或建築物而言，若要供電一小時便需要 1 組 1MWh 的電池，或者是 1 組燃料電池與能供應 1 小時的氫氣儲槽。供電兩小時便需要 2 組 1MWh 的電池，或者是 1 組燃料電池與能供應2小時的氫氣儲槽。電池的體積、或重量、或成本隨著供電時間的增長而增加。燃料電池的供電系統中，燃料電池只需要 1 組，只有儲氫槽會隨著供電時間的增長而增加。以此類推，在長時間供電的條件下，燃料電池的優勢便如圖 6-3 顯現出來。

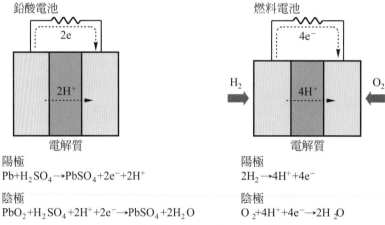

圖 6-2　燃料電池與鉛酸電池的差異

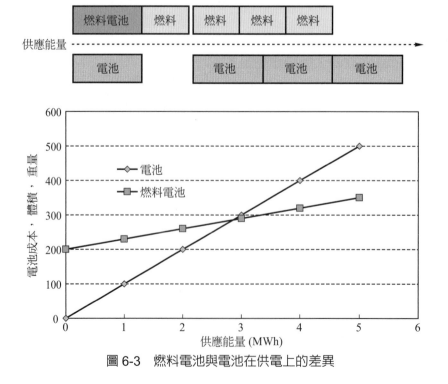

圖 6-3　燃料電池與電池在供電上的差異

6-2　燃料電池操作原理

　　燃料電池 (fuel cell) 它的作用就像是發電機一樣，只要燃料不斷地送進燃料電池，它就能持續發電。圖 6-4a 是以氫氣為燃料的燃料電池為例。電池經由電極上的電化學反應將燃料所具有的化學能直接轉換成電能和熱能，如圖 6-4b，燃料電池是一種電化學的能源轉換設備。燃料電池主要的核心發電元件包括陰極、薄膜、和陽極。氫氣在陽極進行的是氧化反應 (式 6-1)，氧化反應將氫氣氧化成氫離子並且釋放出電子。薄膜隔離陰陽兩個電極，避免陰陽兩極接觸到而短路，它的另一功用是作為電解質，輸送在陽極所生成的氫離子到陰極。氧氣在陰極進行還原反應 (式 6-2)，氧氣與由陽極傳來的氫離子結合生成水。電池的總反應是氫氣與氧氣反應物送入燃料電池，產物是水排出 (式 6-3)。這氧化還原反應所產生的電子流，就會由電池的陽極流出經外部的負載 (各種電子設備) 流到陰極。

陽極 (氧化反應)：$H_2 \rightarrow 2\,H^+ + 2\,e^-$ 　　　　　　　　　　　　　　(6-1)

陰極 (還原反應)：$0.5\,O_2 + 2\,H^+ + 2\,e^- \rightarrow H_2O$ 　　　　　　　(6-2)

總反應：$H_2 + 0.5\,O_2 \rightarrow H_2O$ 　　　　　　　　　　　　　　　　(6-3)

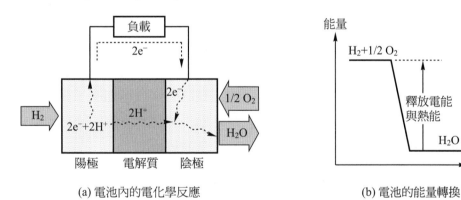

(a) 電池內的電化學反應　　　　　　　(b) 電池的能量轉換

圖 6-4　燃料電池放電原理

　　以電化學的定義而言，發生氧化反應的電極稱為陽極，發生還原反應的電極稱為陰極。以式 (6-1) 與 (6-2) 為例，反應物 (H_2) 在氧化反應中被氧化 (H^+) 並放出電子，反應物 (O_2) 在還原反應中接受電子被還原 (H_2O)。在這反應中必須遵守下列三項規則：

1. 質量不滅 (質量守恆) 反應方程式中反應物與產物的原子數不變。
2. 電荷不滅 (電荷守恆) 反應方程式兩端的電荷總數不變。

3. 電子不滅（電子守恆）由陽極流出的電子數等於流入陰極的電子數。

6-2-1 燃料電池的能量密度

總反應式 (6-3) 可以看作是氫氣的燃燒反應。每一莫耳氫氣燃燒會放出熱量，釋出的能量視生成水蒸氣或是生成液態水而定。若是生成水蒸氣，每一公斤氫氣燃燒會放出 120MJ kg^{-1}，這能量稱為低熱值 (LHV，low heating value)；或者是 140MJ kg^{-1}，這能量稱為高熱值 (HHV，high heating value)。這能量也就等於 1 公斤氫氣燃燒反應的焓變化 (enthalpy，- ΔH)。反應焓的變化 (ΔH) 等於產物焓 (H$_{products}$) 減去反應物焓 (H$_{reactant}$)。以氫氣為例，

$$\Delta H = H_{products} - H_{reactant} \qquad (6-4)$$

其中產物焓 (H$_{products}$) 與反應物焓 (H$_{reactant}$) 分別等於

$$H_{products} = h_{H_2O} \qquad (6-5)$$

$$H_{reactant} = h_{H_2} + 0.5\, h_{O_2} \qquad (6-6)$$

h_{H_2O} 是水的生成熱 (heat of formation，J mole^{-1})，h_{H_2} 是氫氣的生成熱，h_{O_2} 是氧氣的生成熱。這反應的莫耳比是氫氣：氧氣：水 = 1：0.5：1。依照同樣的原理，汽油燃燒反應所釋放的熱量，它的低熱值與高熱值分別是 44.5MJ kg^{-1} 與 48MJ kg^{-1}。單位燃料重量所具有的能量稱為重量能量密度 (gravimetric energy density)，單位燃料體積所具有的能量稱為體積能量密度 (volumetric energy density)。電池的能量密度在移動型或是攜帶型的應用上是非常重要，因為它牽涉到電池的體積和重量。下表是氫氣與汽油化學能量密度的比較。以重量而言，氫氣的能量密度約是汽油的 3 倍。但是氫氣密度很低，使得它的體積密度變得很低。若以高壓儲存，氫氣的體積能量密度就會隨著儲存壓力的升高而提高。目前高壓儲氫使用的是碳纖維與橡膠這種具有高機械強度、質輕的複合材料，而不用傳統厚重的鋼材，以提高它的重量能量密度。

表 6-1　氫氣與汽油化學能量密度的比較

	氫氣	汽油
分子量 (g mole^{-1})	2.02	～107
氣體密度 (g m^{-3})	84	～4400
重量能量密度 LHV(MJ kg^{-1})	120	44.5
重量能量密度 HHV(MJ kg^{-1})	142	48
體積能量密度 LHV(MJ m^{-3}) @ 1 atm 25 ℃	10.1	195.8
體積能量密度 HHV(MJ m^{-3}) @ 1 atm 25 ℃	11.9	211.2
儲存在高壓下的體積能量密度 LHV(MJ m^{-3}) @ 35 atm 25 ℃	352.8	195.8
儲存在高壓下的體積能量密度 LHV(MJ m^{-3}) @ 35 atm 25 ℃	417.5	211.2

如圖 6-4 所示，燃料所具有的能量並不是全部都轉換成電能。由熱力學原理，化學反應所釋出的能量 (-ΔH)，一部份可以對外做有用的功 (-ΔG)，另外一部分則是轉換成熱能 (TΔS)，其中 ΔG 稱為吉布斯自由能 (Gibb's free energy)，ΔS 是化學反應熵 (entropy) 的變化。這三者之間的關係可以用式 (6-4) 表示。

$$\Delta H = \Delta G - T\Delta S \qquad (6-7)$$

也就是說，如圖 6-4，燃料氫氣輸入燃料電池，經由燃料電池的電化學反應，電池可以對外輸出最大的功或是電能，就是 -ΔG。因此在燃料電池的領域，所謂的能量密度是指單位重量或是單位體積燃料可以轉換成電能的重量能量密度或是體積能量密度。這點是需要注意的地方。

6-2-2　燃料電池的能量轉換效率

因此燃料電池由熱力學的觀點，它由化學能 (-ΔH) 轉換到電能 (-ΔG) 的最大量轉換效率 (ε，%) 是

$$\varepsilon \, (\%) = \frac{-\Delta G}{-\Delta H} \qquad (6-8)$$

表 6-2 是各種燃料的在燃料電池中的反應與熱力學特性。這些都是以理論計算出來的熱力學特性。在實際的操作下，氫氣可以直接送入燃料電池作燃料。甲烷、丙烷、癸烷不能直接送入燃料電池，它們必須先經過重組器，將這些燃料轉換成氫氣與二氧化碳的混合氣體，再送入燃料電池反應。因為這些燃料含有 C-H 化學鍵，要破壞這化學鍵需要很大的能量，這些燃料在電極上的電化學反應會變得很慢，電池輸出的電流或電壓會變得非常小。以甲醇為燃料的電池稱為直接甲醇燃料電池，以碳為燃料的電池稱為直接碳燃料電池。以碳為燃料電池的能源轉換效率 (ε) 大於 100%，這是因為該反應是吸熱反應，TΔS < 0，因此 -ΔG > -ΔH。

表 6-2　各種燃料在燃料電池中的反應與熱力學特性

燃料	反應	ΔDH (kJ mole^{-1})	ΔG (kJ mole^{-1})	ε (%)
氫氣，H_2	$H_2 + 0.5\,O_2 \rightarrow H_2O_{(l)}$	286.0	237.3	82.97
甲烷，CH_4	$CH_4 + 2\,O_2 \rightarrow CO_2 + 2\,H_2O_{(l)}$	890.8	818.4	91.87
丙烷，C_3H_8	$C_3H_8 + 5\,O_2 \rightarrow 3\,CO_2 + 4\,H_2O_{(l)}$	2221.1	2109.3	94.96
碳，C	$C + O_2 \rightarrow CO_2$	393.7	394.6	100.2
甲醇，CH_3OH	$CH_3OH_{(l)} + 1.5\,O_2 \rightarrow CO_2 + 2\,H_2O_{(l)}$	726.6	702.5	96.68
癸烷，$C_{10}H_{22}$	$C_{10}H_{22} + 15.5\,O_2 \rightarrow 10\,CO_2 + 11\,H_2O_{(l)}$	6832.9	6590.5	96.45

6-2-3 燃料電池的理論輸出電壓

燃料電池輸出電能可由總反應的自由能變化 (ΔG) 計算出來。若每一莫耳燃料反應,電池可以對外界作最大的功全部轉換成電能的話,電池的理想輸出電壓,在標準狀態下的可逆電壓 (E_r) 可由式 (6-9) 計算出來。式 (6-9) 表示電池可對外界作出最大的功 (ΔG) 等於電池輸出電量 ($n F$) × 電池輸出電壓 (E_r)。

$$-\Delta G = n F E_r^\circ =$$

$$\frac{\text{電子莫耳數}}{\text{每一莫耳燃料}} \times \frac{\text{庫倫數}}{\text{每一莫耳電子}} \times \text{電壓}$$

$$(6-9)$$

其中 n 與 F 分別是電池反應的電子轉移數與法拉第常數。法拉第常數 (Faraday constant,F) 等於每一莫耳電子所具有的電量 96,487(庫倫莫耳電子 $^{-1}$ C mole e^{-1})。電子轉移數 (n) 是指一莫耳燃料反應由陽極流到陰極的電子莫耳數。表 6-3 是依照式 (6-9) 計算出各種燃料在燃料電池所能輸出的理論電壓。各種碳氫化合物燃料的電池電壓約在 1.0V 上下。

表 6-3 各種燃料在燃料電池的理論電壓

燃料	反應	n	DG (kJ mole^{-1})	E_r° (V)
氫氣,H_2	$H_2 + 0.5 O_2 \rightarrow H_2O_{(l)}$	2	237.3	1.229
甲烷,CH_4	$CH_4 + 2 O_2 \rightarrow CO_2 + 2 H_2O_{(l)}$	8	818.4	1.060
丙烷,C_3H_8	$C_3H_8 + 5 O_2 \rightarrow 3 CO_2 + 4 H_2O_{(l)}$	20	2109.3	1.093
碳,C	$C + O_2 \rightarrow CO_2$	4	394.6	1.020
甲醇,CH_3OH	$CH_3OH_{(l)} + 1.5 O_2 \rightarrow CO_2 + 2 H_2O_{(l)}$	6	702.5	1.214
癸烷,$C_{10}H_{22}$	$C_{10}H_{22} + 15.5 O_2 \rightarrow 10 CO_2 + 11 H_2O_{(l)}$	66	6590.5	1.102

⚛ 6-3 各種燃料電池的特性

至今已發展出各種不同的燃料電池,以下是這些電池的名稱。各種燃料電池中,最常見的是以氫氣或碳氫化合物 (甲烷、甲醇、乙醇、液化石油氣等等) 為燃料的電池。

1. 鹼性燃料電池 (AFC,alkaline fuel cell)
2. 磷酸燃料電池 (PAFC,phosphoric acid fuel cell)
3. 質子交換膜燃料電池 (PEMFC,proton exchange membrane fuel cell)

4. 直接甲醇燃料電池 (DMFC，direct methanol fuel cell)

5. 熔融碳酸鹽燃料電池 (MCFC，molten carbonate fuel cell)

6. 固態氧化物燃料電池 (SOFC，solid oxide fuel cell)

7. 直接碳燃料電池 (DCFC，direct carbon fuel cell)

8. 微生物／酵素燃料電池 (MFC，microbial fuel cell)

原則上燃料電池的分類是以電解質的種類來分類，這些燃料電池包括：AFC、PAFC、PEMFC、MCFC、SOFC 等等。這些電池的電解質分別是鹼性燃料電池用氫氧化鉀，磷酸燃料電池用磷酸，質子交換膜燃料電池用具質子交換功能的高分子薄膜，熔融碳酸鹽燃料電池用鈉、鋰、鉀的碳酸鹽類，固態氧化物燃料電池用含釔的氧化鋯。

另外也以所使用的燃料分類，例如以甲醇為燃料的直接甲醇燃料電池，以碳粉為燃料的直接碳燃料電池。微生物／酵素燃料電池則是電池以微生物／酵素 (觸媒) 的方式將燃料氧化，釋放出電子。

圖 6-5 是這些燃料電池大致的操作溫度範圍。燃料電池也可以操作溫度分成低溫型、中溫型、高溫型燃料電池。電池的操作溫度主要是受限於所用電池材料，例如 PEMFC、DMFC、MFC 使用導離子高分子材料作為它的電解質，因此它的操作溫度不能超過～100℃，屬於低溫型燃料電池。近年許多研究機構發展耐溫的導離子高分子，試圖將 PEMFC 的操作溫度提高到 120 – 200℃。DMFC 主要是做為各種攜帶電子產品的電源，因此它的溫度接近室溫。MFC 則是受限於所用的酵素或微生物生長溫度。AFC 或 PAFC 則是與所用鹼性 (KOH) 或酸性 (H_3PO_4) 水溶液電解質的蒸氣壓有關。隨著電池電解質的濃度，這些電池必須操作在特定的溫度將電池所產生的水分蒸發，保持電解質的濃度。溫度過低，電池所產生的水分會將電解質稀釋，過高溫度，電解質會逐漸蒸發乾枯。MCFC、SOFC、DCFC 屬於高溫型燃料電池，這些電池需要高溫才能將電解質的離子導電度提高到可以操作的範圍。SOFC 隨著電解質材料的開發，它的操作溫度逐漸由 1,000℃ 下降，溫度的下降使得電池中其他元件材料的選取種類更多。

隨著操作溫度範圍，各種燃料電池的應用範圍也有所不同。高溫燃料電池 MCFC、DCFC、SOFC 等等主要是往定置型長期發電的方向發展。中溫型 PAFC 主要發展應用是作為社區定置型發電。低溫型燃料電池如 DMFC 主要是往攜帶型電源發展，如手機、筆記型電腦等等。AFC 因為燃料限制使用純氫、純氧，它僅限於太空或軍事上的應用。MFC 是在初期研發狀態，目前並沒有實際的應用。低溫型 PEMFC 的發展最為成熟，它的發展包括在 (1) 移動

式電源，如電動車、電動巴士、電動機車等交通工具的電源，(2) 定置型發電，如不斷電系統、備用電力，熱電共生，(3) 攜帶型電源，如手機、筆記型電腦等等。

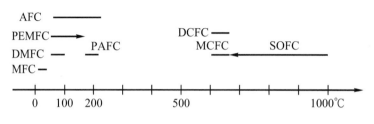

圖 6-5　燃料電池的操作溫度

　　除此之外，尚有以其他化學物為燃料的「燃料電池」。這些電池包括 Zn/Cl$_2$、ZN/Br$_2$、V(II)/V(V)。等等，由於這些化學物不能任意排放，通常在電池系統內循環使用。這些電池被稱為氧化還原電池 (Redox battery)，它們常做為儲電或電能管理用的充放電電池。第 5 章中有對這些電池作較為詳盡的說明。

6-3-1　鹼性燃料電池 (AFC，alkaline fuel cell)

　　鹼性燃料電池 (AFC)，是最早 (～ 1960 年代) 被實際應用在阿波羅 (Apollo) 太空船內，直到現在作為太空梭的電源。顧名思義，這種電池的電解質是鹼性 KOH 溶液，它的操作溫度隨著 KOH 的濃度而異，35%KOH 或 85%KOH 電解質的電池溫度分別為

120℃ 以下或～ 250℃。電解質含浸在多孔吸水的石綿基材內。它有很高的輸出功率，在輸出電壓 0.8V，功率密度最高可達 3.4W cm^{-2}。因此電極除了可以使用鉑等貴金屬之外，也可以用多孔鎳、銀等作為它的電極。它在其他應用的發展受到限制，主要原因是燃料或空氣中的二氧化碳 (CO$_2$) 會溶於電解質中形成碳酸鹽類 (K$_2$CO$_3$)。這不但會使電解質劣化，也會掩蓋電極觸媒使電池壽命減短。它的壽命約數千小時 (～ 2,600)，這在目前的太空應用上綽綽有餘；但是在長時間發電上就不適合。雖然有研究試圖用滌氣塔 (scrubber) 吸收空氣中的二氧化碳，或是使用流動電解質的設計置換新鮮的電解質來解決這問題；但是都因經濟、或效率問題而作罷。

表 6-4　鹼性燃料電池所用燃料與在電極中所發生的反應

陽極進料	H_2
陽極反應	$H_2 + 2\,OH^- \rightarrow 2\,H_2O + 2\,e^-$
主要電荷傳導離子	OH^-（電解液 KOH）
陰極反應	$1/2\,O_2 + H_2O + 2\,e^- \rightarrow 2\,OH^-$
陰極進料：	O_2

表 6-5　磷酸燃料電池所用燃料與在電極中所發生的反應

陽極進料	H_2
陽極反應	$H_2 \rightarrow 2\,H^+ + 2\,e^-$
主要電荷傳導離子	H^+
陰極反應	$1/2\,O_2 + 2\,H^+ + 2\,e^- \rightarrow H_2O$
陰極進料	O_2或空氣

6-3-2　磷酸燃料電池 (PAFC，phosphoric acid fuel cell)

　　這種電池可說是最早商業化的燃料電池，主要是應用在定置型發電上。全球有數百座 PAFC 發電機 (50-200kW 等級) 運轉。許多運轉時間都超過 5 年以上。它的電解質是 100% 磷酸，因為它比其他酸液 (鹽酸、硫酸。硝酸等等) 要安定，磷酸含浸在多孔含鐵氟龍 (PTFE，PolyTetraFluoroEthylene) 的碳化矽 (silicon carbide) 材質中。電極使用鉑／碳粉作觸媒。電池操作在 150-220℃。在這溫度下，陰極所產生的水會立即蒸發，它比較沒有電池內水熱管理的問題。此外，在這溫度下電池對一氧化碳 (CO) 毒化現象也比較不敏感。磷酸在～ 200℃的蒸氣壓很低，但是它仍然會蒸發，操作時需要補充。磷酸在這溫度下仍具腐蝕性，因此後來發展出具質子交換功能的固態高分子膜沒有電解質流失的問題，它的腐蝕性也大幅降低。這種質子交換膜燃料電池逐漸取代了磷酸燃料電池。

6-3-3　質子交換膜燃料電池 (PEMFC，proton excahnge membrane fuel cell)

　　質子交換膜燃料電池在文獻上有其他兩種的名稱包括，SPE(solid polymer electrolyte) 固態高分子電解質燃料電池、PE(polymer electrolyte) 高分子電解質燃料電池等等。它是以具有質子交換或傳導功能的高分子薄膜作為它的電解質。目前使用最廣汎的是 Nafion。電池內唯一的液體是水，因此它的腐蝕程度可以降到最低。它的輸出功率最高可達 $2W\ cm^{-2}$，電池操作溫度約在 60-80℃，電極使用鉑／碳粉作觸媒。這種燃料電池是發展最為神速、應用層面最廣的燃料電池。它由小至數瓦手機電源、數十瓦筆記型電腦電源、數百瓦可攜式充電器、數千瓦熱電共生系統 (CHP combined heat and power) 和電動機車電源、數十千瓦電動車電源、不斷電系統或輔助電源、到數百千瓦電動巴士等等，都有成功的展示和驗證示範案例。

表 6-6 質子交換膜燃料電池所用燃料與在電極中所發生的反應

陽極進料	H_2
陽極反應	$H_2 \rightarrow 2\,H^+ + 2\,e^-$
主要電荷傳導離子	H^+
陰極反應	$1/2\,O_2 + 2\,H^+ + 2\,e^- \rightarrow H_2O$
陰極進料	O_2或空氣

6-3-4 直接甲醇燃料電池 (DCFC，direct methanol fuel cell)

雖然直接甲醇燃料電池很早就有相關的研究，直到最近二十年因為各種攜帶式電子產品需要能供電更長的電池，才開始蓬勃地發展。它的結構大致上與 PEMFC 一樣。它也是以具有質子交換或傳導功能的高分子薄膜作為它的電解質。甲醇直接送到陽極。甲醇的氧化會產生 CO 或 COH 等中間產物，這中間產物不易繼續氧化成 CO_2，而形成所謂觸媒 CO 毒化的問題。為了減緩陽極 CO 毒化的情形，陽極使用原子比為 1：1 的 Pt-Ru 合金，這合金沉積在碳粉上形成觸媒。陰極仍然使用 Pt/C 觸媒。在陽極沒有反應的甲醇會滲透到陰極，造成電池輸出電位的下降。為了減緩陽極觸媒被 CO 毒化，甲醇滲透到陰極的問題，一般都使用低濃度的甲醇溶液作為陽極燃料。DMFC 單位面積所用的觸媒量也因為這些問題也較 PEMFC 高出數倍。它優於 PEMFC 的地方是 DMFC

沒有燃料儲存或攜帶的問題。PEMFC 使用氫氣，這在做為小型攜帶電源上能量密度過低，並且有安全上的問題。DMFC 使用液態甲醇溶液為燃料，在儲存、攜帶上比較沒有問題。因此它主要的發展方向是作為各重電子產品的小型攜帶電源。

表 6-7 直接甲醇燃料電池所用燃料與在電極中所發生的反應

陽極進料	CH_3OH
陽極反應	$CH_3OH + H_2O \rightarrow CO_2 + 6\,H^+ + 6\,e^-$
主要電荷傳導離子	H^+
陰極反應	$3/2\,O_2 + 6\,H^+ + 6\,e^- \rightarrow 3\,H_2O$
陰極進料	O_2或空氣

6-3-5 熔融碳酸鹽燃料電池 (MCFC，molten carbonate fuel cell)

熔融碳酸鹽燃料電池所使用的電解質是鋰、鈉、鉀等的碳酸鹽類。電解質的基材是多孔的氧化鋰鋁。為了使電解質的導電度達到可用的範圍，電池的操作溫度約在 650℃。在這高溫下，電極的電化學反應速度很快，可以用非貴重金屬，如鎳合金與氧化物等作為陽極與陰極的觸媒。表 6-8 是在陰極與陽極的電化學反應。陽極可以使用氫氣或是一氧化碳做為燃料。它不但不會毒化電極，反而可做電池的燃料。若陽極進料含有一氧化碳，它可與水作用產生二氧化碳和氫氣。一氧化碳氧化成二氧化碳並釋放出電子。陽極的氫氣燃料與由電解質傳遞來的碳酸鹽離子結合產生水和二氧化碳。氫氣被氧化成水並釋放出電子。陽極所需要的碳酸根離子是由陰極產生，並經電解質傳遞到陽極。電解質中的導電離子是碳酸根 CO_3^{2-}。陰極使用空氣中的氧氣和外加的二氧化碳。二氧化碳可以由陽極所排放的氣體中將二氧化碳回收使用，或者是由陽極排放氣體與空氣燃燒後混入陰極進料氣體，或者是由其他二氧化碳的來源 (例如煙道氣)。

表 6-8　熔融碳酸鹽燃料電池所用燃料與在電極中所發生的反應

陽極進料	H_2或 CO
陽極反應	$H_2 + CO_3^{2-} \rightarrow H_2O + CO_2 + 2\,e^-$ $CO + H_2O \rightarrow CO_2 + H_2 +$ 熱
主要電荷傳導離子	CO_3^{2-}
陰極反應	$1/2\,O_2 + CO_2 + 2\,e^- \rightarrow CO_3^{2-}$
陰極進料	O_2及 CO_2

　　由於這種燃料電池操作溫度 (〜650℃) 比磷酸燃料電池 (150 〜 220℃) 為高，因此發電系統的能量轉換效率也因而提高；但是因高溫熔融碳酸鹽環境下所伴隨而來的材料腐蝕問題卻是不可忽視。電池陽極觸媒是以鎳為主的多孔合金，Ni-Cr/Ni-Al/Ni-Al-Cr，適量鉻或鋁的添加強化鎳觸媒的強度，也避免鎳觸媒在電池操作溫度下燒結的問題。陰極觸媒是含鑭的鎳鎂氧化物 NiO-MgO。陰極的氧化鎳在操作時會有融熔後穿透電解質再凝結成針狀物，這種情形會降低電池放電能力，有時甚至會發生短路的問題。攙雜鹼金屬或增加電極的鹼性 (Li/NaCO₃) 可以改進這現象。電解質載體是多孔的氧化鋁 (γ-LiAlO₂或 α-LiAlO₂)，電解質使用鹼土金屬碳酸鹽類如 Li₂CO₃/K₂CO₃或 LiCO ₃/NaCO。典型的金屬鹽類與重量百分比是 62Li - 38K、60Li – 40Na、51Li – 48Na。電池雙極板使用表面鍍鎳的 310S/316L 不銹鋼板。密封材料使用表面鍍鋁的金屬。

6-3-6　固體氧化物燃料電池 (SOFC，solid oxide fuel cell)

　　固體氧化物燃料電池運轉的方式與其它電池類似，它的電解質使用氧化鋯如摻雜氧化釔 (Y_2O_3) 的氧化鋯 (ZrO_3)。電池操作溫度範圍約在 600-1,000℃。隨著電解質離子導電度的改進，電池操作溫度也逐漸由 1,000℃ 下降到 600℃。由於電池操作溫度很高，電極的電化學反應速率很快，除了不需用鉑、鈀、金等貴金屬作觸媒之外，燃料也可以使用氫氣以外的碳氫氣體。電池操作在高溫，這使得電池可以採用內部重組器的方式，先將碳氫化合物運用電池的溫度分解成含氫的氣體，再送入電池。此外電池所排出的廢熱，可以產生水蒸氣推動微型渦輪發電機，作二次發電。

電池的電解質爲氧化物陶瓷材料 (perovskites)，使用最普遍的是含釔的氧化鋯 (yttrium stabilized zirconia，YSZ)。它在 700℃ 有良好的離子導電度和良好的電子絕緣性質。近年開始發展離子導電度更高的電解質，例如 SDZ (scandium-doped zirconia) 與 GDC (gadolinium-doped ceria) 等等。陽極以多孔的 YSZ 作爲基材，沉積在 YSZ 上的鎳作爲觸媒。電解質的離子導電度不高，爲了要提高電解質的導電度，電解質層通常都是做的非常薄，機械強度也相對的薄弱。因此常將電解質層直接塗佈在作爲支撐載體的陽極或陰極上。目前較爲通用的陰極材料是以鑭爲基材的 perovskite(ABO₃)，例如適用於高溫 (1000℃) 電池摻雜 St 的 LaMnO₃(LSM，strontium-doped LaMnO₃)，或低溫 (～ 600℃) 電池摻雜 St 的 lanthanum ferrite (LSF，strontium-doped lanthanum ferrite)。電池的電解質主要是傳導 O^{2-} 離子，氫氣或是甲烷輸入陽極，在陽極結合由電解質傳遞來的 O^{2-} 離子並分別氧化成水或是二氧化碳與水。空氣中的氧氣在陰極還原成 O^{2-} 離子。

每個單電池之間的聯接元件或是雙極板材料，依電池操作溫度可分成兩種。高溫操作的電池 (～ 900 - 1000℃) 使用導電陶瓷材料 (perovskite)，低溫操作的電池 (600-700℃) 使用金屬合金。密封材料依密封可分兩種，(1) 黏著密封，(2) 壓合密封。

表 6-9　固態氧化物燃料電池所用燃料與在電極中所發生的反應

陽極進料	H_2 或 CH_4
陽極反應	$H_2 + O^{2-} \rightarrow H_2O + 2\,e^-$ $CH_4 + 4\,O^{2-} \rightarrow 2\,H_2O + CO_2 + 8\,e^-$
主要電荷傳導離子	O^{2-1}
陰極反應	$1/2\,O_2 + 2\,e^- \rightarrow O^{2-}$
陰極進料	O_2

6-3-7 直接碳燃料電池 (DCFC，direct carbon fuel cell)

目前煤的蘊藏量較石油爲豐富，預估在石油消耗殆盡後，煤仍然可以維持一段時間。台灣約有 60% 的電力是來自火力發電，其中以煤爲燃料的火力發電約佔 40%。在石油逐漸消耗殆盡，而風力、太陽光電還沒有大規模取代現有電廠之前，煤在未來能源供給中將會扮演更重要的角色。直接碳燃料電池是直接以碳粉做爲燃料將碳氧化成二氧化碳，由於碳氧化反應較慢，需要在高溫下才能反應，它屬於高溫燃料電池。它的結構與所使用的材料，類似於 SOFC 或是 MCFC。隨著電池材料的不同，它在電池內的電化學反應也不相同。直接碳燃料電池的發展處於初期的發展，目前還沒有大家比較認同的電池結構與操作方式。以下介紹兩種 DCFC 的結構、電池材料、運轉原理。

以類似 MCFC 的結構與操作是將碳粉與熔融鹽類 (Li_2CO_3-K_2CO_3) 混合送入陽極。因為其他燃料電池的燃料是液體或是氣體，它們可以滲到多孔的陽極內反應，但是碳粉顆粒卻不易滲到多孔的陽極內，因此將碳粉與熔融碳酸鹽類混合，直接氧化，增加反應面積。在陽極碳粉與熔融鹽類的碳酸根反應生成二氧化碳。陽極是多孔金屬鎳，電解質與陰極如同 MCFC。

表 6-10　直接碳 MCFC 燃料電池所用燃料與在電極中所發生的反應

陽極進料	C 或 CH_4
陽極反應	$C + 2 CO_3^{2-} \rightarrow 3 CO_2 + 4 e^-$ $CH_4 + 4 CO_3^{2-} \rightarrow 5 CO_2 + 2 H_2O + 8 e^-$
主要電荷傳導離子	CO_3^{2-}
陰極反應	$O_2 + 2 CO_2 + 4 e^- \rightarrow 2 CO_3^{2-}$
陰極進料	O_2

以類似 SOFC 的結構與操作是將碳粉直接用流體化床的方式，將碳粉送到陽極，以金屬網為陽極，碳粉與電解質傳來的 O^{2-} 離子反應氧化成二氧化碳。電解質使用 YSZ，將 O^{2-} 離子由陰極傳遞到陽極。陰極是 LSM(lanthanum strontium managanate)，氧氣在陰極還原成 O^{2-} 離子。

表 6-11　直接碳 SOFC 燃料電池所用燃料與在電極中所發生的反應

陽極進料	C 或 CH_4
陽極反應	$C + 2 O^{2-} \rightarrow CO_2 + 4 e^-$ $CH_4 + 4 O^{2-} \rightarrow CO_2 + 2 H_2O + 8 e^-$
主要電荷傳導離子	O^{2-1}
陰極反應	$O_2 + 4 e^- \rightarrow 2 O^{2-}$
陰極進料	O_2

6-3-8　生化燃料電池 (MFC，microbial fuel cell)

生化燃料電池是以生化方式將碳氫化合物，例如葡萄糖、果糖等等轉換成二氧化碳釋放出電能。依照所使用的觸媒，它可分成微生物 (microbe) 與酵素 (enzyme) 兩種。目前這種電池的發展處於研發初期，並沒有一種大家一致認同的電池結構或發電方式。依照燃料氧化的方式，電池可以分成 (1) 以生化觸媒先將碳氫化合物在分解反應器中分解成含氫氣體，再將這含氫氣體送入 PEMFC 發電，(2) 將生化觸媒摻入 PEMFC 陽極第一觸媒層中，直接在陽極將碳氫化合物分解成含氫氣體，氫氣在陽極第二觸媒層 (含 Pt/C) 進一步氧化成 H^+ 離子，(3) 以酵素做為觸媒直接將碳氫化合物氧化如圖 6-6a 所示，(4) 運用觸媒介質 (mediator)，將碳氫化合物氧化所釋放出的電子經由酵素、觸媒介質、觸媒逐層傳遞到電極上，如圖 6-6b 所示。電極是多孔導電的碳材。所用的觸媒包括去氫脢 (NAD，煙醯胺腺嘌呤二核苷酸，nicotinamide adenine dinucleotide)，觸媒介質有許多種，包括 potassium ferric cyanide、thionine、methyl viologen、humic acid、neutral red 等等。

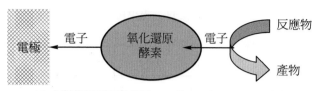

(a) 介質傳遞電子(MET，mediator electron transfer)

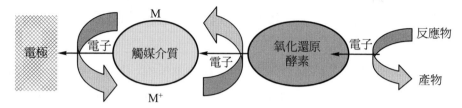

(b) 直接電子傳遞(DET，direct electron transfer)

圖 6-6　以酵素為觸媒的生化燃料電池在陽極電子傳遞的方式

✿ 6-4　燃料電池的應用與未來發展

　　至今已有各種燃料電池開發出來，鹼性燃料電池 (AFC) 最早用於太空艙的供電用，由於二氧化碳會毒化電池，各種碳氫化合物都不能作為它的燃料。即使空氣中所含的二氧化碳在長時間也會造成電池性能的衰退；因此它燃料的供應限於純氫、純氧。應用範圍也限於太空或軍事。在 1980 年代，中溫型磷酸燃料電池 (PAFC) 已發展到商業化、連續生產的規模。它發展的目標是作為社區型發電用。現在全球大約已有 500 座 PAFC 展示發電機；並且有連續操作五年以上的紀錄。然而它受限於液態磷酸的流失與腐蝕問題並沒有持續發展。至今隨著質子交換膜燃料電池 (PEMFC) 與其他燃料電池技術已近成熟，發展焦點逐漸轉移到低溫型的直接甲醇燃料電池 (DMFC) 與 PEMFC 或是高溫型的固態氧化物燃料電池 (SOFC)。目前它們是各種燃料電池中發展最為成熟，展示範圍最廣。目前為止，各型燃料電池已成功的展示在各種場合。它們的依應用所須功率包括：

1. 10 W-100 W　作為筆記型電腦及其他電子產品的電源
2. 100 W-1 kW　攜帶電源
3. 1 kW-10 kW　電動摩托車與電動堆高機的移動電源、定置型熱電共生、不斷電系統、備用電力
4. 10 kW-50 kW　電動車的移動電源、社區或商業大樓供電

5. 100 kW-200 kW 電動巴士的移動電源、社區或商業大樓供電

以上所標示的功率範圍僅是燃料電池應用的大致範圍,與個別文獻報告數字會有一些出入。直接碳燃料電池 (DCFC) 與生化燃料電池 (MFC) 目前是處於初期的研發階段,並沒有大規模、大功率、或是長時間的測試。燃料電池依照電池大小或是否可攜帶,可分成:

1. 攜帶電源 (portable power)
   作為筆記型電腦及其他電子產品的電源

2. 移動式電源 (movable power)
   各型攜帶電源、電動摩托車與電動堆高機、電動車、電動巴士

3. 定置型電源 (stationary power)
   熱電共生、不斷電系統、備用電力、社區或建築物發電

目前各種燃料電池輸出的功率密度 (mW cm^{-2}) 或是單位電極面積所能輸出的功率。依輸出功率密度範圍大致如下。實際輸出功率視操作溫度、壓力、燃料純度、電池結構等等而異。

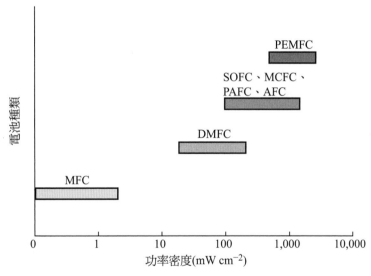

圖 6-7 各型燃料電池大致輸出功率密度

參考文獻

1. 馬承九，「燃料電池扎記」，三民書局，(2008)

2. 王曉紅、黃宏、趙中興，「燃料電池基礎」，全華書局，(2008)

3. 衣寶廉，黃朝榮，林修正，「燃料電池－原理與應用」，五南，(2005)

4. R. O' Hayre, S-W. Cha, W. Colella, F.B. Prinz, "Fuel Cell Fundamentals", John Wiley & Sons

5. "Fuel Cell Handbook", EG&G Technical Service, 7th Edition, US DOE (2004)，由網址免費下載

6. Xiangguo Li, "Principles of Fuel Cells", Taylor & Francis, NY，或高立圖書 (2006)

7. J. O' M Bockris and S. Srinivasan, "Fuel Cells：Their Electrochemistry", McGraw-Hill, New York, (1969)

8. W. Vielstich and A. Lamm, and H. Gasteiger, "Handbook of Fuel Cells", vol 1 – 4, John Wiley & Sons (2003)

9. Frano Barbir, "PEM Fuel Cells：Theory and Practice", Elsevier (2005)

習作

一、問答題

1. 請列出電池與燃料電池之間相似點和差異點。

2. 請說明燃料電池內電極、電解質、觸媒主要的功用。

3. 若以乙醇為燃料，請分別列出並平衡陽極與陰極的電化學反應式。

4. 請計算乙醇燃料的能量密度與理論能量轉換效率

5. 請計算以乙醇為燃料，燃料電池理想的輸出電壓。

6. 請說明各種燃料電池的分類方式與種類。

質子交換膜燃料電池

所謂質子交換膜燃料電池,顧名思義,它是燃料電池中使用具有質子交換功能的高分子薄膜做為隔離陰、陽兩極的隔離膜。質子交換膜燃料電池使用氫氣作燃料。氫氣的來源可以是純氫氣或是由生質原料、煤、石化燃料轉換成含氫的氣體。質子交換膜燃料電池是目前技術發展最成熟的燃料電池,這種燃料電池已成功的展示它可應用到社區或商業大樓的分散式發電與熱電共生、基地台或其他設施的不斷電或備用電力系統、各種電動交通工具如:電動車、電動巴士、電動堆高機、電動代步車、電動機車等等的電源、各種攜帶式電源等等。質子交換膜燃料電池在文獻上有各種不同的稱呼,包括:PEMFC(proton exchange membrane fuel cell)、PEFC(polymer electrolyte fuel cell)、SPE(solid polymer electrolyte fuel cell)。它與磷酸燃料電池、鹼性燃料電池最大的差異是使用具離子傳導功能的固態高分子膜做為它的電解質。因此它沒有電解液洩漏、腐蝕、蒸發需要填補的問題。它的操作溫度約在 60-80℃,因此它可以很快的啟動與關閉,不像操作在高溫的燃料電池(融熔碳酸鹽燃料電池或是固態氧化物燃料電池),需要逐步升溫或降溫,造成發電系統啟動與關閉緩慢。

⚛ 7-1 電池結構

質子交換膜燃料電池的發電核心是所謂的膜電極組 (MEA, membrane electrode assembly),MEA 包括陽極、陰極、與介於電極間的高分子薄膜。這高分子薄膜是電子的絕緣體,它隔離陰、陽兩極,避免因接觸而短路。此外它具傳導離子功能,可以將陽極所產生的質子傳導到陰極。方程式 (7-1)-(7-3) 是在陰、陽兩個電極的電化學反應。圖 7-1 是這些反應的示意圖。氫氣在陽極氧化產生質子 (H$^+$) 與電子 (式 (7-1))。所產生的質子 (H$^+$) 透過具離子傳導功能的高分子薄膜,傳遞到陰極。所產生的電子流經外部電路傳到陰極。在陰極,空氣中的氧氣便與傳遞到陰極的氫離子與電子反應,還原成水 (式 (7-2))。總反應便是氫氣與氧反應生成水 (式 (7-3))。

陽極反應:$H_2 \rightarrow 2H^+ + 2e^-$ (7-1)

陰極反應:

$$\frac{1}{2}O_2 + 2H^+ + 2e^- \rightarrow H_2O \qquad (7-2)$$

總反應:$H_2 + \frac{1}{2}O_2 \rightarrow H_2O$ (7-3)

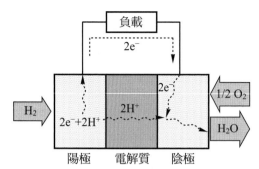

圖 7-1　膜電極組結構與所發生的電化學反應

　　圖 7-2 是質子交換膜燃料中單電池的示意圖。電池核心是膜電極組,它的陽極或是陰極都有三層多孔的結構。它們分別是:(a) 氣體擴散層 (GDL, gas diffusion layer),(b) 微孔層 (MPL, micro porous layer),(c) 觸媒層 (CL, catalyst layer)。陽極與陰極的雙極板分別將氫氣和空氣以氣體流道均勻地分布到膜電極外面的擴散層。擴散層主要的功能是讓反應物 (陽極的氫氣、陰極的氧氣) 能夠經由擴散層均勻地擴散到微孔層與觸媒層,同時能將觸媒層的電流導出或導入。它是由孔隙度很大、導電度高、厚度約 350μm 的碳紙所組成。為了防止水在碳紙裏面累積,碳紙內的碳纖維表層塗有疏水性很高的鐵夫龍 (Teflon)。

微孔層的功能是防止擴散層淹水,並將觸媒層的電流導出或導入。它是由孔隙度小、導電度高、厚度約 30μm 的碳粉層所組成。這碳粉層內有含量很高的疏水性鐵夫龍。觸媒層是由表面含有鉑金屬 (Pt, platinum) 的碳粉和具有質子傳導功能的高分子 (Nafion) 單體所組成。觸媒層的厚度約 25μm。鉑金屬的顆粒大小約在 2-5nm,鉑金屬因奈米化而提高它的反應表面積。碳粉作為觸媒的載體,讓觸媒分散在它的表面,提高觸媒使用效率,它的顆粒約在 50-100nm。高分子除了傳導質子之外,它並作為黏結劑將觸媒固定在電極中。電極觸媒層鉑金屬的含量約在 0.4-0.6mg cm^{-2}。隔離陰、陽兩電極的是質子交換膜,這層交換膜目前是由 Nafion 所組成。它的功用是將陽極所產生的質子傳導到陰極。它並且是電子的絕緣體避免陰、陽極接觸短路。這種高分子內須要水份才能傳導質子,因此膜電極組內的薄膜與觸媒層須要保持相當的濕度才能發揮它的功能。Nafion 薄膜的離子導電度約在 0.1-0.3S cm^{-1},視含水量與溫度而定。

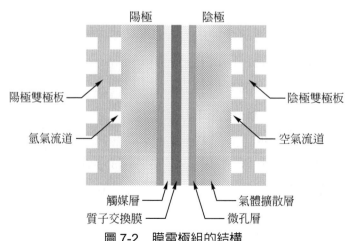

圖 7-2　膜電極組的結構

7-2　電極

如前節所述，觸媒層是由表面含有鉑金屬 (Pt, platinum) 的碳粉和具有質子傳導功能的離子聚合物 (ionomer，Nafion) 所組成。理想的觸媒層結構如圖 7-3。離子聚合物在觸媒層中不但是具有質子傳導功能，也作為黏結劑將碳粉黏結在一起。每顆觸媒的直徑約在 2-5nm。這是因為電化學反應只發生在觸媒的表面，為了降低貴重金屬鉑的使用量，將觸媒顆粒奈米化，增加觸媒

的反應面積。將觸媒沉積在碳載體上可以防止觸媒的聚集，增加觸媒的使用效率。觸媒理想的位置是在固、液、氣三相共存的地點，因為電化學反應 (式 (7-1)、式 (7-2)) 中 H_2、O_2 在氣相中傳遞速率最快，在水中傳遞速率就會大幅的降低。H^+ 必須在含有水分的液體中傳遞，電子 e^- 則是在固體中傳導。沒有位於這三相共存或固、液共存的觸媒，反應便會中斷。

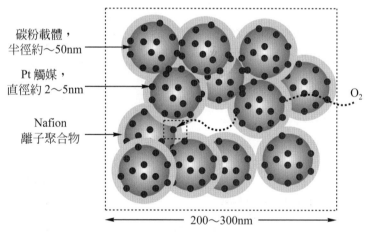

碳粉載體，
半徑約～50nm

Pt 觸媒，
直徑約 2～5nm

Nafion
離子聚合物

O_2

200～300nm

圖 7-3　電極觸媒層的結構

7-2-1　電極觸媒的製備

觸媒的合成方法有許多種，主要可分成三種方法，1. 含浸法 (impregnation) 2. 膠態吸收法 (colloidal adsorption) 3. 離子交換法 (ion-exchange)。含浸法是將碳粉含浸在觸媒前驅物 (例如 H_2PtCl_6) 的水溶液中，待碳粉吸飽觸媒前驅物後，可以直接添

加還原劑或者是氫氣將觸媒前驅物在碳粉上還原成金屬觸媒。還原劑包括硼氫化鈉 (sodium borohydride，$NaBH_4$)、水合聯胺 (hydrazine hydrate)、$Na_2S_2O_3$、N_2H_4 等等。膠態吸收法類似含浸法，只是先將觸媒形成奈米膠態顆粒之後再還原成金屬，例如將 H_2PtCl_6 水溶液中添加 Na_2HSO_3 後再加 H_2O_2，形成 PtO_2 奈

米膠態顆粒。再加入碳粉載體並通入氫氣將 Pt 還原在碳粉上。離子交換法式將 Pt 備製成 $[Pt(NH_3)_4]^{2+}$ 離子，這離子再與碳載體上含 H^+ 的官能基座離子交換，沉積在碳載體之後，通入氫氣將觸媒還原成金屬 Pt。這些方法主要目的是將 Pt 觸媒形成奈米等級的顆粒並且均勻的沉積在碳載體上。

7-2-2 電極結構與製備

燃料電池的電極主要成分是觸媒與具質子傳導功能的離子聚合物。這些物質先與分散劑混合均勻形成觸媒漿料之後，再以各種塗佈方式製作出厚度約 25μm 的觸媒層。電極的製程依照觸媒漿料所塗佈的載體可分為氣體擴散電極 (GDE，gas diffusion electrode)、觸媒薄膜 (CCM，catalyst coated membrane)、轉印 (decal) 等等製程。氣體擴散電極製程是將調配好的漿料塗佈在作為氣體擴散層的碳紙或碳布上，漿料烘乾後成為觸媒電極，烘乾過程會將分散劑蒸發。最後將質子交換膜置於兩片觸媒電極之間，經熱壓後形成所謂的膜電極組。觸媒薄膜製程是將觸媒漿料直接塗佈於質子交換膜的兩面形成。這觸媒薄膜上、下兩面以碳紙或碳布夾住，經熱壓後形成膜電極組。轉印則是先將觸媒漿料塗佈在離形紙 (如 PTFE 紙) 上，烘乾、熱壓到質子交換膜上形成觸媒薄膜之後，觸媒薄膜上、下兩面以碳紙或碳布夾住，經熱壓後形成膜電極組。

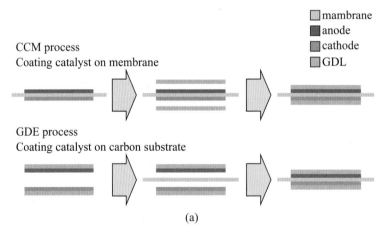

(a)

圖 7-4　電極觸媒層的塗佈方法

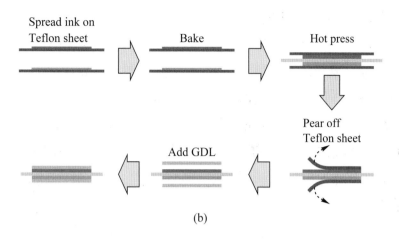

(b)

圖 7-4　電極觸媒層的塗佈方法 (續)

7-2-3　電極性能分析技術

在研究開發 MEA 製程與相關材料的同時也需要建立原材料、半成品與成品特性的分析技術。這些包括原材料、漿料、電極與 MEA 等等特性的分析。這些分析有助於製程上的改進與最終成品品質的穩定性與良率。

在原材料特性分析技術中，觸媒表面型態及顆粒大小可以藉穿透式電子顯微鏡 (TEM，Tunneling electrone microscopy) 或掃描式電子顯微鏡 (SEM，scanning electrone microscopy) 觀察觸媒粒徑大小與結構型態及觸媒在碳粉上的分佈情形。觸媒粉體的電阻值測量是將觸媒粉體置入測試夾具槽內，以定頻阻抗儀或四點探針量測兩極之間的電阻值。所測量的電阻值隨著施加壓力的上升而下降，當電阻值不隨著壓力變化時，即可得到觸媒粉體的電阻值。

觸媒活性分析是將與稀薄的 Nafion 溶液混合成觸媒漿料後，將這漿料定量 (約數 μl) 滴在鈍性電極 (例如碳棒) 上。等乾燥後，將這電極置於通氧氣的 0.5M H_2SO_4溶液中，進行線性電位掃描，測量氧還原反應在不同電位下的還原電流。用於電極塗佈的漿料可以分析它的粒徑與流變特性。粒徑分析儀與 Zeta 電位分析儀可以了解漿料中觸媒粒徑大小及分佈情形，同時偵測漿料中觸媒的 Zeta 電位，評估漿料分散的程度。流變儀觀測觸媒漿料的流變行為，由剪切速率 (shear rate, du/dx) 與黏度 (viscosity,η) 曲線，可評估在塗佈製程中，漿料是否穩定或分散的程度。電極在組成 MEA 之前，可利用半電池電化學反應分析分別測試陰、陽電極的放電特性。將單一電極置於通氧氣的 0.5M H_2SO_4溶液中，用恆壓儀 (potentiostat) 進行電位掃描，測量電極在不同電位下，電極對氧還原反應的速率。由於溶液中含可導 H^+ 離子的 H_2SO_4，因此只要電極中的觸媒能夠導通電子且有接觸到水溶液，觸媒就可還原氧氣產生電流。這種半電池電化學反應分析是量測電極上有效觸媒或觸媒活性的分析方法，可作為組裝成 MEA 之前篩選電極的方法。

膜電極組 MEA 的特性分析是先將 MEA 組裝成單電池之後再用電池測試站 (fuel cell test station) 測量它的電流-電壓關係或稱為極化曲線。由在不同放電電流下，電壓損失的情形，可了解造成 MEA 電壓損失的主要原因。此外也可以用定電流或定電壓的之方式，量測 MEA 在長時間放電時，電池老化的現象。圖 7-5 是典型 PEMFC 的放電曲線 (極化曲線)。電池的理論電壓是 E_r。理論電壓與實際電池的差值就是電池的電壓損失。在不同的電流區段，造成電池電壓損失的主因不同。在小電流區段，電池電壓損失主要是電池電極觸媒活性所造成的電壓損失。在這區段電壓會隨著電流的增加而明顯下降。在大電流區段中，電壓與電流呈現線的關係。在這區段中電池內阻是造成電壓損失的主因。在電流最大的區段，電池電壓隨著電流的增加而極劇下降。電流無法再繼續增加，因為電池放電電流受限於氫氣或氧氣擴散到觸媒層的速率。

圖 7-5 的極化曲線可以用式 (7-4) 表示。其中 E 是所測得的電池電壓，E_r 是在沒有電流輸出時的電池電壓 (開路電壓，OCV，open circuit voltage)，ΔV_{act} 是活性極化損失，ΔV_{ohm} 是內阻極化損失，ΔV_{conc} 是濃度極化損失。

$$E = E_r - \Delta V_{act} - \Delta V_{ohm} - \Delta V_{conc} \quad (7\text{-}4)$$

活性極化損失 (ΔV_{act}) 隨著電池電流的增加而增加，它與電流密度 (i) 的關係如式 (7-5)。

$$\Delta V_{act} = E_r - b_c \log|i_{oc}| - b_c \log|i| \\ - b_a \log|i_{oa}| - b_a \log|i| \quad (7\text{-}5)$$

其中 i_{oc} 與 i_{oa} 分別是陰極與陽極的交換電流密度，b_c 與 b_a 分別是陰極與陽極的 Tafel 斜率，如式 (7-6)。其中 R、T、F 分別是理想氣體常數、電池溫度、法拉第常數，α_c 與 α_b 分別是陰極氧氣還原反應與陽極氫氣氧化反應的電荷轉移係數 (charge transfer coefficient)。

$$b_c = \frac{RT}{\alpha_c n_c F} \quad , b_a = \frac{RT}{\alpha_a n_a F} \quad (7\text{-}6)$$

在一般操作條件下，陽極氫氣氧化反應非常的快，因陽極觸媒活性所造成的活性極化損失可以忽略不計。

式 (7-5) 可以進一步簡化到式 (7-7)。

$$\Delta V_{act} = E_r - b_c \log|i_{oc}| - b_c \log|i| \\ (7\text{-}7)$$

內阻極化損失 (ΔV_{ohm}) 與電流密度呈現線性的關係。其中 R_i 代表電池的內阻，它包含電池質子交換膜的電阻、電極與雙極板或電極與質子交換膜之間的介面電阻、雙極板和電極本身的電阻。

$$\Delta V_{ohm} = i \cdot R_i \qquad (7-8)$$

濃度極化損失 (ΔV_{ohm}) 與電流密度的關係可以式 (7-9) 表示。其中 i_L 是質傳極限電流密度，相當於圖 7-5 中最大的電流密度值。

$$\Delta V_{conc} = \frac{RT}{nF} \ln\left(\frac{i_L}{i_L - i}\right) \qquad (7-9)$$

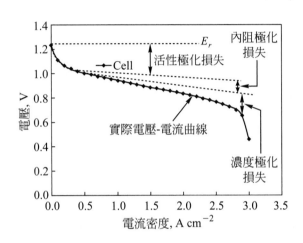

圖 7-5　典型燃料電池放電曲線

⚛ 7-3　多孔氣體擴散層

燃料電池中的多孔氣體擴散介質有許多功用，它須具備良好的特性包括：1. 滲透性將反應物由流道均勻的擴散到觸媒層或是將觸媒層的產物有效的擴散到流道排放，2. 電子導電度使得雙極板與觸媒層之間有良好的電子導電度，3. 熱導電度能將膜電極組所產生的熱有效的傳導到雙極板，4. 機械強度當陰極、陽極的氣體有不同的壓力時，能有足夠的機械強度保護膜電極組。

7-3-1　多孔氣體擴散材料的製備

一般的金屬在質子交換膜燃料電池內部的酸性與電場交互作用下都會腐蝕，目前燃料電池中的多孔氣體擴散層使用可以導電、導熱、抗腐蝕的碳紙或是碳布。這些材質都是由碳纖維所組成。大多數的碳纖維都是由聚丙烯腈 (PAN，polyacrylonitrile) 前驅物製成。聚丙烯腈先在 230°C 下安定化，在這安定化程序中，聚丙烯腈纖維會由熱塑型 (thermoplastic) 轉變為熱固型 (thermoset)

材料。這安定化製程會防止聚丙烯腈纖維在後續碳化升溫過程中融化。

安定化後的聚丙烯腈纖維在氮氣中加熱到 1,200-1,350℃ 碳化，將纖維中的氮、氧、氫原子分解排除，留下重量將近 50%，直徑約 7μm 的碳纖維。碳纖維裁切成短纖後就經過一般抄紙製程，碳纖維層再含浸酚醛樹脂 (phenolic resin)、乾燥、加壓熱塑 (～175℃) 成碳纖維紙。碳纖維紙在氮氣下，加溫到數百度，將酚醛樹脂碳化成碳紙。若加溫到兩千度以上，碳材會石墨化成為導電度高但較脆的石墨纖維紙。

碳紙通常會在纖維表面塗佈一層疏水的聚四氟乙烯 (Polytetrafluoroethene，PTFE) 來增加它的疏水性。將碳紙含浸到 PTFE 懸浮液中，乾燥、加熱到～350℃ 將 PTFE 燒結在碳纖維上。一般 PTFE 含量約在 5% 左右，過高的 PTFE 含量會使得碳紙導電度下降。

在碳紙上通常會塗佈一層厚度約 10-30μm 且具疏水性的微孔層 (micro-porous layer)。微孔層的組成是碳粉或石墨粉和 PTFE 高分子黏結劑的混合物。微孔層的功能除了作為電極的水管理之外，還提高觸媒層與擴散層之間的導電度。微孔層的疏水性隨著 PTFE 含量增加而增加，但是導電度卻隨著 PTFE 的含量增加而降低。微孔層的製程是先將碳粉與 PTFE 懸浮液混合，調成漿料，以刮刀 (doctor blade)、網印 (screen printing)、噴塗 (spray) 等等方式將漿料塗佈在碳紙上。漿料常會隨著塗佈方法而添加不同的分散劑或介面活性劑。塗佈在碳紙上的漿料陰乾後，加熱到 350℃ 將 PTFE 燒結而成。

7-3-2 多孔氣體擴散材料的特性分析技術

導電度是碳材首要測量的特性，它可分成截面導電度 (through-plane conductivity) 與平面導電度 (in-plane conductivity) 或截面阻抗、平面阻抗。阻抗的倒數就是導電度。截面導電度的量測是將碳材上下兩面以金屬板夾住，用這方法所測量到的電阻 ($R_{z,measure}$) 包括碳材阻抗 ($R_{z,paper}$) 之外，也包含了金屬板與碳材之間的界面阻抗 ($R_{contact}$)。其中 A 是金屬板與碳材的接觸面積。

$$R_{z,\,measure} = \frac{2 \cdot R_{contact} + R_{z,\,paper}}{A} \quad (7\text{-}10)$$

上式中的界面阻抗隨著外加壓力的增加而下降。當壓力提升到一定程度，界面阻抗變得很小，剩下碳材阻抗。

$$R_{z,\,paper} = \rho_{z,\,paper} \; d_{paper} \quad\quad (7\text{-}11)$$

其中 $\rho_{z,paper}$ 與 d_{paper} 分別是碳材的比電阻與厚度。平面阻抗需要用所謂的四點探針阻抗儀來量測。其中兩個探針為電流

的輸出與輸入 (I)，另外兩個探針則是測量電壓 ($E = V_1 - V_2$)。運用歐姆定律就可以計算出平面阻抗 ($R_{xy,measure} = E/I$)。

$$R_{xy,\,measure} = \frac{\rho_{xy,\,paper} \cdot l_{probe}}{w_{paper} \cdot d_{paper}} \qquad (7\text{-}12)$$

其中 l_{probe} 是測量電壓探針之間的距離，w_{paper}、d_{paper} 分別是碳材的寬度與厚度。碳材的平面阻抗 ($\rho_{xy,paper}$) 便可以依 (7-12) 計算出。

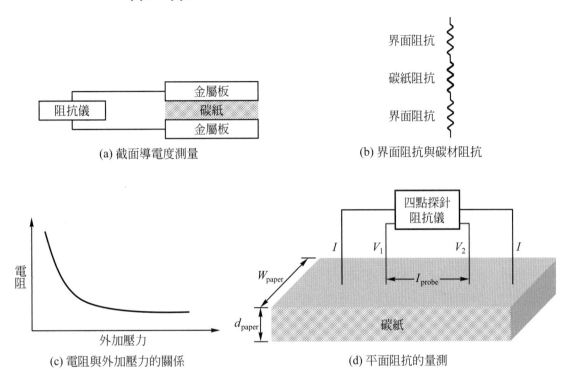

(a) 截面導電度測量

(b) 界面阻抗與碳材阻抗

(c) 電阻與外加壓力的關係

(d) 平面阻抗的量測

圖 7-6　碳材導電度測量

碳材的機械特性可分為可壓縮性 (compressive behavior) 與可撓性 (flexural, bending behavior)。可壓縮性的量測是將碳材夾在兩塊金屬板之間，外部施加壓力，測量碳材變形量與壓力之間的關係。所施加的壓力由零，以一定速率開始逐漸上升到最大值再下降到零，如此循環加壓、減壓測試。碳紙的可壓縮量約 20-30%，碳布的可壓縮量約 40-60%。可撓性的測試則是將碳材兩端以金屬板夾緊，碳材中間施加壓力，碳材彎曲量與施加壓力的關係便可以量測出來。碳紙的可壓縮性較低，在電池組組裝時，比較不會因端板施壓造成碳紙變形陷入流道內，增加氣體的流阻。但是碳布較為有彈性，機械強度也較碳紙好，加工性比碳紙好。

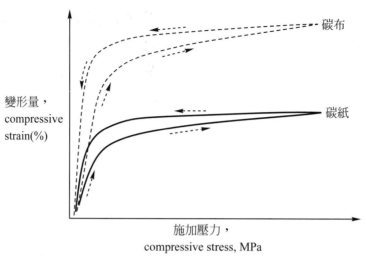

圖 7-7　碳材可壓縮性的量測

碳材的平均孔隙度 ($\varepsilon_{average}$，porosity) 與孔隙分布的量測可以藉由下式計算出。其中 ρ_{bulk} 與 ρ_{real} 是碳材的巨觀密度與真實密度，d_o 與 d 是碳材壓縮前與壓縮後的厚度。巨觀密度是碳材的重量除以它的體積。由於碳材的厚度 (d) 會因壓縮壓力而變，因此計算中 ρ_{bulk} 時應該標記相對所施加的壓力。碳材真實密度約在 1.6 到 1.9g cm^{-3}。

$$\varepsilon_{average} = 1 - \frac{\rho_{bulk} \cdot d_o}{\rho_{real} \cdot d} \qquad (7\text{-}13)$$

碳材的孔隙度分布可以由汞孔隙度儀 (mercury porosimetry) 測量。因為表面張力的作用，汞在一定壓力下僅能滲入固定的孔隙內，隨著汞壓力的增加，它可滲入更小的孔洞內。壓力與汞滲入碳材的體積可以換算出碳材的孔隙度分布。

碳材的氣體滲透率可以由達爾西定律 (Darcy law) 估計。將碳材置於可通氣體的夾層容器中，氣體流過碳材的體積流率 (V) 隨著所施加的壓力 (ΔP) 增加而增加。

$$V = k_d \frac{a}{\mu l} \Delta P \qquad (7\text{-}14)$$

其中 a、μ、l 分別是流體通過碳材的截面積、流體黏度、流體通過碳材的厚度。由上式達爾西係數 (k_d，Darcy coefficient) 便可以計算出。

7-4　質子交換膜

質子交換膜在燃料電池裡扮演著重要的角色，它傳導離子，將質子由陽極傳遞到陰極，也是電子的絕緣體，將陰極與陽極隔離避免短路。在高溫、酸性、電場環境下有良好的化學安定性。大多數的質子交換膜都是以氟化物高分子為主，這包括杜邦 (Du de Pont) 的 Nafion、旭玻璃 (Asahi

Glass) 的 Flemion、旭 化 成 (Asashi chemical) 的磺酸化 Aciplex(XR) 和碳酸化 Aciplex(CR)。

7-4-1　質子交換膜的製備技術

這些質子交換膜都是以 -(CF_2CF_2)- 為高分子主鏈的骨幹，各種質子交換膜的差異處是在它的支鏈。下表列出各種質子交換膜的支鏈。其中陶氏化學

(Dow) 的薄膜已沒有公開銷售。目前質子交換膜最廣為運用的是 Nafion 質子交換薄膜。它最早 (～ 1960 年代) 是用於鹼鹵工業，美國通用電子 (GE，General Electric) 最早將 Nafion 質子交換薄膜用於 NASA 太空計劃的燃料電池中。Nafion 在早期也運用於 HCl 電解槽、Zn/Br_2 電池、Zn/Fe 電池、H_2/Cl_2 電池、H_2/Br_2 電池等等。

表 7-1　各種質子交換膜的支鏈化學式

質子傳導官能基	質子交換膜	支鏈化學式
磺酸化支鏈	Nafion、Flemion	$CF_2=CFOCF_2CF(CF_3)OCF_2CF_2SO_2F$
	Aciplex	$CF_2=CFOCF_2CF(CF_3)OCF_2CF_2CF_2SO_2F$
	Dow	$CF_2=CFOCF_2CF_2SO_2F$
碳酸化支鏈	Nafion、Aciplex	$CF_2=CFOCF_2CF(CF_3)OCF_2CF_2CO_2CH_3$
	Flemion	$CF_2=CFOCF_2CF_2CF_2 CO_2CH_3$

Nafion、Flemion、Aciplex 等氟化物質子交換膜的合成是由四氟乙烯 (TFE，tetrafluoroethylene) 與 SO_3 在 高 溫、高 壓 下 反 應，形 成 FSO_2CF_2COF，如圖 7-8。四氟乙烯與這反應步驟都需要注意操作與處理上的安全。氟 化 物 再 和 環 氧 六 氟 丙 烯 (HFPO，hexafluoropropylene oxide) 反應成磺酸化氟加合物 (adduct)，加熱這些加合物經 Na_2CO_3 催化作用合成烯醚氟化物

的共聚用單體 (comonomer)，或 者 是 PSEPVE(perfluoro sulfonylfluoride ethyl propyl vinyl ether)。

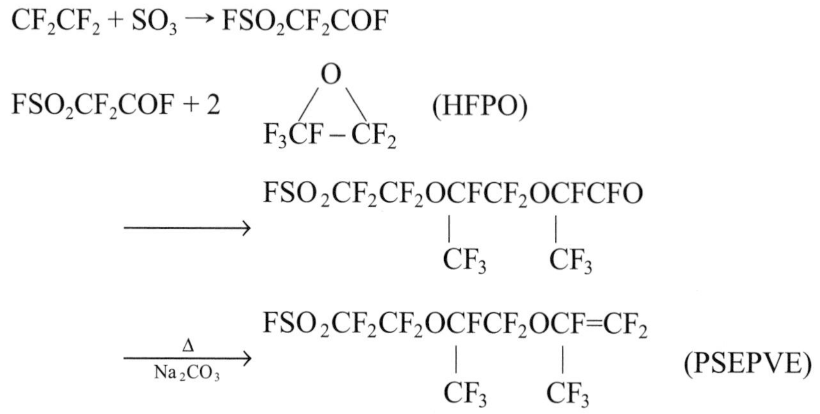

$$CF_2CF_2 + SO_3 \rightarrow FSO_2CF_2COF$$

$$FSO_2CF_2COF + 2 \quad \overset{O}{\underset{F_3CF-CF_2}{\triangle}} \quad \text{(HFPO)}$$

$$\xrightarrow{\qquad} \quad FSO_2CF_2CF_2OCFCF_2OCFCFO$$
$$\underset{CF_3}{|} \qquad \underset{CF_3}{|}$$

$$\xrightarrow[Na_2CO_3]{\Delta} \quad FSO_2CF_2CF_2OCFCF_2OCF=CF_2$$
$$\underset{CF_3}{|} \qquad \underset{CF_3}{|} \quad \text{(PSEPVE)}$$

圖 7-8　Nafion 薄膜合成共聚用單體

共聚用單體 PSEPVE 可以和 TFE 共聚成 Nafion。它的結構示於圖 7-9。含有 SO_2F 的 Nafion 在水中或是酸液中都很安定。它可以在強鹼中水解形成 SO_2Na^+ 並且進一步在 10-15% 的硝酸溶液中轉換成 SO_2H^+。

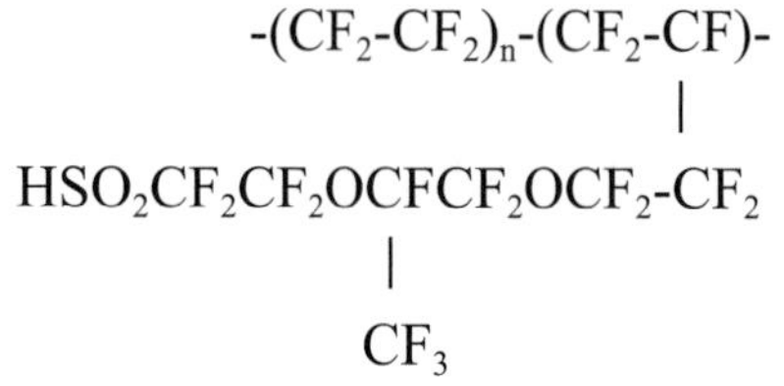

$$-(CF_2\text{-}CF_2)_n\text{-}(CF_2\text{-}CF)\text{-}$$
$$|$$
$$HSO_2CF_2CF_2OCFCF_2OCF_2\text{-}CF_2$$
$$|$$
$$CF_3$$

圖 7-9　Nafion 共聚物的結構示意圖

7-4-2　質子交換膜的特性

Nafion 的當量重量 (EW，equivalent weight) 是這薄膜的重要特性之一，薄膜吸水量、膨潤度、離子導電度、等等都受到 EW 的影響。它可以下式表示：

$$EW(g\ eq^{-1}) = 100 \times n + 446 \qquad (7\text{-}15)$$

其中 n 是每一個 PSEPVE 支鏈所含有的 TFE。EW 值愈小代表 PSEPVE 支鏈密度愈高，也就是說離子傳導功能愈高。Nafion 理論上 EW 最低可達 460，最高可達 1,500。EW 超過 1,500 的 Nafion 離子導電度會太低而失去傳導離子的功用。

含 SO_2F 官能基的高分子熔點 (T_m, melting point) 隨著 EW 由 1100 增加到 1500，T_m 也由 236 上升到 256℃。含 SO_3H 官能基的高分子熔點較含 SO_2F 官能基的高分子熔點為低，它隨著 EW 由 1100 增加到 1500，T_m 由 207 上升到 249℃。Nafion 的玻璃轉移溫度 (T_g, glass transition temperature) 隨著官能基的不同由未水解的 SO_2F 高分子、磺酸型 SO_3H 高分子、鈉鹼性 SO_3Na 高分子分別是 0℃、103℃、210℃。因此在 MEA 加工製程中，常有將質子交換膜先用 NaOH 轉成鈉鹼性 SO_3Na 高分子型態後，再製作 MEA，待完成後再用 H_2SO_4 或 HNO_3 轉換成具質子傳導功能的磺酸型 SO_3H 高分子。

EW 為 1100 的 Nafion 是最常用於燃料電池的質子交換膜。它的吸水度 (water uptake) 是 25wt%，有效離子濃度 (effective ionic concentration) 是 1.59M，離子導電度 (ionic conductivity) 是 0.09S cm^{-1}。吸水度 (wt%) 可由式 (7-16) 計算出來

$$Wt\% = \frac{濕膜重 - 乾膜重}{濕膜重} \times 100\% \quad (7\text{-}16)$$

質子交換膜的含水量 (λ) 代表每個磺酸根 (SO_3H) 所能吸收的水分子個數。它是 EW 與吸水百分比 (ω) 的函數，如式 (7-17)。其中 M_o 是水的分子量，18g mol^{-1}，ω 是以乾薄膜為計算基準，薄膜的吸水百分比 (如式 (7-16)，但是分母以乾膜重計算)。

$$\lambda = \frac{(\omega \times EW)}{M_o} \quad (7\text{-}17)$$

或者 λ 可由水分子活性 (a) 計算出，如式 (7-18)。

$$\lambda = 0.043 + 17.81\,a - 39.85\,a^2 + 36.0\,a^3 \quad (7\text{-}18)$$

水的活性等於水的分壓 (P_{water}) 除以水在測試溫度下的飽和蒸汽壓 ($P_{s,water}$)。

$$a = P_{water}/P_{s,water} \quad (7\text{-}19)$$

質子交換膜的離子導電度 (κ，S cm^{-1}) 隨著薄膜水分的增加而提高，κ 與膜含水量 λ 之間的關係可由式 (7-20) 作粗略估算。

$$\kappa = (0.5139\,\lambda - 0.326)$$
$$\exp\left[1268\left(\frac{1}{303} - \frac{1}{T}\right)\right] \quad (7\text{-}20)$$

為了將燃料電池的內阻降到最低，燃料電池的進氣端常需要加濕，以確保質子交換膜在電池放電時保持最高的濕潤度獲含水量。乾燥的薄膜無法傳導質子，電池的內阻會上升到電池無法輸出電力。質子交換膜可以視為是具有奈米尺度的多孔介質。水分子在薄膜內的孔洞擴散，它的巨觀擴散係數 ($D_{H_2O,m}$，cm^2 s^{-1}) 是薄膜含水量與溫度的函數，可以用式 (7-21) 估計。

$$D_{H_2O,m} = 3.1\times10^{-3}\,\lambda\,(e^{0.28\lambda} - 1)$$
$$\exp\left(-\frac{2436}{T}\right) \qquad 0 < \lambda < 3$$

$$D_{H_2O,m} = 4.17\times10^{-4}\,(1 + 161\,e^{-\lambda})$$
$$\exp\left(-\frac{2436}{T}\right) \qquad 3 < \lambda < 17 \quad (7\text{-}21)$$

水在薄膜內的巨觀擴散係數約為 1.6×10^{-5} cm^2 s^{-1}。然而水分子在薄膜中的移動除了因為濃度差所造成的擴散之外，水分子也會因為燃料電池陰極與陽極之間的電場作用下，質子 (H^+) 的遷移也會帶動水分子的遷移。水的電滲透阻力係數 (ξ，electroosmotic drag coefficient) 是質子遷移的通量 (molar flux，N_{H+}) 所帶

動水分子遷移的通量 (N_{H_2O})。

$$\xi = \frac{N_{H_2O}}{N_{H+}} = \frac{F}{RT} \frac{d(\Delta\phi)}{d\ln\left(a_{w,r}/a_{w,l}\right)} \quad (7\text{-}22)$$

上式中 $\Delta\phi$ 是薄膜兩端的電位差，$a_{w,r}$ 與 $a_{w,l}$ 分別是水分子在薄膜兩端的活性。水的電滲透阻力係數約在 0–3，它是隨著薄膜含水量的增加而增加。

❀ 7-5 雙極板

單一個燃料電池的輸出電壓約在 0.6-0.8V 之間，這電壓過低並不實用。要電池輸出較高的電壓，就需要將電池串聯起來。雙極板就是兩個電池之間的連接元件。它在燃料電池組中有多重的功用，它的一端連結 MEA1 的陽極，另一端連結 MEA2 的陰極，故有雙極板的稱呼，如圖 7-10。它將 MEA1 與 MEA2 做電路上的串聯，提升電池的輸出電壓。在雙極板的一邊刻有供陽極氣體 (氫氣) 流動的流道，在雙極板的另一邊刻有供陰極氣體 (氧氣或空氣) 流動的流道。這些流道分別將燃料與空氣均勻地傳送到 MEA 的陰極與陽極觸媒層上，它同時隔絕氫氣與空氣，避免這兩種氣體在雙極板中可能的滲透或混合，它也將在 MEA1 的陽極所產生的電子傳遞到 MEA2 的陰極。電池放電時會產生熱，電極反應所產生的熱經由雙極板傳導給流道中的氣體，將熱排出電池外。一個理想的雙極板需要具備良好的導電度、非常低的氣體滲透率、高熱傳導度、質輕、高機械強度、易加工性、抗腐蝕等等特性。

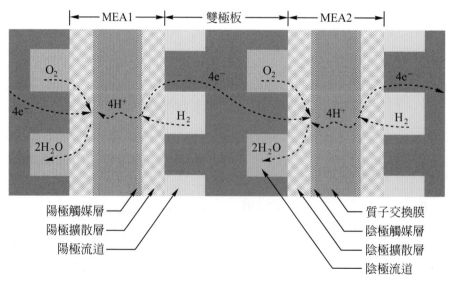

圖 7-10　雙極板連結相鄰的兩個 MEA，並將氣體經由流道均勻地傳到 MEA 上

7-5-1　雙極板材料的製備技術

　　雙極板的材料可分成兩類，一是以碳或石墨為基材的雙極板，二是以金屬為基材的雙極板。以碳材為基材的雙極板，現在多是碳粉 (石墨粉) 與樹酯混合的複合材料。樹酯可以用聚丙烯 (polypropylene)、聚乙烯 (polyethylene)、聚偏氟乙烯 (poly vinylidene fluoride) 等等熱塑型 (thermoplastic) 樹酯，或是酚醛 (phenolic)、環氧 (epoxies)、乙烯酯 (vinyl ester) 等等熱固型 (thermosetting) 樹酯。有些雙極板中添加玻璃纖維來增加它的機械強度。碳粉與樹酯的混合方式可分三類，(一) 將樹酯溶於有機溶劑內，將碳粉加入混成泥漿，先後經過加熱、真空加熱將有機溶劑揮發。這種方法對環境與健康都不好。(二) 直接將高分子加熱到熔融狀態下與碳粉混合，再以三輪滾筒等方式施加高剪切應力揉輾，可以得到均勻的混合物。然而這種方式有可能將碳粉包封在樹酯中而失去導電功能。(三) 使用擠壓機 (extruder) 的連續製程，高分子樹酯添加在擠壓機的前端，經預熱、壓實、塑化。碳粉再由樹酯已塑化的擠壓機的後端位置添加進去。熔融複合材料在經擠壓機終端圓孔擠壓、冷卻成線型複合材料，再經削切機切成小顆粒的碳粉 / 樹酯複合材料。

　　雙極板可以用擠壓成型方法將碳粉 / 樹酯複合材料在模具中擠壓出碳板。碳板可以用數位控制銑床機 (CNC milling) 加工銑出具有流道與歧道的雙極板。這種方式很耗時間、磨損加工刀具、成本高，適合在研發階段或者小量製程。另外的方法是磨蝕程序，在碳板上覆蓋刻有流道圖案的保護層，再使用噴砂 (sandblasting)、水刀 (waterjet cutting) 等方式將流道磨蝕出來。或者是將碳粉 / 樹酯複合材料經刻有流道圖案的模板，將流道一層一層的沉積出來。目前適合量產的方式是用射出成型 (injection molding) 將複合材料灌注到具有流道與歧道的模具中成型。運用這種技術需要粒徑小的碳粉 ($20\mu m$)，並且添加塑型劑調整漿料的流變特性，避免在製程中產生相分離。因為製程特性，射出成型的雙極板表面所含樹酯成分較高。這會升高雙極板介面阻抗，因此需要將雙極板表層去除。雙極板表層可以用電漿輻射、研磨、銑削等等方式去除。

　　金屬雙極板所用的金屬包括不銹鋼、鋁、鈦、鎳等等合金。這些金屬板可以用模具沖壓，將雙極板的流道與歧道切壓成型。燃料電池的操作環境 (高溫、電場、酸性) 會使得這些金屬很快腐蝕掉，因此金屬雙極板的外層都有一層導電的保護膜。這層保護膜包括石墨、導電高分子、貴金屬、金屬氮化物 (metal nitride，鈷、鉭、鈦、鋯等金屬氮化物)、金屬碳化物 (metal carbide) 等等。保護層的塗佈方法包括含浸、電鍍、噴塗、物理氣相沉積、化學氣相沉積等等。

7-5-2 雙極板材料特性與流場

雙極板如前所述，所用材質可以分成金屬材料與碳材兩種。金屬材料的優點是它有很高的導電度與熱傳導度 (表 7-2)，機械加工性很好，是燃料電池雙極板的理想材料。金屬材料不易破碎，這在燃料電池作為攜帶電子器材 (手機、電腦) 或是電動交通工具 (電動車、電動機車、電動船舶) 的電源上是很重要的。不銹鋼、鋁、鈦、鎳是目前考慮作為雙極板的金屬材料。鋁金屬較輕但是機械強度較低。下表所列導電度與導熱度是指純金屬，在實際情況下，這些金屬表面都會有厚度不一的氧化物。這些氧化物會降低金屬雙極板的導電度。

表 7-2　金屬雙極板物性

	不銹鋼	鋁	鈦	鎳
密度 (g cm^{-3})	7.95	2.7	4.55	8.94
導電度 (S cm^{-1})	14,000	377,000	23,000	146,000
導熱度 (W m^{-1} K^{-1})	15	223	17	60.7
熱膨脹係數 (μm m^{-1} K^{-1})	18.5	24	8.5	13

目前絕大多數的燃料電池都是使用碳材雙極板，因為燃料電池的操作環境。燃料電池操作環境下，一般金屬都會腐蝕，因為：

1. 燃料電池所用的質子交換膜屬於酸性，雙極板會暴露在酸性環境中操作。
2. 燃料電池操作溫度約在 60-80℃，高溫會加速金屬的腐蝕速率。
3. 燃料電池陰、陽極之間約有 0.5-1.0V 的電位差存在。這電位差會加速金屬的腐蝕速率。

金屬雙極板的腐蝕，除了會造成自身結構上的破壞之外，最主要的是金屬離子的釋出。所釋出的金屬離子游離到觸媒表面會大幅降低觸媒活性，游離到質子交換膜內的金屬離子會與膜內的質子交換基結合，降低交換膜的導電度。因此微量的金屬腐蝕就會造成電池性能明顯的降低。為了防止金屬的腐蝕，在金屬外部沉積或塗佈保護層是現在研究發展的課題。金屬外部保護膜需要能導電並且能防酸鹼的侵蝕。貴重金屬 (如金、鈀等等) 是可以達到防蝕的目的，但是成本過高，在表面形成含鉻氧化層、氮化物或是碳膜保護層也是正在發展的方向。

　　碳材腐蝕的問題較不嚴重，是現在大多數燃料電池所採用的雙極板材質。但是這種材料的導電度、熱傳導度都比金屬材質為低 (表 7-3)。它的加工性較金屬為差，易脆、不耐震。

　　雙極板除了將電流由一個電池傳遞到下一個電池之外，它另外一個功能是將送入燃料電池的反應流體均勻地分布到電極表面。因此在雙極板兩面與電極接觸的表面上都刻有流道，讓流體流動。這流體包括質子交換膜燃料電池的氫氣與空氣或是直接甲醇燃料電池的甲醇溶液與空氣。流道的深度與寬度約在 1mm 左右。流道的種類大致上可以分成 (a) 平行、(b) 蛇行、(c) 指插型、(d) 柱狀等四類 (如圖 7-11)。各種流道設計有它們的優缺點，目前燃料電池多採用平行與蛇行兩種綜合的設計。

表 7-3　碳材雙極板物性

	石墨板 POCO	複合碳板 SGL, BBP 4	複合碳板 SGL, PPG 86	複合碳板 MBC, BMC940
密度 (g cm^{-3})	1.78	1.97	1.85	1.82
導電度 (S cm^{-1})	680	200	56	100
導熱度 (W m^{-1} K^{-1})	95	20.5	14	19.2
熱膨脹係數 (μm m^{-1} K^{-1})	7.9	3.2	27	30
拉伸強度 (tensile strength, MPa)	60			30
彎曲強度 (flexural strength, MPa)	90	50	35	40
壓縮強度 (compression strength, MPa)	145	76	50	

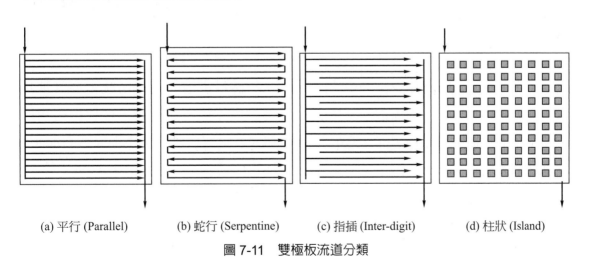

(a) 平行 (Parallel)　　(b) 蛇行 (Serpentine)　　(c) 指插 (Inter-digit)　　(d) 柱狀 (Island)

圖 7-11　雙極板流道分類

平行流道 (圖 7-11a) 是在雙極板表面上同時有數條平行流道，讓大量流體流過平行的流道，這種流道對流體的阻力很小；但是若有水滴積存在流道內 (質子交換膜燃料電池) 就會增加該流道的流阻而降低該流道的流速。在直接甲醇燃料電池的陽極流道會有二氧化碳的產生 ($CH_3OH + H_2O \rightarrow CO_2 + 6 H^+ + 6 e^-$)。甲醇溶液中，二氧化碳的存在也會造成流到流阻的變化，進而造成流體在雙極板流道中分布不均勻的現象。

蛇行流道是單一個流道，曲折流過整個電極表面。它不會有質子交換膜燃料電池中水滴積存或是直接甲醇燃料電池中氣泡累積的問題。若有水滴或是氣泡在流道中會被流體強制推出。但是單一流道供應整個電極反應所需反應物的結果會造成在流道進口與流道末端出口很大的濃度差異。此外單一流道的流阻較平行流道的流阻大很多。

指插型流道如同平行流道，有多條流道讓流體平行通過，但是這些流道並沒有出口。因為壓差，流體被強迫流過電極表面上多孔的擴散層之後，會經過另一組平行流道，流出雙極板。這種流道設計強迫流體流過電極表面，增加與電極接觸的機會，但是流阻很大，需要較平行流道更大的壓差。柱狀流道的流阻比平行流道更小，曾經被用在直接甲醇燃料電池中。然而它無法有效的將水滴或是氣泡排出。採用這種設計的電池不多。

7-6 電池組與發電系統

單一的燃料電池所輸出的電壓約在 0.6-0.8V 之間，這電壓無法利用，必須將燃料電池串聯起來成為電池組 (stack) 以增加它的輸出電壓，如圖 7-12 所示。電池組的輸出電壓 (E_{stack}) 是每個單電池輸出電壓 ($E_{cell,j}$) 的總和，如式 (7-19)。但是電池組輸出的電流 (I_{stack}) 卻是單電池的輸出電流 ($I_{cell,j}$)。在理論上，每一個單電池的效能都相同，但是實際上每個單電池的效能不盡相同，尤其是操作一段時間之後。這時電池組輸出的電流是整組電池中，效率最低的那顆單電池所輸出的電流。

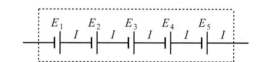

圖 7-12　單電池串聯增加電池組的輸出電壓，電流維持單電池電流

$$E_{stack} = \sum E_{cell,\,i} \quad I_{stack} = I_{cell,\,i} \quad (7\text{-}19)$$

燃料電池的發電系統需要其他周邊設備才能正常運轉，釋放出有用的電能。這些周邊設備 (balance of plant，BOP) 包括：

(1) 電源轉換器 (invertor & convertor) 將電池直流電轉換成交流電。

(2) 起動用二次電池 (如鉛酸電池或是鋰電池)。

(3) 氫氣循環泵，循環燃料電池中的氫氣，增加氫氣分布的均勻性並將可能產出的水分帶出。

(4) 空氣鼓風機，將空氣加壓以便送入燃料電池。

(5) 增濕器，利用燃料電池排出的廢熱與水氣將進氣加熱加濕。

(6) 循環水幫浦，循環水將燃料電池所產生的熱量帶出。

(7) 散熱器，散熱水箱將循環水所帶出的熱量散到系統外。

這些周邊設備都會消耗電能，因此燃料電池所釋放出的電能約有 5% 會被這些設備消耗掉。這些設備會增加燃料電池的體積、重量與成本。因此如何選取與設計適當的元件，降低這些設備的耗電量、減少重量、體積與成本是系統設計與整合的重心。

7-6-1　電池組

電池組的結構如圖 7-13 所示，是由陽極、隔離膜、陰極、雙極板依序疊堆起來的。氫氣與空氣由電池外部流經歧道均勻地分布到每個雙極板的流道中。雙極板的流道再將氣體分佈到電極表面。雙極板在電池組的功能，除了在它表面上的流道能將氣體均勻分布之外，另外的功能就是電池串聯的功能，它將上一個電池的電流傳遞到下一個電池。雙極板的一邊是上一個電池的陽極，另一邊是下一個電池的陰極。

電池組的串聯可以分成兩種，一種是平面式的串聯，另一種是疊堆式的串聯。平面式的串聯 (圖 7-14)，多用在小型攜帶型電源。電池為了配合電子用品扁平的外型而採用這種串聯方式。串聯的電流導體多為金屬網，這樣除了導電之外，並可以讓反應氣體或液體穿過網孔。這種串聯方式只適於小功率燃料電池 (< 10W)，因為串聯所造成的內阻較疊堆式串聯的內阻大很多。高功率的燃料電池 (100W ～ 10kW) 幾乎都是採用疊堆式的串聯 (圖 7-15)。這種串聯所造成的電池內阻很小。整片雙極板的面積都可以傳導電流，而電流傳導途徑 (由一電池的陽極傳遞到另一電池的陰極) 很短，約在 0.3cm 以下。

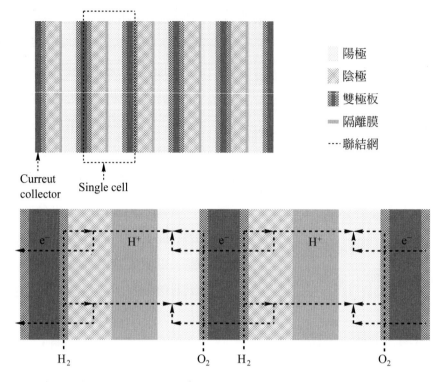

圖 7-13　電池組串聯結構與各種物質流動的方向

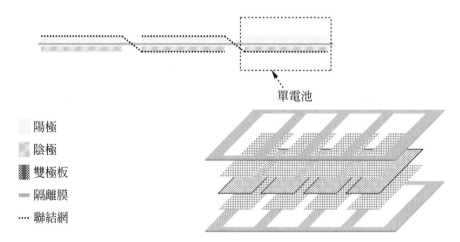

圖 7-14　平面式電池組結構與串聯方式

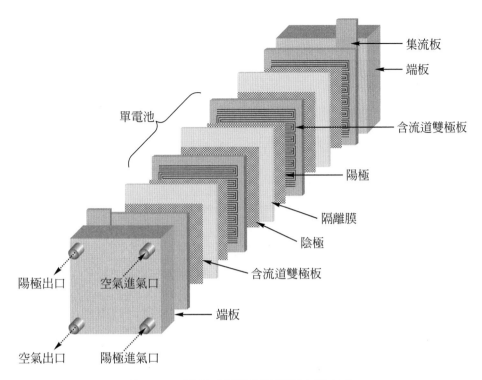

圖中標示：
- 集流板
- 端板
- 含流道雙極板
- 陽極
- 隔離膜
- 陰極
- 含流道雙極板
- 端板
- 單電池
- 陽極出口
- 空氣進氣口
- 空氣出口
- 陽極進氣口

圖 7-15　疊堆式電池組結構與串聯方式

7-6-2　純氫電池系統

質子交換膜燃料電池操作在 60-80℃，所使用的質子交換膜必須在含水程度下才會有高的離子導電度。因此進入燃料電池的氣體需要加溫到燃料電池的操作溫度與濕度。使用純氫的燃料電池系統 (圖 7-16) 需要將進氣 (氫氣與空氣) 先經過預熱與加濕將氣體加溫、加濕到燃料電池的操作溫度與濕度。目前加溫與加濕是使用如同管殼熱交換器 (tube-shell heat exchanger) 的裝置，其中的管線是使用中空親水的高分子管線。這些管線容許水分與熱量由一流體透過親水高分子管膜傳遞到另一流體。

氫氣通常是儲存在高壓儲氫筒或是儲氫罐中，儲氫壓力就可以將氫氣推入燃料電池內。氫氣使用氫氣循環泵增加燃料電池中氫氣端的流動性。空氣需要一個鼓風機將空氣加壓才能吹入燃料電池。目前純氫燃料電池的能源轉換效率約 50%，因此有一半的能量會以熱的型式放出。小功率的電池系統 (> 1kW) 多是氣冷式設計，常以空氣將多餘的熱量帶出。大功率的電池系統 (< 1kW) 多是水冷式設計，常以循環水的方式將多餘的熱量帶出，因為水的散熱效果較好。

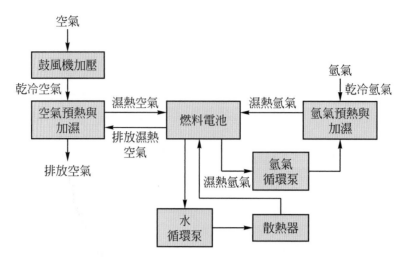

圖 7-16　使用純氫燃料電池系統的主要元件與流程

7-6-3　碳氫燃料發電系統

使用碳氫化合物 (如天然氣或是液化石油氣) 為燃料的質子交換膜燃料電池，燃料必須經過前處理程序，將燃料轉換成含氫的氣體並移除會毒化電池的物質。典型的前處理程序是

(1)　預熱，將燃料蒸發並加熱到反應器的操作溫度。

(2)　重組反應，將碳氫化合物轉換成含氫的氣體。這程序有兩種方式，一是自熱重組 (auto-thermal reforming，ATR)，這反應是將燃料與氧氣反應產生氫氣與二氧化碳 $(CH_4 + O_2 \rightarrow CO_2 + 2\ H_2)$。由於這反應是放熱反應，因此只要先將反應器加熱到反應溫度後，反應所釋放出的熱就可以維持反應所需的溫度。另外一種重組反應是蒸汽重組 (steam reforming，SR)。這反應是將燃料與水蒸氣反應生成氫氣與二氧化碳 $(CH_4 + 2\ H_2O \rightarrow CO_2 + 4\ H_2)$。由於這反應是吸熱反應，因此反應器需要持續供熱以維持反應器的溫度。這反應可以產生較多的氫氣，但是反應溫度比 ATR 要高。

(3)　水氣轉移反應 (water shift reaction)，這反應降低重組反應所生成副產物一氧化碳的濃度。質子交換膜燃料電池幾乎無法容忍一氧化碳。燃料中含有約 5 ppm 的一氧化碳就可以觀察到燃料電池輸出功率的衰退。這反應是用水蒸氣與燃料中的一氧化碳反應 ($CO + H_2O \rightarrow CO_2 + H_2$)，消耗掉一氧化碳。

(4) 選擇性氧化 (preferential oxidation)，這反應進一步將燃料與氧氣反應 ($CO + 1/2\ O_2 \rightarrow CO_2$)，將燃料中一氧化碳的濃度降到 5ppm 以下。

燃料的預處理也有使用鈀分離膜的方式，將氫氣透過數微米的鈀膜分離出來。這些燃料處理步驟的操作溫度不盡相同，重組反應約在 600-800℃，水氣轉移反應約在 400℃，選擇性氧化反應約在 200℃。這些反應所需要的熱能無法由操作在 60-80℃的燃料電池供應。它們所需要的熱能是利用燃料電池無法利用而排放出的含氫氣體，將這些氣體在重組器內的燃燒器燃燒而得。燃料電池所排放出的熱量由循環水帶到熱水儲槽中儲存與運用。

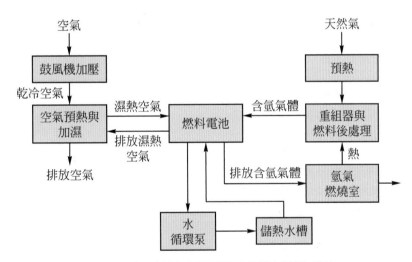

圖 7-17 使用燃料預處理單元的燃料電池系統

參考文獻

1. 馬承九，燃料電池扎記，三民書局，(2008)

2. 王曉紅、黃宏、趙中興，燃料電池基礎，全華書局，(2008)

3. 衣寶廉，黃朝榮，林修正，"燃料電池 - 原理與應用"，五南，(2005)

4. Xianguo Li，"Principles of Fuel Cells"，Taylor & Francis Group，高立圖書 (2006)

5. R. O'Hayre, S-W. Cha, W. Colella, F.B. Prinz，"Fuel Cell Fundamentals"，John Wiley & Sons

6. "Fuel Cell Handbook"，EG&G Technical Service, 7th Edition, US DOE (2004)，由網址免費下載

7. J. O'M Bockris and S. Srinivasan，"Fuel Cells：Their Electrochemistry"，McGraw-Hill, New York, (1969)

8. W. Vielstich and A. Lamm, and H. Gasteiger，"Handbook of Fuel Cells"，vol 1 – 4, John Wiley & Sons (2003)

9. Frano Barbir，"PEM Fuel Cells：Theory and Practice"，Elsevier (2005)

10. Web sites：

http：//www.fuelcelltoday.com/

http：//www.fuelcellstore.com/

習作

一、問答題

1. 請繪出質子交換膜燃料電池的結構並說明它的操作原理。

2. 請說明質子交換膜燃料電池與其他燃料電池的異同。

3. 質子交換膜的功能為何？那些操作參數會影響它的效能。

4. 雙極板的功能為何？有哪幾種？各種雙極板的特性為何？

5. 燃料電池系統除了電池組之外，還有哪些元件？這些元件的功能為何？

8 熔融碳酸鹽燃料電池材料

⚛ 8-1 熔融碳酸鹽燃料電池簡介

熔融碳酸鹽燃料電池 (Molten Carbonate Fuel Cell)，簡稱 MCFC，是一個高效率的電源裝置，其使用鹼金屬碳酸鹽的混合物作為電解質，且工作溫度在 650℃ 以下，早期發展階段的設計重點集中在解決電池材料抗熔鹽腐蝕和穩定性的問題，以延長電池的壽命。在 70 年代末至 80 年代初期，MCFC 材料開始廣泛發展，至今 MCFC 的裝置採用了普通的不銹鋼材料，並使用鎳作為電極。

MCFC 的工作原理如圖 8-1 所示，其原理和其他燃料電池類似。工作溫度在 600 ～ 700℃ 之間，以熔融鹼金屬碳酸鹽作電解質，氧化鎳為正極 (陰極)，鎳為負極 (陽極)。燃料為氫和一氧化碳，氧化劑為空氣 (氧)，其與一定量的二氧化碳作用產生導電的碳酸根離子 (CO_3^{2-})。熔融碳酸鹽燃料電池的基本電化學包括氧氣、二氧化碳在陰極和兩個電子反應形成碳酸根離子，碳酸根離子通過碳酸鹽電解質傳送至陽極；最後碳酸鹽和氫離子在陽極反應後產生水、二氧化碳和兩個電子。因工作溫度高，MCFC 觸媒不必使用貴金屬，而 MCFC 與其他燃料電池最大不同之處在於電解質中傳遞的是碳酸根離子，二氧化碳由陽極產出然後再經由通道流到陰極反應消耗，這是 MCFC 系統一般常見的運作模式。要讓陽極經反應後所產出的二氧化碳輸送到陰極進氣口裡，需要二氧化碳轉換裝置，如陽極氧化反應產生出的二氧化碳廢氣，可直接與陰極進氣口之氣體直接混合進入陰極反應，或是經由其他來源供應二氧化碳氣體。MCFC 在運行上分為常壓和加壓兩種，加壓的 MCFC 工作壓力約為 0.3 ～ 1MPa。

圖 8-2 為 MCFC 的電化學反應過程。

在陽極的反應式：

$$H_2 + CO_3^{2-} \rightarrow H_2O + CO_2 + 2e^- \quad (8-1)$$

在陰極的反應式：

$$\frac{1}{2} O_2 + CO_2 + 2e^- \rightarrow CO_3^{2-} \quad (8-2)$$

全反應式：

$$H_2 + \frac{1}{2} O_2 + CO_2 (\text{陰極}) \rightarrow H_2O + CO_2 (\text{陽極}) \quad (8-3)$$

陽極以氫氣為燃料，陰極氣體之

供應方式可從陽極回收所提供的空氣和二氧化碳等廢氣而來。因此，在陰極與陽極氧化所產生的廢氣與剩餘空氣將被利用。反應除了產生水之外，反應式也顯示出二氧化碳氣體會經過陰極流到陽極，一莫耳的二氧化碳氣體經過轉換會產生出兩個法拉第的電荷或是兩克莫耳的電子。在此反應式看得出 MCFC 的可逆行為之電位勢是需要考慮到二氧化碳的轉換。

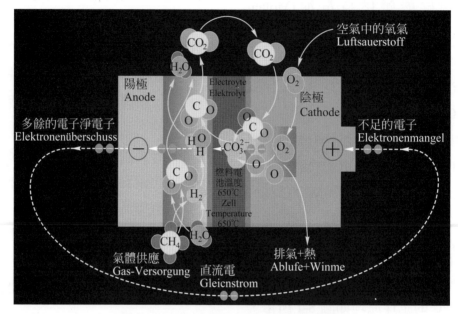

圖 8-1　MCFC 單元電池的工作原理圖

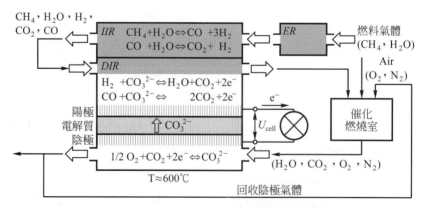

圖 8-2　MCFC 單元電池運作下的的電化學反應過程

$$E = E^o + \frac{RT}{2F} \ln \frac{P_{H_2} P_{O_2}^{\frac{1}{2}}}{P_{H_2O}} + \frac{RT}{2F} \ln \frac{P_{CO_{2,c}}}{P_{CO_{2,a}}}$$

$$(8\text{-}4)$$

　　方程式所標示的下標 a 與 c 分別表示陽極與陰極，當陽極與陰極的二氧化碳分壓是相等時電解質是不會變化的，電池的電位勢由氫氣、氧氣和水蒸氣之分壓決定。在一般的情況下，兩極的二氧化碳分壓是不同的，並會影響電池之電位勢如方程式 (8-4) 所示。

　　在燃料電池反應中，陽極同時利用氫氣和一氧化碳，在工業上，目前有效生產氫燃料的製程方式是將輕烴燃料在外部進行改變與重整，水蒸汽的蒸汽重整反應是吸熱反應，而燃料電池陽極反應是放熱反應。MCFC 系統在足夠高的工作溫度下，能使天然氣和其他輕烴燃料進行反應重整，產物包括燃料電池陽極的反應物 (氫) 及燃料電池反應產物 (水)。

　　全部的燃料電池反應為碳氫燃料與空氣轉化為電能、熱能、水和二氧化碳。碳氫燃料如天然氣隨著蒸氣引入陽極端，陽極端觸媒將燃料和水反應生成氫氣燃料與燃料電池產生反應所需的熱。電化學反應包括氫與碳酸根離子在陽極反應產生水、二氧化碳和熱量 (這熱量是在重整反應中被消耗)。內部重整反應消耗電化學反應所產生三分之二的熱量，導致燃料電池溫度均勻。這直接經由 "內部重整" 過程的燃料電池和經由外部重整的燃料電池相比，是一個更簡單、更有效率、和符合成本效益的改良式能源轉換系統。

　　MCFC 的氫供應來源是陽極天然氣與水在燃料電池反應生成的過程中所產生的，稱為蒸汽重整。利用觸媒、甲烷及能量傳遞介質，從甲烷以及水燃燒產生的二氧化碳並釋放所有的氫氣。這個過程吸收燃料電池的餘熱，並把它轉換回一次能源因而提高整個系統的效率約 12 個百分點 (如圖 8-3)。MCFC 內部重整可以直接導入天然氣與水混合，我們稱之為直接燃料電池 (DFC)Direct Fuel Coll。

　　碳酸鹽燃料電池之壽命被要求至少可使用五年以上，才具有商業上之競爭性，而電池堆組成對於抵抗潛變、氧化及熔融鹽之侵蝕須具有長期之穩定性。對陽極和陰極來說，電化學之活性也非常重要。

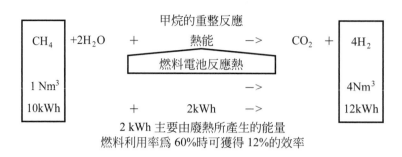

$$CH_4 + 2H_2O + 熱能 \rightarrow CO_2 + 4H_2$$

甲烷的重整反應

燃料電池反應熱

$1\ Nm^3$ → $4\ Nm^3$

$10kWh$ + $2kWh$ → $12kWh$

2 kWh 主要由廢熱所產生的能量
燃料利用率爲 60%時可獲得 12%的效率

圖 8-3　提高效率的內部重整

⚛ 8-2　熔融碳酸鹽燃料電池關鍵材料

8-2-1　電解質隔膜材料

隔膜是 MCFC 的核心元件，電解質隔膜提供電解質離子傳輸、反應物氣體的分離與周邊封裝。隔膜爲一層緊密結合陶瓷粉末浸漬於鹼性的碳酸鹽電解質，在一定的操作溫度下所形成類似膏狀結構的複合材料。支撐基材的穩定性和基材強度 (抵抗機械熱應力) 是影響燃料電池的性能和耐久度的重要因素。早期 MCFC 曾使用氧化鎂製備隔膜，測試中發現由於氧化鎂在熔鹽中有微弱的溶解現象，所製備出的隔膜易破裂。在通過多種材料的篩選後，鋁酸鋰 ($LiAlO_2$) 脫穎而出。目前 $LiAlO_2$基材支撐材料是由氧化鋁 (Al_2O_3) 與鋰碳酸鹽反應生成而來，$LiAlO_2$有 α、β與 γ 三種晶相 (表 8-1)，高表面積次微米 α-$LiAlO_2$粉末爲現今 MCFC 常用的電解質基材支撐材料。對於延長電池壽命的目標而言，這種材料需要足夠的穩定性，以保持其顆粒大小和孔洞結構。燃料電池組在操作條件下，電解質隔膜支撐材 $LiAlO_2$需有一定的機械強度，基材經歷機械與熱應力後都可能導致基材破裂，因此，要求基材具備高強度與韌性，用以抵抗其他應力來維持良好的氣體密封能力。如果沒有足夠的強度，基材可能沿著電池邊緣斷裂，並增加漏氣的可能性。

表 8-1　鋁酸鋰 ($LiAlO_2$) 相態

$LiAlO_2$的相穩定性 (α-$LiAlO_2$最好於 < 650°C電池堆中使用)		
相態	< 650°C	> 700°C
γ -$LiAlO_2$	轉換成 α 相	穩定
α-$LiAlO_2$	穩定	轉換成 γ相
β-$LiAlO_2$	不穩定	不穩定

註：轉換速率在鹼性環境中將會加速 (如 Li/Na 熔鹽或低 CO_2 分壓中)

在 美 國 Fuel Cell Energy (FCE) 公司，由俞博士 (1996) 開發了具有成本效益的強化電解質基材，這類基材具有高的強度和韌性，在黏結劑燒除後與電解質填滿前提升其強度。高表面積的次微米 $LiAlO_2$ 粉末爲現今 DFC 基材的支撐材料，纖維或粗糙的微粒也被用於混合以強化基材結構，減少熱循環後電解質隔膜裂縫的生成。這些材料的開發，都需要在電池長時間工作下，讓碳酸鹽電解質有足夠穩定度以保持其顆粒尺寸和孔洞結構，可達 5 年以上壽命的工作目標。碳酸鹽燃料電池在達 34,000 小時的長期測試後顯示了材料顆粒明顯的成長，以及 γ 相至 α 相的轉變，這能導致孔洞尺寸與體積的增加，降低了電解質的性能及破壞基板形狀的維持。

FCE 公司評估電池和電池組在長期測試下 $LiAlO_2$ 基材是穩定的，而使用 γ-$LiAlO_2$ 經 12,000 小時測試後，可觀察到 γ 相至 α 相之轉變，其與陽極端顆粒成長的變化有關。反之，在 18,800 小時的電池測試後顯示 α 相並沒有任何轉變。此類基材在 FCE 裡大於 500 個單元電池所構成電池組被評估及驗證，並已證明有極佳的壽命及封裝效率與熱循環，此先進的基材已經被套用在 250kW 電池組商品。$LiAlO_2$ 基材在 FCE 已成功被使用在 250kW 電池上，其在 18000 小時之測試後證明有些微的相改變 (圖 8-4)，但 α-$LiAlO_2$ 相材料足夠穩定用於 5 年之操作壽命。

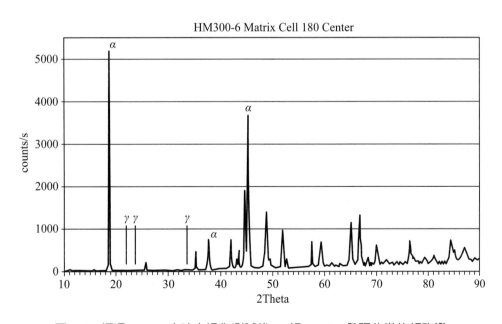

圖 8-4　經過 18000 小時之操作測試後，α 相 $LiAlO_2$ 發現些微的相改變

8-2-2 陽極材料

鎳在過去二十幾年來被使用作為 MCFC 陽極材料，因其具有良好的電化學活性且極化損失在 160mA/cm²時小於 30mV。前人主要研究成果都已改善強化了鎳陽極，在陽極尚未強化之前，非合金之多孔鎳陽極在操作中經堆疊與壓縮下會發生潛變 (厚度在幾天內縮減至少 > 50%)。其在操作期間之壓縮負荷下迅速收縮，導致尺寸改變，這些產生的機械應力使成形的基材產生裂縫。進一步來說，此現象造成陽極表面區域減少且電化學反應降低。使用鎳塗層陶瓷前趨物粉末可達到所要的潛變強度 (creep strength)，但是鎳層在長期使用下易產生層裂。在鎳陽極製作的燒結過程，經由改善氧化物的分散，鎳 - 鉻和鎳 - 鋁合金粉末已具有可接受的強度，添加少量鉻可幫助解決陽極燒結的問題。由於為了盡量減少電池堆之間的接觸電阻而必須加上負載導致鎳 - 鉻陽極因而容易產生潛變的機制。含鉻的陽極會讓電解質鋰化而消耗碳酸鹽，為了減少電解質的損失，嘗試使用較少量的鉻 (8%)，但開發人員發現鉻的減少會使潛變能力提升。為了減少電解質的損失，一些公司也開始進行測試鎳 - 鋁合金陽極的抗潛變性，發現將鎳分散在 $LiAlO_2$ 之中易造成低的潛變速率。

然而，儘管上述方法是能提供穩定非燒結性與抗潛變的陽極，但因使用鎳而使其成本增加很多。根據 ERC(Energy Research Corporation) 的研究指出，目前陽極需消耗約 30% 材料成本，研究如何減少陽極的成本耗費，對商業化來說是很重要的。透過使用低成本陽極材料或減少大量使用陽極材料，及改善電極製造方式，以達到降低成本的目的。因為鎳的電化學反應非常快速，如減少其使用量，可能不會導致性能降低。改善製造方法如減少粉末加工成本和製造過程成本也將是非常重要的。

摻雜氧化錳 (MnO)、氧化鈰 (CeO_2) 和鐵酸鋰 ($LiFeO_2$) 材料之應用在近年來已逐漸提升，但目前為止關於這些材料的研究顯示，用這些材料所製作出的陽極性能遠低於以鎳鉻為主的陽極性能，其低性能是由於材料自身電化學活性不高或此材料尚未能製作出優良的孔隙結構。研究中指出純 $LiFeO_2$ 不利於反應動力學，另研究顯示適當摻雜 CeO_2 後之性能表現可相當於鎳 - 鉻陽極，然而，分析結果亦顯示此材料具有化學不穩定性，無法確定材料是否足以使用 40,000 小時。而研究中發現銅 - 鋁陽極 (電化學活性與鎳相似) 頗具應用潛力，但因潛變強度尚有待加強，目前仍在評估中。近期研究顯示，銅 - 鎳 - 鉻合金陽極與鎳 - 鉻相同，皆具有良好抗潛變與電化學活性，這表示銅合金可作為成功的陽極材料，陽極鎳塗層可被銅取代去緩和鎳和銅交互擴散的問題。在燃料電池內，假如使用銅來取代陽極的鎳鍍層，可避免快速擴散的問題，其成本將會大幅下降。但用銅完全取代鎳是不可行的，因為銅的潛變性質比鎳更高，不過研究發現使用 50% 銅 -5% 鎳 - 鋁所製的陽極合金能提供長期的抗潛變特性。另一種在 IGT(Institute of Gas Technology) 測試報告中顯示，穩定陽極銅較鉻 - 鎳陽極超過 10% 的抗潛變性能。

目前，DFC 開發之鎳 - 鋁陽極非常節省成本，只佔 DFC 燃料電池成本之一小部分。由於氧化物散佈強化，透過與鋁及鉻的合金化，能提供足夠的抗潛變強度。DFC 鎳 - 鋁陽極在 18,000 小時之測試後有著極佳的機械和化學穩定性 (圖 8-5 顯示與還未操作之陽極有類似的結構)。雖然發生輕微燒結，DFC 陽極仍顯示極佳之完整架構與電化學活性，甚至壽命可大於 5 年。

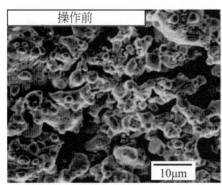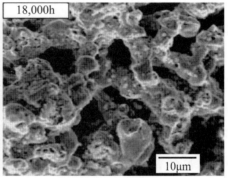

圖 8-5　經過 18000 小時操作後：形貌未改變且具極佳的結構完整性

8-2-3　陰極材料

一個適合的陰極材料需有良好的導電性、結構性以及在熔融鹼碳酸鹽中有低的溶解率，以避免金屬被電解質影響而導致結構變化。氧化鎳 (NiO) 在 1970 年已廣泛作為陰極材料使用，當時已發展用於碳酸鹽燃料電池中。在電解質中此組成的溶解度是有限的，其分解之程度主要是由電解質組成所控制，適用於 MCFC 氣體環境、操作壓力及溫度上。NiO 陰極的形成是使用多孔性的鎳作材料，而在電池開始運作時，陰極鎳孔洞內部氧化而形成 NiO。此種生成的 NiO 陰極，具有的孔隙結構，用以提供氣體進入以及離子傳導途徑。在 NiO 表面的電化學反應和在多孔性 NiO 電極上的反應速率,已被廣泛研究。雖然基本電化學反應機制尚未清楚的說明,但所測得的電化學活性顯然低於陽極。其影響原因包含了擴散和歐姆極化損失,孔洞結構 NiO 陰極總極化損失在 160mA/cm² 時約 100mV,雖然此損失目前普遍可以被接受,但是希望可以再降低。如果要改善電化學性能,首先需要瞭解基本反應機制和孔洞結構的影響,而透過材料的改善、孔洞結構的最佳化、和電解質的改質為可行的改善方法。現今,NiO 陰極的腐蝕為 MCFC 研究當前重要之議題。

鎳基的陽極與 NiO 的陰極皆有結構穩定性與 NiO 分解的問題。多孔鎳基的陽極在燒結與壓縮負載下會產生機械變形使 MCFC 電池堆之電解質重新分佈,嚴重影響整體效能。當使用熔融碳酸鹽電解質薄膜時,可明顯的看出在電解質上,陰極的 NiO 會被分解。儘管 NiO 的溶解度很低 (～ 10ppm),但在碳酸鹽電解質中,鎳離子會在電解質中擴散到陽極往含金屬鎳的地方聚集,使氫氣還原的環境變得更困難。因鎳的聚集如同多了鎳離子接收器一樣,使陰極鎳離子擴散速率上升。在高的二氧化碳分壓下會使這種情況變得更糟,而鎳的分解可能涉及到以下的反應機制:

$$NiO + CO_2 \rightarrow Ni^{2+} + CO_3^{2-} \qquad (8\text{-}5)$$

鎳的溶解與熔融碳酸鹽之酸 / 鹼性質是有相關的。NiO 之溶解度可表示為

$$NiO \rightarrow Ni^{2+} + O^{2-} \qquad (8\text{-}6)$$

在最初溶解,NiO 與氧離子反應產生出兩種型式的鎳離子化合物:

$$NiO + O^{2-} \rightarrow NiO_2^{2-} \qquad (8\text{-}7)$$

$$2NiO + O^{2-} + \frac{1}{2} O_2 \rightarrow 2NiO_2^{-} \qquad (8\text{-}8)$$

NiO 在熔融碳酸鹽的溶解度是依賴幾個複雜的參數:碳酸鹽的組成、水蒸氣之分壓、二氧化碳之分壓還有溫度等參數。NiO 在碳酸鹽中溶有 <30wppm 之低平衡溶解度,當鎳離子在陽極遇到更還原之氣氛時,固溶鎳離子將以鎳金屬的形態析出。濃度梯度產生提供 NiO 傳送的驅動力,造成 NiO 持續的溶解及析出鎳金屬,形成一個循環。然而,NiO 的分解和沉澱會導致兩個問題,陰極材料損失和電池內部短路。在一大氣壓力下操作 MCFC 的電池壽命可達 40,000 小時的目標,但在十大氣壓下操作只剩下 5,000 到 10,000 小時的壽命,其原因可能是所使用的 NiO 陰極所造成。在 40,000 小時後,估計鎳從陰極之總分解損失約有總厚度的 10% 左右。但是 FCE 公司曾指出 NiO 陰極在超過 40,000 小時的運作後,其分解損失估計約有 30% ～ 40% 左右,易讓電池內部產生短路現象。然而 FCE 所做的耐力

測試 (7,000 到 10,000 小時) 表示，從陰極性能的觀點來看，NiO 的損耗是可以容忍的。

　　研究顯示電池壽命 6,000 到 10,000 小時時，許多單電池堆疊的電池堆不會因陰極溶解而失敗。此外，NiO 陰極在二氧化碳氣氛下操作 10,000 小時後，表面形貌尚未顯示有明顯的改變。因此，藉由氣體壓力之調整，可控制陰極的腐蝕程度。然而，繼續對基礎研究的探討 (例如瞭解鎳沉積分散之現象) 對提升 MCFC 燃料電池的壽命或可靠度有相當助益。FCE 選擇的氣氛壓力系統可確保陰極有最小的分解量與較長之壽命。長期的操作測試顯示無任何顆粒粗化的問題，且具有穩定結構 (圖 8-6)。透過改良電解質增加鹼性或改良陰極材料，可

進一步提升陰極材料的穩定性，是目前各研發單位積極研究的兩個方向。

　　許多替代的陰極材料如摻雜 $LiFeO_2$、錳酸鋰 (Li_2MnO_3) 及鈷酸鋰 ($LiCoO_2$) 逐漸取代 NiO，主要是因爲可抑止 NiO 固溶導致電池短路。這些陰極材料的導電性可藉由摻雜來改善，然而，性能通常比 NiO 要來的低，且孔洞結構不是很理想。雖然 $LiFeO_2$ 陰極材料呈現出非常好的化學穩定性，且也沒有分解的情況，但是此電極的電性表現並不是太好 (如圖 8-7)。由於動力學上移動速率很慢，所以陰極需要很大的壓力才能使速率提高。近年來，雖然所要求之性能已可達到，但穩定性和壽命則仍需要經長時間的持續監測來決定。

圖 8-6　操作後之 DFC 陰極：在長期測試後只有少許的顆粒粗化發生

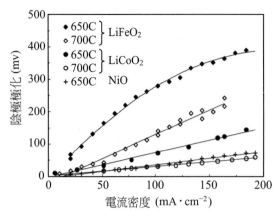

圖 8-7　使用 LiFeO$_2$、LiCoO$_2$、或 NiO 的陰極材料之過電位比較

表 8-2　添加劑的百分比用以提供最佳性能

	62MOL% ·Li$_2$CO$_3$/K$_2$CO$_2$	52MOL% Li$_2$CO$_3$/Na$_2$CO$_3$
CaCO$_3$	0-15	0-5
SrCO$_3$	0-5	0-5
BaCO$_3$	0-10	0-5

電解質的厚度下降也會縮短電池壽命，所以增加厚度可提升電池壽命。這是因為可增加鎳離子擴散路徑，但也降低傳送速度。研究人員發現電解質厚度從 0.5mm 增加 1.0mm，其可使用時間會從 1000 小時到提升到 10,000 小時。根據這一數據顯示，如果二氧化碳分壓降低三分之一，那麼鎳的擴散也會下降三分之一，以上結論顯示此兩方向皆可提升電池的特性。另一個問題是避免陰極分解，解決方式則是建立一個緩和的電池環境。使用添加劑加入電解質的方法會導致鹽基度上升，添加少量添加劑與沒有添加劑的電壓表現是差不多的，但是若加太多添加劑則會大大影響性能。如表 8-2 所示，另一種緩和電池環境的方法是提高鋰基電解質的比例，或是讓鋰 / 鈉改變成 62/38 鋰 / 鉀的熔融電解質。

8-2-4　雙極板材料 (Bipoler Plane)

一組雙極電流收集器是由一個雙極板 (BP) 與電流收集器 (圖 8-8) 所組成的。在早期幾年的發展中，經熱腐蝕的硬體材料 (雙極分離板和波狀氣流管道所提供氣體通道) 在碳酸鹽環境下的狀況是個重要的考量因素。在 FCE 的耐性測試和其他的實驗室已經證實，適當的選擇不銹鋼，能提供足夠的防腐蝕保護。在不銹鋼種類中，尤其 300 系列沃斯田鐵不銹鋼，是電池元件和燃料電池系統的主要材料。BP 和在存有液態鹼碳酸鹽液體電解質的電流收集器元件，兩個具有非常不同的熱腐蝕環境，在材料選擇上被認為是一項重大的挑戰。

由於氧化物厚度的增加，將增加了接觸電阻及降低輸出電壓，腐蝕與電解質的漏電會使電池組功率衰退。在熱腐蝕的部分，因應兩個非常不同的熱腐蝕環境，表 8-3 列出了陽極及陰的匹配材料。熱腐蝕侵蝕力性能影響了電池材料性質，加速電解質的損失，並導致歐姆電阻增加。因此，使腐蝕侵蝕緩慢的研究，需要 40,000 小時的操作來進行評估，迄今大約有 60 種不同的高溫合金，包括對鎳、鈷和鐵基氧化鉻或鋁合金進行了研究 (見表 8-4)。一般來說,陽極端環境 (特別是燃料出口) 比陰極端更容易腐蝕。較高的工作溫度、較高的含水量,及燃料出口比入口更易腐蝕。

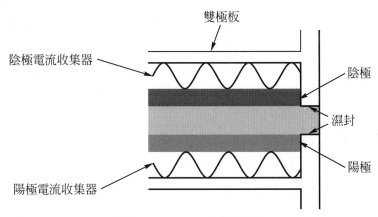

圖 8-8　MCFC 之雙極板

表 8-3　MCFC 陽極與陰極不同的環境

	陽極	陰極
氣氛	還原	氧化
氧氣活性	($\sim 10^{-22}$ -10^{-24})	($\sim$ 0.1)
氣體	H_2, H_2O, CO, CO_2, N_2	O_2, H_2O, CO_2, N_2
陰極活性	High(> 0.1)	Low($\sim 10^{-20}$)

表 8-4　各種被應用於雙極板的合金

由不同的研發單位所評估的合金。[a, b]

鐵基合金
　304L, 309S, 310S, 314, 316, 316L, 321, 347, 405, 430, 446, 17-4PH, 18-18[+], 18SR, Al18-2, Al（鋁）126-1S, Al29-4, ·Al439, Glass seal 27, Ferralium 255, RA253mA, Nitronic ·30, 50 & 60, 20Cb3, 330, Crutemp-25, Crutemp-25 + La, Sanicro-33, 310 + Ce, IN800, IN840, IN864, A-286

鎳,鈷基合金
　IN600, IN601, IN671, IN690, IN706, IN718, IN825, IN925, MA956, RA333, Ni200, Ni201, Ni270, Haynes 230, Haynes 625, Haynes 188, Haynes 556, Nichrome, Monel 400, C263, ·Vacon 11, NKK alloy

含鋁合金
　GE-217, GE-2541, FeCrAl + Hf, Haynes 214, Fecralloy, IJR·(406), 85H, Kanthal A1, D &AF, Ni₃Al, FeAl, 18SR, AlCrY, PM2000, Thermax 4762 & 4742

[a]IFC, GE, IGT,IITRI, FCE, MTU, etc.
[b]直到目前為止大約有 70 種不同合金被評估。

高鉻 (鉻＞ 18%) 或鐵鉻體不銹鋼鋼材成本低，但無論是在陽極或陰極環境中，都沒有足夠的耐腐蝕性。在陰極環境中，運用鎳含量少於 50% 的鎳基高溫合金 (例如，RA333，Incoloy 800 或 825) 略優於不銹鋼，但在陽極端上使用仍不能被接受。此外，許多鎳基合金含有鉬、鎢、鈮、鈦等添加而能使強度增強，但這些合金元素不利於耐熱腐蝕性。只有高含量鎳及鎳基合金 (如 Inconel 600 with 75% 鎳) 在陽極端具備耐腐蝕特性 (鎳是熱力學穩定的)，但這些合金十分昂貴，在陰極環境也沒有足夠的耐腐蝕性。

鐵鎳鉻體不銹鋼 310S 和 316L 型，因在陰極端耐腐蝕性和成本較低的因素而被選擇使用。然而，由於在陽極的耐腐蝕性低，因此需要有一層保護層 (如鎳)。為了不再需要這種保護層，需要發展一種單合金雙極電流收集材料，其能在陰極及陽極兩個環境同時擁有耐腐蝕的性質。

雖然迄今所作出的努力都集中在材料篩選，透過穩態分析、熱重分析和以熱力學計算下的結果，已經了解一些的腐蝕機制。在陽極環境下，保護鐵鎳鉻體不銹鋼於表面上形成了厚厚的雙層氧化膜 (圖 8-9)。內層含豐富的鐵鉻和緊密的氧化鉻層，鎳金屬也出現在內氧化

層。外氧化層主要包括鋰化及大結晶的氧化鐵。所以了解一個更好的機制將有利於幫助合金設計，以替代目前的鎳塗層。雖然高鎳的鎳基合金，如鉻鎳鐵合金 600 已經證明比不銹鋼有更好的耐腐蝕性，但是內部仍然有鉻酸鋰 ($LiCrO_2$) 的發生。最近，高鎳鉻合金含有少量的鋁和釔 (40 鎳 -30 鉻 -1 鋁 -Y) 已被證明都能在陽極和陰極環境中具有良好的耐腐蝕性能，但仍需要經長期運作測試以證實其可行性。

在陰極氧化環境中，熱腐蝕現象似乎有較明確的了解，於 310S 及 316L 型中有一個多層氧化膜結構的形成，以不銹鋼當基材，其外部與陰極接觸表面含有大量的鎳 (＞ 20 莫耳百分比)，外層膜鉻含量普遍很低 (＜ 2 莫耳百分比)。在高鉻含量的內層膜已被證實還含有大量的鐵和鎳 [Cr_2O_3、鉻酸鐵 ($FeCr_2O_4$)、和 $NiCr_2O_4$]。在金屬 / 陰極界面亦顯示有薄層 Cr_2O_3，而且 310S(含 25% 鉻) 連接性似乎比在 316L(含 18% 鉻) 更緊密。綜合熱力學分析預測在 310S 的 $LiFe_5O_8$-$LiCrO_2$-Cr_2O_3 膜 和 在 310S 的 $LiFeO_2$-$LiFe_5O_8$-Fe_xO_y-$FeCr_2O_4$-Cr_2O_3 膜，與 X 射線繞射分析的結果相當吻合。

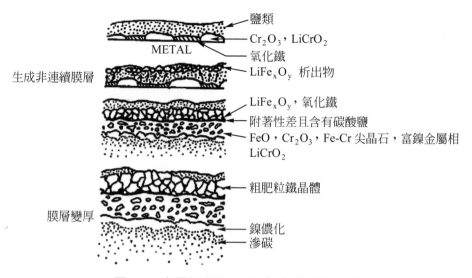

圖 8-9　在陽極環境下不銹鋼上形成氧化膜

陽極端材料耐久性

通常，除了純鎳或高鎳及鎳基合金外，陽極端 (特別是燃料出口) 比起陰極端更易腐蝕，通常出口端由於工作溫度與含水量較高，比起進口端更易腐蝕。對陽極端應用來說，由於鎳熱力學穩定，以電鍍鎳生成純鎳披覆層，鎳當表面保護的不銹鋼塗層已普遍採用於燃料電池上。鎳可用電鍍方法於不銹鋼上形成鎳的包覆層，其塗層厚度具有良好的均勻性，但目前不被廣泛使用，因為電鍍的成本高以及形成高磷含量鎳 - 磷塗層造成電池的穩定性差。此外電解鍍鎳層雖然產出一個很純的鎳層，但是鍍在波浪型的電流收集層上，厚度會分佈不均勻且電解鍍鎳後的結構並不是一個非常緻密的結構。由於鎳披覆層可提供一保護層，在 18,000 小時的操作後 BP 之陽極端實際上並沒有侵蝕之現象產生 (圖 8-10)，因此並沒有觀察到有在陽極接觸端顯著的歐姆損失。

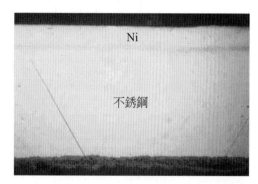

圖 8-10　在操作 18,000 小時之後，鎳披覆層提供了不銹鋼基板極佳的保護層，不銹鋼基板亦提供陰極端耐腐蝕之保護層

另一種方法是使用鎳黏合披覆，在鎳披覆層的晶界有少量之富鉻氧化物形成，並沒有觀察到任何對抗腐蝕有害的影響。鎳黏合披覆不同於電鍍鎳層，是非常緻密的結構。有研究顯示使用鎳黏

合披覆，其陽極端的 BP 板於 10,000 小時操作下幾乎沒有被腐蝕，由陽極端界面歐姆接觸電阻觀察並沒有太大的損失，該保護層也顯示出優良的熱循環性能。圖 8-11 顯示出在鎳黏合保護層於 5,000 和 10,000 小時測試後的相互擴散的情形，鐵和鉻的擴散進入鎳黏合保護層還在可接受之範圍。根據此結果，鎳厚度在 50μm 時可在 40,000 小時測試下使用。透過熱力學穩定之鎳披覆在不銹鋼之表面形成保護層已被開發者採用。

為了使電解鍍鎳在波紋型流道電流收集器上的厚度平均分佈，凹陷地區則需要過度電鍍，而導致成本提高。因此最需要解決是尋求均勻電鍍鎳層及低成本的製造方法，如開發單合金雙極電流板的材料以免除鎳披覆層的需求，其降低成本效益是可以實現的。為了免除鎳披覆層的高成本問題，FCE 成功發展出低成本之耐熱合金，並足以抵抗陽極與陰極端之腐蝕，且操作壽命大於 5 年 (圖 8-12)。

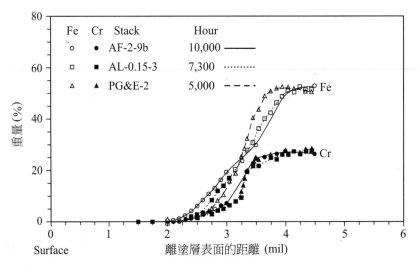

圖 8-11　鎳複合塗層在 5,000 和 10,000 小時測試情形

圖 8-12　先進合金使用於雙極板與陽極電流收集器之抗腐蝕證明

銅披覆層雖然是比鎳更具成本效益，但不適用於鎳陽極。在電池試驗裡觀察到鎳銅會相互擴散，其結果使得在鎳－鋁陽極的緻密化和在銅披覆層裡形成孔洞。因此，封裝材料銅披覆層勢必只能用於以銅基為主的陽極上，但由於其潛變強度的影響，目前尚未被使用。

陰極端材料耐久性

316L 型陰極端電流收集器的金相分析證明，316L 不銹鋼耐蝕性可以接受超過 40,000 小時使用時間 (圖 8-13)。於 316L 表面形成的氧化膜，經過長期的試驗仍然堆疊緊密。310S 型之鉻含量較高，比 316L 具有較好的耐腐蝕性，然而觀察到使用 310S 之電解質損耗比 316L 高。

另一個值得注意的是於接觸區域的氧化膜形成的歐姆電阻，透過表面改質能提高氧化膜導電性且降低歐姆電阻。溼密封裝會同時面臨還原及氧化環境，只有形成氧化鋁能適應在這樣的環境。由於溼密封裝區的兩極電流收集器使用含鋁合金的製作困難且昂貴，所以使用鋁披覆層已是普遍的選擇。迄今披覆鋁的方法包括熱噴塗、真空沉積 (加上擴散熱處理) 和粉體滲透法。此對不銹鋼表面形成包括 $MAl\text{-}M_3Al$ 結構 (M = 鐵、鎳、加上 5-15mol% 之鉻) 的擴散層，該擴散層在不銹鋼基板上經 20,000 小時測試結果，已被證明提供足夠的保護作用。

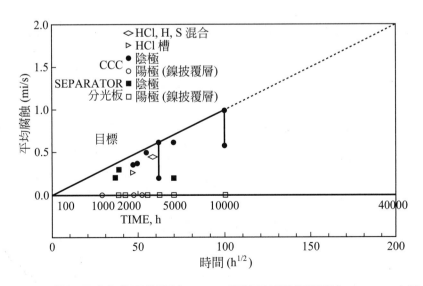

圖 8-13　雙極電流收集器的腐蝕：316L 可使用於陰極環境中 40,000h小時

目前研發的主軸是探討各種滲鋁製程方法以降低成本，而不需要昂貴的擴散熱處理步驟的滲鋁方法將是非常可行的。熱噴塗含鋁的合金粉末，例如鐵鉻鋁釔 (FeCrAlY)，MA1 或 M$_3$Al (M= 鎳、鐵) 可能是一種替代方法。但是，所產生的多孔結構披覆層生產至今仍需要改進，以防止碳酸侵蝕基板。

陰極電流收集器 (CCC；Cathode Currenl Culleclor) 比起 BP 有著較快之腐蝕率 (圖 8-14)，是由於 CCC 材料與 BP 相較，有較低之鉻含量。為了降低 CCC 材料之腐蝕，FCE 已發展降低腐蝕率、接觸電阻以及電解質損失率的先進 CCC 材料 (圖 8-15)。

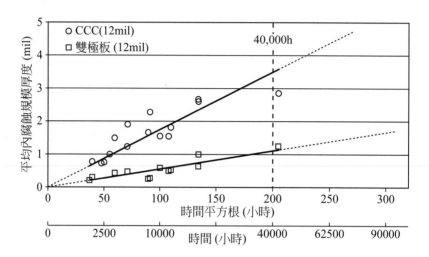

圖 8-14　陰極電流收集器較雙極板之腐蝕速率快，而雙極板材料有較高之鉻含量

(a)

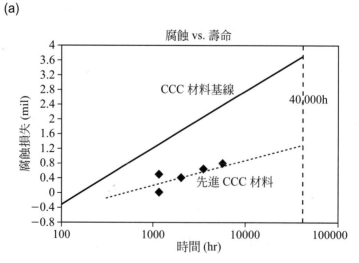

圖 8-15　先進 CCC 材料之腐蝕與電解質損失的降低

(b)

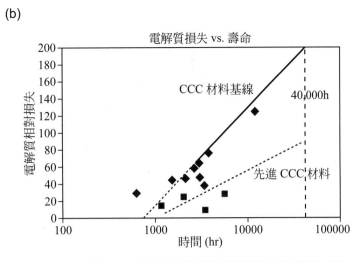

圖 8-15　先進 CCC 材料之腐蝕與電解質損失的降低 (續)

🧪 8-3　電池結構與性能

　　而 MCFC 與 磷 酸 型 燃 料 電 池 (PAFC) 有許多方面的不同，如工作溫度的不同 (MCFC-600℃與 PAFC-200℃) 及電解質之性質的不同。MCFC 可提供更高的系統效率 (電位勢對熱耗率可低於 7500 Btu/kWh) 以及對現有的燃料有更好的適應性。另一個不同是在於各電池中的電解質管理所採用的方法，在 PAFC 中，鐵弗龍 (PTFE) 可作爲黏合劑與疏水劑，可保持完整電極結構，並且也建立了穩定的電解質 / 空氣介面之多孔電極。在 MCFC 中沒有材料可媲美 PTFE，各種的方式使用都需要建立一穩定的電解質 / 空氣界面 MCFC 多孔電極，如圖 8-16 所示。MCFC 中的多孔電極界面邊界是依賴一平衡的毛細壓力而建立的。在熱力學平衡中，多孔元件

最大浸沒毛孔直徑的相關方程式：

$$\frac{\gamma_c \cos\theta_c}{D_c} = \frac{\gamma_e \cos\theta_e}{D_e} = \frac{\gamma_a \cos\theta_a}{D_a} \quad (8-9)$$

　　γ爲表面張力，θ是電解質的接觸角，D爲孔徑大小，和下標中的 a、c和 e分別是指陽極、陰極還有電解質。這種電解質陣列之排列是爲了電解質陣列能完全保持熔融碳酸鹽的填滿，而多孔電極的部分是根據電解質孔徑分佈來填充。根據圖 8-16 與方程式 (8-9) 所示，該部分的多孔電解質元件含量是將取決於平均平衡孔徑 (<D>)；若毛孔小於 <D> 則是充滿電解質的，反之大於 <D> 則爲空的。測量的孔體積分佈曲線與上敘 D 之關係在各電池電解質成分有合理的估計數量分佈。

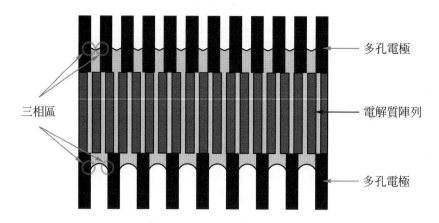

圖 8-16　分佈在熔融碳酸鹽燃料電池的多孔電極

對於實現高性能與耐久性的 MCFC 電解質的管理，即熔融碳酸鹽電解質在不同的電池組成部分最佳化分佈。進行各種性質分析 (即腐蝕消耗反應、驅動電位勢的遷移、鹽化之潛變與鹽蒸發)，都有助於了解熔融碳酸鹽在 MCFC 的分佈設計。

在燃料電池燃料處理中，重整反應和電化學氧化是緊緊相關的，此 MCFC 內部重整的概念是可實現的，燃料電池和改良反應伴隨著極為接近的快速熱與質量交換。MCFC 的內部重整無需外部燃料反應，內部重整提供一個高效率、簡單、可靠和成本效益來替代傳統的 MCFC 系統。

MCFC 的內部重整有兩種方法：間接的內部重整 (IIR) 和直接內部重整 (DIR)。在第一種方法 IIR 電池中，在接近燃料電池陽極附近的重整是獨立的，

這種電池有熱效益的優點，其電池反應的放熱可用於吸熱的重整反應上。另一優點為與電池環境沒有直接物理效應的重組，改良的觸媒位在電池組之間，且不暴露於碳酸鹽蒸氣中，若保持良好之熱管理則能達到較長之觸媒壽命 (但缺點是當以直接甲烷轉變為氫氣時並沒有提升的方法)。在傳統的 DFC 設計中，DIR 暴露於含電解質之環境，其觸媒位於陽極分隔位置。在 DIR 電池中，消耗氫會降低其分壓，因此帶動了甲烷重整反應，方程式 (8-6) 中，反應會向右。圖 8-17 是將 IIR 和 DIR 合併。

甲烷是一種在 MCFC 內部重組常見的燃料，其重整反應為：

$$CH_4 + H_2O \rightarrow CO + 3H_2 \qquad (8\text{-}10)$$

甲烷加水蒸氣在陽極區同時與氫氣發生電化學的氧化反應。水蒸氣重整為吸熱反應，$\Delta H650°C = 53.87$ kcal / mol，而

整體燃料電池的反應是放熱的。MCFC 的內部重組反應方程式 (8-10) 所需的熱是由燃料電池反應提供，因此無需由傳統燃料處理器的外部熱源提供。另外，方程式 (8-1) 反應所產生的水蒸氣可以用來提高重整反應和水煤氣轉換反應來產生更多的氫氣。重整反應的前進方向是受到高溫和低壓的影響，因此，MCFC 的內部重整適合在接近一大氣壓的環境。

一個添加鎳的觸媒 (例如：鎳添加在 MgO 或 $LiAlO_2$) 在 650℃ 維持水蒸氣重整反應，產生足夠燃料電池所需的氫氣。圖 8-18 為在 650℃ 操作溫度下，在 MCFC 的內部重整甲烷轉化為氫氣的相

互關係和其利用率。在 650℃ 開路電壓中有 83% 的甲烷轉換成氫，平衡濃度很相近。當電流來自電池，氫氣被消耗產生水蒸氣且甲烷轉換增加。如圖 8-19 所示，在 MCFC 電池堆的內部重組、天然氣的重整和合成氣體 (含有氫氣和二氧化碳)，經過適當的熱處理和調整氫氣使用率會影響甲烷的重整反應，也可以獲得類似的電池性能。這一內部重整概念顯示 2 ～ 3kw 電池組壽命為 1,000 小時，100kw 電池組壽命為 250 小時。圖 8-20 為 2kw 電池組的性能與時間的關係。

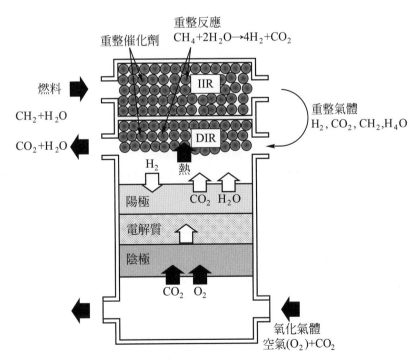

圖 8-17　合併間接的內部重整 (IIR) 和直接內部重整 (DIR) 的 MCFC

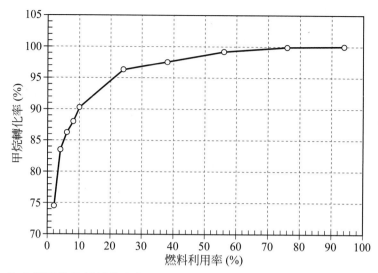

圖 8-18　MCFC 的內部重整甲烷轉化為氫氣的相互關係和其利用率 (MCFC 在 650℃操作溫度一大氣壓下，蒸氣／碳比例 = 2.0，甲烷轉化率 > 99% 與燃料利用率 > 65%)

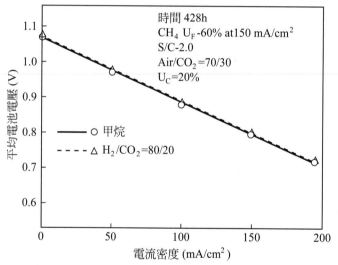

圖 8-19　由面積 5,016cm² 電池所組成 5 片 DIR 電池之 3kW 電壓特徵 (操作在 80/20% H₂/CO₂ 和甲烷)

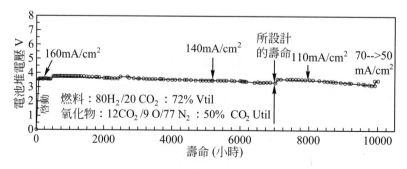

圖 8-20　在 650℃ 及 1atm 下，0.37m² 2kW 的燃料電池堆內部重整的性能數據

傳統改良之觸媒在 IIR 裡是可以忽略的。另一方面，DIR 觸媒之穩定性強烈的受到燃料電池之環境影響，造成這種 DIR 觸媒失效的主要原因是：電解質容易污染、觸媒容易燒結以及因為硫存在於供給氣體中，而產生不可逆之觸媒毒化。利用非濕式金屬表面如陽極端元件之鎳，可解決這種觸媒之電解質漏電情形。因此，現今 DIR 觸媒失效主要是由於氣相傳輸，此過程導致活性端和結構的惡化，透過這種觸媒的電解質加速了活性金屬和表面積的減少，電解質因加速燒結使活性金屬端逐漸減少。美國 FCE 已經選擇一種更穩定且活性佳的 DIR 觸媒，圖 8-21 顯示一 DFC 單元電池的改良結果，在 6,500 小時測試下甲烷變動少且觸媒活性穩定，與早先的觸媒相比，先進觸媒被使用在 DFC 產品電池組，並且預計提供超過 5 年以上之壽命。

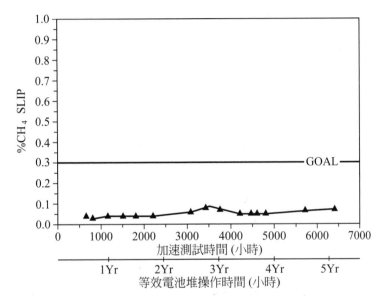

圖 8-21　經改良之先進 DIR 觸媒之單元電池在 6500 小時操作測試後顯示有極佳的穩定性。在測試後此觸媒也已證實有足夠的壽命所組成

MCFC 電池堆 (圖 8-22) 均按堆疊順序進行組裝，在電解質隔膜兩側分別置放陰極和陽極，再置放雙極板，按此次序重覆排列而成，並且需加入密封材料封裝電池堆防止漏氣。氧化氣體 (如空氣) 和燃料氣體 (如淨化煤氣) 進入電池組各節電池孔道。金屬耐熱合金被廣泛地使用但易受氧化或熱腐蝕 (熔融鹽侵蝕)，特別是沃斯田鐵不銹鋼為主要之電池元件材料時。當電池組裝好後，在電池組與進氣管間要加入密封墊。氧化氣體與燃料在密封墊內的相互流動有並流、對流和錯流三種方式，大部分 MCFC 採用錯流方式。

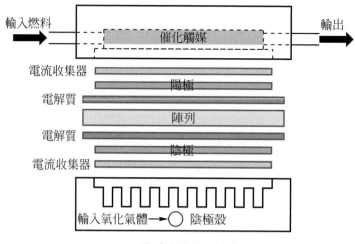

(a) 單電池平面示意圖

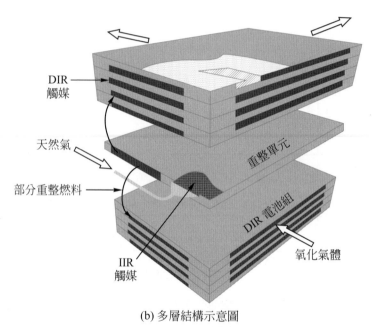

(b) 多層結構示意圖

圖 8-22　MCFC 電池堆

　　電池堆的影響因素有電池堆大小、熱傳導率、電壓等級、負載功率以及成本等問題。性能表現曲線是決定於電池壓力、溫度、氣體成分還有使用效率。在 1980 年代，MCFC 堆疊性能表現有逐漸增加的趨勢。在 1990 年代開始約為 1.0 m²的電池堆有在做測試。而近年

受到重視的研發是讓一個單電池的性能有相當於一個電池堆的性能，其電池含面積約 0.3 m²的電極在常溫與壓力下做測試，它是使用薄帶製程製備，改進了電解質結構，而此電池堆經過達 7,000 到 10,000 小時之長期測試。19 個 1.0 m² 大小單電池堆疊成的電池堆其電壓和功

率隨電流密度變化，在 960 小時後的性能表現顯示於圖 8-23 中，這些數據是電池堆在溫度 650℃ 與 1 大氣壓下操作所獲得的。

　　在過去二十年以來，單電池的表現有所改善，從 10 mW/cm² 到 150 mW/cm²。在 1980 年代起，MCFC 電池堆無論是性能或耐久性方面都有明顯的改善。在圖 8-24 的數據已經說明了單電池性能發展。

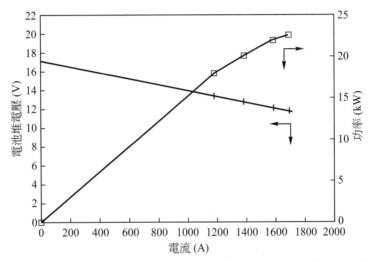

圖 8-23　由 19 個面積約 1.0 m² 之單元電池所組成的電池堆，在 650℃ 及 1 大氣壓下操作之電壓與功率。(燃料使用率約 75%)

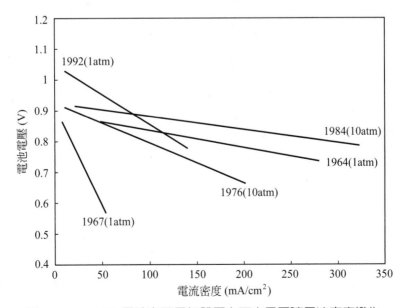

圖 8-24　MCFC 電池在不同氣體壓力下之電壓隨電流密度變化

商業碳酸鹽燃料電池 (CFC) 之大小約為～ $1 m^2 (10 Ft^2)$，在過去 30 年，燃料電池從早期的 $3 mm^3$ 單元尺寸面積增加 2 個次方，電池堆設計隨著氣體種類和電池堆數量而不同。碳酸鹽燃料電池的主要特徵：(1) 大電池面積，為最大的燃料電池，(2) 高單元面積的利用率，密封區佔不到 10% 的面積，(3) 容易製造，及 (4) 成本低。

目前熔融碳酸鹽電池堆的進展是單元電池的面積達 $1 m^2$。FCE 公司利用大約 350-400 單元電池堆成 250kW 的電池堆。圖 8-25 為約 400 個電池在雙極配置堆成電池堆的照片。日本持續開發，由 80-120 個電池填裝入隔絕板密封的電池堆。數個這種電池堆可組成一個需用大卡車運輸的超大電池堆。

圖 8-25　由 FCE 製造完成之全尺寸電池組：由 350～400 之單元電池組成

✤ 8-4　電池製作技術

在 1980 年代左右，使用傳統的製程方式製作電解質，混合 $LiAlO_2$ 與鹼碳酸鹽 (通常為 >50vol% 的漿體)，再使用熱壓法 (約 5000psi) 製作，溫度控制在稍低於碳酸鹽鹽類熔點溫度 (例如，62mol% 碳酸鋰 (Li_2CO_3)-38mol% 碳酸鉀 (K_2CO_3) 之電解質在 490℃)。

這些電解質的結構 (亦稱為 " 電解質磚 ") 需使用大尺寸的模具以及大型壓製機來製作，量產較為困難。使用熱壓法製作電解質常有多孔的特性 (< 5% 的孔隙度)、微結構均勻性較差、機械強度較差和有高的電壓降等缺點。

為了克服熱壓法所製作的電解質之缺點，可選擇其他替代方式製作，如薄帶製程或電泳沉積法等。目前最好且成功的方式是已被報導出來的薄帶製程，這項技術常被使用在陶瓷產業之中。透過製帶機製備電解質薄膜。薄帶製程和電泳沉積製作是適合大的電池與元件尺寸，可製作薄膜電解質結構 (0.25 ～ 0.5mm)，電解質結構的歐姆電阻還有歐姆極化對 MCFC 的工作電壓有很大的影響。

電解質隔膜的製造經過粉體快速球磨及成型，並且乾燥率保持不變之基材品質 (大於 95% 產率) 是必須的。將粉末加入一定比例的黏結劑、分散劑、塑化劑、潤滑劑及溶劑 (正丁醇和乙醇的混和液作溶劑)，一起放入球磨筒中於球磨機球磨到分散均勻的漿料，再調整漿料到所需要的黏度範圍。把該漿料置入刮刀成型機中，然後連續轉動將漿料刮於以一定速度向前移動的塑膠帶狀基質上，乾燥後形成有一定厚度的電解質薄帶，如需要可用刮刀刮成所需厚度或將薄帶疊壓至所需厚度，將此厚度的生胚基體進行脫脂及燒結即可得到電解質基材。

寬達 1 公尺之電解質基材已經被生產用於電廠上，而 FCE 已經發展出生產時間減少了三分之二的快速基材生產方法，成本的降低 (如原料、基材厚度和製程) 已是現今發展 MCFC 的主要焦點。α-LiAlO$_2$原料之成本降低 (降低 50%) 於近期已可達到。評估現今 α-LiAlO$_2$之成本仍然大於 Li$_2$CO$_3$或 Al$_2$O$_3$的原料價格近 10 倍，因此未來仍需要發展低成本之 α-LiAlO$_2$生產方法。

電極的製備方法與電解質隔膜相同，將一定粒度分佈的電催化劑粉料 (如羰基鎳粉)，用高溫反應製備的 LiCoO$_2$ 粉料或用高溫還原法製備的鎳－鉻合金粉料與一定比例的黏結劑、塑化劑和分散劑混合，並用正丁醇和乙醇的混合液作溶劑，配成漿料，用薄帶製作方法製備。可單獨在燒結爐定升溫程序燒結，製備多孔電極，也可在電池升溫製作過程中與隔膜去除有機物而最終製成多孔氣體擴散電極和膜電極 " 三合一 " 結構單元電池。

表 8-5 提供了 MCFC 單元電池技術的演變。在六十年代中期電極材料在許多情況下是使用貴重金屬，但很快的已被鎳基合金所取代。從七十年代中期以後，電極和電解質材料 (molten carbonate /LiAlO$_2$) 基本上已經保持不變。

表 8-5 熔融碳酸鹽燃料電池的組件技術之進化

組件	Ca. 1965	Ca. 1975	現狀
陽極	• Pt, Pd, or Ni	• Ni-10wt% Cr	• Ni-Cr/Ni-Al • 孔徑 3-6 μm • 初始孔隙率 45-70% • 厚度 0.20-1.5mm • 0.1-1m^2/g
陰極	• Ag$_2$O or lithiated NiO	• lithiated NiO	• lithiated NiO • 7-15 μm pore size • 70-80% initial porosity • 60-65% 鋰化和氧化後 • 厚度 0.5-1mm • 0.5m^2/g
電解質支撐	• MgO	• 混合物 of α-, β-, 和 γ-LiAlO$_2$ • 10-20m^2/g	• γ-LiAlO$_2$, α-LiAlO$_2$ • 0.1-12m^2/g • 厚度 0.5-1mm
電解質 [a]	• 52Li-48Na • 43.5Li-31.5Na-25K • "脂酶"	• 62Li-38K • ～ 60-65wt% • 熱壓磚 "tile" • 厚度 1.8mm	• 62Li-38K • 50Li-50Na • ～ 50wt% • 刮刀成形 • 厚度 0.5-1mm

陽極與陰極的規格資料來源 FCE 公司，1998 年 3 月。

使用簡單濕式封裝概念也可使液態電解質阻止微孔基材及金屬表面的氣體燃料洩漏。此濕式封裝方式將產生氧化之環境，使合金形成鉻產生高腐蝕，只有形成氧化鋁的合金在這樣的環境裡是可被接受的。而要生成含鋁合金的雙極電流收集器在濕式封裝區域是困難且昂貴的，因此一般常選擇含鋁之披覆層。

迄今使用的鋁化方法包括漿料塗佈、真空沉積和熱噴塗法。基於 18,000 小時之測驗結果，此披覆層提供了不銹鋼基板足夠的保護 (圖 8-26)。MCFC 目前已經商業化，並被使用於 MW 級的電廠，但其奉命及可靠性仍需不斷改良，並降低其材料及製造成本，才能維持其競爭力。

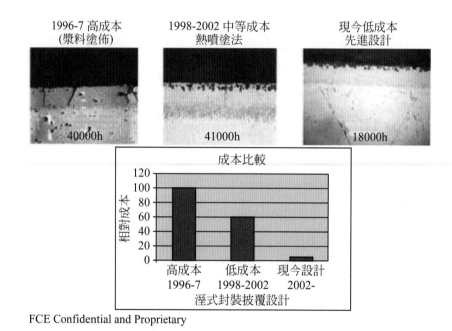

圖 8-26　溼式封裝鋁披覆層：FCE 已可減少披覆層之成本，並保持極佳的抗腐蝕性

參考文獻

1. Manfred Bischoff, "Molten carbonate fuel cells：A high temperature fuel cell on the edge to commercialization", Journal of Power Sources 160 (2006) 842–845.

2. Manfred Bischoff, "Large stationary fuel cell systems：Status and dynamic requirements", Journal of Power Sources 154 (2006) 461–466.

3. Mark C. Williams, Hansraj C. Marub, "Distributed generation－Molten carbonate fuel cells", Journal of Power Sources 160 (2006) 863–867.

4. M. Farooque , H.C. Maru, "Carbonate fuel cells：Milliwatts to megawatts", Journal of Power Sources 160 (2006) 827–834.

5. C. Yuh, J. Colpetzer, K. Dickson, M. Farooque, and G. Xu, "Carbonate Fuel Cell Materials", JMEPEG 15 (2006) 457-462.

6. J. Hoffmann1, C.-Y. Yuh2 and A. Godula Jopek, "Electrolyte and material challenges", Handbook of Fuel Cells：Foudamentals, Technology, Application, 6 Volume Set (2009) 921-941.

7. J. Robert Selman, "Molten-salt fuel cells－Technical and economic challenges", Journal of Power Sources 160 (2006) 852–857.

8. C. Yuh, R. Johnsen, M. Farooque, H. Maru, "Status of carbonate fuel cell materials", Journal of Power Sources 56 (1995) I-10.

9. Parsons, Inc. Science Applications International Corporation, Fuel Cell Handbook (Fifth Edition), P6-1-P6-36.

習作

一、問答題

1. 畫一張 MCFC 示意圖。寫出陽極與陰極的半反應，以及反應物、生成物和離子。

2. MCFC 的內部重整有哪幾種方法？請說明。

3. MCFC 電解質隔膜基材是以哪種製程方式製作？請詳述一製作過程。

4. 世界上目前廠商製造的熔融碳酸鹽燃料電池堆疊以及系統運作其實際測驗，請列出三個工作技術之重點方向。

5. NiO 陰極的腐蝕為 MCFC 研究當前重要議題，請敘述陰極的腐蝕的反應及影響。

6. MCFC 的雙極板功用為何？其使用的材料有哪些？請舉例說明。

9 固態氧化物燃料電池材料

⚛ 9-1 固態氧化物燃料電池簡介

固態氧化物燃料電池 (Solid Oxide Fuel Cell) 之單元電池完全是以陶瓷材料所組成,簡稱 SOFC,它是一種電化學的能量轉換裝置,可將化學能直接轉化爲電能。SOFC 具有高的燃料使用率及高效率發電,有效減少二氧化碳的排放量,在新一代電力應用中提供了極高的效率,目前是世界上用於改善環境的先進新能源技術之一,世界各國已投入了大量人力、物力和財力來研發 SOFC。SOFC 在高溫下操作 (一般爲 800-1000℃),爲了降低成本,目前正試著降低其工作溫度,尤其專注在連接板、流道設計和密封材料的開發。中溫型 SOFC 可在較低的溫度下操作 (600-800℃),可使用成本較低的材料,結合多種可用在 SOFC 上之燃料 (可使用碳氫化合物燃料等),更有助於降低成本,並擴展其應用範圍。

9-1-1 固態氧化物燃料電池的發電原理

SOFC 是直接將化學能轉化爲電能的高實用價值之發電裝置,其結構是由兩個多孔電極和一緻密的固態電解質所組成。包括四個部分:電解質、陰極、陽極及連接材。SOFC 的操作溫度範圍通常介於 600-1000℃ 之間,其原理可用圖 9-1 簡單說明。在陰極 (空氣電極) 端通入空氣,當空氣中的氧分子接觸陰極、電解質、與空孔之三相界面時,與從外部傳入的電子產生電化學作用而解離成氧離子,氧離子藉由電解質兩側的電位差與濃度差驅動力的作用下,透過電解質內的氧空位傳遞到陽極。在陽極 (燃料電極) 端,氧離子在陽極與燃料進行反應,產生水、二氧化碳、熱量以及電子,電子傳導流經外部電路來提供電能。固態氧化物燃料電池電極／電解質界面實體微觀結構及電化學過程如圖 9-2 示意圖所示。

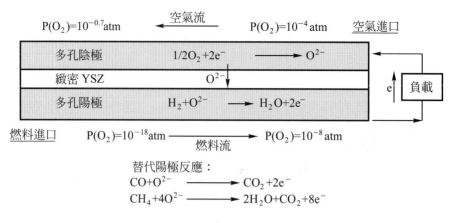

圖 9-1　SOFC 之工作原理示意圖

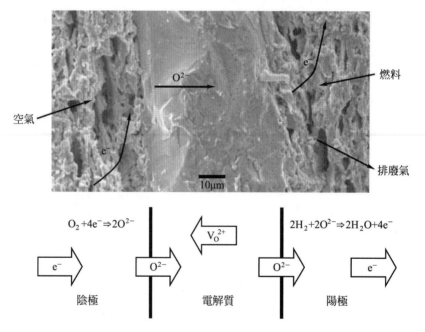

圖 9-2　陰極、電解質和陽極介面顯微結構

　　圖 9-3 顯示了一個典型的燃料電池電壓／電流特性。當電池在電流密度增加時，其電壓減少偏離理想電壓值是因過電壓 (即極化) 所致，極化又分爲活性極化、歐姆極化和濃差極化。在正常電壓輸出負載情況下，即當電流穿過電池，SOFC 運行並輸出電能時，電壓變化可下式計算：

$$E^0 = E - IR_i - (\eta_a + \eta_c) \tag{1}$$

E 爲開路電壓取決於溫度和使用燃料類型，IR_i 是歐姆損失 (I 是通過電池的電流，R_i 電池內部電阻)，η_c 和 η_a 分別是陰極極化損失和陽極極化損失。圖 9-3 顯示活性極化損失主要是產生在低電流密度時，而電壓損失大部份是 IR_i 所造成，稱為歐姆極化，歐姆損失與電流成正比的，因電池電阻是固定的，其主要為電解質的內電阻所引起，歐姆極化導致阻擋氧離子擴散通過固態電解質和阻礙通過電極的電子運動。活性極化直接關係到電化學反應率，正確選擇電極觸媒和控制它的結構可提高其效率。濃差極化在所有電流密度的範圍都會發生，但主要在高電流密度下會使得陽極或陰極耗盡氣體燃料，難以提供足夠反應物擴散到電池反應的場所，需透過控制電極的孔洞結構來改善。這些極化損失佔 30 ~ 60% 的總電壓損失，因此減少歐姆損失和極化損失是 SOFC 設計和研究的主要目標，而為了盡量減少歐姆損失，其做法是製造高密度且緻密的電解質膜，且電解質膜層盡量愈薄愈好。

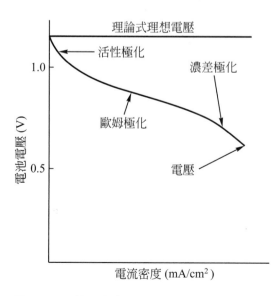

圖 9-3　理想及實際的 SOFC 電壓／電流特性

9-1-2　固態氧化物燃料電池的優勢

在各種燃料電池系統中，固態氧化物燃料電池 (SOFC) 和熔融碳酸鹽燃料電池 (MCFC) 的理論電功率及能量使用效率是最高的，而高溫型 SOFC 的操作溫度又高於 MCFC，其理論電功率和能量使用效率也高於 MCFC，其對環境改善的貢獻也可能是最大的。

SOFC 具有目前最高的理論發電功率和能量使用效率，是其最出色的優點之一，另一個特色優點是其適用性廣泛，可自單一千瓦等級的家用發電機到應用在大於 100 千瓦的區域性分散式電廠。還有其它綠能應用範圍也相當廣泛，如不間斷電源、大型的固定發電站、分散型的家庭辦公樓等的熱電共生裝置、運輸工具中的輔助電源 (APU) 系統，甚至有一些可應用在 10 瓦的範圍內。由於質子交換膜燃料電池 (PEMFC) 動力車需要使用非常純的氫氣，使其應用受到限制，因此可移動的 SOFC 受到越來越多人的注意。最廣為人知的例子是在汽車公司，如 Ford、Renault、Delphi 和 BMW 正在考慮高溫燃料電池輔助發電系統。以 SOFC 為基礎的輔助動力裝置 (APU) 的發展，對於車子、卡車 (BMW/Delphi) 和軍事應用上的使用成本較低，高功率密度的核心電池堆可用於固定和可移動的系統上，美國 SECA(Solid State Energy Conversion Alliance) 因而擴大了 SOFC 應用的領域，亦提高了在材料和組成上的要求(圖9-4)。

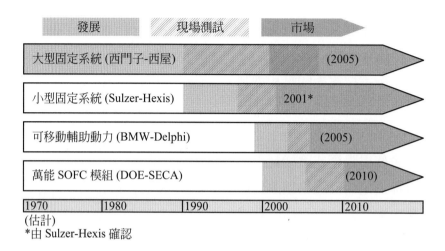

圖 9-4　不同固態氧化物燃料電池應用的發展階段和目標

從燃料使用上而言，大多數的燃料電池需要在純氫氣下才能有最好的功能性。SOFC 在燃料使用上則優於一些低溫型燃料電池，因其可容許較寬廣的燃料使用範圍，包括各類碳氫化合物的燃料，無需進行複雜昂貴的外部燃料重整。由於在較高的操作溫度下，SOFC 比其他類型的燃料電池具有較高的轉換功率，其適用於大型發電廠及工業應用，可整合廢熱發電裝置，即熱電共生 (Combined Heat and Power，CHP)，也能提高燃料電池系統的總能量效率。1 兆瓦級以上的燃料電池可以結合燃氣渦輪機發電，改善整體的發電效率和減少排放。事實上，SOFC 燃料電池系統具有最小的空氣污染物排放量及低的溫室氣體排放量，在固定式發電 (在 2KW 至 100s MW 的範圍) 的新興技術上具有特殊吸引力。如圖 9-5 所示，SOFC 在高的工作溫度下，除了產生電力也產生了高品質的熱量，這些高廢熱沒有被浪費，其可提供於熱電共生或聯合循環燃氣渦輪機的應用，以產生更多的電力，相較於其他種類的低溫型燃料電池，這大大增加了 SOFC 的整體效率。從結構面看，燃料在被用於各式燃料電池之前，都需要一個燃料重整系統，這使各式燃料電池系統變得複雜，並且阻礙了降低燃料電池價格與小型化的發展。且從效率面看，外燃料重整過程會顯著地降低燃料電池的整體效率。而 SOFC 的自身內部包含了燃料重整系統 (內部重整器)，可以形成單一的整體結構，對 SOFC 系統小型化及降低成本提供了最而 SOFC 另一個優勢是可容忍 CO，CO 可在 SOFC 陽極產生氧化生成二氧化碳 (CO_2)，這和質子交換膜燃料電池非常容易遭受 CO 毒化有顯著的對比。因此，質子交換膜燃料電池的燃料需要複雜和昂貴的前處理，把所有燃料的 CO 轉換為 CO_2 去除，剩下高純度氫氣燃料才能被使用。相較於其他燃料電池，SOFC 對燃料處理的要求不高，對於燃料的雜質也表現出更大的容忍度，這些雜質可能會毒害其他燃料電池。在實際的運作中，碳氫燃料催化轉化，一般以 CO 和氫氣 (H_2) 為主，然後 CO 和 H_2 在陽極以電化學氧化成 CO_2 和水 (H_2O)，生產電力和大量的熱。下述反應表示電化學氧化重整烴 (燃料電池氧化) 的三種可能的反應。

反應 A

$$CH_4 + 2O_2 \rightarrow CO_2 + 2H_2O \qquad (9\text{-}1)$$

反應 B

$$CH_4 \rightarrow C + 2H_2 \qquad (9\text{-}2)$$

$$C + 2H_2 + 2O_2 \rightarrow CO_2 + 2H_2O \qquad (9\text{-}3)$$

反應 C

$$CH_4 + H_2O \rightarrow CO + 3H_2 \qquad (9\text{-}4)$$

$$CO + 3H_2 + 3/2O_2 \rightarrow CO_2 + 2H_2O \qquad (9\text{-}5)$$

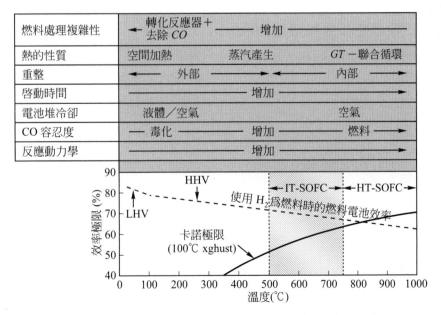

圖 9-5　不同操作溫度下常見的燃料電池之問題

其他優點還包括，中高溫型固態燃料電池無需使用貴金屬觸媒，大大降低燃料電池的成本，而沒有任何液體的電解質也可避免燃料電池潛在的腐蝕及電解質損失的問題。反之在低溫型燃料電池中，為使電極反應夠快，通常需要使用貴金屬觸媒，因而導致其造價提高。

SOFC 相較於上述低溫型燃料電池提供了一些重要的優勢：(1) 使用的燃料種類較為廣泛，(2) 高效率，(3) 成本低，可使用氧化物或金屬作為電極。目前的技術已可提供多種的選擇範圍，如碳氫燃料天然氣、煤氣等。因此 SOFC 技術比其他類型的燃料電池更簡單且更有效率。儘管有這些顯著的優勢，但對於作為 SOFC 電解質、電極和連基板材料的要求卻相較嚴格，例如其中一個缺點是 SOFC 一般需要升溫和冷卻的過程，會縮短其使用的時間，所以需要使用相對較窄的組成來做為基材並且熱膨脹係數 (TEC) 也要能匹配。另外，因操作溫度的升降幅度大也使得 SOFC 在應用上受到限制，尤其是在交通系統上，需要快速啟動和冷卻的要求。且大部分 SOFC 的製造成本及技術相對較高而阻礙了發展，也是最重要的技術瓶頸。換句話說，SOFC 較大的缺點包括長期的穩定性、材料的成本以及在可移動的應用上能維持的時間太短。

目前 SOFC 在操作溫度上有一些限制，如固態電解質的氧離子導電率以及電解質與電極的界面反應，其中包括熱活化傳輸過程及電化學反應。降低 SOFC 工作溫度可降低成本，系統長時間的穩定性可以改善，且能使系統成本下降。另外溫度降低可使用較便宜的金屬合金作為連接元件。但也有缺點，降低工作溫度最常見的結果是功率密度和效率的降低。因此固態氧化物燃料電池降低的工作溫度 (目前範圍在 600-800℃)，開發低溫的新型材料、電池設計、生產技術及合適的堆積設計也是 SOFC 主要的發展方向 (圖 9-6)。

高溫		中溫		低溫	
+	可用材料	o	可用材料	−	可用材料
+	技術	o	技術	−	技術
+	電池表現	o	電池表現	−	電池表現
+	燃料處理	o	燃料處理	−	燃料處理
o	長時穩定性	o	長時穩定性*	+	長時穩定性*
−	動態操作	o	動態操作*	+	動態操作*
−	系統成本	o	系統成本*	+	系統成本*

圖 9-6　固態氧化物燃料電池在不同操作溫度範圍的優點 (＋) 和缺點 (－)：(O) 代表介於 (＋) 和 (－) 之間

9-2 固態氧化物電解質材料

固態電解質最重要是要有好的離子導電來降低電池的阻抗，目前有多種氧化物結構具有高氧離子導電性，例如螢石結構 (fluorite)、鈣鈦礦結構 (perovskite)、焦綠石結構 (pyrochlore) 和類鈣鈦礦結構 (brownmillerite) 等。電解質性能好與壞會大大的影響燃料電池的效率，一個理想的 SOFC 的電解質應具有以下特點：高氧離子電導率 (通常是 $>1 \times 10^{-3}$ S cm^{-1})、低電子導電率、良好的熱穩定性和化學穩定性，以及與反應物和接觸電極材料緊密匹配的熱膨脹係數。緻密的電解質結構有最大的導電率，也可以透過製成薄層來降低阻抗，所用的材料需具低成本和對環境無害。

圖 9-7 顯示了固態氧化物電解質隨溫度的電導率變化，實際值將取決於微觀結構、摻雜離子、成型和燒結的製程。氧離子在電解質裡的傳導機制是靠高溫中的熱能推動，離子導電需依賴於溫度的提升，這就是為何將圖繪製成電導率的對數與溫度的倒數。已經研發出來的電解質與正在開發的電解質一般可分為高溫型和中溫型兩大類。高溫型 SOFC 電解質是指氧化鋯基電解質，如釔安定氧化鋯 (YSZ) 與鈧安定氧化鋯 (ScSZ) 皆具有螢石結構；中溫型 SOFC 電解質有氧化鈰基 (如 GDC)、鎵酸鑭基 (如 LSGMC) 和氧化鉍基 (如 YSB) 等幾類。氧化鈰基和氧化鉍基電解質也具有螢石結構，而鎵酸鑭則為鈣鈦礦型結構。

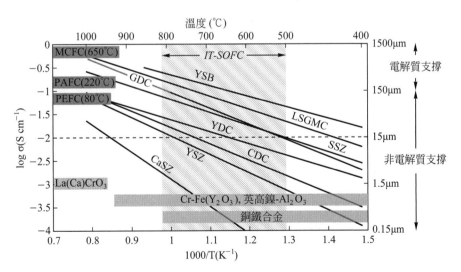

圖 9-7　常見電解質的離子導電率與溫度倒數之關係，包括固體氧化物燃料電池電解質和連接板材料的導電率 (特別注意，確切的導電度將取決於電解質的微觀結構，摻雜和製程)
YSB [(Bi$_2$O$_3$)$_{0.75}$(Y$_2$O$_3$)$_{0.25}$]; LSGMC(La$_x$Sr$_{1-x}$Ga$_y$Mg$_{1-y-z}$Co$_z$O$_3$; x ～ 0.8，y ～ 0.8，z ～ 0.085); GDC(Ce$_{0.9}$Gd$_{0.1}$O$_{1.95}$); SSZ [(ZrO$_2$)$_{0.8}$(Sc$_2$O$_3$)$_{0.2}$]; YDC (Ce$_{0.8}$Y$_{0.2}$O$_{1.96}$); CDC(Ce$_{0.9}$Ca$_{0.1}$O$_{1.8}$); YSZ (ZrO$_2$)$_{0.92}$(Y$_2$O$_3$)$_{0.08}$]; CaSZ (Zr$_{0.85}$Ca$_{0.15}$O$_{1.85}$)

9-2-1 氧化鋯基電解質材料

目前幾乎所有的高溫型 SOFC 系統 (900-1000℃) 使用釔安定氧化鋯 (YSZ) 電解質，因為除了具有良好的氧離子導電性，在氧化和還原氣氛下擁有理想的穩定性，此外其成本較低，強度高且容易製造。純氧化鋯 (ZrO_2) 在室溫下為單斜晶結構，但在 1170℃ 以上會相變化成四方結構，2370℃ 以上為立方結構。摻雜氧化釔 (Y_2O_3) 在 ZrO_2 中有著雙重的作用：它穩定 ZrO_2 的高溫立方螢石結構，且按下缺陷反應方程式產生更多的氧空位 (採用 Kroger-Vink 符號)：

$$Y_2O_3 \overset{ZrO_2}{\Rightarrow} 2Y'_{Zr} + 3O_O^x + V_O^{\cdot\cdot}$$

上述方程指出，每一個 Y_2O_3 分子摻雜產生一個氧空位。YSZ 的高離子導電率是由氧空位 $V_O^{\cdot\cdot}$ 所貢獻的。Y_2O_3 在 ZrO_2 中溶解度高，形成穩定的立方螢石結構，一般普遍認為摻雜其他氧化物而能保持穩定立方相，就能得到高離子導電率。當摻雜量較高時，離子導電會下降，這是因為缺陷規則排列、空位群或靜電反應所造成的，由於帶正電荷的氧空位和由釔離子取代鋯離子形成的負電荷缺陷間的相互作用，以及因鋯離子和釔離子半徑不同而引起的立方晶相的畸變。儘管摻雜其他氧化物形成的穩定立方 ZrO_2 有比 YSZ 還有更高的離子

導電，但釔的摻雜成本較低且在氧化還原氣氛下具高穩定性，還有不會和其他化合物進行反應，所以釔還是最廣泛用來摻雜的元素。如圖 9-8 所示，在 YSZ 中 Y_2O_3 的摻雜量大約為 8 mol%，除了具有高離子導電率，可以忽略不計的電子導電性，在氧化和還原氣氛下的穩定性及對其他電池組件的化學反應活性低之外，固態電解質 YSZ 在燒結後必須完全緻密，其密度應達到理論密度的 95% 以上，也就是說作為電解質的 YSZ 最好是沒有孔隙存在，以防止燃料和氧化氣體混合。

如圖 9-8 所示，另一種電解質鈧摻雜氧化鋯 (ScSZ) 比 YSZ 有較高的導電率。鈧安定氧化鋯 (ScSZ) 的高導電率歸因於在 Zr^{4+} 與 Sc^{3+} 之間比 Zr^{4+} 與 Y^{3+} 之間有較小錯位尺寸，導致增加遷移率和導電性。

藉由限制添加鈧數目至 8 mol% 或藉由摻雜其他氧化物 (如鉍或釔) 可避免 ScSZ 的相變化。在操作過程中，YSZ 和 ScSZ 長時間效應導致了導電率的下降，ScSZ 裡的時效歸因於扭曲的螢石相逐漸消失。在時效增加的過程中，正方相相轉變成四方相。ScSZ 的導電率最初是 YSZ 兩倍左右，5000 小時工作後，ScSZ 時效所帶來電導率的降低幅度卻比 YSZ 大。雖然 ScSZ 比

YSZ 具有較高的離子電導率，而其他重要性質如高溫化學和物理穩定性、熱膨脹係數和機械強度等也與 YSZ 相類似。

但 ScSZ 在 SOFC 中並不常用，主要原因爲其長期穩定性仍不如 YSZ 好，而且鈧化合物的價格遠高於釔化合物。

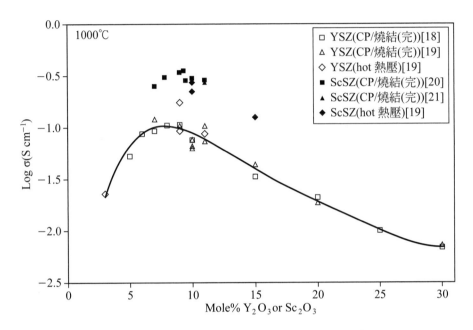

圖 9-8　摻雜不同含量釔或鈧的氧化鋯之導電率

在 YSZ 裡晶界傳導是相當重要之因素，因爲溫度下降使晶界傳導貢獻增加，特別是對中溫型 SOFC 來說是不可忽視的。YSZ 材料在不同溫度的導電機制，在高溫時，小部分阻力歸因晶界阻抗 (在 900℃ 可忽略不計)，但在 700℃ 晶界阻抗增加至 0-40%，在 500℃ 更近一步至 10-65%。對於奈米結構材料而言由於晶界面積比例高，晶界傳輸變得特別重要。例如 YSZ 晶粒尺寸小於 10 奈米時，將導致導電率低於大晶粒尺寸的材料 50%。

因此小晶粒的好處在於可降低燒結溫度，但卻必須平衡抵抗晶界增加的阻力，特別是在低的操作溫度下。ScSZ 機械性質與 YSZ 相似甚至更好，儘管電解質的強度比起電化學特性在 SOFC 中是次要的，但重要的是可產生可靠且長壽命的 SOFC。添增氧化物分散強化劑可改善強度和韌度，但一般會減少導電率，因此必須平衡增加的晶界阻抗。

製程方面，合成氧化鋯和陶瓷粉體加工的技術不斷進步，生產出的 YSZ 粉末組成大小為次微米級的球形粒子，粒度分佈窄。這種粒子具有較高的活性和高鍵結密度，使用較低溫度的燒結過程即可使粉末完全緻密化，形成一個無孔結構體。氧化鋯基材已被廣泛研究作為 SOFC 的電解質，藉由摻雜（異價離子）陽離子（如釔）於氧化鋯中是為了穩定立方相。摻雜（異價離子）陽離子另外一個功用，是為了產生氧氣空缺，增加的氧離子導電性。YSZ 是最廣泛使用於高溫型 SOFC 的電解質，擁有良好化學和物理穩定性，可以廣泛

的使用於各種溫度和氧分壓下，電解質也不會遭受電子導電性影響。許多研究中也針對摻雜不同的陽離子進行了探討（圖 9-9），其中包括 Y^{3+}、Eu^{3+}、Gd^{3+}、Yb^{3+}、Er^{3+}、Dy^{3+}、Sc^{3+}、Ca^{2+} 和 Mg^{2+}。ScSZ 提供最高的導電性，雖然鈧的價格比氧化釔高，但電解質薄化後用量也隨之減少，因此高溫型目前多數的研究是在 ScSZ 電解質上。雖然 YSZ 在中溫操作下比許多材料的離子導電率低，但其可透過採用薄層化 (10 微米或更薄) 的電解質膜，一樣可以在低溫時，獲得低的阻抗。

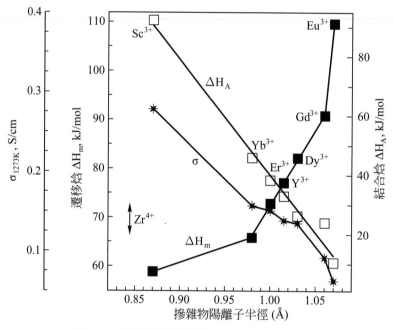

圖 9-9　不同摻雜陽離子的氧化鋯之導電率

9-2-2　氧化鈰基電解質材料

　　基於傳統的氧化鋯 SOFC 通常操作溫度需要超過 850℃ 以上，在這種高工作溫度下所使用的連接板流道和密封的材料，需要較高且較嚴格的條件要求，並有必要使用昂貴的陶瓷金屬材料，因此使 SOFC 的工作溫度低於 700℃，所需的替代固態電解質材料一直是研究的目標。目前兩個最有希望替代 YSZ 電解質的是摻雜氧化鈰 (如 GDC) 和鑭鍶鎵鎂氧 (如 LSGM) 為基底的電解質，這兩個電解質提供了在 500℃ 和 700℃ 之間操作可行性。

　　在低溫下比較鋯基與鈰基的電解質，鈰基電解質有更高的導電率和更低的極化電阻。鈰基電解質主要缺點是在低氧分壓下其導電方式包括局部電子導電。對於氧化鈰摻雜釓 (Gd) 和釤 (Sm) 而言，其摻雜目的類似 YSZ 電解質。氧化鈰材料是屬於螢石結構 (如圖 9-10 所示)，由於氧化鈰對其他元素具有很大的包容性，它可以固溶其他的金屬氧化物，特別是二價和三價的稀土金屬氧化物，但它也很容易被還原。當有螢石結構的氧化鈰在還原氣氛中或被較低價數的陽離子摻雜時容易產生氧空位 $V_O^{\cdot\cdot}$

$$O_O^x + 2\,Ce_{Ce}^x \Rightarrow 1/2\,O_2\,(gas) + V_O^{\cdot\cdot} + 2Ce_{Ce}' \tag{9-6}$$

$$CaO = Ca_{Ce}'' + V_O^{\cdot\cdot} + O_O^x \tag{9-7}$$

$$Gd_2O_3 = 2\,Gd_{Ce}' + V_O^{\cdot\cdot} + 3\,O_O^x \tag{9-8}$$

　　氧空位 $V_O^{\cdot\cdot}$ 的出現是造成這類 (摻雜) 金屬氧化物擁有離子導電率的原因，而極子 (polaron) Ce_{Ce}' 的存在是產生氧化物具有電子電導率的根源。

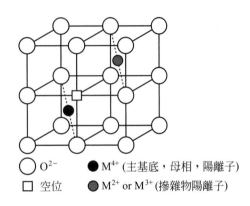

| ○ O^{2-} | ● M^{4+} (主基底，母相，陽離子) |
| □ 空位 | ⬤ M^{2+} or M^{3+} (摻雜物陽離子) |

圖 9-10　螢石結構圖

　　以氧化釓摻雜氧化鈰 $(Ce_{1-x}Gd_xO_2,$ GDC) 與 YSZ 和 ScSZ 作比較 (如圖 9-7)，在 600℃ 下，GDC 導電率通常高於 YSZ 或 ScSZ。$Ce_{0.9}Gd_{0.1}O_2$ 和 $Ce_{0.8}Gd_{0.2}O_2$ 導電率範圍相似，在低氧分壓下 $Ce_{0.9}Gd_{0.1}O_2$ 比 $Ce_{0.8}Gd_{0.2}O_2$ 穩定，而電解質在低氧分壓下的穩定性是相當重要。除了釓和釤之外，對於氧化鈰的其他摻雜還包括有鑭、釔和釹。氧化釤摻雜的氧化鈰 $Ce_{1-x}Sm_xO_2$(SDC) 導電率與 GDC 相似。當把各種稀土族金屬氧化物作為摻雜劑添加到氧化鈰中時，摻雜元素對電導率的影響如圖 9-11 和圖 9-12 中顯示。從圖 9-11 可以看出，$Ce_{0.8}Sm_{0.2}O_{1.9}$(摻雜 10mol% 的稀土氧化物) 有最高的導電率，而圖 9-12 顯示出稀土族金屬摻雜劑中的氧化釤和鹼土摻雜劑中的氧化鈣使摻雜氧化鈰具有最大的導電率，因為釤離子 Sm^{3+} 和鈣離子 Ca^{2+} 的離子半徑與氧化鈰主體中鈰離子半徑很接近，都恰好約 0.11nm，導致稀土族金屬摻雜劑和氧空位間的結合有最小的結合焓。從圖 9-12 還可以看出，摻雜鎂和鋇元素的氧化鈰導電率特別的低，由 Eguchi 等人的研究結果指出，它們在氧化鈰中的溶解度非常小。

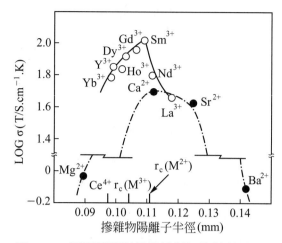

圖 9-12　不同離子半徑摻雜對氧化鈰基電解質導電率之影響

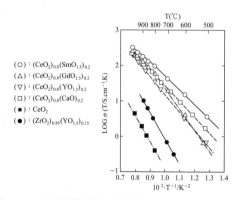

圖 9-11　不同摻雜氧化鈰基電解質溫度對導電率之影響

雖然氧化鈰基電解質在低氧分壓穩定性不如氧化鋯基電解質，但氧化鈰在陰極可提供化學穩定性。GDC 已顯示可與各種 LSM(錳酸鑭摻鍶)、LSC(鈷酸鑭摻鍶)、LSF(鐵酸鑭摻鍶)、LSCF(鈷酸鑭摻鍶和鐵)、LNF(鐵酸鑭摻鎳) 陰極材料匹配。正因為與陰極材料的穩定性如此出色，大部分 GDC 電解質層被應用在氧化鋯基電解質層和陰極層間的介面層，以阻止氧化鋯基電解質層和陰極層的化學反應。而 SDC 或 YDC(氧化釔摻氧化鈰) 在應用上也與 GDC 有同樣的效果。目前許多研究努力的想去減少在還原的條件下 GDC 電解質產生的電子導電。其中一個解決方法是使用額外的超薄界面電解質層防止電子運輸，抑制氧化鈰在還原氣氛下發生還原反應。如果工作溫度能降低至 500℃ 左右，那麼電子導電已小到可被忽視。但主要問題是在低的工作溫度下，需考量陰極材料的活性是否足夠，且在這樣低的溫度下，電極反應動力會受到很大的影響，使性能大幅度下降。

　　因此為了使 GDC 電解質能達到可實際使用的目標，一是要開發在 500℃ 時具有很高電極性能的電極材料與電解質相匹配；二是應通過摻雜元素、組成與微結構和介面結構的優化，來大幅度降低電解質於還原氣氛下所產生的電子導電，以便使它能在較高溫度下操作。

9-2-3　鎵酸鑭基電解質材料

　　前面討論的氧化物離子導體都是具有螢石結構的，為降低操作溫度，鑭鎵氧近年來引起了很大的關注，這一類具有氧離子導電能力的氧化物是鈣鈦礦型結構的複合金屬氧化物。鈣鈦礦型複合氧化物具有立方晶結構，如圖 9-13 所示。從其結構可以推測它具有高的氧化物離子擴散係數，有機會成為替代的電解質，而增加導電率的方法是利用二價陽離子，諸如鍶和鎂置換三價的鎵和鑭。

　　鈣鈦礦結構鎵酸鑭 (LaGaO$_3$)可以共摻雜鍶或鎂，在低溫時有好的離子導電率。鎵酸鑭用鍶和鎂置換三價的鎵及鑭的 LSGM 電解質化學式如下所示：

$$La_{1-x}Sr_xGa_{1-y}Mg_yO_{3-x/2-y/2} \text{ (LSGM)}$$

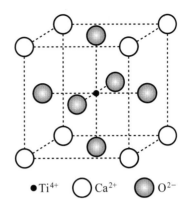

●Ti^{4+}　　○Ca^{2+}　　◯O^{2-}

圖 9-13　鈣鈦礦型結構的氧化物

　　最好離子導電性的組成配比為 La$_{0.9}$Sr$_{0.1}$Ga$_{0.8}$Mg$_{0.2}$O$_{2.85}$。LSGM 的導電率明顯高於 YSZ，雖然在 500℃略小於 GDC。然而 LSGM 工作溫度範圍大於 GDC，因為它不受到在高溫時 GDC 會產生電子導電的問題。使用 LSGM 的工作溫度約在 600 至 700℃ 之間，如果使用氧化鋯為基底的 SOFC，目前在該溫度範圍是無法獲得足夠的功率密度。LSGM 即使在低氧分壓下也能展現出其穩定性，這類材料可低至 400℃ 也能具備足夠的性能。然而 LSGM 的電解質的價格卻大大超過 GDC 基電解質，並且與電極材料有耐用性的問題，其中有部份問題是與 LSGM 成分的穩定性有關。製備純相的 LSGM 電解質非常難，在製作過程中 La$_4$Ga$_2$O$_9$ 和 SrLaGa$_3$O$_7$ 雜相常被發現在晶界上。

　　LSGM 導電率較 YSZ 和 ScSZ 高且相似或略低於 GDC。然而 LSGM 不易像 GDC 在低氧分壓下會還原產生 Ce^{3+}

離子。比較幾種 LSGM 組成的導電率，顯示最大導電率其組成是 $La_{0.8}Sr_{0.2}Ga_{0.85}Mg_{0.15}O_3$ 和 $La_{0.8}Sr_{0.2}Ga_{0.8}Mg_{0.2}O_3$。 另一個增加 LSGM 導電率的方法是摻雜過渡金屬，像鈷和鐵兩種摻雜都會增加導電率，特別是在低溫下鈷比鐵的效果好。

LSGM 與 SOFC 的電極反應是不同於鋯或鈰基電解質，通過互擴散形成相分離是常發生的相互作用。例如當使用 LSM(錳酸鑭摻鍶)陰極時，一些錳會發生擴散進入 LSGM。然而最常見的是鈷擴散，這是主要的擴散元素，即使鈷不是主要元素，在陰極例如鹼土(鍶)和稀土(鑭)也和 LSGM 鈣鈦礦發生相互擴散。由於少量的鈷、鐵、鎳摻雜對電解質的性能是有益的，電解質陰極界面也沒有高電阻層形成，相互擴散不一定不利 SOFC 的性能。然而過度的相互擴散最終會降低陰極及電解質之性能，因此在應用上常加入一層氧化鈰基電解質層於 LSGM 電解質層和陰極層的中間，以防止陰極的離子(如 LSC 的鈷)擴散到 LSGM。但是氧化鈰基電解質層的加入將使電阻增大，反而降低了燃料電池的性能。

與陽極匹配性方面，最常見的陽極材料是由鎳與 YSZ 混合的陶瓷金屬(陶金)，所以陽極與 YSZ 電解質沒有任何相互作用的問題。但是對於 LSGM 電解質而言，LSGM 和含鎳的陽極之間會形成高電阻層，故陽極材料的替代選擇正在開發中，包括鈣鈦礦陰極材料也會與 LSGM 反應導致相互擴散。通過限制燒結時間和溫度來避免在加工過程中可能導致的相互反應。然而在 LSGM 中限制加工條件可能會產生一些問題，因為如果製程溫度或時間不足可能會很難形成單相鈣鈦礦結構，所以大家對 LSGM 電解質的研發，仍希望開發具有成本效益的製程技術，以製備出所需的 LSGM 單相材料。

✿ 9-3　陽極材料

有幾項因素可決定 SOFC 陽極材料的性能。首先，它的功能必須讓燃料進行電化學氧化反應並伴隨電荷傳導。第二，在高溫環境下運作不僅只與燃料接觸(包括可能的雜質和氧化物的濃度增加)，且還與其他材料如電解質連接板、及其他接觸元件，皆需具備化學穩定性、高效率及使用壽命。第三，陽極的內部結構必須開放可讓氣體流通。雖然在正常運作下，周圍氧氣局部壓力較低，但陽極結構必須可以達到足夠強度。另一方面是在正常操作條件及反覆的熱循環下，陽極需具有完整的結構穩定性，且不與其他電池元件材料產生化學反應，包括不能使構成元件的材料間互擴散或形成反應層等，這些都會干擾陽極的功能。它還要求材料的特性匹配，如在燒結過程中的收縮率，以及操作過程中啓動和關閉時因溫度變化而產生的熱膨脹。以下就針對目前常見的鎳基與銅基陽極材料做進一步的介紹。

9-3-1　鎳基陽極材料

　　根據調查，早期採用單相陽極鎳基氧化鋯陶金材料，在近 40 年一直是主要的 SOFC 陽極。雖然最早的包括石墨、氧化鐵、鉑類合金和過渡金屬都被探討過。在 SOFC 的燃料電極 (陽極) 存在的還原條件允許使用金屬如鎳 (也可使用鈷或釕) 來作爲燃料電極材料。但是金屬鎳的熱膨脹係數比電解質 YSZ 的熱膨脹係數要大的多，而且金屬鎳在燃料電池的高操作溫度下，使金屬藉由晶粒成長團聚，因而降低陽極的孔隙率和減少電池操作所需的三相界面。這些問題透過使鎳顆粒分散於由 YSZ 形成的骨架上而得以解決 (如圖 9-14)。YSZ骨架能夠防止鎳顆粒的燒結與團聚，並能降低燃料電極的熱膨脹係數使其更接近且匹配於電解質 YSZ 的熱膨脹係數，還能增加燃料電極和電解質之間的附著性。儘管 Ni-YSZ 陶金材料是較成功的陽極，但也有缺點，如對硫化物及其他的化合物污染敏感，以及鎳還原後如果陽極隨後暴露在空氣中，特別是在高溫下鎳將重新氧化。如陽極在過程中不停的氧化及還原，陽極結構和強度將嚴重

受到損害。因此陽極必須隨時保持在還原的條件之下。另外陽極的熱膨脹係數大，且高於電解質和陰極，所以對陽極支撐而言，這將會導致陽極及電解質界面穩定性的問題，特別是對熱循環而言尤爲重要。如要直接使用碳氫化合物燃料也存在積碳的問題，銅 - 鈰陽極的開發是爲了減少陽極的積碳選項之一，許多學者認爲開發更好的陽極是必要的。

　　高溫型鎳 / 氧化鋯基或中溫型鎳 / 氧化鈰基陶金材料的使用已是非常成熟，而且這些材料藉由控制微觀結構和加入少量添加劑可達到性能最佳化。除了電化學性能外，選擇陽極材料還需要考慮其他特性，包括：電子導電率、氧擴散係數 (離子導電率)、表面氧交換率、化學穩定性和匹配性、相容的熱膨脹性能、氧化還原循環環境下機械強度和尺寸穩定性。

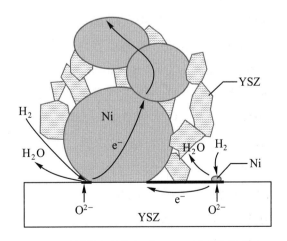

圖 9-14　鎳顆粒分散於由 YSZ 形成的骨架上形成三相界面

9-3-2 銅基陽極材料

雖然鎳是一個很好的氫氧化和甲烷蒸汽重整觸媒，但在碳氫化合物還原條件下它也催化形成碳纖維。該機制包括碳吸附在鎳表面，然後碳分解進入鎳材，石墨碳沉積在鎳微粒表面後成為過飽和的碳。除非有足夠蒸氣量的存在使得鎳表面清除碳烴的速度快於碳分解和析出，否則將損壞陽極。因此如使用甲烷作為燃料，就需要相對較高的蒸氣／碳比例來制止這種有害反應。不幸的是，由於鎳對於碳氫裂解有高催化活性，故這種方法不適合高濃度的碳氫化合物。一般來說鎳基陽極與無預先改善過的蒸氣或燃料配合，是不可能在較高的烴燃料下操作的。

有一種方法是將銅添加到鎳之銅鎳合金，可減少氫氣裂解。另外氧化鈰是一個眾所周知的氧化觸媒，因此對鎳添加於鈰基氧化物陶瓷的影響曾進行了研究，其增加了甲烷在陽極氧化的電化學活性，但這種方法還需要保持操作溫度低於 700℃以下，以抑制碳沉積反應在鎳表面上。另一種方法是使用比較乾燥的碳氫化合物，以及使用相對惰性的金屬。這種複合陽極包括銅／氧化鈰／ YSZ 和銅 /YZT(二氧化鈦摻雜氧化釔氧化鋯)，該銅／氧化鈰／ YSZ 陽極系統特別令人感興趣，並已被證明有高抗積碳性，可直接使用多種烴燃料包括丁烷和癸烷。銅陽極的作用是完全作電

流傳導，而氧化鈰主要是充當一個氧化觸媒。但在研究發表中，只包含 Cu 和 YSZ 的陽極在碳氫化合物的操作下表現非常差。以含銅和氧化鈰的複合材料來取代鎳基陶瓷，大量碳氫化合物對銅基陽極而言，在銅上形成碳的反應相對於鎳來講是更不容易的，但氣相熱解反應仍有可能導致在銅基陶瓷上形成焦油，如圖 9-15 所示。

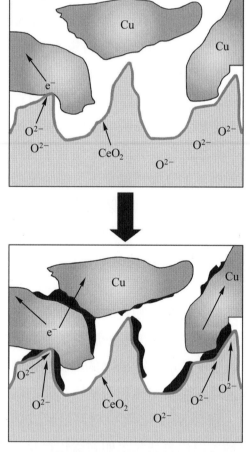

圖 9-15 銅／氧化鈰 YSZ(或 SDC) 顯微結構示意圖，在增強電流操作條件下，與丁烷接觸伴隨著焦油的沉積

　　另一個可直接使用碳氫燃料的 SOFC 陽極是電子導電陶瓷，因為這些材料也可容忍碳的形成。如陽極使用鑭摻雜鈦酸鍶及釔摻雜氧化鈰可以達到直接使用甲烷的性能。錳摻雜鉻酸鑭與 YSZ 和 5% 的鎳在使用甲烷和丙烷燃料也可以穩定的發電，增加少量的鎳，可避免沈積碳，且研究顯示可提高鉻酸鑭陽極的性能。

　　直接使用碳氫化合物的關鍵是涉及反應機制的問題，這直接關係到電子的位能。對銅／氧化鈰複合材料使用碳氫化合物產生的焦油顯示，有些熱裂解反應也可能幫助碳氫化合物的氧化過程。所以用高效率的氧化物陽極直接使用碳氫化合物是最有效的，如氧化鈰它就被視為是一種良好的觸媒。而大部分的研究著重於重組活性，特別是對過渡金屬摻雜鉻酸鑭基材料。圖 9-16 說明了直接使用燃料逐步進行內部重組的機制。圖 9-17 介紹了實現直接使用碳氫化合物在各種進程中作出的組合。

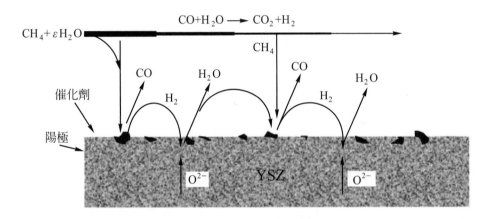

圖 9-16　逐步內部甲烷重組過程

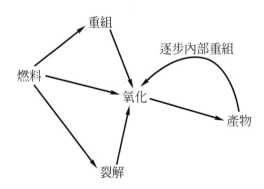

圖 9-17　可以直接使用碳氫化合物燃料的固體氧化物燃料電池

⚛ 9-4 陰極材料

SOFC 的結構是由陰極、陽極及夾於其中的電解質所組成,與陽極相似,為了使反應物氣體與產物氣體有較高的傳輸速率,陰極的微結構為多孔型態。氧氣於陰極端與外來電子進行還原反應形成氧離子傳遞至電解質。大部份的陰極材料其本身是電子導體氧化物或者是電子與氧離子導體混合的陶瓷材料。混合導體之陰極材料於 SOFC 工作過程中氧還原途徑為:(1) 氧氣以氧原子方式吸附在陰極表面上。(2) 吸附於陰極上之氧原子在陰極表面上擴散。(3) 氧原子經三相點 (TPB) 催化成氧離子。(4) 氧離子在陰極內部擴散。(5) 氧離子在陰極 / 電解質介面的傳遞。因此同時具備離子及電子傳導性之陰極材料,電化學反應不局限於電解質與電極之界面,故此類型的陰極材料能大幅增加三相點,有更好的電化學反應,縮短氧離子傳送至電解質的距離而降低電極的極化。如圖 9-18 顯示出純電子導體電極材料像是金屬或一些鈣鈦礦型的氧化物 (如 LSM),電化學反應幾乎限制在三相界面。因此電極需為一結合的電子與離子導體的複合材料 (電子導電材料混合離子導電材料),或者是電極材料本身為混合導體的金屬氧化物 (自身可傳導氧離子與電子,如 LSCF),使三相面擴充到整個電極區域。

陰極材料在 SOFC 中所扮演的角色為 (1) 吸附氧分子及電子,破壞氧分子的共價鍵,並供其離子化的場所。(2) 接受外來電子進行還原反應。(3) 允許還原後的氧離子通過電極進入電解質與陽極的 H/CO 結合形成水及二氧化碳,因此,陰極材料需是具有傳導電子及氧離子的混合導體。因為 SOFC 工作溫度需在 700℃ 以上,所以選擇陰極材料還需考慮陰極的機械強度、活性和吸附氧及電子的能力,及衍生而來的導電率、極化值、過電壓值。一個良好的陰極材料須具備以下幾項特質:(1) 電子導電率大、(2) 需有多孔狀的微結構組織、(3) 在所有氣氛中安定、(4) 長時間工作下,不與電解質相互反應、(5) 熱膨脹係數與電解質相近、(6) 價格低。

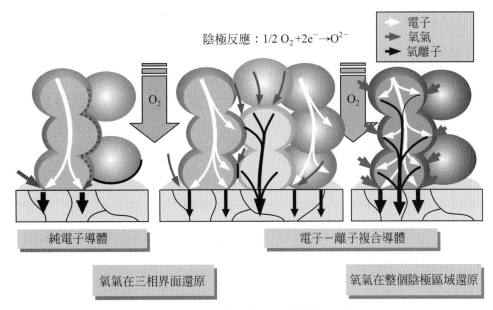

陰極反應：$1/2\,O_2 + 2e^- \rightarrow O^{2-}$

電子
氧氣
氧離子

純電子導體

電子－離子複合導體

氧氣在三相界面還原

氧氣在整個陰極區域還原

圖 9-18　純電子的、複合和混合傳導陰極的氧化反應

9-4-1　錳酸鑭 (LaMnO₃) 陰極材料

　　早期所採用的陰極材料如鉑 (Pt)、鈀、銀類貴金屬，雖然在高溫下有良好的導電率值 ($>$ 100 Scm^{-1})，但由於價格昂貴，且在高溫時易揮發，實際上已很少採用。目前高溫型 (900～1000℃) SOFC 陰極材料大部份使用錳酸鍶鑭 (LSM) 陶瓷，它是屬於鈣鈦礦結構 (perovskite structure) 之氧化物，如圖 9-19 所示，鈣鈦礦結構的化學通式為 ABO₃，A 為離子半徑較大之陽離子，B 為離子半徑較小之陽離子，O 則為氧離子。

$$\text{La}_{1-x}\text{Sr}_x\text{MnO}_3 \text{(LSM)}$$

　　錳酸鑭 (LSM) 鈣鈦礦材料是一種具有本質 p 型導電及可逆氧化 - 還原特性的材料。在高溫下錳酸鑭是處於氧過量還是缺氧狀態取決於周圍的氧分壓大小和溫度。雖然它在空氣中或氧化氣氛中是穩定的，但是當氧分壓 $\leq 10^{-14}$ 大氣壓時它會解離。錳酸鑭一般產生鑭不足的非化學計量比化合物，在產生水合作用時形成氫氧化鑭 La(OH)₃ 而阻止形成氧化鑭，這會導致陰極層瓦解。

　　錳酸鑭的電子導電性是由於錳在 +3 價和 +4 價之間的電子缺陷產生跳躍式導電 (hopping)。p 型導電錳酸鑭其可使用較低價離子摻雜在 A 或 B 位子上，利用陽離子摻雜形成的缺陷可提高電導率，鹼土金屬如：鎂、鈣、鍶、鋇、鎳等都常被用來作為摻雜。摻雜的二價陽離子取代 La^{3+} 而增加 Mn^{4+} 的含量，能增加小極化子跳躍進行傳導。

$$La^{3+}_{1-x}M^{2+}_xMn^{3+}_{1-x}Mn^{4+}_xO_3$$

對摻雜錳酸鑭的缺陷化學、導電特性和陰極極化行為的研究結果發現，鹼土族金屬摻雜錳酸鑭滿足作為有效電極的各種要求。高溫型陰極材料一般是用鹼土金屬或稀土金屬離子摻雜錳酸鑭，鍶摻雜鑭錳氧化物 $La_{1-x}Sr_xMnO_3$(LSM) 是最常用於含氧化鋯電解質的 SOFC 單元電池，它與 YSZ 電解質間在溫度高達 1000℃ 時只有微量相互作用。LSM 具有較高的電子導電性 (> 100 S/cm)

與電化學活性，及與 YSZ 電解質相近的熱膨脹係數。在錳酸鍶鑭系統中，隨鍶的添加量增加 x = 0-0.5，導電率值持續增大，但其熱膨脹係數值也不斷增加，為了保持與 YSZ 電解質之熱膨脹係數相近，一般添加量控制在 x = 0.1-0.4 左右，此時陰極導電率值也符合需求。其他如製備方法、原料來源、和微結構都會影響陰極導電性。

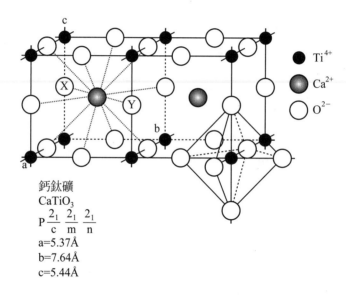

圖 9-19　鈣鈦礦結構示意圖

鍶摻雜錳酸鑭比未摻雜時的錳酸鑭的熱膨脹係數高許多，因此會增加與氧化鋯電解質間不匹配性。圖 9-20 顯示出混合 60wt% LSM 和 40wt%YSZ 有最低的歐姆阻抗及極化阻抗。在電池製作測試中，陰極層通常由兩個部份所構成，第一層是混合 LSM 和 YSZ 的複合陶瓷，類似於 NiO/YSZ 金屬陶瓷陽極。這能提高陰極與氧化鋯電解質的熱匹配性和提高孔隙度和抵抗燒結，同時還維持其所需的電子導電性。第二陰極層通常稱為電流收集層，它為純 LSM 陶瓷。

添加鉑在 LSM 陰極中已被證明會提高電池的性能，同時減少陰極和電解質之間的界面電阻和增加陰極導電率，但顯然這種改善方法需要成本非常高的鉑。

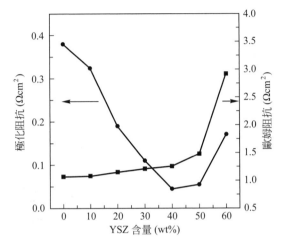

圖 9-20　混合 60wt% LSM 和 40wt% 釔穩定氧化鋯有最低的歐姆阻抗及極化阻抗 (T = 950℃，PO_2 = 0.2 atm)

另一個問題是 LSM 與氧化鋯電解質的化學相容性，一般限制性燒結溫度要低於 1300℃，如在這溫度以上錳可擴散到氧化鋯電解質，會影響陰極和電解質的特性。長期的研究顯示，LSM 與各種氧化鋯電解質在工作溫度操作時產生的相互作用，但沒有造成性能退化的現象。另一研究表明，在溫度高達 1200℃時，LSM 和氧化鋯之間沒有任何反應，但高於 1200℃時會形成 $La_2Zr_2O_7$、$SrZrO_3$ 二次相，而 $La_2Zr_2O_7$ 電導率遠低於氧化鋯 100 倍以上。

9-4-2　鈷酸鑭 (LaCoO₃)陰極材料

鈷酸鑭被廣泛的研究作為中溫型陰極材料，像錳酸鑭 (LaMnO₃) 一樣，鈷酸鑭顯示為本質 p 型導體，在高溫有很多的氧空缺，利用二價陽離子置換鑭位子使導電率可以增加，它在空氣中是典型的混合導體，在很大的溫度範圍內具有非常高的離子導電率和高的電子導電率，其不高的過電位在可接受範圍內。

$LaCoO_3$ 和 $LaMnO_3$ 一樣具有優良的導電性，它們已被廣泛研究，並被認為是很有希望成為中溫型 SOFC 陰極材料的候選者。然而 $LaCoO_3$ 有幾個缺點，一般不會使用它做為鋯基固態氧化物燃料電池的陰極。因為 $LaCoO_3$ 和氧化鋯在高溫下會比 $LaMnO_3$ 容易產生化學反應，也比 $LaMnO_3$ 更容易還原。此外 $LaCoO_3$ 的熱膨脹係數明顯大於 $LaMnO_3$，甚至高於 YSZ。因而有人利用 $LaCoO_3$ 混合 $LaMnO_3$，改善陰極的導電性及熱膨脹係數以匹配氧化鋯。

鈷酸鍶鑭 ($La_{1-x}Sr_xCoO_3$) 陰極適合應用於中溫的操作條件下 (600～800℃)，而高溫型之陰極材料錳酸鍶鑭 ($La_{1-x}Sr_xMnO_3$) 因工作溫度的降低，造成導電率下降、電極活性降低和阻抗值上升，而使其適用性遭受質疑。鈷酸鍶鑭 (LSC) 混合錳酸鍶鑭 (LSM) 相較於 LSM 混合 YSZ 有更低的過電位，鈷

酸鍶鑭 ($La_{1-x}Sr_xCoO_3$) 在低溫下有較佳之電極活性,在相同溫度下導電率也較錳酸鍶鑭系統為高,又不與電解質材料 YSZ 於工作過程中產生化學反應生成絕緣鋯酸鍶 ($SrZrO_3$) 第二相,所以獲得相當重視。

9-4-3 其他陰極材料

為了使中溫型 SOFC 陰極材料擁有很高的性能,通常使用有高離子導電率和高電子導電率的混合導體材料,因為這類混合導體可同時提供氧離子與電子導電,而且離子與電子也很容易移動使得電極反應能加速進行。陰極中的混合導電率可用兩種辦法來達到,其一是混合離子導電材料和電子導電兩種材料製成兩相電極,如把 YSZ 和 LSM 混合成為 LSM-YSZ 陰極材料;其二是使用高混合導電率單相材料用鈷、鐵和鎳元素做 B- 位取代的鈣鈦礦類物質來替代現有的陰極材料。鈣鈦礦結構的 ABO_3 陰極 $Ln_{1-x}Sr_xMnO_3$($0 \leq x \leq 0.5$, Ln(鑭系元素) = 鐠 (Pr), 釹 (Nd), 釤 (Sm), 釓 (Gd)) 系統,其中錳酸鍶鐠 ($Pr_{1-x}Sr_xMnO_3$) 陰極材料,以鐠取代原先鑭的位置,在中溫環境下有優異的導電率值 (圖 9-21),其熱膨脹係數 (圖 9-23) 與鈷酸鍶鑭系統 ($21 \times 10^{-6}K^{-1}$) 相比,與 YSZ 電解質更為匹配。

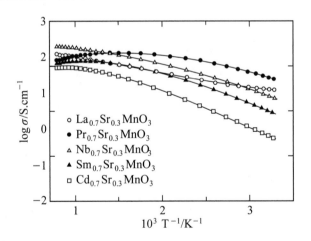

圖 9-21　不同溫度下 $Ln_{0.7}Sr_{0.3}MnO_3$(Ln = La, Pr, Nd, Sm, Gd) 系統之導電率

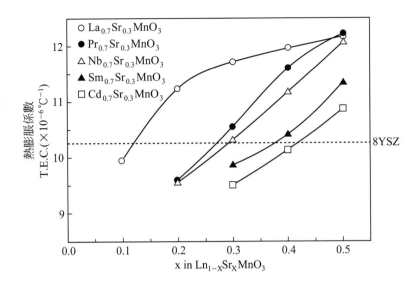

圖 9-22　不同摻雜含量下 $Ln_{1-x}Sr_xMnO_3$ $(0 \leqq x \leqq 0.5$, Ln = La Pr, Nd, Sm, Gd) 系統之熱膨脹係數

鈷酸鍶釤 $(Sm_{1-x}Sr_xCoO_3)$ 陰極材料中,以釤取代原先鑭的位置,研究中發現,此系統配合 SDC 電解質,可在低溫 $(400^{\circ}C - 600^{\circ}C)$ 下操作,其陰極電阻值、過電壓值、活性皆有優異表現。陰極鈣鈦礦結構的 ABO_3 陰極 $La_{1-x}Sr_xCo_{0.2}Fe_{0.8}O_3$ $(0 \leqq x \leqq 0.6)$ 系統,A 配位如以鍶元素摻雜,隨著鍶含量增加 $(x = 0.2 \sim 0.4)$ 電子傳導率由 87 Scm^{-1} 增到 333 Scm^{-1},Sr = 0.4 時為最高傳導率,但其熱膨脹係數會隨鍶的增加而隨之增加。但隨藉 Sr^{2+} 取代 La^{3+} 離子的摻雜量增加時,因離子半徑不同造成鈣鈦礦結構在燒結過程中產生相轉變。$Ln_{0.4}Sr_{0.6}Co_{0.8}Fe_{0.2}O_{3-x}$(Ln = La、Pr、Nd、Sm、Gd) 陰極材料,低溫時具有半導體的導電行為,導電率隨溫度上升;高溫時具有金屬導電行為,導電率隨溫度下降,在中溫工作環境下具有優異的催化活性及導電率值 (圖 9-23)。

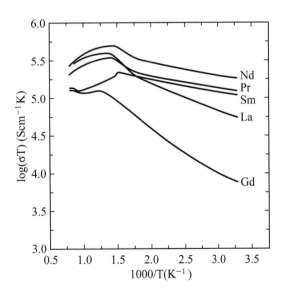

圖 9-23　不同溫度下 $Ln_{0.4}Sr_{0.6}Co_{0.8}Fe_{0.2}O_{3-x}$ (Ln = La、Pr、Nd、Sm、Gd) 陰極材料之導電率

B 配位可利用過渡元素屬鈦 (Ti)、鉻 (Cr)、錳 (Mn)、鐵 (Fe)、鈷 (Co) 和銅 (Cu) 等取代，鈷相較其他過渡元素於中溫型 SOFC 陰極有較佳電子傳導率。但陰極鈷含量較高時，雖然其於中低溫工作時活性較佳，但熱膨脹係數相對較高。而摻雜鐵與摻雜鈷相比，摻雜鐵的熱膨脹係數有明顯之降低且穩定性提高，但其於中溫操作時陰極活性較低。另外，銅酸鍶鑭 ($La_{1-x}Sr_xCuO_{2.5-\sigma}$) 陰極材料，鍶的添加量為 0.15–0.3 時，在中低溫 (400℃ – 700℃) 條件下操作，其過電壓值低，導電率值非常優異，且與 GDC 電解質匹配性良好。

❀ 9-5　雙極板材料

在 SOFC 裡雙極連接板是一個主要的關鍵材料。無論是平板型或管狀型 SOFC，連接板已逐漸受到重視，它主要提供電子的連通管道，置於一個電池的陽極與一個鄰近電池的陰極中間。它在陽極端的還原環境中充當物理屏障，以保護另一端在空氣氧化環境下的電極材料，且它保護陽極材料不與氧化環境下的陰極材料接觸。所以雙極連接板材料的標準規範是所有電池元件中最迫切需要的，尤其是如果要嚴格控制氧化和還原燃料端介面的氧分壓差，則在連接板材料的選擇上是非常重要的。連接板需要去履行下列條件：

(1)　在 SOFC 操作環境下，連接板必須顯示高的電子導電性，最好是接近 100% 電子傳導。不僅電子傳遞數量要很高，而且需要高的電子導電率。連接板需具有小的歐姆損耗，所以堆疊後電池的功率密度才不會有顯著下降。在 SOFC 裡可被接受的連接板最小電子導電度是 $1\ S\ cm^{-1}$。YSZ 是廣為使用的固態電解質，由於它在還原及氧化氣氛下有絕佳的穩定性，YSZ 一般在 800℃時其導電度值為 $0.1\ S\ cm^{-1}$，而在 1000℃時為 $0.02\ S\ cm^{-1}$，而連接板的導電度幾乎是 YSZ 的一到二級數大的數值，遠大於 YSZ 的導電度。

(2)　連接板應該有足夠的穩定性，包括顯微結構、化學穩定性和在操作溫度約 800℃時於還原和氧化氣氛中的相穩定，因為連接板的一端是暴露在空氣中，而另一端則是燃料氣體。在陰極端氧分壓範圍約為 10^{-4} 到 $10^{-0.7}$ atm 之間，而在陽極端氧分壓則從 10^{-18} 到 10^{-8} atm，在連接板的兩端氧分壓梯度具明顯的差異。

在氧化和還原氣氛下，SOFC 元件中任何尺寸的改變都會產生機械應力，有可能導致元件破裂或彎曲變形而影響封裝，徹底毀壞了整個電池堆的性能表現。連接板的微結構應不受化學勢梯度的影響，以避免它在操作期間因結構的變化而影響其導電性。從環境保護的觀點而言，連接板最好不要含有任何揮發性物質，不然可能會與氣體反應 (如硫化氫、二氧化碳)。

(3) 連接板應具備特別低的氣體滲透性，避免氧化劑 (氧氣) 與燃料 (氫氣) 在電池操作期間直接結合，因連接板的洩漏可能導致開路電壓的衰退，而減少電池的效率。對陶瓷連接板來說，藉由提高其緻密性可降低氣體的穿透率，但也必須在電池操作期間能持續維持其結構完整性。

(4) 連接板於不同操作溫度期間的熱膨脹系數應該要與其周遭的電極或電解質匹配，讓電池堆於開機和關機期間的熱應力降至最低。由於 YSZ 電解質的熱膨脹系數約爲 10.5×10^{-6} / ℃，所以連接板的熱膨脹係數最好接近此數值，此限制使得陶瓷連接板比金屬連接板的要求更加嚴苛，因爲金屬材料的應力容許範圍一般來說比陶瓷材料更具彈性。

(5) 連接板和它的鄰近元件必須沒有相互作用或介面擴散產生，特別是在其與陽極或陰極的介面。因 SOFC 比其他燃料電池有更高的操作溫度，化學相容性是極爲重要的。任何其他的反應相出現在連接板和它的鄰居元件的介界上，不僅會增加歐姆損耗，而且將明顯增加極化損失。連接板與接觸材料的介面穩定性將決定是否能擁有一個持久又令人滿意的電池效能。

(6) 連接板應該具有均勻的熱傳導性 ($5 \ \mathrm{Wm^{-1}K^{-1}}$ 被設定爲最低參考值)，連接板有高度熱傳導性能允許在陰極產生的熱被引導至陽極，提供燃料重組發生吸熱反應。

(7) 具備優良的抗氧化、抗硫化、抗碳化作用的能力是必要的，使連接板具備應用於 SOFC

相關的操作環境中。在不同溫度下，連接板與 SOFC 氣體接觸過程中，於熱力學上是最容易發生金屬氧化物層結構，可能造成硫和碳化問題致使系統惡化。藉由燃料通入系統前的前處理，含硫氣體大部分可被地排除，其比阻止二氧化碳和一氧化碳氣體碳化作用發生更加重要。

(8) 連接板需容易被加工，是大量生產的關鍵考量之一。未加工連接板材料的價格也是越低越好，以降低商業化的障礙。而降低平板型 SOFC 連接板的價格也特別受到重視，因為連接板是 SOFC 電池堆裡最龐大的一部分。

(9) 在平板型 SOFC 中連接板扮演著支撐整體結構的角色，因此連接板於高溫下也應該顯示出有足夠的強度和抵抗潛變的能力。

高溫型 SOFC 所用的鉻酸鑭 (LaCrO₃) 是最常見的陶瓷雙極連接板材料，因為它在燃料和氧化氣氛下顯示出相當高的電子導電，在燃料電池環境下有適度的穩定性，在相、微結構及熱膨脹方面與其它電池元件都有相當好的相容性。較早的 LaCrO₃ 研究指出它

是 p 型半導體，是一具有陽離子空位的非化學計量比氧化物，其解離出帶負電荷的陽離子空位，藉由電子補償而伴隨著帶正電荷的電洞產生，藉由小極化子 (polaron) 機制，經由電洞的傳遞發生電子傳導。p 型非化學計量反應如下：

$$\frac{3}{2}O_2 \leftrightarrow V_{La}''' + V_{Cr}''' + 3O_O^\times + 6h^\bullet \quad (9\text{-}9)$$

而 V_{La}''' 和 V_{Cr}''' 分別是 La 和 Cr 空位，$O_O^\times$ 是氧位置，而 $h^\bullet$ 是電洞。

為了改善電子傳導性和熱膨脹係數，通常會利用摻雜的方式取代鈣鈦礦結構 LaCrO₃ 中之鑭或鉻兩種位置。由於鍶、鐵、鎳、銅、鈷離子半徑相似，皆可以用來取代鉻離子。摻雜的 LaCrO₃ 連接板其接觸一端為燃料另一端為氧化氣氛，將連接板用於 SOFC 上時將形成電位梯度。但在低於 800℃ 的狀況下，摻雜的 LaCrO₃ 導電率將會銳減。這個限制致使其無法應用在操作溫度於 600 到 800℃ 的中溫型 SOFC，這也是為何含陶瓷雙極連接板的 SOFC 系統需要在 800℃ 以上使用的原因。在相同氧分壓下，較高摻雜量的 LaCrO₃ 導致更多氧空位產生，因而引發更大的熱膨脹。在相同量的摻雜下，LaCrO₃ 摻雜鈣比摻雜鍶之熱膨脹更大，因為相對於鍶跟鑭之間，鈣比鑭有更大離子半徑。這是為何目前在連接板應用 LSC 材料是受歡

迎的理由之一。至今，研究 LaCrO₃或摻雜 LaCrO₃的障礙與困難在於它在空氣中燒結不易，源自於鉻 (Cr) 的易揮發性所造成。它幾乎不可能使 LaCrO₃在氧化氣氛下燒結完全緻密。由於二氧化鉻 (Cr₂O₃) 薄層的產生，致使 LaCrO₃的不良燒結性更顯著。摻雜的 LaCrO₃在高溫型管狀 SOFC 結構中，仍然是最好最被廣泛利用的連接板材料。

　　管型 SOFC 製程上 LaCrO₃陶瓷連接材是以電化學氣相沉積為主，而現今的平板 SOFC 則是以薄帶成型法和電漿噴塗來製備薄層電解質，成功地減少了製造的難度和成本。陽極支撐型的連接材是 SOFC 電池堆中佔最大體積的部份，因此連接材總成本是電池堆中最高的。它扮演單元電池之間電路連接的角色和分離燃料和氧化性氣體，也作為支持陶瓷的機械元件，其構造連接到外部氣體入口及出口以及通道結合、交叉配置需分別聯結天然氣及空氣。因為龐大複雜以及陶瓷原料價格高，LaCrO₃陶瓷已經不能滿足連接材的需求。因此，陶瓷連接板的成本高且可操作性差已成為限制量化 SOFC 元件的最主要因素。

　　相反的，金屬材料製備連接材有許多優勢：比如鉻合金有高的電子和熱傳導、低成本、易生產和良好的可操作性。金屬連接板的歐姆損失是小到可以忽略的。出色的熱傳導使內部反應產生的熱

量可在空氣電極傳送到燃料電極，且它通常使用過量空氣從陰極帶走熱量，無需使用冷卻液。金屬連接材應用於平板型 SOFC 雙極板中，在工作溫度下必須表現出足夠的機械強度，在操作環境中具有良好的抗氧化、抗腐蝕、抗滲碳、與電極材料有良好的熱穩定性和化學相容性。同時由金屬連接板取代 LaCrO₃陶瓷連接板，也可以減少工作溫度至 600 至 800℃之間，具整合效應。

　　但不可避免地，在氧化氣氛中金屬表面將形成氧化層，理想的連接板需要擁有足夠的抗氧化性能。同時，產生的氧化膜需有足夠高電子導電性，這些氧化膜也具備化學穩定性，與基板介面有良好黏著特性，目前還沒有低成本的商業合金可滿足上述所有的要求。

　　鉻基合金有不錯的抗氧化與抗腐蝕的能力，適合作為連接板材料。更重要的是，比起表 9-1 中列出的金屬氧化物，Cr₂O₃在高溫下具有相對較低的電阻率。除了電阻率，表 9-1 也列出了各種氧化物的熱膨脹係數與最大封裝溫度。最大封裝溫度是指氧化物膜開始裂解的溫度理論值。Cr₂O₃的封裝溫度 (1100℃) 明顯地遠高於應用目標溫度值。此外氧化鋁(Al₂O₃)、氧化矽 (SiO₂)、氧化鎂 (MgO) 是高溫下導電度最差的氧化物，因此在金屬連接板中最不希望看到它們形成。

表 9-1　各種金屬連接板氧化物的特性

氧化物	熱膨脹係數 (25-1000°C) × 10⁻⁶per°C	最大量測極限 (°C)	在25°C的電阻率 (Ω cm)	電阻率 (Ω cm)
SiO$_2$	0.5	1750	1×10^{14}	7×10^6 at 600°C
Al$_2$O$_3$	8	1450	3×10^{14}	5×10^8 at 700°C
Cr$_2$O$_3$	9.6	1100	1.3×10^3	1×10^2 at 800°C
NiO	14	850	1×10^{13}	5-7 at 900°C
CoO	–	700	1×10^8	1 at 950°C
MgO	15.6	1500	5.5×10^{14}	1.8×10^7 at 800°C
TiO$_2$	7-8	600	1×10^{11}	1×10^2 at 900°C

　　鉻基合金應用在連接板的另一個特色，就是熱膨脹係數與 SOFC 內的陶瓷元件 (例如 YSZ) 相近。圖 9-24 表示各種不同合金與 YSZ 的熱膨脹係數隨溫度的變化。如圖所示，Cr-0.4La$_2$O$_3$與 Cr-5Fe-1Y$_2$O$_3$展現出與 YSZ 相近的熱膨脹係數。不銹鋼的熱膨脹係數則比 YSZ 還要大的多。若連接板與 SOFC 元件之間的熱性質差異越小，即能降低在熱環中之熱應力。Cr$_2$O$_3$的成長速率，大約比 Al$_2$O$_3$大了 4 個級數，使其高電導率的優點被部份抵消。

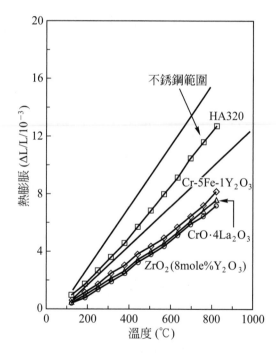

圖 9-24　鉻基合金與 ZrO$_2$(8 mol%Y$_2$O$_3$) 電解質和超合金的熱膨脹比較

當溫度大於 700℃時，鉻原子的擴散係數增加幅度比鋁原子高的多。因此，提高電導率與降低氧化速率是互相牽制的，兩者必須有所取捨。為了提高抗氧化面積以及與金屬基材的附著性，一般商用高溫抗氧化的氧化鉻成形合金皆含有少量以金屬或氧化物型態存在的反應性元素，例如：釔 (Y)、鈰 (Ce)、鑭 (La)、鋯 (Zr)。於鉻基合金中一般常添加氧化物分散於合金中，藉以抑制氧化物成長速率來提高抗氧化能力。部份文獻指出氧化物的添加可有效降低表面氧化物的晶粒尺寸，進而提高氧化物與金屬基材之間附著力，達到降低產生裂縫的趨勢。

研發中發現鉻基合金的表面層在含水及氫的環境中增厚的速度大於在純空氣的環境中。燃料氣氛中添加一氧化碳將使腐蝕加劇，所以重量亦增加很多。Cr-5Fe-1Y$_2$O$_3$合金與純鉻做比較後發現，高溫下 Cr-5Fe-1Y$_2$O$_3$合金機械性質可獲得提升。成長中的氧化鉻膜層，其型態因為活性元素的添加，而變的更緻密、孔洞越少且分佈越均勻。其中被發現是來自於活性元素在氧化鉻膜層晶界上的偏析。對於鉻基合金 (例如 Cr-5Fe-1Y$_2$O$_3$) 在 SOFC 連接板應用上已有相當多的研究，但其實際應用仍然受限於操作溫度 (<700℃)。即使添加活性元素，操作溫度超過 800℃後，抗氧化性能仍然不足。舉例來說，Cr-5Fe-1Y$_2$O$_3$合金

在 900℃下工作一年後，氧化物厚度達到 10 μm，五年後達到 23 μm，使其無法提供可靠的運作。

所有含有鉻的合金，有一個天生的缺點，就是在 SOFC 的工作環境下會形成揮發性的 Cr(VI)。Cr-5Fe-1Y$_2$O$_3$鉻基合金被一層氧化物保護，在陰極反應的情況下，揮發性的 Cr(VI) 隨著 Cr$_2$O$_3$層的產生而出現

$$2Cr_2O_3(s) + 3O_2(g) \leftrightarrow 4CrO_3(g) \quad (9\text{-}10)$$

$$2Cr_2O_3(s) + 3O_2(g) + 4H_2O(g)$$
$$\leftrightarrow 4CrO_2(OH)_2(g) \qquad (9\text{-}11)$$

$$Cr_2O_3(s) + O_2(g) + H_2O(g)$$
$$\leftrightarrow 2CrO_2OH(g) \qquad (9\text{-}12)$$

以上反應皆可逆，因此鉻合金在高溫氧化，將牽涉到形成氧化物與氫氧化物的揮發。若陰極存在氣態的鉻氧化物與鉻氫氧化物，SOFC 的電化學性能將受到破壞，揮發性 Cr(VI) 還原成固態 Cr$_2$O$_3$被視為性能下降的原因。Cr-5Fe-1Y$_2$O$_3$與 LaMnO$_3$介面在 950℃空氣中維持 3000 小時後，鑭氧化錳內部出現 Cr$_2$MnO$_4$反應產物，因此氣態 Cr(VI) 的擴散可以被證明是存在的。

研究顯示，當鉻基合金作為連接板時，SOFC 的陰極效能快速降低。因為氧化鉻在 LSM 與 YSZ 電解質的介面上沉積，導致濃度與極化活化的上升。水蒸氣壓對揮發性 Cr(VI) 的影響比溫度還

要大,特別是 $CrO_2(OH)_2(g)$,於圖 9-25
和圖 9-26 分別說明之。圖 9-25 顯示不
同的 Cr-O-H 的蒸氣壓隨水蒸氣壓的改
變情形,各種鉻氫氧化合物的蒸氣壓隨
著水蒸氣壓增加而增加,但增加幅度不
同。$CrO_2(OH)_2(g)$ 在整個水蒸氣壓的範
圍中,皆展現最大的蒸氣壓。圖 9-26
展示各種揮發性鉻的蒸氣壓隨溫度的變
化。在溫度 800-1000℃,$CrO_2(OH)_2(g)$
具有最大蒸氣壓。文獻指出因為水蒸氣
壓的關係,$CrO_2(OH)_2(g)$ 特別容易形成,
所以微量的水氣將使鉻的汽化加劇。此
特點對 SOFC 的效能有很大傷害,因為
燃料氣體內必存在為了提高電化學反應
活性的水氣。此外,燃料電池的反應一
定會產生水氣,提高水蒸氣壓或溫度將
加速揮發反應。

濺鍍 $LaCrO_3$ 披覆層被認為可以有
效阻止鉻的揮發,降低氧化物膜層的厚
度,並增進 SOFC 元件間的化學相容性
的有效方法,但前提是濺鍍後電阻上升
幅度不能太大。在 $Cr-5Fe-1Y_2O_3$ 內導線
上,利用真空電漿噴塗上 30 μm 厚的摻
雜鋁的 $LaCrO_3$ 陶瓷保護層,950℃下鉻
的揮發可以減少 100 倍。

鐵基合金與鉻基合金相比之下,由
於鐵基合金有較高的韌性與加工性,以
及較低的成本因而具有極大的吸引力。
目前有兩類鐵基合金正嘗試被應用的可
能性,如鐵鉻錳和鐵鉻鎢系統之連接材
料,由於其具有相對低的熱膨脹系數,

此兩種合金皆含有至少 17% 之鉻,其
作用是促進耐腐蝕之 Cr_2O_3 的形成。因
此,鉻揮發的問題也同樣發生在這些合
金中。

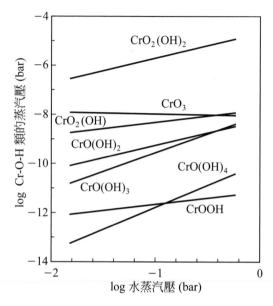

圖 9-25　在不同水蒸氣壓下的 Cr-O-H 蒸氣壓

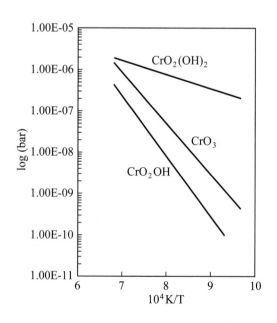

圖 9-26　在不同溫度鉻蒸發的蒸汽壓

⚛ 9-6　電池結構與性能

SOFC 主要是以陶瓷和金屬材料構成的多層結構所組合而成。不同 SOFC 的設計是為了符合不同單電池的功能、導線材料和氣體流量等而產生。在燃料電池操作時的氣體氣氛下，所有電池堆的材料組成、化學穩定性、燃料和氧氣的利用率、燃料洩漏都是必須要考慮到的。而在不同材料間也需要有好的相容性，例如良好的熱膨脹相容性、介面化學相容性和附著力。

9-6-1　管式 SOFC及其性能

最早的管狀 SOFC 研發是西門子 - 西屋 (Siemens Westinghouse) 發明的管狀 SOFC 技術。西門子 - 西屋主要的電池斷面如圖 9-27 所示，空氣進入氧化物管，而外部供應燃料，該電池的長度已由 30 cm 增加至 150 cm，電池直徑為 1.27 cm。為了確保管子之間的接觸良好，常使用鎳合金為連接材。由於電流流經圓形電極，以致歐姆損失較大，特別是在陰極部分有管徑大小的限制。

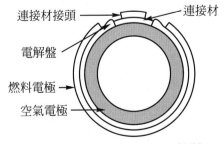

圖 9-27　Siemens Westinghouse 管狀 SOFC 截面示意圖

製作管狀 SOFC 陰極管要先經過壓胚和燒結過程。如表 9-2 所示，陰極具有 30% 至 40% 孔隙率以增加與氣體的接觸面積，提高陰極與電解質之三相界面，進而引發電化學反應提升氣體反應速率。西門子 - 西屋的電解質膜層的製作主要是於陰極管上，以電化學氣相沉積 (EVD) 方式披覆上去，形成一個緻密且均勻的氧化層，陽極的製作則是由金屬鎳和 YSZ 所混合製作而成，混合 YSZ 可抑制鎳金屬顆粒的燒結現象，並可與其他材料之熱膨脹相互匹配。陽極孔隙率大約在 20% 至 40%，可增加與燃料氣體的反應面積，提升反應速率。

製作電池連接板材料 (如摻雜鉻酸鑭) 須能承受燃料和氧化氣氛氣體，且必須具有良好的電子導電性，1000℃ 時必須能穩定局部的壓力 (約 1 至 10^{-18} atm)，將此連接材製成薄帶並置放在陰極管上 (前圖 9-27 所示)，接著再置入電解質。在操作溫度為 1000℃ 時連接板只能容許電子之傳導，離子的相互擴散在連接板結構上不應該影響其電子導電性，整體電池成分之限制是為了在氣體環境中相穩定，電池的材料能夠承受熱循環所造成的應力，表 9-2 似乎滿足這些要求。

表 9-2　管狀 SOFC 組成技術之發展

組件	Ca. 1965	Ca. 1975	目前 [a]
陽極	• 多孔鉑	• Ni/ZrO_2 陶金 [a]	• Ni/ZrO_2 陶金 [b] • 沈浸法 , EVD[c] • 室溫至 1000°C的熱膨脹係數 $12.5X10^{-6}$ °C • 厚度約 150μm • 20 ～ 40% 的孔隙率
陰極	• 多孔鉑	• 安定氧化鋯浸染氧化鐠再由氧化銦摻雜氧化錫披附	• 摻雜過的錳酸鑭 • 擠出 , 燒結 • 厚度約 2mm • 室溫至 1000°C的熱膨脹係數 $11X10^{-6}$ °C • 30 ～ 40% 的孔隙率
電解質	• 釔安定氧化鋯 • 厚度 0.5 mm	• 釔安定氧化鋯	• Yttria stabilized ZrO_2(8 mol percent Y_2O_2) • EVD[d] • 室溫至 1000°C的熱膨脹係數 $10.5X10^{-5}$°C • 厚度 30 ～ 40μm
電池連接材	• 鉑	• 鉻酸鈷摻雜錳	• 摻雜過的鉻酸鑭 • 電漿噴塗 • 室溫至 1000°C的熱膨脹係數 $10X10^{-5}$°C • 厚度約 100μm

a- 西門子西屋 SOFC 的規範。
b- 氧化釔安定氧化鋯。
c- EVD固定指由 EVD 外加的氧化鋯去固定 Ni 陽極於電解質上這個製程預期會被取代。
d- EVD = 電化學氣相沉積。

管型 SOFC 在 1000℃下操作，其材料間需相容且穩定，即電池的熱膨脹係數必須相互匹配，以減少熱應力產生。因此，表 9-2 列出電解質、連接材和陰極熱膨脹係數 (從室溫至 1000℃)，若陽極由純鎳製造將具有良好導電性。然而純鎳熱膨脹係數將遠大於陶瓷電解質和陰極管，這會導致熱量的不協調以及材料的不匹配。通常經由混合陶瓷粉末與鎳製成的陶金陽極可解決此一問題，使用鎳 (用來實現高導電性) 和陶瓷 (用來提升材料間熱膨脹係數的匹配性) 的混合體積比約 Ni：YSZ = 30：70。

圖 9-28 顯示由 18 個管狀 SOFC 單元電池所形成的電池堆，包括氣體流道設計。一個主要優勢是這種大的單一電池管構造，中間層可以連續置放導線，且不干擾電池之電化學反應。支撐管一端封閉，從而解決了電池間的氣體密封問題。外部封閉式陰極管的氧化氣體則藉由氧化鋁管進入。在此安排下，氧化鋁管延伸到封閉式的管中，讓氧化氣體進入後從管內再流回陰極表面的開口端。燃料則通過電池管外部的陽極外側和陰極氧化氣體呈並行的流向。

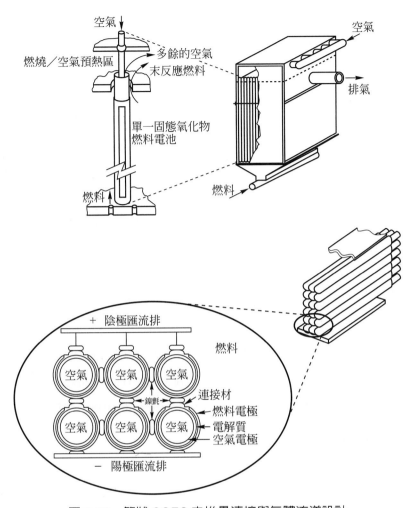

圖 9-28　管狀 SOFC 之堆疊連接與氣體流道設計

　　西門子 - 西屋的技術是電流會沿著管子的切線做傳導，每個管子包含一個電池，連接管無論是在一系列或平行進行，這種方法縮短傳導路徑並且可增加體積功率密度。微型管狀 SOFC 技術，電流的行進方向為沿著管子，典型管的尺寸和性能如圖 9-29，這些電池已經整合到 2KW 的電池堆。

　　SOFC 的電壓損失主要因素為電池組件的歐姆損失，在管狀電池中的歐姆極化有 45% 是來自陰極 (假設電流均勻分佈在電解質)，18% 來自陽極，12% 來自電解質，25% 來自界面，這些電池組件的厚度分別為 2.2、0.1、0.04 和 0.085 mm，在 1000℃ 其電阻分別為 0.013、3×10^{-6}、10 和 1Ω。儘管電解質的電阻較高、電池界面到組件已有較短的傳導路徑並且陽極有較長的電流路徑，但是陰極還是在總歐姆損失占了大部分。為進一步提高效率、功率密度和降低成本，西門子 - 西屋發展扁平管單元電池技術，透過縮短電流路徑大大的增加功率密度。

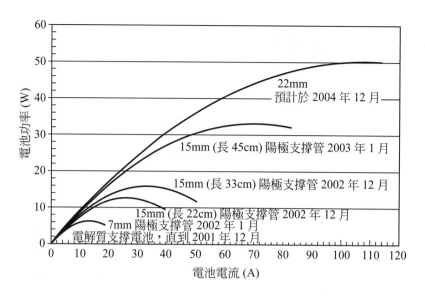

圖 9-29　Accumentrics 技術中之電池尺寸和性能

9-6-2　平板式 SOFC 及其性能

　　平板 SOFC 支撐型態種類眾多，根據不同厚度與其結構支撐方法分成幾種形式，如圖 9-30 所示，圖中顯示各種不同的單元電池結構中各層厚度的比例，包括每個單元電池組件，以及獨特的結構元件，如多孔基板或多孔金屬的支撐。

　　早期平板型 SOFC 電池幾乎為電解質支撐結構，其電解質較厚 (其厚度介於 100 到 200 μm 之間，電極厚度約

50 μm)，會導致電阻增加，故必須在高溫下操作。Sulzer Hexis 和 Mitsubishi Heavy Industries (MHI) 積極開發這項技術己分別發展到 1 和 15 KW 系統。

　　在陰極支撐平板式 SOFC 中，電解質比陰極薄，但陰極支撐 SOFC 有質量傳遞限制 (高濃度極化) 和製程上的挑戰 (困難點在於製作過程中，難以透過共燒製程做出多孔性的陰極層及緻密的 YSZ 電解質層)，使這種方法不如陽極支撐的薄電解質電池。

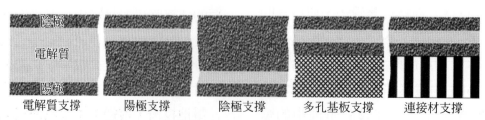

圖 9-30　燃料電池中不同支撐架構下的電池結構

陽極支撐平板式 SOFC 在製程上已可以生產出陽極支撐型薄電解質電池 (支撐的陽極厚度約在 0.5 到 1 mm)，電解質厚度範圍在 3 到 15 μm 之間，而陰極厚度仍維持在 50 μm 左右，因電解質的厚度很薄，致使低的阻抗，此種電池可以提供非常高的功率密度 (實驗室條件高達 1.8 W/cm^2，大型單元電池介於 600 到 800 W/cm^{2}之間)。減少電解質的厚度對於電池性能影響可由圖 9-31 得知，電解質 8YSZ 和 LSGM 在電流密度 300 mA/cm^{2}時的電壓損失與厚度的關係，電解質厚度越薄，電解質的歐姆阻抗也相對降低。

由圖 9-32 得知，在電解質損失小於 50 mV 時，電解質支撐單電池 (LSGM 或 ScSZ 電解質基材，厚度 150 μm) 最低的操作溫度大約 750℃，反之陽極支撐電池理論上操作溫度可以低於 500℃，包括在 650 到 750℃之間有足夠的電池效能，但電解質薄型化相對將機械強度減弱。最早的概念是西門子 - 西屋的管狀陰極支撐電池，陰極支撐單電池的優點是電解質沉積時在陰極和電解質間可達到三相滲透結構，結合 ScSZ 薄電解質層，在中溫操作溫度下可明顯減少極化損失。

金屬支撐平板式 SOFC 目前正在開發中，Lawrence Berkeley 國家實驗室，與 Argonne 國家實驗室已經開發出金屬支撐型電池，以減少質傳阻力和減少昂貴陶瓷材料的使用。這種電池電極厚度約 50 μm，而電解質厚度約在 5 ～ 15 μm 之前。其好處是顯而易見的，但也有需克服的難題，包括要找到相匹配的材料系統，並且要克服金屬和陶瓷介面在操作時所造成的腐蝕和破壞。

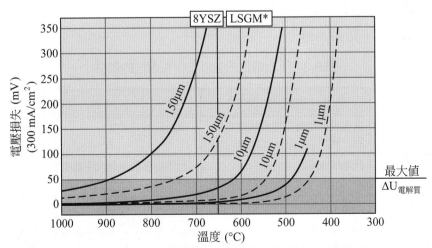

* concluctivity valucs：T. lshhara ct cl. Proc. 5　lntl. Syrnp. SOFC, The Elcctrochcmical Society, 301-310, (1997)

圖 9-31　不同 8YSZ 和 LSGM 電解質厚度在不同操作溫度的電壓損失

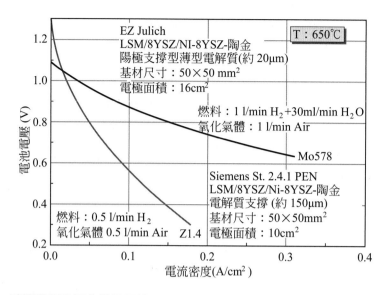

圖 9-32　電解質和陽極支撐單電池 (LSM/8YSZ/Ni-8YSZ) 在 650℃的電流／電壓特性

在美國能源部的 SECA 計畫中有支持金屬連接材平板陽極支撐 SOFC 電池堆的研發。在中溫平板型 SOFC 發展上較為顯著的進展是使用金屬的 "連接板" 連接在薄電解質的兩側，這項發展明顯加速了美國能源能源部的 SECA 計畫。陽極支撐使用金屬連接材所帶來的效益是顯而易見的 (見表 9-3)。

在過去十年，這技術從一科學概念的電池，發展到目前在實驗室規模下單元電池功率密度已可以達到 1.8W/cm² (電池直徑 5cm) (圖 9-33) 和電池堆功率密度初步可達到 300 到 500mW/cm² 之間。

表 9-3　平板電池的最新技術和潛在的效益

	最新技術	潛在的效益
設計	電極支撐型薄型電解質單電池 如：陽極	• 降低電解質阻抗
系統	低溫操作	• 利用金屬連接材和可重覆使用
材料	金屬連接材	• 降低成本 • 降低連接材阻抗 • 解決電池堆熱膨脹的機械性質問題
材料	導電率更佳的電解質材質： Sc-Zr 氧化物 Ce-Gd 氧化物	• 減少橫跨電解質的電壓降

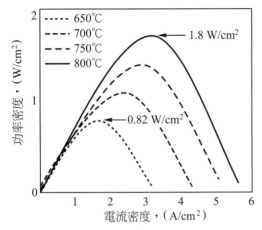

圖 9-33　典型鈕扣型陽極支撐的 SOFC 電池效能

✾ 9-7　SOFC單元電池與電池堆製作技術

9-7-1　平板式 SOFC的單元電池製作技術

目前商業平板式的 SOFC，其製作技術與西門子 - 西屋開發的管式 SOFC 製程技術不同。平板式 SOFC 已克服了管式 SOFC 中雙極連接材的長電路損失，因此平板式 SOFC 系統輸出功率密度比管式 SOFC 系統高得多。但是管式 SOFC 電池堆並沒有高溫密封的問題，而在平板式 SOFC 電池堆中卻存在嚴重的高溫密封問題。目前為止，對需耐中溫及高溫的密封材料尚未有好的解決方法，尤其是封裝後的長期穩定性。為了解決封裝材料及連接板材料的成本及長期穩定性問題，平板式 SOFC 除了通過降低電解質厚度與降低電阻以提高電池性能外，其主要研發方向是針對中溫型 SOFC 進行研發及製作，以緩解高溫密封材料封裝及高溫雙極連接板材料選擇及成本的困境，進而也使平板式 SOFC 系統的製造成本得以下降。中溫型平板式 SOFC 單元電池設計多採用陽極支撐型，也可採用電解質支撐型和陰極支撐型的設計。在平板式 SOFC 電池堆中除雙極連接板外所有的元件如陰極、陽極和電解質都是採用平板狀的，因此可用多種商業化陶瓷製程技術製作，如刮刀成形法、網版印刷法以及它們的組合等。下面以陽極支撐型平板式 SOFC 為例簡述其製作過程。

為了提高電池性能降低電解質阻抗，通常製備中溫型電解質膜 (如 GDC；厚度在 10-20 微米) 可用刮刀成型法、旋鍍法、網印法或濺鍍法製作 (圖 9-34 為刮刀成型所製作出電解質薄帶)。

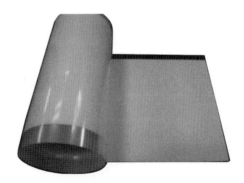

圖 9-34　刮刀成型所製作出電解質薄帶產品

在陽極支撐型板式 SOFC 中，陽極板需提供支撐電池的機械強度，需要的厚度較厚，一般可以用刮刀成型法製作薄帶。一般中溫型陽極材料通常是 Ni/GDC 陶金材料，金屬鎳與電解質 GDC 的比例需進行調整，使其材料的熱膨脹係數與電池其他元件 (如電解質或連接板) 的熱膨脹係數相匹配。按此比例調整 NiO 粉末和 YSZ 粉末的比例，再混合加入一定比例的黏結劑、分散劑、塑化劑、潤滑劑、溶劑 (可以用甲苯和異丙醇或其他溶劑) 和造孔劑 (如碳黑) 一起放入球磨筒中，於球磨機球磨到分散均勻且合適的粒度分佈，再調整混合物漿料到所需要的黏度範圍。把該漿料置入刮刀成型機中，然後連續轉動將漿料刮於以一定速度向前移動的塑膠帶狀基質上，乾燥後形成有一定厚度的陽極薄帶，如需要可用刮刀刮成所需厚度或將薄帶疊壓至所需厚度 (一般在 300-600 μm)，將此厚度的生胚進行脫脂及燒結即可得到陽極基板。另一種製作方法可直接與電解質膜疊壓或使用澆鑄機處把電解質 YSZ 澆鑄在陽極生胚基體上，共同進行脫脂及燒結。電解質膜的厚度要比陽極膜的厚度小得多 (僅 5-20 微米)，因此對於製作電解質膜之刮刀機之性能要求很高。可以透過漿料黏度和刮刀速度的調整來控制電解質薄膜的厚度 (圖 9-35)。

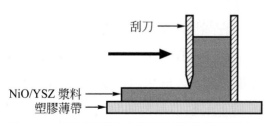

圖 9-35　於刮刀機上的漿料隨薄帶移動形成電解質薄膜

陰極薄膜常用網版印刷技術來製作。陰極材料一般用 LSCF 或 LSCF + GDC 的混合物，GDC 材料的量可用來調整陰極的熱膨脹係數，使其材料的熱膨脹係數與電池其他元件 (如電解質或連接板) 的熱膨脹係數相匹配。把調配好的 LSCF 和 GDC 粉末添加一定比例的溶劑和添加劑，一起放入磨筒中分散均勻且合適的粒度分佈，再調整混合膏體到所需要的黏度範圍。以網版印刷方式將陰極膏網印於電解質膜上 (圖 9-36)，然後在高溫下燒結，製成平板式 SOFC 單元電池。

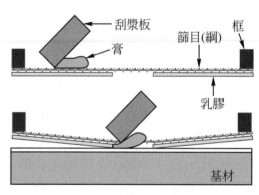

圖 9-36　網版印刷示意圖

9-7-2　平板式 SOFC 單元電池的堆疊與設計

矩形的 SOFC 單元電池堆疊類似於卡帶式重複的堆疊一樣，具孔洞框架之不銹鋼板以供重複性使用，且有一相對應隔離板，在金屬連接材之中置放平板式陽極支撐 SOFC 單元電池，而 SOFC 單元電池一般為 $10 \times 10 \ cm^2$ 大小 (圖 9-37)。連接板 (圖 9-38) 有多種功能，包括提供在陽極與陰極間之氣體隔板，另一方面提供在陽極與陰極間的電流連接與氣流分佈。在電池與金屬板中放置雲母及以玻璃材料(圖9-39)進行密封。將白金線或銀線於電池正負極牽出，以提供檢測，如圖9-40所示。平板型SOFC保持高效率及高密度發電性能很吸引人。但是，為了建構此系統，必須開發良好的封裝技術，才能達到電池堆的功能要求，以滿足所有堆疊設計和系統應用。

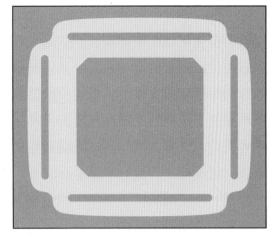

圖9-39 玻璃封裝材料

圖9-37 10×10cm²陽極支撐型 SOFC 單元

電池

圖9-38 不銹鋼雙極板

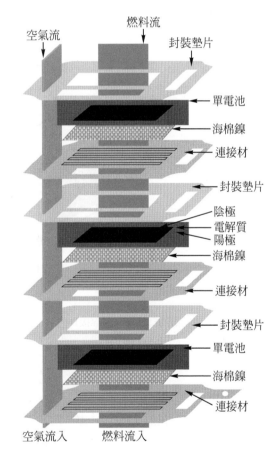

圖9-40 平板式 SOFC 電池堆之製作

許多平板型單一SOFC堆疊設計，已經制定或正在研發中，圖9-41a是典型的平板式 SOFC 堆疊設計。封裝要求沿每個單元電池和相鄰隔板的接面。如果電池是陽極支持型的設計，其中一層厚厚的陽極作為支撐，多孔陽極層於整個堆疊的面積與其暴露在外表的邊緣必須要密封，以防止燃料向外洩漏與空氣燃燒。電池框架的設計 (圖 9-41b) 要小於隔板，無任何氣孔，並加入到包含氣體岐管的金屬框架組成中。封裝法有三種，一個是電池之間的框架 / 隔板組裝形成一個盒式重複單元電池，第二個則是在每個盒式堆疊中封裝。在這兩種設計中，每個重複單元之間封裝後必須不導電，以防止內部短路。此外第三種封裝，使用在堆疊和系統之間有供應燃料的氣管。在一般情況下，該系統包括一個必要的氣體岐管或一組可傳輸的氣體的堆疊基板。

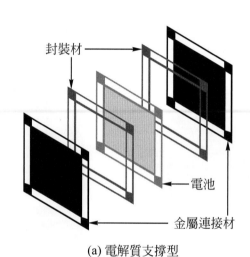

(a) 電解質支撐型

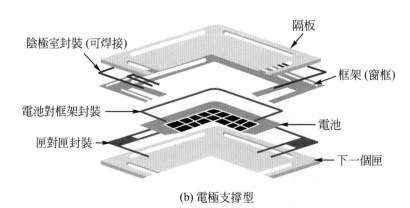

(b) 電極支撐型

圖 9-41 平板式固態氧化物燃料電池 SOFC 堆疊設計 (a) 電解質支撐型 (b) 電極支撐型

堆疊組裝過程中，封裝方式的選擇是影響堆疊設計的重要因素。陶瓷電池通過典型的薄帶生產、網印和燒結的製作過程，形成由一個最少三層：陽極、電解質和陰極堆疊成的膜結構。為了減輕界面反應之間相互擴散而產生有害的相或微結構，後續任何電池表面的處理措施 (如：黏合 / 密封) 必須謹慎地控制其浸潤溫度、浸潤時間和氣氛。其他的考慮項目包括加工、材料成本和大規模量產的可能性。定置型 SOFC 堆疊的條件一般較少受到熱和機械應力的影響，比移動型 SOFC 預計運作至少多十倍的時間。在這兩種情況下，堆疊後之 SOFC 最重要關鍵因素為密封，封裝材料與相鄰的元件必須呈現出最小的反應，在空氣和濕燃料氣體環境中需顯示出高溫化學穩定性。由於封裝膏的選擇緊密關係著 SOFC 堆疊的設計和系統的應用，它依賴多個設計因素，其中包括單元電池堆疊材料和幾何形狀，堆疊裝配順序，整個封裝和其他堆疊組件預期的熱梯度，最大重量和、電池體積、預計外部應力、系統加熱和冷卻速度要求。

圖 9-42 顯示最近使用平面 SOFC 的類型。不同幾何形狀的電池堆顯示在圖 9-42a，矩形的陶瓷電池類似於卡帶式重複的堆疊單位。日本三菱公司測試 15kW 系統中，MOLB 設計的 10000 小時的衰退率為 0.5%，但沒有熱循環，功率密度為 190 到 220mW/cm^2(在實際操作條件下)。降低成本仍是首要需要克服的電池技術，而針對小規模的分散型發電設備，熱循環也是一個需要挑戰的技術。矩形 SOFC 之氣體流動方式分為同向流動、反向流動或交叉流動。而圓形 SOFC 的氣流一般來說從中間以同向流動方式向外流出。其它如螺旋流動排列和反向流動排列方式也曾被考慮。

Sulzer Hexis 藉著超合金連接材的電解質支撐型技術，建立了 110kW 的平板型 SOFC 示範單位。電池系統整合熱水加熱設備，在連續的操作下，表現出每 1000 小時大約有 1 到 2% 的衰退率。

9-7-3　平板式 SOFC電池堆的密封方式

發展可行的 SOFC 系統的其中一個關鍵是開發可靠且廉價的電池堆封裝技術。三個主要的封裝方法目前正在開發：剛性密封 (Rigid Bonded Seal)、壓合式密封 (Compressiv Seal)、複合密封 (Compliant Bonded Seal)。材料化學穩定性只能接受氧化或還原環境下其中一種，這些要求很難同時達成。一些管狀設計可不需要密封，但平板型設計通常需要多重封裝。圖 9-43 所示的為一典型的矩形平板型電池堆的封裝示意圖。對平板型 SOFC 堆疊設計而言，封裝的基本概念及材料的要求必須同時列入考量。

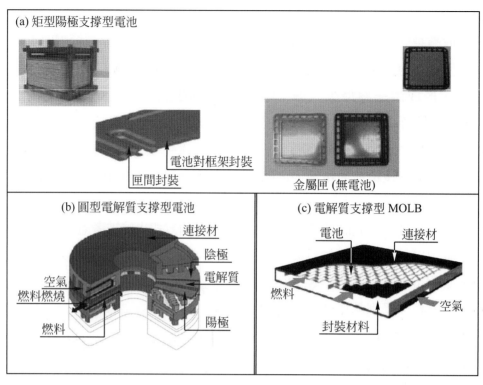

圖 9-42　平面 SOFC 的類型概述 (a) 有金屬連接材的平板陽極支撐模型 (68)；(b) 有金屬連接材的電解質支撐平板 SOFC 技術；(c) 蛋箱型電解質支撐設計和陶瓷連接材

　　SOFC 的發電通常需靠電解質兩側之氧離子梯度進行，因此氣密性是非常重要的。堆疊產生的裂縫或操作時元件退化所產生的缺陷會導致漏氣，使系統性能及發電效率降低，並降低燃料利用率。他們還可能導致溫度下降，甚至在電池堆內部中因燃料混合燃燒而加速誘導元件退化。平面堆疊的設計中電解質層必須緊密地連接到其他元件以在高溫時保持其氣密性。如何使 SOFC 有效黏合、夠薄及保持電化學活性，建立一個具堅固、密封和化學穩定性的封裝是 SOFC 密封的重要挑戰。

　　在預計操作情況下，封裝的基本條件包括：暴露在平均 750℃ 工作溫度、陰極端連續暴露於氧化性氣氛中進行，陽極端暴露在還原氫氣中，預期的設備壽命需超過 10,000 小時以上。

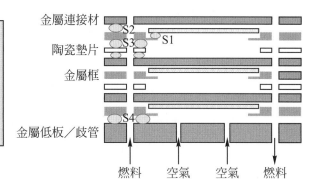

可能的封裝包括：

S1：電池對金屬框

S2：金屬框對金屬連接材

S3：框／連接材對墊片
　　（爲了絕緣）

S4：電池堆對基座歧管片

金屬連接材

陶瓷墊片

金屬框

金屬低板／歧管

燃料　　空氣　　空氣　　燃料

圖 9-43　平板型 SOFC可能的封裝方式

剛性密封在室溫下是一種無法變形的接合方式。因爲是脆性材料所以在遭受溫差大或是和相鄰基板熱膨脹係數不匹配時所產生的拉伸應力就很容易破裂。所以封裝材料必須要和相鄰的基板有匹配的熱膨脹係數 (TEC)，換句話說彼此間的 TEC 要相近。即使是輕微程度的熱膨脹不相配都會造成大量電池裂縫，這可能會導致燃料和空氣在電池堆中分配不平均而造成系統性能較差。因爲這些原因，金屬堆疊元件 (如：框架和分隔板) 通常由鐵基不銹鋼 (TEC 約爲 $12 \sim 13 \times 10^{-6}/°C^{-1}$) 製成，以匹配單元電池的熱膨脹係數 (約 $10.5 \sim 12.5 \times 10^{-6}/°C^{-1}$，取決於電池爲電解質或陽極支撐型)。

封裝材料必須與被封裝材料有良好的潤濕性。剛性封裝的熱膨脹係數和所有其他組件必須密切配合。TEC 匹配性的要求需要一致。黏結溫度應介於操作溫度和電池材料能穩定的極限溫度。有幾個目前常見的SOFC黏結封裝應用 (圖 9-44)，如玻璃及玻璃陶瓷封裝，這類型的封裝具有吸引力，主要原因爲：(1) 黏性與潤濕行爲有助於封裝。(2) 價格低廉，易於製造和應用。(3) 組成範圍廣且易於控制關鍵性質 (如 TEC 和玻璃轉換溫度)。

圖 9-44　玻璃黏結封裝後之固體氧化物燃料電池堆外觀

除了上述的好處，剛性封裝會形成緊密的結構，且不需要施加壓力。形成剛性封裝電池和金屬連接材將有不匹配的熱膨脹因素。如圖 9-45 所示，典型的電池在 10cm 左右，電池材料間因 TEC 不匹配所產生的剪應力約為 17MPa(連接材和陽極邊緣的相對位移幾乎是在 100μm 上下，典型封裝材料的厚度約 200μm，其剪應力封裝將約 17MPa) 大部分玻璃或陶瓷封裝可以承受。到目前為止，對剛性封裝而言，還未發展成熟。玻璃封裝已被證明是有效的短期和中期封裝，但仍有長期的耐久性和熱循環性能問題，需努力解決。

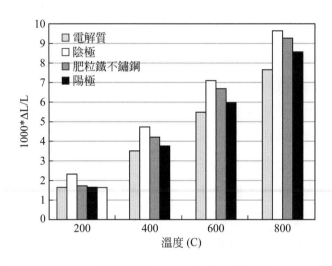

圖 9-45　電池組成在 10 cm × 10 cm 的平板型 SOFC 中會隨著陽極 Ni-Ni-YSZ，電解質 YSZ，陰極 LSM 和連接材不銹鋼而膨脹

然而，玻璃陶瓷封裝具有以下缺點：1. 它們材質脆弱，導致電池封裝在降溫時會失效。2. 若玻璃與電池材料的熱膨脹係數不匹配，易因強度不足而產生裂縫。3. 玻璃材料會與鄰近的連接材產生擴散。4. 一般操作條件下，有些玻璃材料會揮發 (例如硼酸鹽和鹼金屬)，這些成分可能引起不當的電極催化反應或污染其他電池組件。

平板式 SOFC 的壓合封裝，若要形成一個良好的密封可藉由壓合封裝材料與被封裝的表面緊密接合所達成。封裝材料必須能適應操作溫度，並能填補粗糙的表面。壓合封裝提供了一些優點：(1) 能減少在熱循環下之熱應力、(2) 在電池元件間，TEC 不需匹配。(3) 封裝材料容易製造且廉價。不過，也有幾點阻礙需要克服：(1) 如果所使用的材料硬度較高，是很難達到緊密之封裝；(2)

只有少數材料在緊密封裝下能適應電池的操作溫度；(3) 必須提供負載。這種類型的配備是龐大且昂貴。如果部分的負載結構必須維持在較低溫，就比堆疊本身明顯複雜許多，特別是多個堆疊要合併爲大容量系統；(4) 其他堆疊組成必須承受長時間的壓力，這可是一項很大的挑戰，因金屬連接材的潛變強度通常很低 (對中溫型 SOFC 而言，操作溫度在 700 至 800℃ 的範圍)。

近期，雲母和混合雲母封裝已經發展成爲一種可行的技術 (圖 9-46)。雲母封裝有許多適合的特性，如能夠承受熱循環，並能達到可接受的漏氣率，若配合玻璃材料，以填補空隙，漏氣率將大幅減少，仍保有原有性能。固態氧化物燃料電池封裝材料主要有兩種類型的雲母，白雲母 $(KAl_2(AlSi_3O_{10})(FOH)_2)$ 和金雲母 $(KMg_3(AlSi_3O_{10})(OH)_2)$。這兩種雲母物理性質上最重要的差別是 TEC 方面，金雲母高於白雲母。關於雲母基材料封裝性能的熱循環與高溫接觸也已進行了評估。根據金雲母封裝文獻研究熱循環並沒有對漏氣率造成很大的影響。

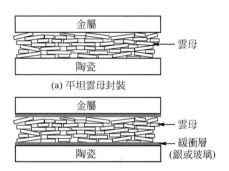

(a) 平坦雲母封裝

(b) 混合雲母封裝家標準層(玻璃或金屬)

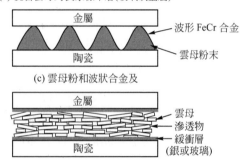

(c) 雲母粉和波狀合金及

(d) 標準層和潤濕雲母的混合雲母封裝

圖 9-46　雲母封裝

參考文獻

1. Jeffrey W. Fergus, "Review Sealants for solid oxide fuel cells", Journal of Power Sources 147 (2005) 46–57.

2. V. Lawlor, S. Griesser, G. Buchingerd, A.G. Olabi, S. Cordinere, D. Meissner, " Review of the micro-tubular solid oxide fuel cell Part I. Stack design issues and research activities", Journal of Power Sources 193 (2009) 387–399.

3. W.Z. Zhu, S.C. Deevi, "A review on the status of anode materials for solid oxide fuel cells", Materials Science and Engineering A362 (2003) 228–239

4. James M. Ralph,z Ce'cile Rossignol, and Romesh Kumar, "Cathode Materials for Reduced-Temperature SOFCs", Journal of The Electrochemical Society, 150 (2003) A1518-A1522.

5. Mogens Mogensen, Karin Vels Jensen, Mette Juhl Jorgensen, Soren Primdahl, "Progress in understanding SOFC electrodes", Solid State Ionics 150 (2002) 123– 129.

6. Daniel J. L. Brett, Alan Atkinson, Nigel P. Brandon and Stephen J. Skinner, "Intermediate temperature solid oxide fuel cells", Chemical Society Reviews 37 (2008) 1568–1578.

7. W.Z. Zhu, S.C. Deevi, "Development of interconnect materials for solid oxide fuel cells", Materials Science and Engineering A348 (2003) 227–243.

8. Jeffrey W. Fergus, "Metallic interconnects for solid oxide fuel cells", Materials Science and Engineering A 397 (2005) 271–283.

9. A. Atkinson, S. Barnett, R. J. Gorte, J. T. S. Irvine, A. J. Mcevoy, M. Mogensen, S. C. Singhal, J.Vohs, "Advanced anodes for high-temperature fuel cells", nature materials 3 (2004).

10. E. Maguire, B. Gharbage, F. M. B. Marques, J. A. Labrincha, "Cathode materials for intermediate temperature SOFCs", Solid State Ionics, 127, p.329-335, (2000)

11. EG&G Technical Services, Inc., "Fuel Cell Handbook (Seventh Edition)", Section 7 SOLID OXIDE FUEL CELLS (2004).

12. W.Z. Zhu, S.C. Deevi, "A review on the status of anode materials for solid oxide fuel cells", Materials Science and Engineering A362 (2003) 228–239.

13. Hideaki Inaba, Hiroaki Tagawa, "Review Ceria-based solid electrolytes", Solid State Ionics 83 (1996) 1–16.

習作

一、問答題

1. 與低溫燃料電池相比，什麼是 SOFC 最重要的優點？論述你的觀點。

2. 在 SOFC 陽極，爲什麼 YSZ 和鎳混合使用？

3. 畫一張 SOFC 示意圖並寫出陽極和陰極的半反應，以及反應物、生成物和離子。

4. 陰極材料 LSM 與 LSCF 敘述其材料有何不同？請於應用面論述你的觀點。

5. 鈰基電解質材料常用於中溫型 SOFC 系統，請敘述其應用於 SOFC 上時的優缺點。

6. SOFC 有幾種自我支撐類型，請繪圖說明。

7. 試將管狀 SOFC 結構畫出其電池堆排列，在環狀電池中氫氣由中心的管狀核供給，而空氣由其週邊供給。

8. 在平板型 SOFC 電池堆製作中，電池與電池間需連接板做結合，請敘述連接板需要有哪些條件？

9. 用於 SOFC 封裝按照加入陶瓷和金屬成分的大致可分爲剛密封，壓密封及複合黏合密封。請敘述每個的優點和限制。

太陽電池材料─矽基太陽電池

⚛ 10-1　矽基太陽電池概況

　　矽基太陽電池顧名思義，爲以矽元素爲主要材料之太陽電池，主要可分爲兩大類。其一爲矽晶太陽電池，利用結晶矽基板爲發電材料，在其上以擴散等方法製作 PN 接面形成太陽電池。另一種爲矽薄膜太陽電池，其爲利用玻璃等基板當載體，在其上以化學沈積等方法沈積不同半導體型 (P,I 或 N) 的矽薄膜，以形成太陽電池，該薄膜矽通常爲非晶 (amorphous) 或微晶 (microcrystalline)

態。矽基太陽電池目前爲世界上最普及之太陽電池，佔了太陽電池市場的八成以上。由於結晶矽和薄膜矽的材料性質懸殊 (表 10-1)，其所構成太陽電池的結構、尺寸、特性、甚至應用方式等，都有很大的差異，其所著重的材料參數也有所不同。本章爲矽基太電池材料之介紹，將針對運用於太陽電池之結晶矽和薄膜矽的材料特性及需求，分別說明於後。

表 10-1　太陽電池之結晶矽與薄膜矽 (非晶) 的材料特性差異

特性	結晶矽	非晶矽
原子排列	規則	不規則
能帶間隙 (eV)	1.1	$1.6 \sim 1.8$
吸收係數 (可見光)	小	大
少數載子擴散長度 (µm)	$10 \sim 100$	$0.1 \sim 2$
電子移動率 (cm^2/V · s)	~ 1000	$0.1 \sim 1$
導電率 (S/cm)	$10^{-4} \sim 10^4$	$10^{-13} \sim 10^2$
空乏層寬度 (µm)	$1 \sim 10$	$0.5 \sim 1$
太陽電池厚度 (µm)	$100 \sim 300$	$0.5 \sim 1$

10-1-1　結晶矽太陽電池概況

1.　矽晶太陽電池的發展

　　利用半導體製作太陽電池的概念，始於 1883 年美國科學家 Charles Fritts

所製造在硒上鍍上金屬構成的簡單結構，當時的效率尙不到 1%。而使用結晶矽爲材料，形成 PN 接面所製作的太陽電池，則在 1946 年由貝爾實驗室的 Russell Ohl 所提出 [1]。到了 1954

年，同樣貝爾實驗室的 Pearson, Fuller, Chapin 等三人發明了類似於現在結構的太陽電池 [2]，效率約為 6%，並在 1958 年正式運用於人造衛星上。其後經過了多年的技術發展，光電轉換效率也已提升到商業化傳統製程 15～19%，商業化特殊製程 19～23%，實驗室的最高效率並可達到 25%。

矽晶太陽電因為其成熟的製程技術與穩定的發電特性，一直為太陽電池發展的主流，但因其發電成本過高，始終無法真正普及，直至進入了 1990 年代，鑑於石油價格所反應的能源短缺、或是溫室效應所造成的極端氣候等環境問題的日益嚴重，才重新受到重視，有了進一步發展的契機。其後隨著個人住宅及公共措施裝設的逐漸普及，產量開始有顯著的進展，而從 2000 年後，每年都平均維持者 30% 左右的成長率。一般預估未來十年仍將以結晶矽太陽電池為主，現今太陽電池市場單晶矽、多晶矽加起來佔了將近九成的市佔率。

矽晶太陽電池的產業，依上下游可分為幾個階段 (圖 10-1)，首先是最上游的多晶矽原料提煉，此一階段的產品為多晶矽晶塊 (polysilicon chunk)。其次為矽晶圓廠，即利用多晶矽晶塊，使其融熔後再結晶，以形成一成塊之晶碇 (ingot)，再將晶碇方切，切片後使成為一片片之晶圓 (wafer)。然後為電池廠，亦將晶圓經過擴散等半導體製程以製作電池 (cell)。接著為模組廠，將一片一片的太陽電池，經過焊接與串並聯，再以玻璃、背板等壓合，即成太陽電池模組 (module)。最後，將模組搭配變壓器、交直流轉換器，或蓄電池等連接成電路，裝設於居家、設施等，稱之為系統 (system)。

2. 矽晶太陽電池的結構及製程

而矽晶太陽電池的結構，其主體為一矽基板，通常為 P 型。電池表面以鹼或酸液蝕刻製成一凹凸不平的粗糙化表面，以增加光線的吸收，稱為織構化 (texturization) 製程。基板正面擴散一 N 型半導體層，以形成一 PN 接面，為主要發電作用之處。其後在表面沈積一層氮化矽 (SiN) 等材質所構成之薄膜，其厚度經過適度的計算，可再增加光線的吸收，稱為抗反射 (anti-reflection) 層。最後，分別在電池正面及背面製作金屬電極，以取出電流，此電極在矽晶太陽電池中通常以網印 (screen printing) 方法製作，正面電極因為其為光線的入射面，需要考慮光線的通過，通常會製作成柵 (grid) 狀，包含收集電流的指狀電極 (finger)，以及將電流導出的匯流電極 (busbar)。背面電極則會覆蓋整個背表面。正背面之間會以雷射切割等施以絕緣製程，以防止正背面之間的導通 (shunt)。以上描述為一傳統的矽晶太陽 電池結構。圖 10-2 所示則為矽晶太陽 電池的結構示意圖。

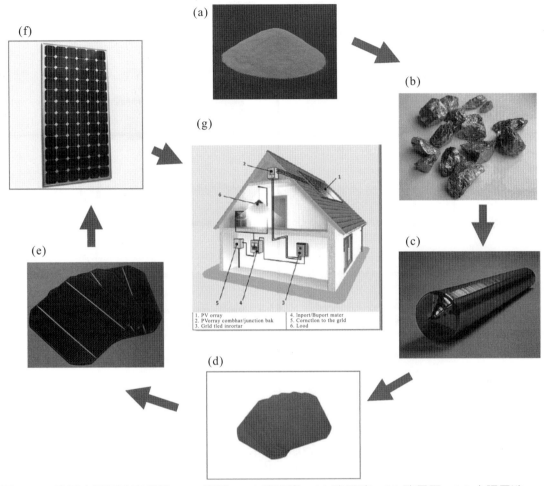

圖 10-1　矽晶太陽電池產業鏈：(a) 矽砂　(b) 矽晶塊　(c) 矽晶碇　(d) 矽晶圓　(e) 太陽電池　(f) 太陽電池模組　(g) 太陽電池系統

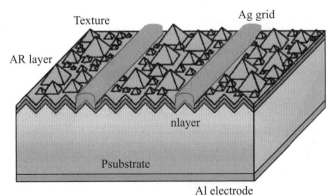

圖 10-2　矽晶太陽電池的斷面示意圖

圖 10-3 介紹目前最普遍的標準太陽電池製程，但除此之外，尚有使用黃光微影製程的 PERL 結構 [3]，日本 SANYO 公司所開發的 HIT 結構 [4]，美國 Sunpower 公司所開發的 IBC 結構 [5] 等，均使用了可提升效率之特殊結構及製程，但其所伴隨之成本亦隨之提高。

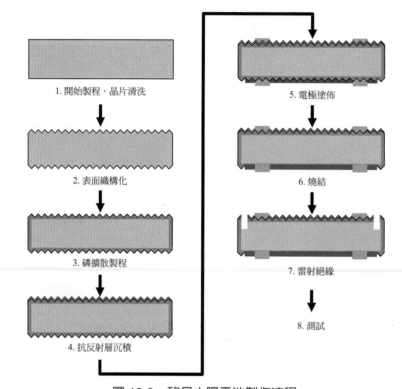

1. 開始製程‧晶片清洗
2. 表面織構化
3. 磷擴散製程
4. 抗反射層沉積
5. 電極塗佈
6. 燒結
7. 雷射絕緣
8. 測試

圖 10-3　矽晶太陽電池製作流程

3. 矽晶太陽電池的原理

當光線入射到太陽電池時，若入射光子的能量大於基板材料原子的能帶間隙 (矽原子 = 1.1eV)，則能將原子價電帶的電子激發到導電帶，形成一電子電洞對。被激發的載子在基板中首先會以擴散方式移動，其後被該 PN 接面所形成的內建電場所吸引，若如上述基板為 P 型，擴散層為 N 型的情況，電子會被吸往基板表面，而由正面電極所吸收，電洞會被吸往基板本身，而由背面電極所吸收，此時若在太陽電池正背面加上一負載，以形成一迴路，則將形成電流之導通，得以驅動負載而做功，如圖 10-4 所示。

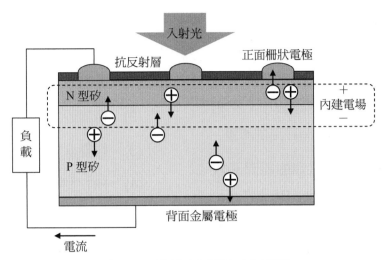

圖 10-4　矽晶太陽電池工作原理

4.　矽晶太陽電池的特色

如上所述，矽晶太陽電池為一發展歷史悠久，技術相對成熟，市場佔有率大之產業，矽晶太陽電池特色整理如下：

(1)　矽為地球上蘊含量第二大之元素，其材料來源不虞匱乏，且矽材料本身不會對環境造成污染。

(2)　由於半導體業的發展，其基本技術成熟，環境建構完備。

(3)　光電轉換效率高，特性穩定。

(4)　使用壽命長，一般正常情形下，可以維持 20 年以上的連續使用。

(5)　市場佔有率大，目前市面上有將近 80% 為矽晶太陽電池。

10-1-2　矽薄膜太陽電池概況

以上所述的矽晶太陽電池，通常被稱為第一代太陽電池。然而矽晶太陽電池的生產成本較高 (例如生產時所需能量及原料價格)，而另一種較便宜的第二代太陽電池，即為矽薄膜太陽電池 (thin film silicon solar cell)。由於矽晶太陽電池的基板主要是由矽錠經過切片後形成矽晶片，其厚度約為～ 200μm。矽薄膜太陽電池則利用氣體 (矽甲烷 SiH_4 和氫氣 H_2) 反應後，在低溫製程下將矽薄膜沈積於便宜的基板上 (例如玻璃)，矽薄膜厚度約為～ 0.3μm。矽晶與矽薄膜以厚度比較，如圖 10-5 所示，矽薄膜太陽電池的優點如下：

(1)　矽薄膜厚度非常薄 (約 0.3μm)，大約為矽晶太陽電池 (200μm) 的 1/600 倍。

(2) 矽薄膜技術可製作大面積的太陽電池。

(3) 矽薄膜太陽電池所需的材料及生產所需耗能較小,在相同材料成本下有較高的產量。

(4) 矽薄膜太陽電池的能源回收期 (Energy Pay-Back Time)較短,約為 1.6 年,而矽晶太陽電池則為 2.2 年。

矽薄膜太陽電池的分類如表 10-2 所示,可分為:

(1) 非晶矽太陽電池

(2) 微晶矽太陽電池

(3) 堆疊型太陽電池

(4) HIT 太陽電池

其中 HIT 太陽電池為在矽基板上面鍍矽薄膜之太陽電池,可說兼具兩者之特性。

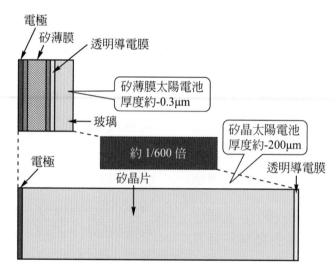

圖 10-5 矽薄膜與矽晶太陽電池的比較

表 10-2 矽薄膜太陽電池的種類

矽薄膜 (Silicon thin film)	非晶矽 (Amorphous silicon, a-Si)	玻璃 (Glass) 不銹鋼 (Stainless) 塑膠或聚合物 (Plastic or polymer)
	微晶矽 (microcrystalline silicon, μc-Si)	
	堆疊型 (tandem, a-Si/ μc-Si)	
	異質接合型 (HIT, a-Si/c-Si)	矽晶片 (Silicon wafer)

不同於矽晶太陽電池的高溫製程，矽薄膜可於低溫鍍在基板上，低溫的優點主要為降低熱膨脹所產生的應力、避免高溫引起基板的雜質擴散到太陽電池的吸收層，同時可使用便宜的基板 (例如玻璃基板)，取代矽晶太陽電池昂貴的矽晶片。矽薄膜太陽電池技術在商業上的應用，利用廉價的基板、高速鍍率、低溫製程，可運用 TFT 的技術，成功的將太陽電池擴展到大面積的生產。市售的硼玻璃 (borosilicate glass) 的軟化溫度低於 600℃，玻璃是一種很適合於低溫製程的基板，具有價廉、可穿透、絕緣、化學穩定性佳、耐候、易回收等優點。

對於矽薄膜的研究已進行約 30 幾年，自從 Sterling 和 Swann 在 1965 年發表利用輝光放電法以 SiH_4 氣體製造矽薄膜，Chittick 在 1969 年以相同方式製造了非晶矽薄膜具有很好的光電特性，並且優於蒸鍍或濺鍍法製膜。Vepřek 和 Mareček 在 1968 年將微晶矽薄膜鍍在玻璃基板上，同時使用了氫電漿及化學沈積法。Spear 和 LeComber 在 1975 年，添加 PH_3 或 B_2H_6 氣體，與 SiH_4 混合後經輝光放電將薄膜製備成 *n*-type 或 *p*-type 的矽薄膜。Carlson 及 Wronski 在 1976 年製作非晶矽薄膜太陽電池，效率為 2.4%。在 1983 年 Matsuda 指出微晶矽薄膜可於高功率、高氫氣比的條件下鍍膜。

a-Si：H 鍍膜速率與效率的關係如圖 10-6 所示，鍍膜速率增加，效率卻降低。目前太陽電池的鍍膜速率通常為 1-2nm/s，而 μc-Si：H 的鍍膜速率約 < 1nm/s。

太陽電池的特性 (開路電壓、短路電流密度、填充因子、效率) 如表 10-3 所示。短路電流密度與開路電壓之理論值與表 3 的比較於圖 10-7 所示。目前矽薄膜太陽電池之效率及發電量仍不如傳統矽晶太陽電池，近年來矽薄膜太陽電池的研究著重於研發多層堆疊型太陽電池、矽薄膜材料穩定度、提昇效率、增加鍍膜速率、降低生產成本等。矽薄膜太陽電池具有不受矽原料短缺的影響、電池封裝後的外型適合應用與建築一體整合、薄膜製程技術與 TFT 面板技術接近、容易結合低成本的基板與國內成熟的設備搭配，具有相當大的發展潛力。

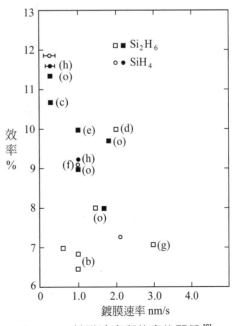

圖 10-6　鍍膜速率與效率的關係 [6]

表 10-3 太陽電池特性 [7]

太陽電池	面積 (cm²)	開路電壓 Voc (V)	短路電流密度 Jsc (mA/cm²)	填充因子 FF	效率 η %
c-Si	4.0	0.706	42.2	82.8	24.7
GaAs	3.9	1.022	28.2	87.1	25.1
Poly-Si	1.1	0.654	38.1	79.5	19.8
a-Si	1.0	0.887	19.4	74.1	12.7
CIGS	1.0	0.669	35.7	77.0	18.4
CdTe	1.1	0.848	25.9	74.5	16.4

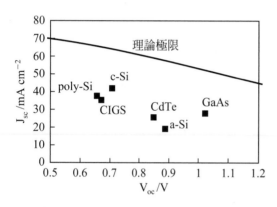

圖 10-7 理論值與表 3 的比較 [7]

❀ 10-2 矽晶太陽電池材料與技術

矽晶太陽電池一般分為單晶矽與多晶矽太陽電池兩種，差別僅在於所使用的為單晶 (monocrystalline) 或多晶 (multicrystalline) 矽晶圓。單晶矽晶圓為一完整的結晶，由緩慢旋轉拉晶而成的圓柱體晶碇 (ingot)，四邊方切後切片而成，故在四角會有四個倒角；多晶矽晶圓則由整鍋矽熔湯，鑄造而成的立方體晶碇切片而成，含有各種結晶方向不同

之晶粒 (圖 10-8)。目前主流之晶片尺寸為 156mm 見方，厚度約 200μm，此二種太陽電池製程結構相近，但也由於其材料特性上之少許差異，製作太陽電池時所需考量之製程重點便稍有所不同。

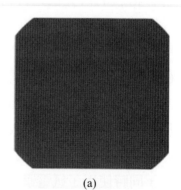

(a)

(b)

圖 10-8 (a) 單晶矽晶圓與 (b) 多晶矽晶圓

不論是單晶矽 (mono-crystal) 晶片或多晶矽 (multi-crystal) 晶片，其原料的來源都是由矽砂 (silica sand) 所提煉的高純度多晶矽原材料 (polysilicon)，此多晶矽原材料，相同於製作積體電路用半導體晶圓的材料，但因等級而可概分為半導體級矽材，或是太陽電池等級材料，一般而言半導體級矽材的純度在 11N(11N 意即 99.999999999%)，而太陽電池等級材料約在 7N ～ 9N。在 2000 年以前，太陽電池使用的的矽材因用量不多，來源多為在半導體晶圓製造過程中的較低等級的材料，但還是保有相當高的純度。但近年來因為太陽電池市場快速成長，原本半導體的餘料已不敷所需，遂有專門為太陽電池製作的材料生產，也開始開發了一些較低成本，較低純度的太陽電池多晶矽材料提煉技術。

多晶矽材料的提煉－西門子 (Siemens)法

西門子法為目前用於純化半導體級矽晶材的方法，其特點為純度高，耗能大，成本較高，其方法為首先將高純度的矽砂 (SiO_2)，在電弧爐內經過 1800℃ 的吸熱反應，還原成冶金級的多晶矽原料 (metallurgical silicon)，其純度約為 98%。其後，將冶金級的多晶矽在流體化床反應槽裡，以鹽酸 (HCl) 轉換為三氯矽烷 ($SiHCl_3$)。最後經過分餾以提高純度後，在反應爐內使其與氫氣產生反應，此時高純度的矽晶便會沈積在晶棒上 (圖 10-9)。再將之敲下，經酸洗、乾燥等過程，便成為一般所謂的多晶矽原料 (polysilicon chunk)。其化學反應式如下：

(1) $SiO_2 + 2C \rightarrow Si\,(MG) + 2CO$ － 冶金級多晶矽

(2) $Si\,(MG) + 3HCl \rightarrow SiHCl_3 + H_2$ － 三氯矽烷

(3) $SiHCl_3 + H_2 \rightarrow Si\,(Poly) + 3HCl$ － 高純度多晶矽

多晶矽材料的提煉－其他替代方法

除了西門子法以外尚有其他被開發出來的方法，嘗試以更經濟的方法生產多晶矽，美國 Union Carbide 公司所開發的矽烷 (SiH_4) 熱分解法 [9]，其利用在高溫時矽烷會分解成 Si 及 H_2，而 Si 會沈積在晶種上。另有德國的 Wacker 用流體化床法 [10]，將 $SiHCl_3$ 以氫氣進行還原，並沈積在流動的矽晶種上，可得到比傳統西門子法更快的沈積速度。日本的 Tokuyama 則開發所謂 VLD 法 (vapor to liquid)，其以較高的溫度進行 $SiHCl_3$ 與 H_2 的還原反應，再將生成的 Si 熔融後落下使之凝結。

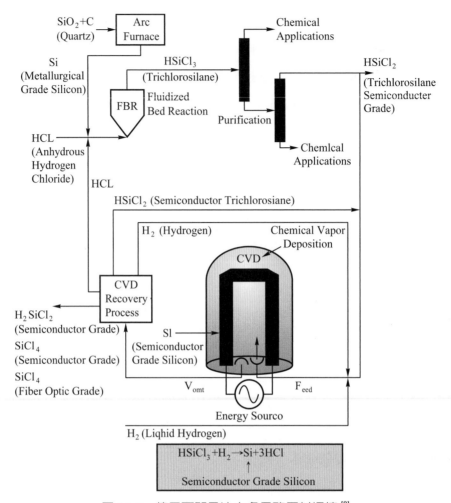

圖 10-9　使用西門子法之多晶矽原料提煉 [8]

除此之外，針對太陽電池的多晶矽原料，另有許多新的製造方法被開發，如 SRI 開發的鈉還元法、冶金法 [11]等，擬以一些較低成本的方法，開發純度較低的太陽電池級多晶矽材料，但在成本效益或純度上，目前尚未到達可產業化的階段。表 10-4 表示了太陽電池級多晶矽原料所需的材料純度規格，其中有些金屬元素，如鈦 (Ti)、釩 (V)、鐵 (Fe) 等，易於造成載子的再結合中心，稱為 lifetime killer，太陽電池級多晶矽原料對於這類元素的要求特別嚴苛。

表 10-4　太陽電池級多晶矽原料所需的材料規格 [12]

材料	規格
金屬 (總量)	< 0.1ppm
鈦 (Ti)	< 0.001ppm
釩 (V)	< 0.002ppm
鐵 (Fe)	< 0.02ppm
碳 (C)	< 4ppm
氧 (O)	< 5ppm
硼 (B)	< 0.3ppm
磷 (P)	< 0.1ppm

10-2-1 單晶矽太陽電池材料

　　單晶矽及多晶矽同為結晶態的矽元素，其實大部份的特性相同，只是多晶矽必需針對晶界、雜質的影響特別加以考慮，本書將在本單晶矽的章節中，針對結晶矽一般的材料特性與單晶矽的製作方法進行論述，下一節再針對多晶矽特有的考量做一補述。

1. 結晶矽的材料特性

　　矽為立方的鑽石結構 (diamond structure)，如圖 10-10 所示，每個矽原子有四個鍵 (tetrahedral bond)，形成如圖 10-11 的鍵結形式，分別與鄰近的矽原子鍵結。結晶矽為一種半導體，在太陽電池中，影響電池效率最重要的幾個特性分別為能帶間隙、光吸收係數、載子存活期、電子移動率等，但結晶矽的電子移動率相當高 (～ $1000cm^2/V \cdot s$)，故在實際應用上，並不特別加以考慮。

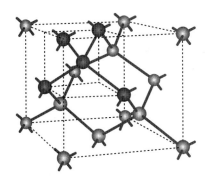

圖 10-10 矽結晶格子的立方型鑽石結構示意圖[13]

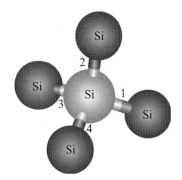

圖 10-11 矽原子鍵結示意圖。四重配位情況，一個矽原子與鄰近的四個矽原子形成共價鍵結

矽的半導體特性

　　所謂半導體，即為一種材料，其特性介於導體和絕緣體之間，其所以會呈現這種特性，是因為當其材料結晶時的原子排列，會使原子最外層的電子軌域，和其他內層電子軌域，分開成為兩個能帶，分別稱為價電帶與導電帶，處於導電帶的電子可自由移動，藉以形成電流；價電帶軌域若有形成電子的空缺，亦可以電洞的形式傳導電流。而價電帶與導電帶之間的能量差，就稱為能帶間隙。而當晶體材料的能帶間隙不是非常大，約在 1 ～ 2eV 之間，使處於價電帶的電子可因外來能量的激發而躍遷到導電帶，即稱此種材料為半導體。

　　結晶矽為一種半導體材料，其原子序為 14，最外層軌域有 4 個電子，當其形成鑽石結構的矽結晶時，其每一個電子分別和其相鄰的矽原子的外層電子形成共價鍵，此一軌域形成價電帶，並與其再上一層的導電帶電子能帶，以一能帶間隙相隔，這個能帶間隙在矽晶體為 1.1eV(圖 10-12)。

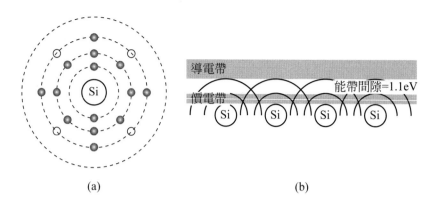

(a)　　　　　　　　　　　　(b)

圖 10-12　　(a) 矽的原子結構與 (b) 能帶

當矽結晶無任何外來原子摻雜時
(本質半導體)，即使因為溫度或光線的
影響，使一部份的價電帶電子被激發到
導電帶，還是難以有良好的導電特性，
故通常會在矽結晶中摻雜一定成分的其
他元素，使其為 N 型或 P 型，以增加其
導電特性。在矽中，若摻雜 5 價 (最外
層有 5 個電子) 的元素，如磷、砷等，
則半導體為 N 型，因其有多餘的電子會
位於導電帶，故可藉由該自由電子進行
電流的傳導。若摻雜 3 價 (最外層有 3
個電子) 的元素，如硼、鋁等，則半導
體為 P 型，因其有多餘的價電帶會有電
子的空缺，故可藉由電洞進行電流的傳
導。圖 10-13 表示本質半導體矽、N 型
矽、以及 P 型矽的原子結構示意圖。

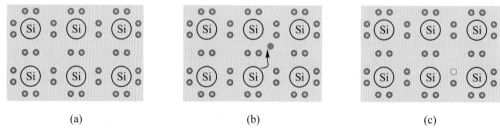

(a)　　　　　　　　　(b)　　　　　　　　　(c)

圖 10-13　矽的 (a) 本質 , (b)N 型 , (c) P 型原子結構示意圖

矽的光吸收特性

當光線照射到半導體時，如果光子
的能量大於能帶間隙，則該光子可將價
電帶的電子激發到導電帶，形成電子電
洞對，此時光會被半導體所吸收。而材
料吸收光的難易程度，可由光吸收係數
表示。光吸收係數的定義為，若 x 表光
入射材料的深度，假設材料的表面為 x
= 0，而入射於材料入的光強度以 $\Phi(x)$
表示，則光強度會隨入射深度呈指數衰
滅：

$$\Phi(x) = \Phi_0 \exp(-\alpha x)$$

則稱 α 為光吸收係數，光吸收係數為波長的函數，對於能量比能帶間隙小的光子，由於不被材料吸收，所以光吸收係數為 0。光吸收係數亦隨材料而有很大的差異，由於矽為一間接半導體，意即價電帶的電子躍遷到導電帶必需伴隨電子動量的變化，其發生較不易，故其光吸收係數較小。圖 10-14 表示各種不同材料的光吸收係數對波長的關係。

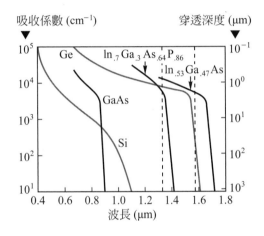

圖 10-14　不同材料的光吸收係數 [14]

由以下範例可以知道光吸收係數的應用，舉例而言，矽的光吸收係數對於 800nm 能量的光為 $1000cm^{-1}$，若要計算可以吸收 95% 以上的光線的矽基板厚度，則由

$$\exp(-1000\,x) \geqq 1-0.95 \rightarrow$$
$$x \geqq 0.03cm$$

可知至少需要 $30\mu m$，方能吸收 95% 以上的 800nm 光線。

載子的再結合與載子存活期

當光線入射到半導體時，會將位於價電帶的電子激發到導電帶，但這些被激發而成的自由電子，在導電帶存留一短暫時間後，即會與電洞進行覆合，回到價電帶而不再有自由電子的作用，稱為載子的再結合 (recombination)。表示此再結合難易的程度，可用載子存活期 (carrier lifetime)，或載子的擴散長度 (diffusion length) 來表示，載子存活期的定義為，假設當時間 $t = 0$ 時，因光線照射激發載子而使載子密度從 n_0 增加到 $n_0 + \Delta n$，而其後的載子密度隨時間的變化以 $\delta_n(t)$ 表示，則載子密度會隨時間呈指數衰減：

$$\delta_n(t) = \delta_n(0) \exp(- t /\tau_n)$$

則稱 τ_n 為載子存活期 (圖 10-15)，載子存活期越大者，表示晶體的品質越高，載子可在導電帶停留越久。

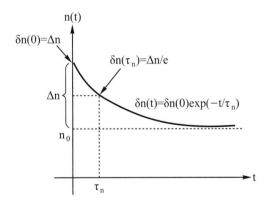

圖 10-15　材料的載子存活期

而另一個與載子存活期相對應的表示，稱爲載子擴散長度 L_n，可視爲載子在存活期內可行走的距離，擴散長度與存活期，藉由材料的擴散係數 D_n 有如下的關係：

$$L_n = (D_n \cdot \tau_n)^{1/2}$$

在太陽電池中，被光所激發的載子，需要在再結合之前被電極取出，否則不能爲人所利用，故在太陽電池的設計上，希望可以有大於基板厚度的擴散長度，結晶矽的擴散係數對應於雜質濃度的關係如圖 10-16 所示，在雜質濃度大時因爲散射的關係，擴散係數較小。

而在結晶矽中的載子存活期會隨結晶品質而有很大的差異，在多晶矽上約爲 $1 \sim 100\mu s$，而高品質的單晶矽可到數百～ $1000\mu s$。

舉例而言，考慮雜質濃度爲 1.5×10^{15}#/cm³的 P 型矽基板 (電阻率～ 1ohm · cm) 中的擴散長度，從圖中可知其擴散係數～ $40cm^2/sec$，所以若其載子存活期爲 $4\mu s$，其電子擴散長度約爲 $L_n = (D_n \cdot \tau_n)^{1/2} = 126\mu m$，故若基板厚度爲 $200\mu m$ 時，所產生的載子只夠移動到約基板的一半即會被再結合，不可能得到很高的效率。

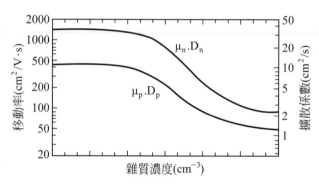

圖 10-16 矽的擴散係數對雜質濃度的關係

2. 單晶矽的製程

單晶矽的結晶成長主要分爲 CZ(Czochralski) 與 FZ(Floating zone) 兩種，CZ 法普遍使用於半導體產業，FZ 法則可成長更高純度的結晶。分述其製程如下：

(1) CZ法

圖 10-17 爲 CZ 法進行結晶成長的示意圖，先將作爲原料的多晶矽材料置於石英坩鍋中，在氬氣或真空環境下，加熱至約 1400℃ 使其熔解，其後將晶種慢慢浸入熔湯中，一邊旋轉一邊向上拉升，以成長和晶種結晶方向相同的圓柱形晶碇。以 CZ 法成長的單結晶，因使用了石英坩鍋進行原料的熔融，故內含有 $10^{17} \sim 10^{18}$ #/cm³的氧。此晶體中的氧，在硼摻雜的晶體中會

造成太陽電池效率的衰減，但亦可增加晶體的機械強度。

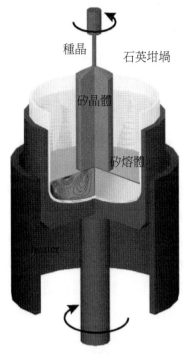

圖 10-17　CZ 法成長單結晶矽晶碇示意圖 [15]

在結晶成長的過程中，為了預先將晶體摻成 P 型 (或 N 型)，會在上述熔融的步驟進行加料的作業，摻雜物在 P 型通常為硼，在 N 型通常為磷。太陽電池對於摻雜後的電阻率 (resistivity) 有一定的要求，在常用 P 型基板中，通常會調整在 0.5 ～ 3ohm · cm 之間。

另外，有一種改良式的 CZ 製程，稱為 MCZ(Magnetic field applied CZ) 製程，其為在拉晶的過程中外加磁場，以抑制融液的對流，藉以減少從坩鍋熔入熔湯的氧含量。另外，抑制融液的對流亦可減少在融液表面附件的溫度變動，

與一般 CZ 法成長的結晶比可得到較高品質的結晶。

(2)　FZ法

FZ 法通常用於較高品質的結晶，其先以線圈加熱器將棒狀的原料矽局部熔融，而當其熔融區域再結晶時，被晶種所導引而形成單結晶。拉晶時，將晶種一邊旋轉一邊向下移動，熔融帶則向下移動，故熔融帶的下方為結晶成長區域 (圖 10-18)。FZ 法的特點為在製造時不需使用到坩鍋等容器，在熔解到固化的過程中，除了周圍的氣體外並不會接觸到任何物質，故可以得到純度很高的結晶。有許多創世界紀錄的高效率太陽電池，皆是使用載子存活期高達數百 μs 的高品質晶圓來達成。

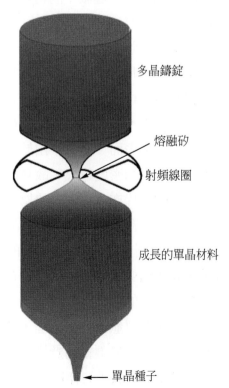

圖 10-18　FZ 法成長單結晶矽晶碇示意圖 [16]

10-2-2　多晶矽太陽電池材料

1. 多晶矽的材料特性

多晶矽材料的特性基本上與單結晶相同，但其最大的特徵是其由多數的晶粒 (grain) 所構成，且每一個晶粒的大小、晶向皆不盡相同。其中各個晶粒雖然是為單結晶，但其晶界 (grain boundary) 上卻存在者很多的缺陷，而容易導致載子的再結合。且由於其長晶製程的影響，結晶內部的缺陷或金屬雜質密度均較高，故其載子存活期較單晶矽材料為短。

(1) 晶界的影響

晶界就如同晶體表面，存在有很多未鍵結的懸擺鍵 (dangling bond)，故容易引起載子的再結合。故當晶界的方向平行於基板表面時，由於光照射所產生的載子要達到兩側電極時必需橫過晶界，很容易在此發生再結合而損失，故在電池的設計上，晶圓切割時晶界最好垂直於基板表面。另外，由於晶粒越小其晶界的密度越大，故具有較小晶粒的晶片亦會有較小的擴散長度 (或載子存活期)，基本上晶粒較大的晶圓能製作效率較高的電池。圖 10-19 為多晶矽基板的粒徑和擴散長度的關係。要減緩晶界的影響，可施以氫氣鈍化處理，利用氫原子來封止無鍵結的懸擺鍵，來達到抑制其對載子的作用。

除了載子的再結合外，晶界亦會影響到太陽電池的漏電流 (shunt)，就太陽電池的內部而言，因為其電壓和電流的方向相反，若在 PN 接合上橫跨有晶界，其將成為容易發生漏電流的路徑，而導致電池特性的降低。

(2) 晶粒內缺陷的影響

晶粒內缺陷對載子存活期或擴散長度的影響，會隨缺陷種類而有所差異，所以不易有一個解析上的評估。圖 10-19 表示典型線缺陷 (dislocation) 密度對於晶體擴散長度的關係，線缺陷會造成晶體上的蝕刻孔 (etch pit)，欲分析蝕刻孔可將晶片在酸液中進行蝕刻後，在顯微鏡下觀察並計算蝕刻孔密度 (etch pit density)，是為評估晶體品質的重要指標之一 (圖 10-20)，蝕刻孔密度越小，結晶的擴散長度也越長。但實際上，有較強捕獲載子作用的通常為晶體缺陷與雜質相結合所生成的沈澱 - 缺陷複合體 -(precipitate -defect complex, PDC)，故缺陷無法和雜質分開進行討論。

另外，基板中的缺陷並不僅在晶體成長的過程中形成，在太陽電池製作的過程中，亦會因高溫製程的影響，而造成缺陷的增長、收縮或移動，以及雜質的析出及溶解等作用之故。要減緩缺陷的影響，可對晶界以氫氣鈍化處理之。

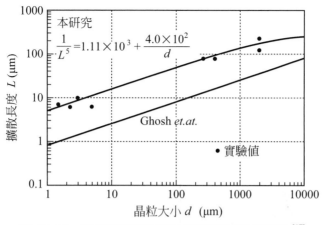

圖 10-19　多晶矽基板的粒徑和擴散長度的關係 [17]

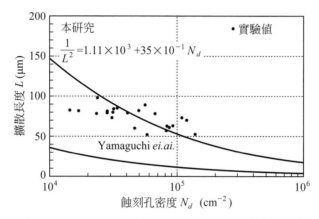

圖 10-20　多晶矽蝕刻孔密度和擴散長度的關係 [17]

(3)　雜質的影響

　　圖 10-21 為矽晶體中金屬雜質對於太陽電池效率之影響，某些元素如鐵 (Fe)、鈦 (Ti)、釩 (V) 等易在能帶間隙中間形成缺陷，即使密度不高，亦有很大的影響，被稱為壽命殺手 (lifetime killer)。且這些元素通常會大量含於原料的冶金級矽中，必須在後續的純化或提煉過程中予以去除。

　　若在提煉過程中有未被去除者，在長晶的過程中尚有純化的機會，而在製程晶圓之後，尚可以吸除技術 (gettering) 予以排除。實際上，太陽電池製程中的磷擴散、或電極燒結時的背面電場 (BSF) 形成的過程中，都有吸除的作用，有助於效率的提升。

　　另外，晶片中的氧 (O) 含量亦會影響太陽電池的特性，已知晶體中的氧原子，會和 P 型基板中的

硼 (B) 鍵結,造成太陽電池在照光後的效率衰減。相對地,摻雜雜質為鎵 (Ga) 的晶片即無此現象,圖 10-22 表示晶片中氧含量對於光衰

的影響。但實際上,因為單晶 CZ 晶片使用石英坩鍋進行長晶,基板中氧的影響在單晶太陽電池要大於多晶。

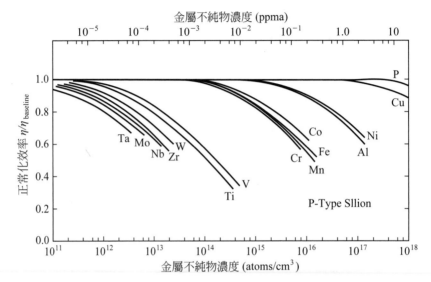

圖 10-21　p-type 基板中雜質密度和效率的關係 [18]

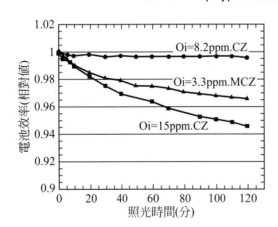

圖 10-22　晶片中氧密度和效率衰減的關係 [19]

2. 多晶矽的製程

多晶矽的結晶成長方法,主要可分成兩大類,其一為鑄造法 (casting),另一為帶狀矽 (ribbon) 成長法,分別將兩種方法分述於後:

(1) 鑄造法

所謂鑄造法,即所謂方向性凝固 (directional solidification) 長晶,將熔融態的矽從單方向慢慢凝固使之結晶化。而近來隨者太陽電池市場成長的需求,其所製造的晶碇尺寸規模也日益增大,目前已可製作出 200 ～ 300kg 規格的大型晶碇。其成長方法以熱交換法 HEM (Heat exchange method) 或電磁冷鑄造 EMC(Electromagnetic cold casting) 法為代表,HEM 法為將矽的熔融液倒入坩鍋中使其緩慢冷卻,可得到粒徑在數 mm 以上的高品質結

晶。而 EMC 法則是使用電磁誘導加熱，使減少矽熔融液與坩鍋壁的

直接接觸，以製作晶碇，氧、碳等雜質含量少爲其特微。

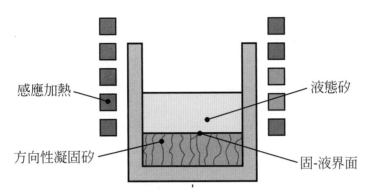

感應加熱

液態矽

方向性凝固矽

固-液界面

圖 10-23　鑄造法製作多晶矽之示意圖 [9]

(2)　帶狀矽 (ribbon)成長法

所謂帶狀矽 (ribbon) 成長法，是爲了避免將晶碇切割成晶片時，會因切割損失 (kerf loss) 而造成材料的浪費，所開發出將熔融矽直接製作成帶狀之方法。限邊薄片續塡生長 EFG(Edge-defined Film-fed growth) 法是在石墨製的細長坩鍋內，使矽熔融液以毛細現象滲入而固化，其在結晶的過程中不需要與平台之接觸，故可以得到較高品質的結晶，其薄型化與厚度均勻度的控制稍爲困難，但已有量產之產品上市。此外，另有如帶狀成長 RGS(Ribbon growth on substrate)法、串帶成長 STR(String ribbon) 法、樹枝狀腹板 WEB(Dendritic web) 法等。

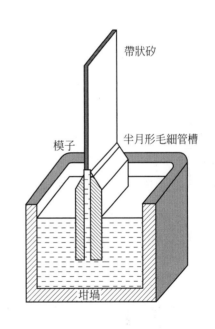

帶狀矽

模子

半月形毛細管槽

坩堝

圖 10-24　帶狀矽成長多晶矽之示意圖 [9]

⚛ 10-3 矽薄膜太陽電池材料與技術

矽薄膜不同於結晶矽，矽薄膜為氫化非晶矽 (hydrogenated amorphous silicon, a-Si：H) 或氫化非晶矽與氫化微晶矽 (hydrogenated microcrystalline silicon, μc-Si：H) 的混合相。有關於在本書中所提及的矽薄膜有不同的型態，定義如表 10-5 所示，可分為非晶矽 (a-Si)、微晶矽 (μc-Si)、多晶矽 (poly-Si) 等。由於非晶矽不同於結晶矽，因非晶矽的原子並非組成有序的排列，大部分的原子鍵結需形成四重配位 (four-fold coordinated, SP^3)，當這些矽原子互相鍵結在一起，因不同的鍵結長度與鍵結角度，則形成短程序列的排列，於是造成 band tail state 的產生。矽原子若未能形成四重配位，則稱為斷鍵或懸鍵 (dangling bond)，如圖 10-25(a)，其位在非晶矽的中間隙能態 (mid-gap states，或稱缺陷)。而氫化 (hydrogenated) 則為利用氫原子與矽的懸鍵形成鍵結，成為如圖 10-25(b) 的結構。

由於懸鍵密度在 p 或 n 摻雜層 (doped layer) 非常高，所以 a-Si：H 若是以 p-n 接合的結構設計，則會產生再結合 (recombination) 而使得激發的電荷 (電子或電洞) 在 p 層或 n 層被消耗。另外，p-n 接合的太陽電池，電荷利用擴散 (diffusion) 在 p 層或 n 層中移動。對於矽晶而言，少數載子的擴散長度 > 200 μm，而在矽薄膜中則僅有 0.1 μm，基於上述兩個理由，於是薄膜太陽電池設計成 p-i-n 結構，而 p 層或 n 層厚度相當薄 (～約 30nm)，使得電荷 (電子、電洞) 主要在本質吸收層 (intrinsic layer, i-layer) 產生，藉由 p 層和 n 層所產生的內建電場，電荷會經由飄移 (drift) 到達外部電極，太陽電池經過照光後所產生的電荷示意圖如圖 10-26。

表 10-5　矽材料的型態分類[20]

定義	表示符號	組成相與成分	晶粒尺寸
氫化非晶矽 (hydrogenated amorphous silicon)	a-Si：H	只有一種非晶相，無晶界存在	無晶粒
氫化微晶矽 (hydrogenated microcrystalline silicon)	μc-Si：H	具有兩相，為非晶相和結晶相的混合相，有晶界存在	晶粒 < 20nm
氫化多晶矽 (hydrogenated polycrystalline silicon)	poly-Si：H	只有一種結晶相，有晶界存在	晶粒最小尺寸 > 20nm

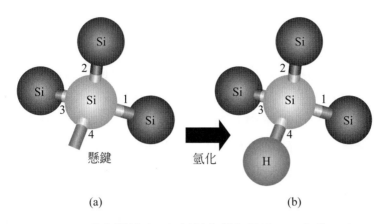

圖 10-25　(a) 發生斷鍵時，無鍵結處稱為懸鍵　(b) 氫化示意圖。

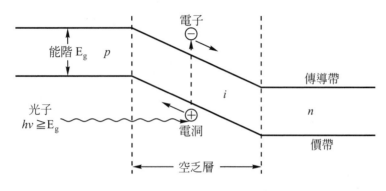

圖 10-26　薄膜太陽電池示意圖

10-3-1　非晶矽太陽電池及材料

以 a-Si：H 為主的薄膜太陽電池具有以下優點：

1. 以氣體反應沈積 a-Si：H 薄膜，無原料短缺問題。

2. 製作過程中對環境沒有污染的影響，亦無矽料廢棄物處理問題。

3. 製程溫度低。

4. 基板可採用便宜的玻璃、金屬或是塑膠薄片。

5. 相對於矽晶太陽電池，能源回收期較短。

依據上述幾項優點，低材料成本的 a-Si：H 太陽電池適合應用在低價的太陽電池需求。a-Si：H 太陽電池最初發展為消費性產品上作為計算機和太陽電池手錶的應用 [21]，目前新一代的 a-Si：H 太陽電池模組則將市場面拓展至發電的應用。1976 年由美國 RCA 實驗室 Carlson 及 Wronski 製作出第一個薄膜太陽電池 [22,23]，當時效率只有 2.4%，目前非晶矽 (a-Si：H) 薄膜太陽電池的初始效率可達 > 10%。

a-Si：H 薄膜與結晶矽不同，缺少長程有序的排列 (或稱為 disorder)，並且含有大量的氫鍵結。a-Si：H 事實上是 Si 與 H 的合金材料，對於元件等級的 a-Si：H 約含有 10-20% 的氫鍵。這些中性 (或稱未摻雜) 且無序排列的 a-Si 薄膜為非完美結構，含有很多缺陷 (懸鍵)，對 a-Si 薄膜的電性具有負面影響，因此利用 H 原子與未飽和的矽懸鍵鍵結，將這些斷鍵鈍化 (passivaiton)，使得 a-Si：H 適合應用於光電元件。對於未氫化的 a-Si 缺陷密度約～ $10^{19} cm^{-3}$，經過氫化後的 a-Si：H 缺陷密度約可降低至～ $10^{15} cm^{-3}$。當 a-Si：H 吸收大於能階 (a-Si：H, E_g = 1.7eV) 的入射光能時，即會產生電子和電洞對 (electron-hole pair)，然而無序排列的非完美 a-Si：H 薄膜中的高密度缺陷，會使得載子的傳輸惡化，也因再結合而造成載子損失

[24]。另外，經過長時間照光會使得 a-Si：H 薄膜的電導度和太陽電池的效率會變差，由於 a-Si：H 在照光後，i層的懸鍵密度 (或稱為缺陷密度) 會因為照光時間增加而增加，激發後的電子 - 電洞會在懸鍵處發生再結合，使得電子無法順利到達 n層或電洞無法順利到達 p層。照光後所發生劣化的現象，稱為 Staebler-Wronski effect (SWE)[25]，也就是說非晶矽太陽電池的效率在長時間照光後會漸漸變差，照光後所增加的缺陷密度可利用退火來消除。對於 a-Si：H 或以 a-Si 相關的合金材料，如 a-SiC 或 a-SiGe，照光後都會有 SWE 影響。

a-Si：H 薄膜在光能量 > 1.75eV(光波長 < 700nm) 之光吸收係數，約比 c-Si 高出 10 倍 (圖 10-27)[26]，表示在可見之光短波長下，a-Si：H 薄膜具有較佳的光電特性。

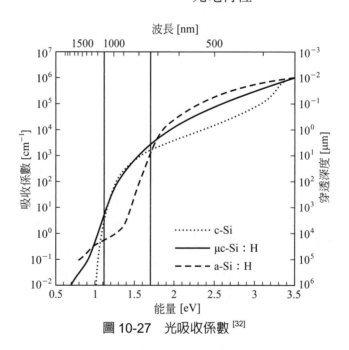

圖 10-27 光吸收係數 [32]

a-Si：H 薄膜可利用電漿化學氣相沈積 (plasma CVD)、熱鎢絲化學氣相沈積 (Hot wire CVD)、光輔助化學氣相沈積 (photo CVD)、濺鍍 (Sputtering) 等方式製備，目前商業主流為利用電漿輔助化學氣相沈積法 (plasma enhanced chemical vapor deposition, PECVD) 製備矽薄膜，電漿源以功率分為直流 (DC)、射頻 (RF)、超高頻 (VHF)、微波 (Microwave) 等方式，將 SiH_4 與 H_2 的混合氣體發生激發及解離作用，如圖 10-28 所示，形成 SiH_3、SiH_2、SiH、Si、H、H_2 等，經過吸附、脫離、拉出、插入及表面擴散過程後，到達基板表面形成 a-Si：H 薄膜，如圖 10-29。

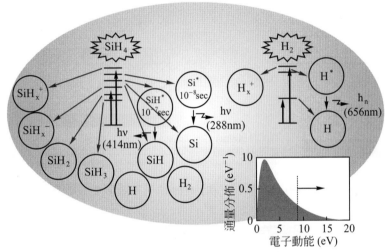

圖 10-28　SiH_4 和 H_2 分子解離示意圖 [27]

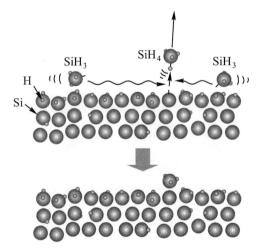

圖 10-29　非晶矽表面成長過程 [27]

單接合 a-Si：H 太陽電池結構如圖 10-30 所示 [28]，依照鍍膜順序分爲 *p-i-n* 及 *n-i-p* 結構。在基板上先鍍上 *p* 層的稱爲基板入射 (superstrate) 結構 (*p-i-n*)，受光面爲透光基板；而在基板上先鍍上 *n* 層的稱爲基板 (substrate) 結構 (*n-i-p*)，受光面爲最後鍍上的透明導電膜。對於此兩種不同結構的太陽電池，入射光都從 *p* 層進入，這是由於電洞的移動率比電子低，通常設計 *p* 層在靠近表面處，使得電洞能有效的在此層收集。例如玻璃 / 透明導電層 (TCO) *p-* 層 /a-Si：H *i-* 層 /*n-* 層 背接觸電極或是不銹鋼 /*n-* 層 /a-Si：H *i-* 層 /*p-* 層 / 透明導電層結構堆疊而成，製程方式如圖 10-31 所示。

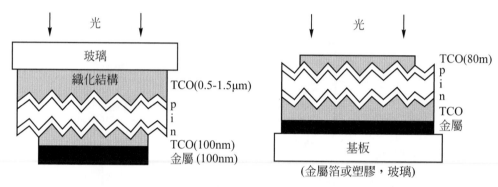

圖 10-30　(a) *p-i-n* 結構，(b) *n-i-p* 結構太陽電池示意圖 [28]

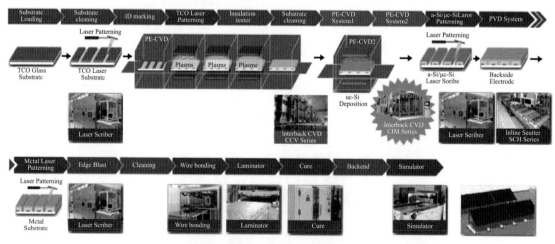

圖 10-31　太陽電池製程示意圖 (資料來源：Ulvac 網頁)

*p*層或 *n*層厚度大約 10-30nm，形成內建電場，在 *p*層及 *n*層中間夾著 *i*層 (厚度為 200-500nm)，如圖 10-32。由於高摻雜的 *p*層及 *n*層的載子壽命很短，電子和電洞在 *p*層及 *n*層並不會 (或是只有少部分) 貢獻光電流。在 *p*層通常使用寬能階的 a-SiC：H[29]及 a-SiO：H[30]合金或是 μc-Si：H[31]薄膜來降低光的吸收損失。*i*層吸收光能後激發出電子和電洞，透過內建電場而使得電子和電洞分開，分別流到 *n*層及 *p*層。載子收集及太陽電池的特性，主要與 *i*層的材料特性，以及 *p*層 - *n*層間的電場強度和分佈相關。缺陷對於載子的收集有兩種不同的影響，一方面缺陷為載子的再結合中心，另外在 *i*層的帶電缺陷會使得內建電場扭曲。依照費米能階 (Fermi level) 的能量位置，*i*層在靠近 *p*側的缺陷為帶正電狀態，稱為 D+；*i*層在靠近 *n*側的缺陷為帶負電狀態，稱為 D⁻[32,38]。依據研究顯示，*p/i*界面在太陽電池最佳化扮演重要的角色，稍微改變 *p/i*界面的設計，就會影響太陽電池的初始特性及照光後的穩定性，中性的寬能階 *p/i*界面可大幅提升太陽電池的開路電流[39-41]。第二個重要的界面則為 TCO/*p*，若是使用 *n*-type 摻雜的 TCO，會使得電洞在 TCO/*p*的界面與電子發生再結合。

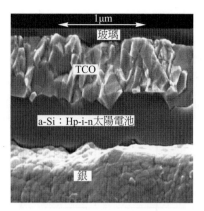

圖 10-32 *p-i-n*結構 a-Si：H 太陽電池 (高倍率 SEM 圖)[28]

矽薄膜太陽電池的效率如表 10-6 所示，單接合 a-Si：H 太陽電池以 *p-i-n*結構，最高穩定效率為 8.9%(三洋)；以 *n-i-p*結構，最高穩定效率為 9.2%(USSC)。矽薄膜太陽電池特性 (如短路電流密度、開路電壓、填充因子、效率) 理論值如表 10-6、10-7 所示。

由於 a-Si：H 太陽電池的載子收集特性不佳之原因至今仍未解明，有些研究認為是帶電缺陷及帶尾能態 (bandtail state) 造成內建電場的不均勻，或是界面為缺陷聚集而導致內建電場扭曲。加上長時間照光後 a-Si：H 會發生劣化 (圖 10-33)[24]，a-Si：H 太陽電池的特性變差，目前發展趨勢為盡量減少 a-Si：H 厚度以減少 SWE 的發生。

表 10-6　單接合和多接合太陽電池之穩定效率表[28]

Cell structure	Area/cm^2	J_{sc}/mA/cm^2	V_{oc}/V	FF/%	Efficiency/%	Light-soaking condition	Source
電池結構	面積	短路電流密度	開路電壓	填充因子	效率	光照射條件	研發單位
Superstrate(p-i-n) 技術							
a-Si：H	1	16.1	0.85	0.65	(8.9)*	160min[B]	Sanyo
a-Si：H/ a-Si：H	1	—	—	—	(10.1)*	1000h[A]	Fuji
	1200	—	—	—	8.9[a]	1000h[D]	Fuji
	1200	—	—	—	8.4[c]	3100h[C]	Fuji
	1	7.4	1.75	68	8.9 ± 0.4[b]	900h[A]	FZJ-Jühich
	1	—	—	—	8.6 ± 0.6[b]	300h[A]	IMT-Neuchatel
a-Si：H/ a-SiGe：H	1	10.9	1.49	0.65	(10.6)*	360min[B]	Sanyo
	1200	—	—	—	9.5[C]	310h[C]	Sanyo
Substrate(n-i-p) 技術							
a-Si：H	0.25	15.0	0.95	0.64	9.2[a]	1000h[A]	USSC
a-Si：H/ a-Si：H	0.25	7.9	1.83	0.70	10.1[a]	1000h[A]	USSC
a-Si：H/ a-SiGe：H	0.25	10.6	1.61	0.66	11.2[a]	1000h[A]	USSC
	903	—	—	—	10.2[a]	1000h[A]	USSC
a-Si：H/ a-SiGe：H/ a-SiGe：H	0.25	8.27	2.29	0.68	13.0[a]	1000h[A]	USSC
	903	—	—	—	10.5[a]	—	USSC
a-SiC：H/ a-SiGe：H/ a-SiGe：H	1	—	—	—	10.2[c]	310h[C]	SHARP

Confirmad by. [a]NREL, [b]ISE-FhG, [c]JQA

Light-soaking conditions：[A]1 sun, 50℃, open circuit, [B]5 sun 25℃, open circuit, [C]1.25 sun 48℃, open circuit, [D]1 sun 50℃, maximum load.

* measurements are not independently confirmrd

表 10-7　矽薄膜太陽電池特性實驗值與理論值比較表 [26]

		a-Si：H		μc-Si：H	
		實驗數據	理論值	實驗數據	理論值
$J_{SC}(mA/cm^2)$	短路電流密度	17.5	20.5	22.9	43
FF(%)	填充因子	63	91	69.8	85
$V_{OC}(mV)$	開路電壓	860	1300	531	720
η(%)	效率	9.47	24.3	8.5	26

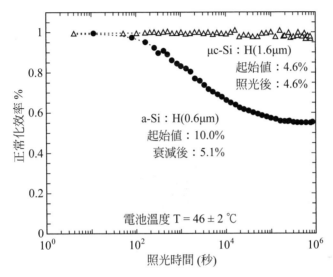

圖 10-33 a-Si：H(膜厚 0.6 μm) 及 μc-Si：H(膜厚 1.6 μm) 的 *p-i-n* 結構太陽電池，照光前初始效率及經 280 小時長時間照光後的效率變化 [24]

10-3-2　微晶矽太陽電池及材料

　　由於 μc-Si：H 太陽電池在膜厚達 4 μm 時還可顯示出不錯的載子收集特性，並且長期照光後，不致於發生光劣化 (圖 10-33)[23]，較 a-Si：H 穩定。μc-Si：H 為薄膜太陽電池的另一種選擇。μc-Si：H 薄膜製作方式與 a-Si：H 相同，同樣利用 SiH₄ 與 H₂ 的混合氣體解離後即可沈積薄膜，當降低 SiH₄ 的氣體分率 (或是增加 H₂ 流量)，結晶率會漸漸提高，薄膜就會從非晶結構轉換成微晶結構，稱為非結晶 - 微結晶相轉換 (amorphous-crystalline phase transition)，微結構與氣體分率的關係如圖 10-34 所示。最適合用於矽薄膜太陽電池之微結晶矽的結構，晶界被非晶矽所包圍，結晶率約為 50-60%，也就是在非晶 - 微晶相轉換區。當 SiH₄ 的氣體分率降低，結晶率為 100% 時，晶界表面完全無非晶存在，使得晶界變成空孔，此時空氣中的水氣或氧氣易由晶界滲透至電池內部，造成電池劣化。非晶與微晶之微結構如圖 10-35 所示，μc-Si：H 薄膜為有序排列的結晶相與無序的非晶相之混合體。μc-Si：H 材料特性如圖 10-36 所示 [35]，隨著 SiH_4 的氣體分率降低，結晶率會增加，鍍膜速率會變慢，光暗導比 (光導度 / 暗導度) 也會降低，薄膜中的氫含量也會降低，而缺陷密度

會增加。因此良好的 μc-Si：H 薄膜必須選擇在非晶 - 微晶轉換區的條件下鍍膜，可保持較低的缺陷密度和較高的光暗導比。但由於 μc-Si：H 鍍膜速率較慢，不利於商業化，發展高鍍膜速率的製備方法亦是現今重點課題。圖 10-37 為鍍膜速率與效率之關係，鍍膜速率提高易增加缺陷，因而造成效率降低 [36]

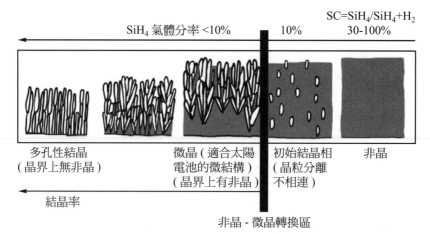

圖 10-34　微結構與氣體分率的關係

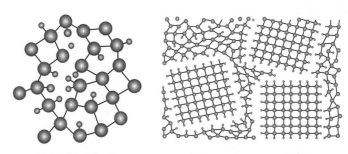

圖 10-35　微結構示意圖，(a)a-Si：H 及 (b) μc-Si：H(引用 AIST 繪圖)

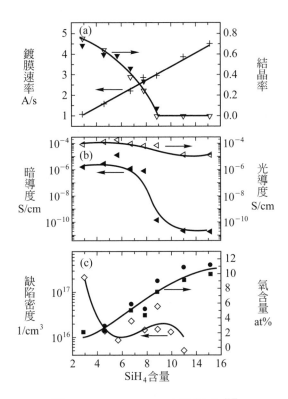

圖 10-36　μc-Si：H 材料特性[35]

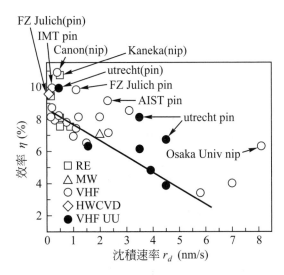

圖 10-37　鍍膜速率與效率之關係[36]

10-3-3　堆疊型太陽電池及材料

　　由於 a-Si：H 薄膜在可見光的吸收係數非常高，以 a-Si：H 薄膜為主而發展出二接合 (或稱堆疊型) 及三接合太陽電池近年來廣泛研究，並且應用於商業化的模組當中。

1.　第一種堆疊型太陽電池為 a-Si：H/a-Si：H，由日本富士電機 (Fuji Electric Co.) 所提出。電池效率為 8.5%，模組效率為 5%。a-Si：H 藉由不同的氫含量可調整能階 (E_g = 1.5-1.8)，但對於低能階 (長波長) 的光仍無法吸收。照光後所產生的電子 - 電洞的效率稱為量子效率，a-Si：H 的量子效率如圖 10-38 所示，主要吸收為短波長區域。

2.　第二種堆疊型太陽電池為加入窄能階的材料，可大幅增加太陽光的吸收，提升太陽電池效率，在 a-Si：H 中加入了鍺 (Ge) 形成合金材料，成為非晶矽鍺薄膜 (a-SiGe：H)，這種合金材料可藉由 Ge 含量的變化來調變能階 (E_g = 1.0-1.8)，a-SiGe：H 可以應用在堆疊型太陽電池的底層電池 (也可當作中層電池)，成為 a-Si：H/a-SiGe：H 二接合太陽電池或 a-Si：H/a-Si：H/a-SiGe：H 及 a-Si：H/a-SiGe：H/a-SiGe：H 三接合太陽電池。上層電池 (top cell) 為 a-Si：H，底層電池 (bottom cell) 為 a-SiGe：H。然而，當 Ge 添加過多將很難製作出高品質的 a-SiGe：H，目前美國

USSC(Uni-Solar) 製作出的 a-Si：H/a-SiGe：H 二接合太陽電池效率 12.4%，a-Si：H/a-SiGe：H/a-SiGe：H 三接合太陽電池效率為 13%，模組為 6.3%。

3. 第三種堆疊型太陽電池為加入 µc-Si：H(E_g = 1.1eV)，在 1994 年由

瑞士 IMT Neuchâtel 設計出 a-Si：H/µc-Si：H 二接合太陽電池 (稱為 micromorph)，如圖 10-39 所示，以 *p-i-n/p-i-n* 結構鍍在玻璃基板上，a-Si：H 厚度約為 0.2-0.3µm，µc-Si：H 厚度為 1-2µm。

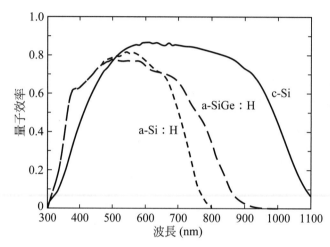

圖 10-38 不同吸收層的太陽電池之量子效率，*p-i-n* 結構的 *i* 層分別為 a-Si：H(E_g = 1.75eV)、a-SiGe(E_g = 1.5eV)、c-Si(E_g = 1.1eV)[37]。

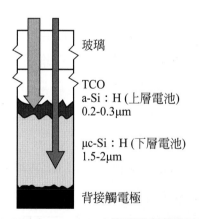

圖 10-39 Micromorph 太陽電池結構示意圖 [25]

以上各種結構的太陽電池與效率演進如表 10-8 所示。將這兩種不同能階的材料堆疊在一起 (例如 a-Si：H, 1.75eV 和 µc-Si：H, 1.1eV)，分為上部電池和下層電池串聯而成二接合或是三接合的太陽電池，結構設計上以能階較大的材料為上層電池，能階較小者為下層電池，目的是為了讓上層電池先吸收短波長的太陽光，而穿透過上層電池的長波長則由下層電池吸收，表示為 E_{g1} > E_{g2}，λ_1 < λ_2。這樣的堆疊設計，能有效利用入射的可見光及少部分的近紅外光部份，增加太陽電池對光的吸收，提高太陽電

池效率。a-Si：H/μc-Si：H(micromorph) 與 a-Si：H/a-Si：H 堆疊型太陽電池之 量子效率如圖 10-40 所示，顯示出 μc-

Si：H 的下層電池可有效的將光吸收延 伸至近紅外光波段。

表 10-8　結構示意與效率演進

第一代太陽電池 （單接合太陽電池）	堆疊型太陽電池（二接合太陽電池）			三接合太陽電池
	第二代太陽電池	第三代太陽電池	第四代太陽電池	第五代太陽電池
效率：5～6%	效率：6～7%	效率：7～8%	效率：11～12%	效率：13～14%
a-Si：H	a-Si：H a-Si：H	a-Si：H a-SiGe：H	a-Si：H μc-Si：H	a-Si：H a-SiGe：H μc-Si：H

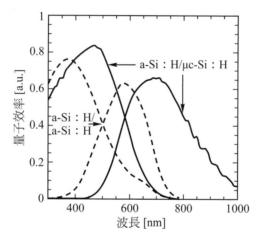

圖 10-40　堆疊型 *p-i-n* a-Si：H/μc-Si：H 太陽電池與 *p-i-n* a-Si：H/ a-Si：H 的量子效率比較[25]

參考文獻

1. Russell S. Ohl et al. H. Aulich et al., US patent 2,443,542

2. D. M. Chapin, C. S. Fuller, and G. L. Pearson (May 1954). "A New Silicon p-n Junction Photocell for Converting Solar Radiation into Electrical Power". Journal of Applied Physics 25 (5)：676–677

3. J. Zhao, A.Wang and M.A.Green, Technical Digest of 11 th Internat. Photovolt. Sci. Eng. Conf. , Sapporo, 553 (1999)

4. Makoto Tanaka et al., 3rd World Conference on Photovoltaic Energv Conversion, May 11-18, 2003 Osaka, Japan 955-958

5. Keith R McIntosh et al., 3rd World Conference on Photovoltaic Energv Conversion, May 11-18, 2003 Osaka, Japan, 971-974

6. R. E. I. Schropp, B. Von Roedern, P. Klose, R. E. Hollingsworth, J. Xi, J. Del Cueto, H. Chatham and P.K. Bhat, "Recent progress in multichamber deposition of high-quality amorphous silicon solar cells on planar and compound curved substrates at GSI" , Solar Cells 27 (1989) 59-68.

7. J. Nelson, "The physics of solar cells" Series on Properties of Semiconductor Materials, Imperial College Press (2003) 13

8. H. Aulich et al., US patent 4,643,833

9. Antonio Luque and Steven Hegedus, "Handbook of Photovoltaic Science and Engineering, Wiley

10. Marcelian F. Gautreaux and Robert H. Allen, US patent 4,820,587

11. G. Flamant et al., Solar Energy Materials & Solar Cells 90 (2006) 2099–2106

12. A. A. Instrove et al., Materials Science and Engineering B 134 (2006) 282.

13. E. Kasper and K. Lyutovich, "Properties of silicon germanium and SiGe：Carbon" , INSPEC publication (2000).

14. http：//km2000.us/solar/

15. http：//www.iisb.fraunhofer.de/de/jber99/crys_en.html

16. http：//pvcdrom.pveducation.org/MANUFACT/FZ.HTM

17. M.Imaizumi, T. Ito, M. Yamaguchi, K. Kaneko, J. appl. Phys. 81, 7635 (1997)

18. J. R. Davis et al., IEEE Transactions of Electron Devices 27 (1980) 677.

19. T.Saito et al., Technical Digest of 11 th Internat. Photovolt. Sci. Eng. Conf. , Sapporo, 553 (1999)

20. R.E.I. Schropp and M. Zeman, "Amorphous and microcrystalline silicon solar cells：modeling, materials and device technology" , Kluwer Academic Publishers (1998).

21. Y. Hamakawa, "Recent advances in amorphous silicon solar cells and their technologies", J. Non-Cryst. Solids 59 & 60 (1983) 1265-1272.

22. D. E. Carlson, U. S. Patent No. 4064521 (1977).

23. D. E. Carlson and C. R. Wronski, "Amorphous silicon solar cell", Appl. Phys. Lett. 28 (1976) 671.

24. J. Meier, S. Dubail, R. Fluckiger, D. Fischer, H. Keppner, A. Shah, "Intrinsic microcrystalline silicon (μc-Si：H)-a promisimg new thin film solar cell material", WCPEC, Hawaii (1994) 407.

25. D.L. Staebler, and C.R. Wronski, "Optically induced conductivity changes in discharge-produced hydrogenated amorphous silicon", J. Appl. Physics. 51 (1980) 3262.

26. A.V. Shah, H. Schade, M. Vanecek, J. Meier, E. Vallat-Sauvain, N. Wyrsch, U. Kroll, C. Droz and J. Bailat, "Thin-film silicon solar cell technology", Prog. Photovolt：Res. Appl. 12 (2004) 113–142.

27. A. Matsuda, " Microcrystalline silicon. Growth and device application", J. Non-Cryst. Solids 338–340 (2004) 1-12.

28. B. Rech, H. Wagner, "Potential of amorphous silicon for solar cells", Appl. Phys. A 69 (1999) 155–167.

29. Y. Tawada, M. Kondo, H. Okamoto, Y. Hamakawa, "Properties and structure of a-SiC：H for high-efficiency a-Si solar cell ", Solar Energy Mater. 6 (1982) 299.

30. S. Fujikake, H. Ohta, A. Asano, Y. Ichikawa, H. Sakai, "High quality a-sio：h films and their application to a-si solar cells", Mater. Res. Soc. Symp. Proc. 258 (1992) 875.

31. S. Guha, J. Yang, P. Nath, M. Hack, "Enhancement of open-circuit voltage in high efficiency amorphous silicon-alloy solar cells", Appl. Phys. Lett. 49 (1986) 218.

32. H. Stiebig, Th. Eickhoff, J. Zimmer, C. Beneking, H. Wagner, " Measured and simulated temperature dependence of a-Si：H solar cell parameters" Mater. Res. Soc. Symp. Proc. 420 (1996) 855.

33. H. Sakai, Y. Ichikawa, "Process technology for a-Si/a-Si double stacked tandem solar cells with stabilized 10% efficiency", J. Non-Cryst. Solids 137-138 (1991) 1155.

34. K. S. Lim, M. Konagai, K. Takahashi, "A novel structure, high conversion efficiency p SiC/graded p SiC/i Si/n Si/ metal substrate type amorphous silicon solar cell" J. Appl. Phys. 56 (1984) 538

35. R. R. Arya, A. Catalano, R. S. Oswald," Amorphous silicon p i n solar cells with graded interface" Appl. Phys. Lett. 49 (1986) 1089.

36. S. Klein, T. Repmann and T. Brammer, "Microcrystalline silicon films and solar cells deposited by PECVD and HWCVD ", Solar Energy 77 (2004) 893-908.

37. J. K. Rath, "Nanocrystalline silicon solar cell" , Appl. Phys. A 96 (2009) 145-152.

38. C. Beneking, B. Rech, J. Fölsch, and H. Wagner, "Recent development in amorphous silicon-based solar cells" Phys. Stat. Sol. (b) 194 (1996) 41.

習作

一、問答題

1. 請說明結晶矽和非晶矽材料的差異性。

2. 請舉例說明矽薄膜太陽電池的優點與缺點。

3. 請說明雜質對矽晶太陽電池特性的影響。

4. 矽薄膜太陽電池的電池特性理論值為何？

5. 請說明影響多晶矽太陽電池特性的因素有那些？

6. 矽薄膜太陽電池以結構分類，以堆疊順序不同可分為哪兩種薄膜太陽電池？

太陽電池材料 –
化合物半導體太陽電池

⚛ 11-1 化合物半導體太陽電池概況

目前市場上的太陽電池大部分是利用單晶矽或是多晶矽晶圓所製造，也就是所謂的第一代太陽電池，目前製造成本仍高 (2 ～ 3 美元 / 瓦)，要取代一般民生、工業用電仍有極大困難，因此第二代的太陽電池最大目標是大幅降低成本，圖 11-1 所示為第 I 代晶圓型太陽電池、第 II 代低成本薄膜型太陽電池及第 III 代新穎太陽電池之效率成本預估圖，隨著太陽電池的普及化，降低電池成本與民生電價競爭，是目前太陽電池發展的最大瓶頸，薄膜太陽電池有機會趁勢而起，其具備可大面積化、低溫製程的優點，不受限於傳統晶圓高成本製造，成本可以降至每瓦 1 美元以下，突破矽晶太陽電池難以越過的成本障礙。薄膜太陽電池又可分為矽薄膜太陽電池以及化合物薄膜太陽電池，化合物薄膜太陽電池具有高效率的優勢，發展潛力無窮，是第 II 代太陽電池的希望。第三代的太陽電池必須兼具高效率及低成本，目前仍無有效的解決方案，為了突破目前單一材料太陽電池的 Shockley-Queisser 效率瓶頸 (～ 30% 如圖 11-1 所示)，就目前可取得的太陽電池來看，堆疊型化合物半導體太陽電池最有機會，不但具有超高效率、高穩定性、高良率的基本特性，還可利用聚光型太陽電池提昇效率，電池轉換效率極限有機會高於 50%，無論是低成本薄膜電池或是超高效率單晶型電池，化合物半導體將是扮演未來太陽能產業的明日之星。

化合物半導體太陽電池由字義來看即為利用兩種以上元素所形成的化合物半導體來製作太陽電池，與先前所提到的矽半導體所形成的太陽電池有完全不同的材料性質，最主要的差別在於吸收太陽光的能力，適用於太陽電池的化合物半導體大多擁有很好的吸光能力 (光吸收係數 > 10^5/cm)，其原因來自於半導體能帶性質－直接能隙 (direct bandgap)，直接能隙材料吸收係數通常較高，穿透深度也較深，當太陽光入射半導體時，光子的能量 $(E = hv)$ 高於半導體能隙，光子有機會激發半導體產生電子電洞對，而光強度會隨通過半導體的距離及吸收係數呈現指數下降，可用方程式來表示：

$$I(x) = I_o e^{-\alpha \cdot x}$$

其中 x 爲入射深度，α 爲吸收係數，I_o 爲初始入射光強度，因此吸收係數高的材料，只需要少量的吸收層 (約 1～2 微米) 就能夠吸收太陽光，矽半導體則爲非直接能隙 (indirect bandgap)，非直接能隙材料吸收太陽光轉換成電子電洞對時，爲了維持動量守恆，必須額外損耗能量才能進行光子電子的轉換，對於光的吸收能力不佳，需要數百微米的厚度才足以將太陽光完全吸收，相較於直接能隙材料，材料的耗用量可能有數十至數百倍之多。

化合物半導體可以由兩元、三元甚至是多元元素所化合而成，藉由控制元素組成，可以改變材料特性 (例如：能隙、材料品質等)，調整出最佳的單一材料吸收頻譜。化合物半導體還有另一項特點－能帶工程 (Bandgap Engineering)，可以利用匹配的 P 型／N 型半導體異質結構，提高載子的收集能力，進一步設計疊層式的太陽電池，針對不同的太陽光頻譜用不同的吸收層來收集，更有效的利用太陽光的能量。化合物半導體其實涵蓋甚廣，用途也各有不同，其中較適合太陽電池用途的材料有兩大類型，大致可以區分爲 II-VI 族及 III-V 族之太陽電池，其發展的方向也大不相同，II-VI 族太陽電池主要以低成本薄膜太陽電池爲標的，而 III-V 族太陽電池以超高效率太陽電池爲發展方向。

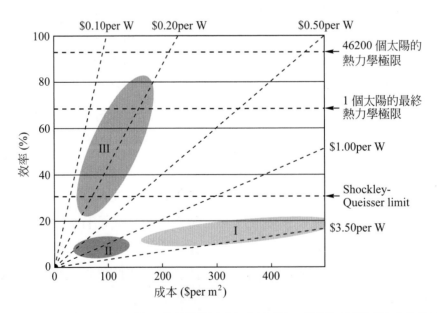

圖 11-1　第 I 代晶圓型太陽電池、第 II 代薄膜型太陽電池及第三代新穎太陽電池之效率／成本預估及三種理論效率 (Shockley Queisser 極限, 最終熱力學極限及熱力學極限) 之限制瓶頸[1]。

11-1-1　II-VI 及 I-III-VI 族太陽電池

　　VI 族太陽電池由字面的解釋即是材料中含有元素週期表中 VIA 族的材料，如圖 11-2 所示，包含：氧 (O)、硫 (S)、硒 (Se)、鎝 (Te) 等元素，II 族的材料以 IIB 族材料鋅 (Zn)、鎘 (Cd) 為主，其中化合物碲化鎘 (CdTe) 可說是最具代表性的 II-VI 族太陽電池材料，結構屬於閃鋅礦 (zinc blende)，而 I-III-VI 族材料則是 II-VI 族的變化型，是 II-VI 族化合物衍生而來，用第 IB 族元素 (Cu, Ag) 及第 IIIA 族元素 (In, Ga, Al) 來取代第 IIB 族元素所形成所謂黃銅礦 (chalcopyrite) 結構，以銅銦硒 ($CuInSe_2$)、銅銦鎵硒 ($CuInGaSe_2$) 等化合物為代表性的電池材料，經過數十年的發展，VI 族的太陽電池材料研究已相當成熟，經過多年的研究，發展的方向以薄膜多晶材料為主，目前薄膜太陽電池的主要材料除了 VI 族 CIGS 及 CdTe 以外，還有矽薄膜材料，三種薄膜小面積電池及量產模組之最高轉換效率及發表單位比較如表 11-1 所示，目前實驗室單一電池的最高轉換效率而言，CdTe 及 CIGS 分別可達 16.5%、20.4% [2-4]，遠超過矽薄膜電池的效率 [5]，CdTe 及 CIGS 模組最高轉換效率分別可達 10.9% 及 13.4% [6-7]，也大幅領先矽薄膜模組的效率 [8]，直逼多晶矽晶圓太陽電池的轉換效率。

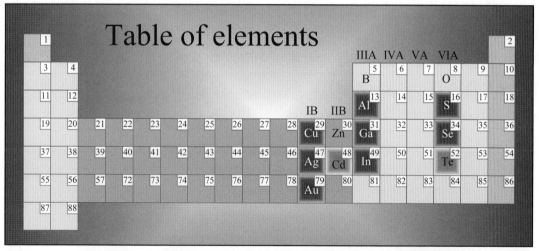

圖 11-2　II-VI 及 I-III-VI 族太陽電池材料元素之分佈 (元素週期表)

表 11-1、薄膜太陽電池效率比較表

薄膜技術	CIGS	CdTe	矽薄膜
電池效率	19.9% NREL[3] (0.42cm^2)	16.5% NREL[4] (1cm^2)	12.5% United Solar[5] (0.27cm^2)
模組效率	13.4% Showa Shell[6] (3459cm^2)	10.9% BP Soarex[7] (4874cm^2)	8.2% Pacific Solar[8] (661cm^2)

降低成本是太陽電池最重要的課題，VI 族的薄膜太陽電池有許多低成本優勢，有機會能挑戰現有電價，1. 光學吸收係數高，可以用少量的材料即可吸收所有入射光，2. 基板可以使用玻璃、金屬或有機材料基板，成本相對於晶圓型電池可大幅降低 3. 模組製程容易，方便進行大面積量產製程，面積越大成本越低 4. 轉換效率直逼多晶矽晶圓，若效率能有效提升，相對成本越低，後續 11-2 及 11-3 將詳細介紹 CdTe 及 CIGS 太陽電池。

11-1-2　III-V 族太陽電池

同理，由 III 族和 V 族元素所組成的半導體材料應用於太陽電池，即稱為 III-V 族太陽電池，III-V 族半導體材料發展的情況較 II-VI 族更為成熟，大多以單晶材料為主，III 族元素包含：鋁 (Al)、鎵 (Ga)、銦 (In) 等元素，V 族的元素則有氮 (N)、磷 (P)、砷 (As)、銻 (Sb) 等，材料中於元素週期表中的分佈如圖 11-3 所示，其種類也遠比 II-VI 族材料更多樣化，有二元、三元、四元甚至到五元的化合物，還會有 II 族或 IV 族的材料來當摻雜，例如：Be、Zn、Mg 等元素可當作 P 型雜質及 C、Si 等元素可當作 N 型雜質，IV 族的 Si、Ge 材料機械強度強有時會拿來當作基板，常見的二元化合物有砷化鎵 (GaAs)、磷化銦 (InP)、氮化鎵 (GaN) 等，III-V 族半導體材料過去多應用在發光元件 (例如：發光二極體 LED、雷射二極體 LD) 或是高階的光偵測器 (PD)，由於應用於太陽電池的成本較高，因此 III-V 族太陽電池多應用於太空科技或軍事發展，近年來隨著高效率太陽電池的需求提升，低成本、超高效率太陽電池的研究又再度掀起一翻熱潮。

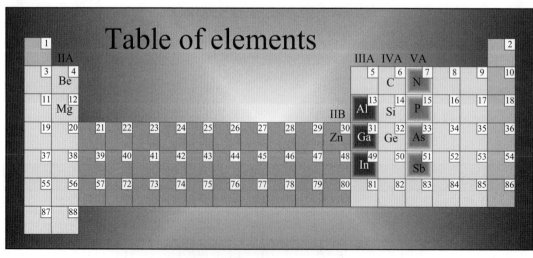

圖 11-3　III-V 族太陽電池材料元素之分佈 (元素週期表)

以效能來說，III-V 族太陽電池無庸置疑處於領導者的角色，無論是單接面、聚光型、多接面都以 III-V 族太陽電池為最佳，以單一材料太陽電池來看，GaAs 由於能隙 (1.42eV) 接近理論計算太陽電池最佳能隙，晶圓製作及磊晶技術也較為成熟，因此常被用來當作單一接面太陽電池的指標，目前單接面 GaAs 最高的轉換效率大約 26.1%[2]，如設計成為聚光型太陽電池，轉換效率可達約 28.8%[2]，為了提高轉換效率，III-V 族多接面結構的太陽電池可設計三種甚至三種以上的接面來達成，針對不同的吸收波長，採用不同的三元或四元化合物來達成，就目前為止，Ge/InGaAs/InGaP 為最成功的三接面組合，聚光型太陽電池效率可達 ～ 41%[2, 9-11]，11-4 將詳細介紹 III-V 太陽電池的發展現況及未來展望。

❁ 11-2　CdTe 太陽電池材料與技術

CdTe 太陽電池是目前技術最純熟，也是商業化量產最成功的薄膜太陽電池技術，不但製程簡單、生產成本低、生產速度快、擴廠速度快，模組轉換效率也大於 10%，本章節將針對 CdTe 材料技術、電池結構與特性分析及模組量產技術分別作介紹。

11-2-1　CdTe 材料技術

自從 CdTe 在 1947 年發現光學特性後 [13]，CdTe 被廣泛的研究如何應用於光電元件，1950 年代已經可以藉由不同元素的摻雜 [14] 或是利用組成比例偏離 [15-16] 來控制導電性質，CdTe 應用於太陽電池在 1956 年首度被提出 [17]，薄膜多晶 CdTe 從 1970 年代開始被開發成為太陽電池吸收層材料，漸漸取代單晶型 CdTe 太陽電池，成為 II-VI 族太陽電池的主流，若不論材料及元件技術，CdTe 與 III-V 族 GaAs 最接近理論最佳能隙 (～ 1.43eV)，圖 11-4 為理論預測單一能隙半導體製作太陽電池之理想轉換效率，可以得到最高的效率值，最適合用於製作太陽電池。CdTe 具有高光學吸收係數 $>10^5 \text{cm}^{-1}$，無論是 N 型或 P 型半導體，都可以當作太陽電池的吸收層，經過數十年的研究，目前以 P 型多晶型 CdTe 用於薄膜太陽電池吸收層最為成功，吸收層厚度大約 2 ～ 8μm，晶體的形式以多晶為主，晶粒的大小則隨製程方式不同，一般來說晶粒會大於 1μm。

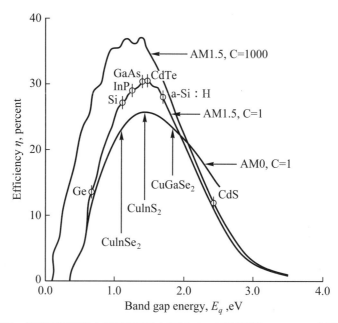

圖 11-4　理論預測單一能隙半導體太陽電池在太空 (AM0) 及地球 (AM1.5) 之理想轉換效率。
　　　　(C = 1 代表非聚光型 , C = 1000 聚光型 1000 倍) [12]

　　CdTe 屬於單純的二元化合物半導體，活性相當穩定，容易形成穩定化合物，所以即使利用不同的鍍膜方法，也很容易形成 CdTe 化合物，成膜方式相當多元，包含：蒸鍍法 (Evaporation)、近距離昇華沈積法 (close spaced sublimation, 簡稱 CSS)、蒸氣傳輸鍍膜法 (Vapor transport deposition)、濺鍍法 (Sputter deposition)、 電 鍍 法 (Electrodeposition)、噴灑鍍膜法 (Spray deposition) 及 網版印刷法 (Screen-print deposition) 等，以下是各種技術的分析及圖解：

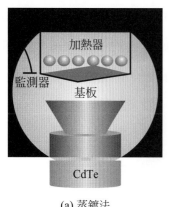

(a) 蒸鍍法

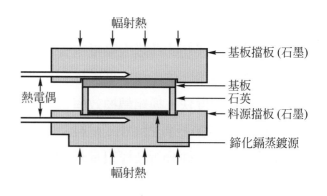

(b) 近距離昇華沈積法

圖 11-5　CdTe 薄膜 [18] 製程示意圖

(1)　蒸鍍法 (Evaporation)

蒸鍍法算是機制最簡單之方式，可以直接蒸鍍 CdTe，也可以分別蒸鍍 Cd 及 Te，使這兩個元素在加熱基板處進行反應，反應式為 $Cd+1/2\ Te_2 \rightarrow CdTe$，蒸鍍常使用蒸鍍源 (Kundsen-type effusion cell) 於中高真空的環境下（～ 10^{-6} torr），如圖 11-5(a) 所示，基板溫度不可太高，否則黏滯係數 (stinking coefficient) 太低容易造成蒸鍍速率下降，一般控制在 350-400°C 左右，即可形成良好的 CdTe 結晶，晶粒大小可達 1μm。

(2)　近距離昇華沈積法 (Close spaced sublimation，簡稱 CSS)

此方式基本原理與蒸鍍法相似，進一步改善蒸鍍法的缺點，使用蒸鍍法基板溫度太高容易造成膜速率降低，CCS 利用較高的腔體壓力（～ 1-10torr) 來解決此問題，基板溫度可以提升至 550-600°C，但是卻因為粒子與氣體分子碰撞機率增加，減低材料抵達基板的機率，因此材料與基板之間的距離必須縮短 (大多為數個毫米)，如圖 11-5(b) 所示，內部充斥著氣體以維持壓力，大多採用反應性低的氮氣或氬氣，不過些許的氧分壓有助於 CdTe 的晶體特性，利用 CCS 法可得較高之太陽電池效率，目前效率 15% 以上之 CdTe 太陽電池幾乎都以此法製作。

(3)　蒸氣傳輸鍍膜法 (Vapor transport deposition，簡稱 VTD)

相較於前面蒸鍍方式，VTD 是利用 Cd 及 Te 過飽合的蒸氣，利用載氣 (carrier gas) 傳輸至基板，一般傳輸距離也不會太遠（～ 1cm)，載氣與 CSS 法所用氣體相似 (氮氣、氬氣、氧氣等)，並能在高溫基板上保持高鍍膜速率，此法容易設計於連續式鍍膜系統，如圖 11-6 所示，VTD 產出之 CdTe 太陽電池效率並非最高，但已經成功實現於商業化量產製程，目前美商 First Solar 就是利用此法，大量生產並快速擴產，產能目前暫居全球太陽電池廠之冠。

(4)　濺鍍法 (Sputter deposition)

利用氬氣形成 Ar^+ 轟擊 CdTe 靶材，如圖 11-7(a) 所示，濺鍍至加熱基板 (< 300°C) 上，氣體壓力大約在 10m Torr，不過此法的基板溫度低，品質較差，晶粒大小難以超過 1μm。

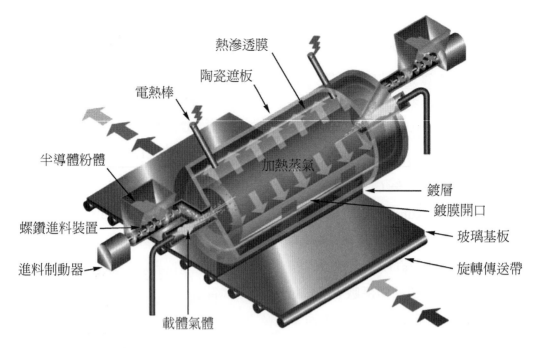

圖 11-6　CdTe 蒸氣傳輸鍍膜法製程示意圖 [19]

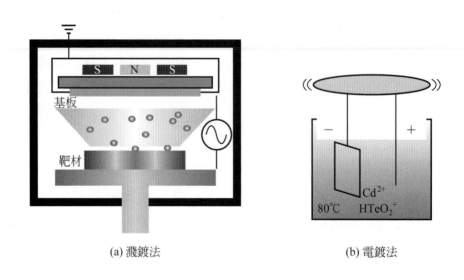

(a) 濺鍍法　　　　　　　　　(b) 電鍍法

圖 11-7　CdTe 薄膜

(5)　電鍍法 (Electrodeposition)

　　電鍍法利用 Cd^{2+} 及 $HTeO_2^+$ 在酸性電解液中，如圖 11-7(b) 所示，提供六個電子來進行反應形成 CdTe 薄膜，也可以控制反應物濃度，形成 Te-rich 或 Cd-rich 之 CdTe 薄膜，電鍍於 CdS 表面上，晶粒多為 (111) 晶面，晶粒寬約 100-200nm，目前技術已進展至大面積量產階段。

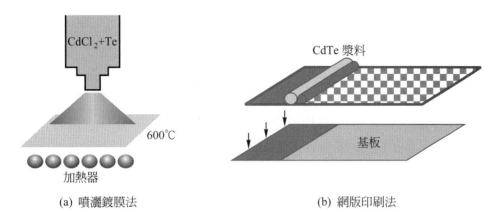

(a) 噴灑鍍膜法　　　　　　　　(b) 網版印刷法

圖 11-8　CdTe 薄膜

(6) 噴灑鍍膜法 (Spray deposition，簡稱 SD)

SD 法屬於非真空製程，一般使用漿料進行噴灑於基板上，如圖 11-8(a) 所示，原料包含 CdTe、$CdCl_2$ 及有機溶劑等，並在 200℃左右烤乾，並接續在氧氣，350-550℃環境下進行晶體成長，在適當的條件下能夠形成緻密的薄膜，可用於製作高效率 (> 14%) 元件。

(7) 網版印刷法 (Screen-print deposition)

此法利用 Cd、Te、$CdCl_2$ 及結合劑所形成的配方，利用印刷的方式塗布在基板上，如圖 11-8(b) 所示，利用加熱去除非必要溶劑，隨後加高溫進行晶體成長，此法的薄膜厚度較厚，大約在 10-20μm。

上述幾種鍍膜方式都已經可以成功的運用在 CdTe 太陽電池上，而且數種方式都已經進入商業量產階段，不論鍍膜方式為何，小面積電池效率大多能超過 10%，可以證實 CdTe 特性穩定、製程容忍性高，本節單純介紹 CdTe 吸收層技術，電池的特性則是由整體結構所產生，下節將介紹 CdTe 電池結構及重要的 $CdCl_2$ 熱處理技術。

11-2-2　CdTe 薄膜太陽電池結構與特性

CdTe 太陽電池在研究初期大多以單晶材料為主，PN 接面也大多以同質接面 (homojunction) 為主，無論是 p 型 CdTe 或是 n 型 CdTe 都被廣泛的研究，直到 1970 年代，轉換效率已經可以可達 7-10%[20-21]，隨後，研究的方向漸漸轉向單晶異質接面，CdTe/Cu_2Te 在研究初期有不錯的發展，然而轉換效率仍然只有 7% 左右 [22]，發展也慢慢被氧化物薄膜 (例如：SnO_2 及 In_2O_3：Sn 簡稱 ITO 等) 與硫化鎘 (CdS) 等異質接面材料所取代，利用單晶型 CdTe 與 ITO 透明導電膜效率可達 10-13%[23-24]，單晶型 CdTe/CdS 異質接面太陽電池在發展初期轉換效率低於 5%[25-26]，後來隨著技術的進步，效率也提升到 11.7%[27]。隨後薄膜型異質接面太陽電池主導了 CdTe 太陽電池發展，1993 年 CdTe/CdS 太陽電池有突破性的進展，利用 CCS 成長 CdS 並經過 CdCl₂ 的加熱處理，轉換效率提升至 15.8%[28]，進一步改善透明導電層的材料及 CdCl₂ 的處理，效率可達到 16.5%(Voc = 0.845 mV, Jsc = 25.9 mA/cm², FF = 0.755)，也是 CdTe 太陽電池的紀錄。

直到目前為止，CdTe 高效率太陽電池大多採用基板入射結構 (superstrate structure)，結構如圖 11-9 所示，基板大多採用鈉玻璃，成本低廉，鍍上 SnO₂ 或 ITO 導電薄膜，成為上電極部分，隨後鍍上 n 型 CdS，再製作 CdTe 吸收層，最後鍍上背電極，完成單一太陽電池，以下將針對各層作介紹：

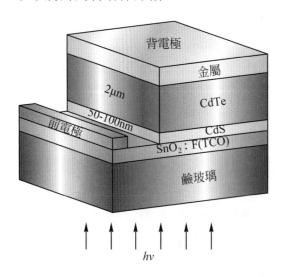

圖 11-9　CdTe 太陽電池結構示意圖

(1)　透明導電電極

製作 CdTe 太陽電池的第一步是在玻璃基板上鍍上透明導電層 (TCO)，透明導電層的材料包含 SnO₂、In₂O₃：Sn(ITO) 或 Cd₂SnO₄，本層位於太陽光入射至太陽電池的第一道關卡，也是電池的上電極，因此必須具備高透光率及低電阻率，CdTe 太陽電池常用的透明導電層電阻率及穿透率如表 11-2 所示：

表 11-2　CdTe 太陽電池透明導電層電阻率及穿透率 [29]

材料	電阻率 (Ωcm)	穿透率 (%)
SnO₂	8×10^{-4}	80
In₂O₃：Sn	2×10^{-4}	80
In₂O₃：Ga	2×10^{-4}	85
In₂O₃：F	2.5×10^{-4}	85
Cd₂SnO₄	2×10^{-4}	85
Zn₂SnO₄	10^{-2}	90
ZnO：In	8×10^{-4}	85

(2)　N 型 CdS 透光層

n 型 CdS 層主要目的是與 p 型 CdTe 形成良好異質接面，促使載子的收集，CdS 的能隙大 ($\sim$ 2.5eV)，大部分的太陽光會穿透 CdS 層，部分高能量光子仍會被 CdS 所吸收，為了提高整體吸收電流，CdS 的厚度只需薄薄一層 (大約 50-100nm)，大多採用 CSS 法或是化學浴鍍膜 (chemical bath deposition, 簡稱 CBD) 直接在 SnO₂ 上成膜，然而厚度較薄容易出現覆蓋不完全，進一步造成元件漏電流 (Rsh 太低)，有時為了降低漏電流，部分研究在 CdS 及透明電極層中間插入高阻值透明層。在後續 CdTe 鍍膜過程，CdS 可能與 CdTe 互相交互擴散，CdTeS 能隙較小造成短波長穿透度降低 [30, 31]。

(3) P 型 CdTe 吸收層

吸收層薄膜厚度大約在 1.5-4μm 左右，而高效率 CdTe 吸收層關鍵在於接續的熱處理製程，在 CdTe 成膜後，必須在含氯 (Cl) 化合物 (例如：CdCl₂) 及氧 (O) 的環境中加熱處理至約 350-500℃，時間大約在 15-30 分鐘，此步驟能幫助 CdTe 晶粒的成長，從圖 11-10 之 TEM 剖面圖可看出不論 CdS 或是 CdTe 層，都由細長的柱狀晶粒成長為大塊晶粒，圖 11-11 的掃瞄式電子顯微鏡也可以明顯的觀察出晶粒成長的情況，鈍化晶體介面的缺陷及提高授體 (acceptor) 的濃度，能夠有效改善電特性，圖 11-12 是一個使用 PVD 法製作 CdTe 太陽電池之 J-V 曲線，經過空氣及 CdCl₂ 蒸氣的環境下熱處理後，能夠大幅提昇元件特性。

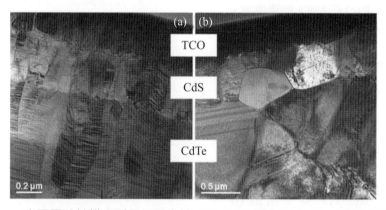

圖 11-10 (a) CdTe 太陽電池結構穿透電子顯微鏡 (TEM) 剖面圖 (b) CdTe 太陽電池經過 CdCl₂ 熱處理後 TEM 剖面圖 [32]

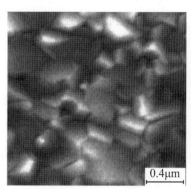
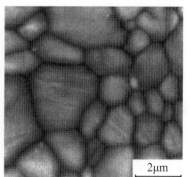

(a) CdCl₂ 處理前　　　　　(b) CdCl₂ 處理後

圖 11-11　CdTe 掃瞄電子顯微鏡 (SEM) 上視圖 [33]

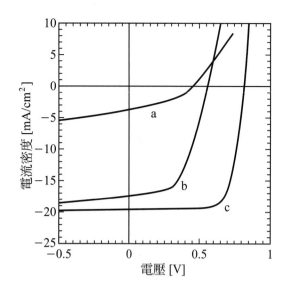

圖 11-12 CdTe 太陽電池元件 (a) 無任何處理 (b) 在空氣的環境下，550°C熱處理 5 分鐘 (c) 在 CdCl$_2$的環境下，420°C熱處理 20 分鐘 [34]

製備 CdTe 吸收層大多在高溫的環境下，並接續高溫 CdCl$_2$之熱處理，會使得 CdS/CdTe 互相交互擴散，形成 CdTe$_{1-x}$S$_x$三元化合物，其對應的能隙並非線性關係 [35]，大致可表示為 Eg = 2.4x+1.51(1-x)-bx(1-x)，其中常數 (b ～ 1.8) 代表彎曲係數，會使得 CdS 穿透率下降，部分研究指出在 CdCl$_2$環境下熱處理來可以改善此現象，或是用更高能隙的材料 (如：CdZnS) 來替代 CdS，改善穿透度劣化的問題。

(4) 背電極

低電阻的歐姆接觸 (ohmic contact) 對於所有高效率太陽電池都是基本要件，特別是在 CdTe 太陽電池中更顯重要，CdTe 的功函數 (work funtion) 大約在 5.9eV，要形成好的金屬／半導體歐姆接觸，必須找到金屬功函數大於半導體，然而沒有一個常見的金屬功函數大於 P 型 CdTe，除了 CdCl$_2$能夠改善電特性外，CdTe 必須另外經過表面處理才能與金屬形成良好接面，表面處理目的在於移除表面氧化層並形成 Te-rich 層 [36-40]，隨後鍍上銅 (Cu) 或是含銅的合金，Cu 元素能夠協助 CdTe 與金屬形成較好的接觸面，因為 Cu 與 Te 會進一步反應形成 P$^+$的半導體表面，可以有效降低電阻值，形成好的金屬／半導體接面。

用上述的傳統 CdTe 太陽電池結構效率最高可達 15.8%[41]，為了進一步改善 CdTe 太陽電池的效率，透明導電層 SnO$_2$是改善效率最直接的方式，增加穿透率或是降低電阻率對於效率的提升都很有幫助，數種可能的材料選擇如表 11-3 所示，其中 Cd$_2$SnO$_4$(CTO) 有低電阻率及高穿透率 [42-43]，能提升 CdTe 太陽電池 Jsc 及 FF[42,44]，隨後引入 Zn$_2$SnO$_4$(ZTO) 當作 CTO 及 CdS 之間的緩衝層，可以提高太陽電池量子效率 (如圖 11-13)，背電極金屬替換為 CuTe/HgTe/C 來增加導電性，電流 - 電壓及量子效率曲線如圖 11-14 所示，轉換效率可以提升至16.5%[45]。若以製程來區分，不論用何種製程 (如 11-2-1 介紹) 製作 CdTe 吸收層，經過適當的 CdCl₂ 熱處理後，最後電池效率大部分都可以超過 10%，表 11-3 所示 CCS 法、電鍍、分子層磊晶及印刷法製作之太陽電池，小面積電池效率至少有 12% 以上，模組效率大約在 8-10%。

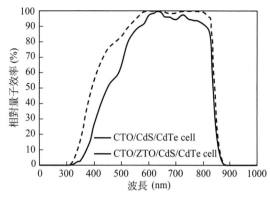

圖 11-13　CTO/CdS/CdTe 及 CTO/ZTO/CdS/CdTe 太陽電池之相對量子效率頻譜[44]

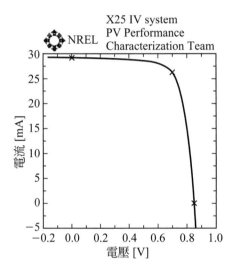

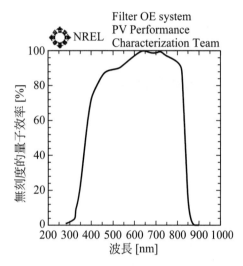

圖 11-14　轉換效率 16.5% 之 CdTe/CdS 薄膜太陽電池電流 - 電壓及相對量子效率曲線

表 11-3　不同製程之 CdTe 太陽電池 / 模組效率表 [33]

CdTe沉積程序	效率 / 面積	機構
CSS	15.8%/1.05cm²	USF
	9.1%/6728cm²/61.3W	Solar Cells, Inc.
CSS	16.0%/1.0cm²	Matsushita
電鍍	14.2%/0.02cm²	BP Solar
	8.4%/4540cm²/28.2W	BP Solar
原子層磊晶	14.0%/0.12cm²	Microchemistry
網印	12.8%/0.78cm²	Matsushita
	8.7%/1200cm²/10.0W	Matsushita
CSS	15.8%	NREL

11-2-3 CdTe 模組量產技術之開發與挑戰

商業量產技術指的是大規模生產模組技術，並非單純的單一太陽電池，將許多太陽電池集結成模組，是太陽電池進入商品階段的重要製程，簡單來說就是把許多小電池，利用串、並聯的方式得到最後模組輸出，薄膜太陽電池大多

在製程進行中，利用切割刀或雷射進行隔離及電池連接的動作，以傳統的結構為例(如圖 11-15 所示)：第一道切割 (P1) 在於分離 TCO 上電極、第二道 (P2) 在 P1 邊緣割開 CdS/CdTe 以提供通道連接鄰近的兩個電池、第三道 (P3) 在 P2 旁邊割開 metal/CdS/CdTe 用以隔離背電極的聯結。

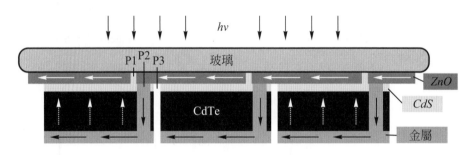

圖 11-15　CdTe 串聯模組示意圖 (電池內部箭頭代表電流方向)

現今的商業化 CdTe 模組，大小以 60cm × 120cm 為主流，效率大約 10-11%，最值得一提的是美商 First Solar，利用 VTD 連續式鍍膜技術成長 CdTe，擁有高的鍍膜速率，把模組產能極大化，平均每分鐘可以產出 $2.9m^2$ 面積的模組 (四片 60cm × 120cm)，2006 年 First Solar 開始大規模生產 CdTe 薄膜太陽電池，三年內已經擠下所有矽晶圓的廠商，躍居全球太陽能製造商第一位，即使全球太陽電池逐漸產生供過於求的現象，矽晶廠商賠本消耗庫存的情況下，CdTe 薄膜太陽電池毛利率持續維持 50% 以上，宣告薄膜太陽電池的局

面已經到來，其成功的關鍵就在成本低廉，雖然以 CdTe 為主的模組效率大約只在 10-11% 左右，但是就模組成本而言，已經抵達矽晶圓無法超越的門檻－每瓦 0.9 美元，達成市電併聯網的電價需求，同時快速產線複製極為成功，成本還在快速下降中，正朝向每瓦 0.5 美元的目標前進。

CdTe 薄膜太陽電池的蓬勃發展外，卻隱含些許隱憂，其中所含重金屬鎘對環境的危害疑慮，衝擊 CdTe 太陽電池的未來發展，雖然目前已經有完整回收機制，賣出模組的同時提撥回收基金給第三者，等到使用年限到期再由另外獨

立的業者進行回收，但是人為破壞、火災及天災可能造成環境污染的疑慮仍未解除，許多國家對於此類產品仍然禁止輸入，雖然目前美國及歐盟仍未禁止 CdTe 太陽電池的使用，歐盟現行的電氣電子產品中，限制使用含鎘等有害物質，太陽電池並未包含在內，但是環保標準的提升有可能擴大有害物質的禁用範圍，對 CdTe 太陽電池的推行仍有許多不確定性，此外轉換效率的瓶頸若無法突破，也將限制 CdTe 的發展。

❈ 11-3　Cu(In, Ga)Se$_2$太陽電池材料與技術

　　CIGS 太陽電池是目前薄膜太陽電池中，轉換效率最高，唯一足以匹敵多晶矽晶圓電池效率 (∼ 15-16%) 的材料[2]，製程技術多元、長期穩定性佳、抗

輻射線，有極大的發展潛力，本節將針對 CIGS 晶體成長技術、電池結構與特性分析及模組量產技術分別作介紹。

11-3-1　CIGS 晶體成長技術

　　Cu(In,Ga)Se$_2$太陽電池常簡稱為 CIGS，在 1970 年代發展初期，研究只以三元 CuInSe$_2$為主要材料，後期才引入鎵 (Ga) 用以改變能隙，進而發展為高效率 CIGS 太陽電池，因此也有人統稱 CIS 太陽電池，I-III-VI 族半導體太陽電池材料多元，比 II-V 族的 CdTe 複雜許多，不論三元化合物 CuInSe$_2$(Eg = 1.01eV)、CuInS$_2$ (Eg = 1.53eV)、CuGaSe$_2$ (Eg = 1.7eV) 及 CuGaS$_2$ (Eg = 2.5eV) 及四元化合物 Cu(In, Ga)Se$_2$或 Cu(In, Ga)(Se, S)$_2$等都屬於 CIS 太陽電池的一環。

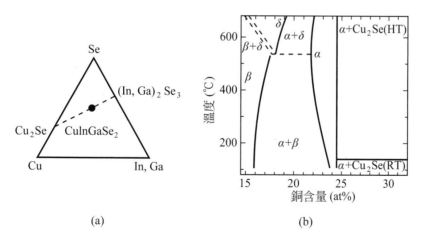

(a)　　　　　　(b)

圖 11-16 (a) 簡化 Cu/(In, Ga)/Se$_2$之三相示意圖，CIGS 相一般落在 Cu$_2$Se 及 (In,Ga)$_2$Se$_3$兩相之間 (b) Cu$_2$Se 與 In$_2$Se$_3$相圖 [33]

CIGS 的晶體成長其實相當複雜，其簡化三相圖如圖 11-16(a) 所示，其中虛線代表虛擬的二元相圖，CIGS 純相座落在副相 Cu_2Se 及 $(In, Ga)_2Se_3$ 之間，Cu_2Se 及 $(In, Ga)_2Se_3$ 的相圖，如圖 11-16(b) 所示，其中 α、β、δ 及 Cu_2Se 等四種材料相分別代表 $Cu(In,Ga)Se_2$、$Cu(In,Ga)_3Se_5$、高溫相及副產物 Cu_2Se，其中主結構的 CIGS 相最適合的 Cu 成分比落在 24-24.5%，形成最佳溫度大約在 500-550℃，溫度 500℃ 以上可以有比較寬鬆限制，在稍高的溫度下 (550-590℃)，長晶品質也會比較好，但是在鈉玻璃基板本身的軟化點限制下，溫度大約都控制在 550℃ 左右。而 β 相為 Cu 成分偏離劑量比所產生之缺 Cu 相 (Cu-poor)，容易產生 V_{Cu}(Cu 空缺) 或是 Ga_{Cu}、In_{Cu}(III 族材料填補 Cu 空缺)，但是 $Cu(In,Ga)_3Se_5$ 屬於規則空缺排列的化合物，卻意外的發現能夠改善 CIGS 吸收層的表面特性，藉此提高轉換效率。δ 相大多發生於高溫製程，現有製程溫度很少超過 590℃，故產生機率較低，當 Cu 成分高於劑量比 (Cu-rich) 時，容易產生 Cu 填空相 (Cu 空缺) 或是 Cu_{In}、Cu_{Ga}(Cu 填補 III 族空缺) 等情況，並產生副相 Cu_2Se。

一般多元化合物半導體的磊晶成長，如果不是在晶格常數相符的基板上成長，通常不易得到品質好的晶體，而且會有許多各式各樣的缺陷，破壞半導體材料的特性，CIGS 薄膜卻能夠在許多不同材料的基板上，都有良好的表現，其關鍵就是銅硒 (Cu_xSe_y) 的化合物，只要在長晶的過程中，維持過量 Cu 及 Se 的環境，就會有 Cu_xSe_y 的存在，在長晶過程中為了防止 VI 族 (Se) 不足，會給予大量的 Se 蒸氣壓，所以只要控制稍過量的 Cu，Cu_xSe (x = 1 ～ 2) 就很容易產生，以 CuSe 最能協助 CIGS 晶粒成長，CuSe 熔點大約在 523℃ 左右，當一般長晶溫度升到 550℃ 之後，CIGS 晶體可以藉由液態 CuSe 加速反應成長，是非常特別的氣相 - 液相 - 固相成長模式，晶粒的大小可以增大到數微米以上，可以增加晶體的品質並減少缺陷密度。

CIGS 成長過程中，Cu-rich 時也易形成副相 Cu_2Se，但是性質卻與 CuSe 不同，Cu_2Se 熔點高達 1130℃ 左右，不容易成為液態的媒介 (一般長晶溫度～ 550℃)，也無法協助長晶，如果在 Se 過量及適當的條件下，Cu_2Se 仍有可能轉變成 CuSe 協助晶體成長。然而，若副相 Cu_2Se 殘留在 CIGS 內部會嚴重降低 CIGS 電池的效能，主要是 Cu_2Se 具有導電性，CIGS 吸收層會產生短路的情況，不過這些缺點可經由適當的製程控制而解決。雖然 CIGS 材料本身多元複雜，不過對於缺陷的容忍性極高，因此許多不同的製程使用在 CIGS 晶體成長上，都有不錯的結果，CIGS 吸收層技術可以區分為兩部分：1. 單一階段製程：以真空共蒸鍍製程為代表，Cu、In、Ga 及 Se 在鍍膜完成後即形成 CIGS 吸收層 2. 連續二階段製程：利用真空濺鍍、電鍍或漿料塗布技術，先製作前驅物，再進行硒化反應，反應後才形成 CIGS。連續二階段製程光是前驅物的製作及硒化的製程不同，還能夠細分為以下幾種方式：

1. 先鍍上 Cu, In, Ga 等前驅物，再利用硒蒸氣進行硒化反應。

2. 先鍍上 Cu, In, Ga 等前驅物，再利用 H_2Se 進行硒化反應，此製程之 H_2Se 具有極好的還原特性及反應性，非常適合用於去除不純物，且硒化形成 CIGS 的品質較佳，但是 H_2Se 具有高毒性，所需成本較高。(目前真空濺鍍製程有 Solar Frontier、Honda 使用，非真空製程有 Heliovolt、ISET 及 Unisun 等公司使用)

3. 先鍍上 Cu, In, Ga 等前驅物，再鍍上一層硒薄膜，進行快速熱處理，此製程能夠快速完成硒化步驟，是未來相當看好的技術之一。(目前真空濺鍍製程有 Centrotherm、非

真空印刷製程有 Nano Solar 等使用)

4. 先鍍上 Cu, In, Ga, Se 等前驅物，再進行後續熱處理或硒化製程，本製程的概念極佳，可惜直到目前為止尚未有較好的效率表現。

以下將分別介紹真空的共蒸鍍、濺鍍製程及非真空的印刷、電鍍製程：

(1) 共蒸鍍法 (Evaporation)

共蒸鍍法對於 CIGS 太陽電池極為重要，幾乎所有高效率 CIGS 太陽電池 (> 18%) 都是由共蒸鍍法所製造，共蒸鍍製程屬於真空製程，基本的架構如圖 11-17 所示，包含了真空腔體及四組蒸鍍源，可藉由蒸鍍材料不同而有所增減，一般來說真空度必須維持在高真空 ($8 \times 10^{-6} \sim 1 \times 10^{-7}$ torr) 的環境下，而蒸鍍源一般使用蒸鍍源 (Kundsen-type effusion cells) 或是簡易加熱乾堝的組件，每一個蒸鍍源都有獨立的熱電偶 (thermal couple) 溫度感測器、加熱絲、溫控器及擋板 (shutter)，蒸鍍源內部裝載材料的乾堝不能和材料相互反應，因此大部分的乾堝是以熱解氮化硼 (Pyrolytic Boron Nitirde, PBN) 製成，乾堝的幾何形狀、開口大小都會影響蒸鍍的均勻性及穩定性。

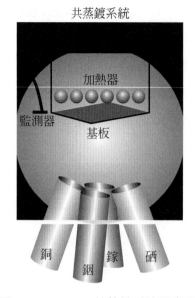

共蒸鍍系統

加熱器

監測器

基板

圖 11-17　CIGS 共蒸鍍系統示意圖

蒸鍍源的原理是利用熱阻絲加熱四種不同的元素 Cu、In、Ga 及 Se，分別蒸鍍控制四種元素到加熱基板上，蒸鍍源加熱的溫度則隨材料不同而有所變化，即使相同的溫度，每種材料也有不同的蒸氣壓，熱蒸鍍源大致的操作溫度如下表 11-4 所示，上述的加熱溫度會隨著系統的設計有很大的不同，例如蒸鍍源與試片的距離、蒸鍍源的角度等等，同時必須兼顧蒸鍍速率以及 CIGS 吸收層品質，一般來說，CIGS 的厚度大約落在 2μm 左右，每一次蒸鍍的時間 (不含升溫、降溫) 大約在 10-50 分鐘內完成。

表 11-4　熱蒸鍍源加熱溫度

蒸鍍源	銅 (Cu)	銦 (In)	鎵 (Ga)	硒 (Se)
加熱溫度	1300-1500℃	1000-1200℃	1150-1250℃	250-380℃

最簡單的共蒸鍍製程流程如圖 11-18(a) 所示，基板溫度升高至反應溫度 550℃，固定四種元素的蒸鍍速率，持續蒸鍍到基板上，過去的研究發現，如此的長晶條件，容易產生額外的 Cu_2Se，不利於電池的製作。後來，進一步的改善蒸鍍流程為兩個階段，第一個階段利用較多的 Cu，產生 Cu_xSe 幫忙長晶，第二階段則蒸鍍極少量的 Cu，防止 Cu_2Se 生成，確實改善了電池的效能。直到 1994 年，美國再生能源實驗室所發表的三階段成長法 (three-stage coevaporation)，流程如圖 11-18(b)

所示，可以成長非常大而緊密接合的晶粒，如 SEM 剖面圖 11-19(a) 所示，並防止副相 Cu_2Se 額外的產生，大幅改善 CIGS 太陽電池的特性[46]，三階段的製程首先將試片升溫至 300-400℃，成長 $(InGa)_xSe_y$ 的化合物，接著將試片溫度升溫至約 550℃，第二階段成長 Cu_xSe_y 的化合物，藉由交互反應形成 CIGS 的薄膜，並藉由過量的 CuSe 幫助晶體成長，最後一個階段，再次成長 $(InGa)_xSe_y$ 的化合物，讓整體成分比轉換成 Cu 的比例 CIGS 吸收層，防止 Cu_2Se 生成。目前高效率的 CIGS 太陽電池大部分是用此法成長，藉由一些長晶條件的調整，CIGS 吸收層的第一族 (Cu) 的成分比大約要落在 22-24%，而第三族的成分比當然相對高一點，另一種表示方法為 Cu/(In+Ga) 大約在 0.8-0.9 之間，可以得到較好的吸收層品質。

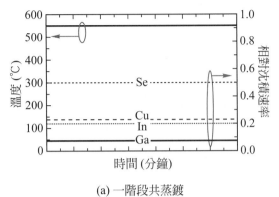

(a) 一階段共蒸鍍

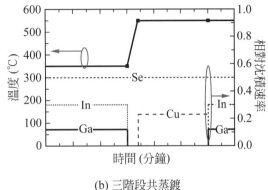

(b) 三階段共蒸鍍

圖 11-18　製程材料蒸鍍速率及長晶溫度示意圖

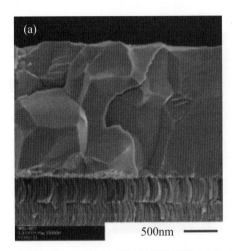

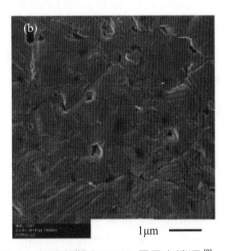

圖 11-19　利用掃瞄式電子顯微鏡由 (a) 截面及 (b) 表面所觀察 CIGS 長晶之情況 [3]

三階段共蒸鍍製程製作高效率 CIGS 吸收層的上視及剖面圖如圖 11-19(a)、(b) 所示，理想的 CIGS 多晶薄膜除了孔隙少、晶界 (Grain boundary) 也少，減少漏電流之外，表面平整有助於後段製程，晶粒大小可達數微米，晶粒介面有緊密的接面，這些都是影響元件好壞的關鍵，典型的 CIGS 吸收層之 X-ray 繞射頻譜如圖 11-20 所示，可以看到對應峰值都屬於 CIGS 吸收層及背電極 Mo 頻譜，一般較受到重視繞射峰值的是晶面 CIGS(112) 及 CIGS(220)，晶體品質好壞可由頻譜的半高寬及繞射強度來鑑定，至於哪一個晶面比較重要，目前仍未有定論。

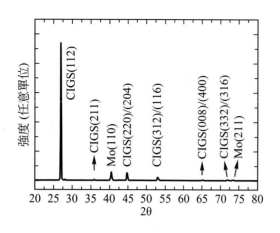

圖 11-20 三階段 CIGS 共蒸鍍製程之 X-ray 繞射頻譜

(2) 濺鍍法 (Sputter)

濺鍍製程屬於二階段連續製程，第一階段先將 Cu、In、Ga 等金屬靶材濺鍍至基板上形成前趨物，濺鍍設備可見示意圖 11-21，靶材數量通常不只一個，至少有兩種以上，可以有三種金屬的組合方式，也可以用 CuGa、CuIn 合金的方式鍍膜，廠商及研究單位都有各自機密配方，堆疊層數可能有數十層之多，堆疊的目的在於協助硒化反應與控制組成分佈，第二階段則將金屬疊層 Cu/In/Ga 等前趨物，送至硒化反應設備進行硒化處理，以石英爐管最為常見，硒化反應可以利用硒蒸氣或是硒化氫 (H_2Se) 來進行，硒蒸氣含有許多原子團 (Se_6、Se_8 等)，反應性不佳，H_2Se 不但反應性佳還具有還原能力，能將

一些不純物帶離開，因此目前效率較佳的電池大多以 H_2Se 當作反應源。然而二階段連續製程的成分控制能力較差，無法像共蒸鍍法精確控制 Cu/(In+Ga) 及 In/Ga 比例，造成開路電壓 (V_{oc}) 降低，因此 Solar Frontier 進一步開發表面硫化製程，先以 H_2Se 進行低溫 (450℃) 硒化，再升溫至 480℃ 進行硫化[47]，如圖 11-22 所示，形成五元材料 Cu(InGa)(SeS)$_2$或稱為 CIGSS，可以改善 V_{oc} 偏低的問題。

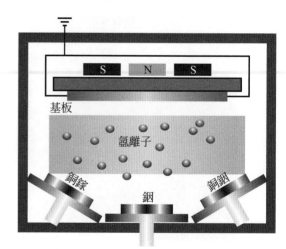

圖 11-21　CIGS 濺鍍製示意圖

然而 H_2Se 氣體含有劇毒性，並且具有腐蝕性，許多研究團隊正在避免使用 H_2Se 進行大規模生產，其中一種方式是先鍍上一層 Se 薄膜，再利用快速升溫爐 (RTP) 進行硒化，此法同樣可以進行硫化處理。另外有些研究直接濺鍍 CIGS 靶材至基板上，常發現組成比例

與鈀材成分比不同，且無法成長高品質的晶粒，效率仍無法與傳統製程相比。也有研究嘗試在濺鍍同時通入 Se 或 H_2Se 氣體進行反應，然而容易造成原始鈀材也與 Se 進行反應，若運用此法必須克服污染鈀材的問題。

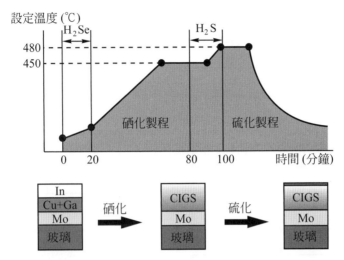

圖 11-22　利用濺鍍法製作前趨物，進行硒化及硫化法，形成 CIGSS[47]

(3) 塗布 / 印刷法 (Coating/Printing)

　　此技術屬於非真空製程，也屬於二階段連續製程，此法主要在於利用化學方法製作前趨物漿料，再利用刮刀塗布、旋轉塗布、印刷、噴灑、網印等方式將前趨物漿料塗布在基板上，如圖 11-23 所示，歸類屬於同類型的製程，有些漿料塗布完成後，可能要進行乾燥或還原的製程，到此步驟爲止，如同濺鍍法的前趨物製程，第二階段則將前趨物漿料進行硒化處理，目前漿料的前趨物十分多樣，金屬氧化物爲其中一種漿料，圖 11-24 標明了漿料製作流程，當漿料塗布於基板表面後，先用氫氣還原前趨物爲金屬[48]，再利用 H_2Se 進行硒化，可得到 CIGS 薄膜，整體反應機制與濺鍍製程雷同，目前仍在實驗室階段。而美商 Nano Solar 採用 Cu_2Se 及 CIGS 奈米粒子爲前趨物，卷對卷製程塗布於基板上，乾燥後經由 RTP 硒化[49]，此製程速度快、產能大，而且可以避開使用劇毒氣體 H_2Se，可大幅降低製造成本。

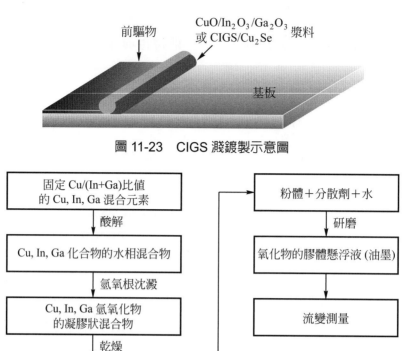

圖 11-23　CIGS 濺鍍製示意圖

圖 11-24　金屬氧化物漿料製作流程 [48]

(4)　電鍍法 (Electro deposition)

電鍍法也屬於非真空製程，產生 CIS 前驅物十分快速，能夠大面積製作，而且也可以應用於各種形狀的基板上，材料利用率極高，但是因為電鍍過程中各元素的還原電位相差很大，需外加錯化物進行共鍍，鍍液管理較不容易，要單段電沈積 CIS 薄膜在量產考量上可行性不高，因此目前均捨棄單段電沈積方式，改採 2 段電沈積 Cu-Se, In-Se 或分段電沈積 Cu 和 In，生產的流程基本上是電鍍 Cu, In, Ga, Se 等元素或化合物在基板上，經

由 RTP 硒化或爐管硒化製程便可完成 CIGS 的長晶，目前已經進入試量產階段。圖 11-25 為美國 Solo Power 的製程示意圖。

上述四種製程，共蒸鍍及濺鍍製程已經有商業量產規模，而印刷及電鍍製程也已經進入試量產階段，雖然 CIGS 長晶製程比 CdTe 複雜許多，不過這四種製程在小面積吸收層品質都沒有問題，完成元件製作也都能超過 14%，端看未來大面積製程的均勻性及品質是否能達成商業量產的需求，太陽電池之元件結構特性詳述於後。

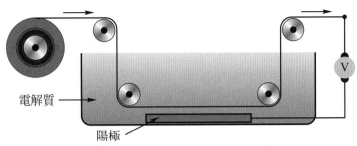

圖 11-25　電鍍法製程示意圖 (Solo Power)

11-3-2　CIGS 薄膜太陽電池結構與特性

1970 年代初期，美國貝爾實驗室詳盡的探索 CIS 相關的材料、電子及光學特性，隨後發表了第一個 CIS 太陽電池 [50]，其原型結構是將 n 型半導體硫化鎘 (CdS) 蒸鍍到 p 型單晶半導體 CIS 上面，很快地，1976 年第一個薄膜 CIS 太陽電池已經被製作出來 [51]，1980 年代初期，由波音 (Boeing) 公司發展共蒸鍍製程，利用陶瓷基板鍍上一層鉬 (Mo) 金屬電極 (P 型)，Mo 金屬與 CIGS 有良好的歐姆接觸特性，並擁有低電阻、高反射的特性，適合當作 P 型金屬，再將銅 (Cu)、銦 (In)、硒 (Se) 三種元素同

時蒸鍍到 Mo 電極上，接續蒸鍍上 CdS 相關 n 型半導體層，完成整個太陽電池的製作，製作出第一個效率較高 (9.4%) 的薄膜太陽電池 [52]。在 1980 年代之後，許多研究單位專精在各種製造及生產的改良，基本上波音所提出的主體架構仍沿用至今，近二十年來，細部結構、材料及製程改進，以 CIGS 為基礎的太陽電池已經將效率從 9.4% 一舉提升到 19.9%[3]，現今的 CIGS 太陽電池結構如圖 11-26 所示，圖中包含兩種示意圖，分別代表硬式基板及軟式基板所製作之 CIGS 太陽電池，結構細節基本上沒有太大的變化，細節特性分層詳述如下：

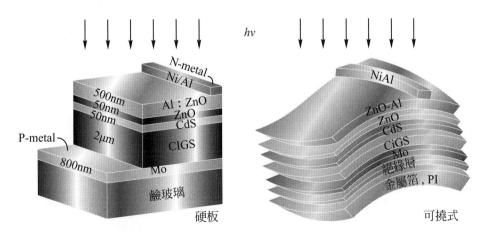

圖 11-26　CIGS 太陽電池結構示意圖

(1) 基板

便宜的鈉玻璃目前依舊是 CIGS 太陽電池的首選，玻璃內部鈉離子的擴散是目前被認為提昇效率及良率最簡單的方式，其整體製程類似目前的 LCD 面板製程，採用全自動 In-Line 製程，可提高製程穩定性，而且在後續的玻璃封裝技術較為容易，長時間使用穩定性較高，玻璃基板所製造 CIGS 的轉換效率也較高，目前實驗室所發表的世界紀錄還是以玻璃製造為主，但是缺點就是體積較大、重量較重，因此第二種改良製程採用可撓曲式基板也趁勢而起，一般搭配全自動卷對卷 (Roll-to-Roll) 製程，產能輸出大幅提升，也可大幅降低成本，其中可撓曲軟性基板包括可耐高溫製程的不銹鋼箔 (Stainless steel foil)、鋁箔 (Al foil)、銅箔 (Cu foil)、鈦箔 (Ti foil) 等金屬箔已經被廣泛使用，研究機構中以日本 AIST 及德國 ZSW 發展較佳，AIST 在厚度 20μm 之 Ti-foil 基板上，小面積電池最高轉換效率可達 17.4%，也有商業量產公司 (Global Solar、Nano Solar、Solopower) 朝向此方向發展，另外一種方法是使用有機聚合物 PI (Polyimide) 基板等，有機聚合物的耐溫極限大約在 400℃ 左右，只能使用低溫製程，較佳的 CIGS 長晶溫度卻要到 550℃，美國 Ascent Solar 及德國 Solarian 都再進行低溫製程改善 CIGS 的晶體品質的方法，但是軟性材質的模組效率仍待改善，且必須考量封裝可靠度的問題。

(2) CIGS 背電極

玻璃上方的背電極大多採用 Mo 與 CIGS 接觸，發展 30 年來幾乎沒有太大的改變，主要是 Mo 本身導電性佳、高溫的穩定性佳並且能與 CIGS 形成良好的歐姆接觸，另外，Mo 的熱膨脹係數與玻璃及 CIGS 相近，可以容忍較大的製程變異。此外部分採用金屬基板的製程必須先鍍上一層絕緣層，再將 Mo 鍍於絕緣層上。

(3) CIGS 吸收層

實現高效率 CIGS 太陽電池，首要為控制 CIGS 吸收層組成比例，其中 Cu/(In + Ga) < 1 以防止 $Cu_{2-x}Se$ 的產生，第三族成分比例，目前最佳組成大約落在 Ga/(In + Ga) = 0.25-0.35，此能帶範圍太陽電池有最好的效率表現，。除此之外，化合物半導體的好處就是可以利用半導體工程，Ga 的分佈以 V

型分佈較佳，使得能帶也呈現 V 型分佈漸變調整能隙，如圖 11-27 所示，讓接近底部的載子受到內建電場的驅使下，更容易的被電極所收集，表面的能隙提升有助於改善開路電壓，只有共蒸鍍製程擁有較佳的成分控制能力，比較容易設計不同能帶漸變的結構，綜合以上的技術才能一舉將效率提升到 19.9%，小面積高效率 (> 18%)CIGS 太陽

電池幾乎都是利用共蒸鍍製程製作。而連續二階段製程之前趨物有快速大面積鍍膜、低成本製造的優勢，但是硒化製程才是目前的瓶頸，進行硒化過程時，容易出現材料控制的問題，整體吸收層的穩定性及良率容易受到影響，若能改善硒化製程的大面積均勻性、良率及產率，則未來生產成本可能會大幅降低。

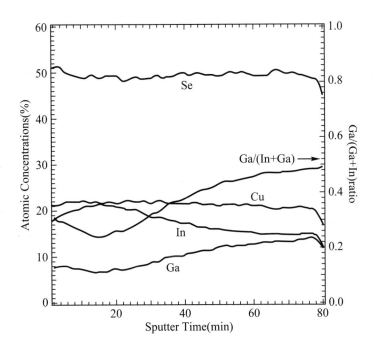

圖 11-27　CIGS 吸收層元素縱深分析圖 (歐傑電子能譜)[53]

(4)　緩衝層 (buffer layer)

　　常用 CdS 加上高阻值 ZnO 為主，目的在於形成良好的半導體異質接面並抑制材料的寄生漏電流，可以得到較高的轉換效率，製程

方式以濕式化學浴鍍膜 (Chemical bath deposition, 稱 CBD) 較普遍，一般使用三種化學原料：1. 氨水 2.硫脲：(thiourea; $SC(NH_2)_2$) 及 3.鎘的前驅物：$CdSO_4$, $CdCl_2$, CdI_2,

Cd(CH₃COO)₂等等，反應環境大約在 60-80℃，但是重金屬鎘的疑慮，讓許多量產的計畫漸漸朝向無鎘緩衝層，有些研究直接採用 ZnO，另外有使用 ZnS, Zn(O,S,OH)ₓ, ZnSe, InS, In(O,S,OH)ₓ, InSe 等替代緩衝層，其效果如表 11-5 所示，相較於 CdS 緩衝層，效率大約會下降 1～3%，是未來研究突破的重點之一。高阻值 ZnO 一般常用濺鍍製程，電阻率最好大於 $10^6\,\Omega$-cm，可以減緩 CdS 覆蓋不完全所產生的問題，可有效抑制材料的寄生漏電流。對於 ZnO 的要求為高穿透率，讓太陽光能夠進入到 CIGS 吸收層，ZnO 成長於玻璃上之穿透頻譜，如圖 11-28 所示，平均穿透度大約可在 85% 以上，另一方面，可增強接續成長的透明導電薄膜之結晶性。

表 11-5 CdS 與無鎘緩衝層對 CIGS 電池特性比較

有硫化鎘元件結構					面積 (cm²)	V_{OC} (V)	J_{SC} (mA/cm²)	F.F. (%)	效率 (%)	年	機構
MgF₂/	AZO/	ZnO/	CdS/	CIGS	0.42	0.690	35.5	81.2	19.9	2008	NREL
	AZO/	ZnO/	CdZnS/	CIGS		0.705	35.5	77.9	19.5	2006	NREL
	AZO/	ZnO/	CdS/	CIGS	0.41	0.694	35.2	79.9	19.5	2005	NREL
MgF₂/	AZO/	ZnO/	CdS/	CIGS	0.50	0.718	34.3	78.4	19.3	2007	U.Stuttgart
	AZO/	ZnO/	CdS/	CIGS	0.41	0.689	35.7	78.1	19.2	2003	NREL
MgF₂/	BZO/	ZnO/	CdS/	CIGS	0.20	0.645	36.8	76.0	18.0	2001	AGU
	AZO/	ZnO/	CdS/	CIGS	0.50	0.695	34.1	77.3	18.3	2009	ZSW
	AZO/	ZnO/	CdS/	CIGS	0.52	0.687	34.0	74.9	17.5	2007	AIST
Cd Free：無鎘元件結構											
			ZnS(O, OH)/	CIGS	0.40	0.661	36.1	78.2	18.6	2003	AGU/NREL
MgF₂/	AZO/		ZnS(O, OH)/	CIGS	0.40	0.670	35.1	78.8	18.5	2004	NREL
MgF₂/	AZO/		ZnS(O, OH)/	CIGS	0.16	0.671	34.9	77.6	18.1	2002	AGU
	AZO/	ZnMgO/	ZnS/	CIGS	0.50	0.661	35.1	74.9	17.3	2009	ZSW
	AZO/	ZnO/	In₂S₃/	CIGS	0.10	0.665	31.5	78.0	16.4	2003	France/ZSW
	ITO/	ZnMgO/		CIGS:Zn	0.96	0.587	40.2	68.9	16.2	2002	Matsushita
MgF₂/	AZO/		ZnS(OH)/	CIGSS	1.08	0.566	36.0	71.0	15.7	2001	HMI/Siemens
MgF₂/		ZnO/	Inₓ(S, OH)ᵧ/	CIGS		0.594	35.5	74.6	15.7	1996	U. Stuttgart
MgF₂/	AZO/	ZnO/		CIGS	0.46	0.604	36.2	68.6	15.0	1999	NREL
MgF₂/	AZO/		ZnS(O, OH)/	CIGSS	0.50	0.588	33.7	73.7	14.6	2003	HMI/Siemens

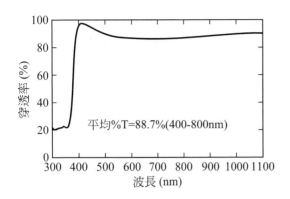

圖 11-28 ZnO 薄膜成長於 SLG 基板之穿透
　　　　度 - 頻譜圖

(5)　透明導電層

元件結構最上層為透明導電薄膜，由於 ITO 之成本較高，透明導電氧化物薄膜較常被使用，大多採用硼、鋁、鎵、銦摻雜之 ZnO，又以鋁摻雜 (俗稱 AZO) 最受商業化歡迎，其同時具備高導電性、高溫度穩定性、無毒性以及成本低廉的優點。透明導電薄膜在波長 350-1250nm 必須具備高穿透度，減低太陽光之吸收，為了提高穿透度，有時還會加入抗反射層，常使用的材料為 MgF_2 抗反射層，減少光在入射表面的反射損耗；此外還需有良好的導電性質，減少電阻所造成的損失，以利電子的收集。AZO 一般使用真空濺鍍製程，優點在於容易控制製程、低溫成長、大面積化、易成長附著佳且品質良好的薄膜；如此可獲得具有較佳導電特性

($\sim 4 \times 10^{-4}$ ohm-cm) 且平均穿透度大於 90% 之透明導電薄膜，如圖 11-29 所示。

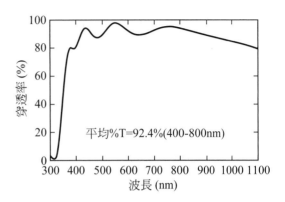

圖 11-29 AZO 薄膜成長於 SLG 基板之穿透
　　　　度 - 頻譜圖

CIGS 電池元件完成剖面圖如圖 11-30 所示，CIGS 長晶除了孔隙少，減少漏電流之外，表面平整有助於後段製程，晶粒大小可達數微米，晶粒介面有緊密的接面，這些都足以影響元件好壞。目前小面積電池轉換效率以共蒸鍍製程最佳，高達 19-20%[3, 53-56]，奈米漿料印刷製程小面積電池效率可達 16.4%，然而大面積 ($60 \times 120 cm^2$) 模組效率大約只在 11-13%，濺鍍製程模組效率也約 11-12%，在小電池轉換到大面積模組，會因為 AZO 的串聯電阻及穿透率影響效率表現，另外，模組製程必須在基板上直接進行隔離、串並聯的切割製程，使得部分無效區 (Dead zone) 無法貢獻於吸收電流，將於下節討論。

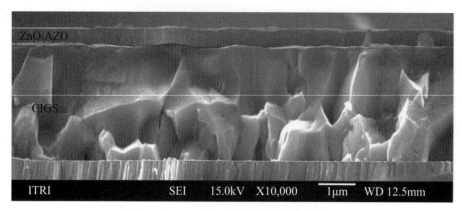

圖 11-30　CIGS 太陽電池結構剖面圖

11-3-3　CIGS 量產技術之開發與挑戰

　　CIGS 太陽電池小面積電池效率雖高，但是最終還是需要將太陽電池集結成模組，利用串、並聯的方式得到最後輸出，如同 CdTe 模組一樣，CIGS 也是在整片基板上，利用切割及鍍膜進行連接、隔離的動作，以傳統的結構為例 (如圖 11-31 所示)：第一道切割 (P1) 在於切割 Mo 電極，大多採用雷射切割方式，第二道 (P2) 多採用機械切割方式在 P1 邊緣割開 CIGS/CdS/ZnO，並鍍上透明導電膜 (ZnO：Al)，以提供通道連接鄰近的兩個電池，第三道 (P3) 在 P2 旁邊割開 CIGS/CdS/ZnO/AZO 用以隔離 AZO 的聯結，後續還需進行去邊、電極連接、封裝、測試等製程才算完成模組製程，其中 P2-P3 皆屬於無效區 (Dead zone)，直接減少吸收面積，進而使轉換效率降低。

　　CIGS 太陽電池的製程發展多元，除了吸收層技術不同，整體製程跟基板的形式相關，基板大致可分為硬式及軟式基板，因此量產製程也可以區分成玻璃基板為主的連續式鍍膜 (in-line) 製程及軟性基板為主體的卷對卷 (Roll-to-Roll) 製程，圖 11-32 為量產共蒸鍍 in-line 製程示意圖，大致上以先前介紹之基本結構加上切割、串聯電池而形成模組電池，目前玻璃基板的製程較為成熟，未來發展朝以高效率模組為主，圖 11-33 圖 11-34 分別為共蒸鍍及印刷 Roll-to-Roll 製程示意圖，如同印報紙一般，無論玻璃或軟性基板 (金屬箔、有機軟板等)，經過一整套製程後，最後整個模組結構都已經完成，尤其是 Roll-to-Roll 製程生產速度高、成本低，目前的瓶頸在於提高大面積的模組效率，以及開發軟性基板封裝製程，目前軟性基板的封裝要通過可靠度測試，仍須用玻璃進行封裝。

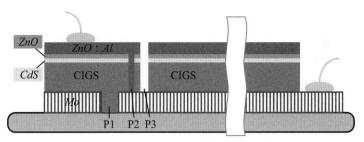

圖 11-31　CIGS 串聯模組結構示意圖

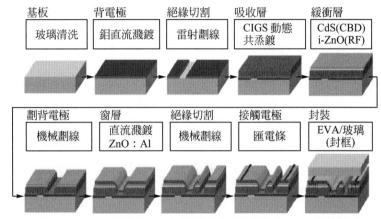

圖 11-32　共蒸鍍 CIGS 連續式鍍膜製程 (Würth Solar)

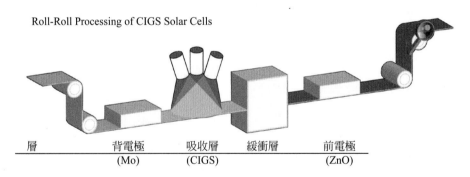

Roll-Roll Processing of CIGS Solar Cells

圖 11-33　共蒸鍍 CIGS 卷對卷製程 (Solarian)

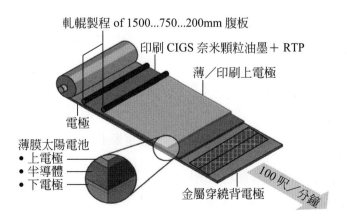

圖 11-34　印刷 CIGS 卷對卷製程 (Nano Solar)

就現今技術而言，真空蒸鍍或是真空濺鍍製程所得到的最佳模組效率大致相同，大約在 13-14% 左右，而一般市售模組效率大約可達 11% 左右，以目前來說，只需要效率超過 11% 以上的太陽電池模組，進入模組產品端已經非常有競爭力。傳統上認為真空設備成本大幅提高，但是無論是效率、穩定性及良率都以真空技術較穩定，且共蒸鍍製程只需要一階段製程，可省下硒化的時間及設備成本，但必須克服大面積鍍膜均勻性的問題。

連續二階段製程在硒化階段所需要的成本頗高，必須發展一套有效、經濟的硒化方式，較容易達到量產規模，濺鍍製程在前驅物鍍膜穩定快速，然而必須徹底解決硒化的瓶頸，目前以 H_2Se 進行硒化最為成功，轉換效率也較高。非真空製程製造的太陽電池由於材料純度較低，製程控制也較為困難，因此模組效率往往較低，且良率及大面積均勻性都仍待改善，若有明顯改善，高產率的非真空製程才有較大的發展空間，同時也必須解決硒化的問題。

⚛ 11-4 III-V 族太陽電池材料與技術

III-V 族太陽電池發展歷史久遠，不論在晶體成長或是磊晶技術都已經相當成熟，應用在太陽電池領域，其超高轉換效率 (> 40%)、耐高溫性、高穩定性、高良率、抗輻射等優異的特性，在所有太陽電池技術中，都位居領先地位，然而先天的礦產蘊藏量不如矽，因此成本較高，不過近年來高效率多接面太陽電池，在結合聚光模組的方式，有機會與其他種類太陽電池競爭，III-V 族薄膜型太陽電池的效率高低，並不在此討論，本章節將針對單晶型 III-V 族磊晶技術、多接面電池結構及聚光型太陽電池作介紹。

11-4-1　半導體磊晶材料與技術

III-V 族化合物半導體的組成相當多元，圖 11-35 顯示常用化合物材料的能隙及晶格常數 (lattice constant) 分佈，其中能隙的不同對應的吸收頻譜不同，對應到轉換效率理想值也不同，在前面章節曾經提過單一接面理想半導體能隙約為 1.43eV(圖 11-4)，除了 II-V 族的 CdTe 之外，砷化鎵 (GaAs) 也剛好落在最佳能隙附近，是半導體中最適合用作單接面太陽電池的材料之一。與薄膜太陽電池不同，高效率 III-V 族太陽電池必須以磊晶 (Epitaxy) 成長方式製作，磊晶主要就是在特定單晶晶圓上，成長所需的元件結構，大多選擇與磊晶層之晶格常數相近之晶圓當做基板，市面上常見的基板有 GaAs、InP 或 Ge 等基板，以 GaAs 吸收層為例，而且可以依照需求選擇含有 N 型 (Si 摻雜) 或是 P 型 (Be 摻雜) 的 GaAs 基板，成長 GaAs 之磊晶層，由於基板與吸收層材料晶格常數相同，不會有嚴重的材料缺陷，磊晶的過程中可以選擇摻入 P 型或 N 型雜質，形成同質 (homojunction)PN 介面。

III-V 族化合物半導體的特性佳，大多不是靠同質的磊晶結構，磊晶的技術主要在成長數種不同材料的結構在基板上，可以利用能隙的大小、導電帶、價電帶差異控制電子及電洞的流動，磊晶過程中形成多接面太陽電池並非難事，也不會大幅增加成本，但是通常需

要選擇晶格常數接近的材料來形成異質接面 (heterojunction)，才不至於有材料成長的問題，進而控制光的吸收及載子的移動收集，假如磊晶的材料與基板晶格常數差異較大，磊晶厚度增加後，晶格應力累積過大，應力釋放則容易形成空位、錯位、差排等材料缺陷，所以並不是所有材料都適合相互堆疊。不過利用磊晶的技巧，可以控制這些缺陷在元件下方，不至於延伸到元件主動區，稱為變質的 (metamorphic) 磊晶，近年來有些高效率的太陽電池也是用此法磊晶而成。

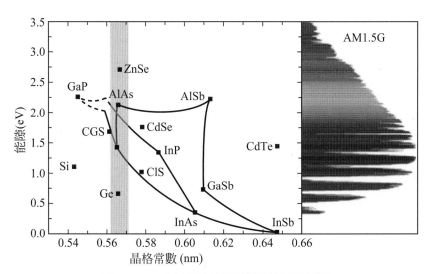

圖 11-35　半導體材料晶格常數及能隙圖

圖 11-35 之化合物半導體中，有許多材料的晶格大小接近，能隙卻不同，可以搭配成異質 PN 接面，或是由數種材料串疊成多接面太陽電池，例如：GaAs(晶格常數：5.6533A) 和 AlAs(晶格常數：5.6611A) 的晶格不匹配度只有 0.14%，成長出來的材料應力很小，不會發生晶格不匹配而產生缺陷，也最常搭配來製作光電元件，或是利用三元化合物砷化鋁鎵 ($Al_xGa_{1-x}As$)，其晶格常

數介於 GaAs 與 AlAs 之間，也沒有晶格應力的問題，但是卻可以藉由改變 Al 的含量 (x) 來調整能隙。另外一例：InP 及 GaP 的晶格常數分別遠大於及小於 GaAs，要將這兩種材料成長在 GaAs 上面並得到高品質極為困難，但是其化合物 $In_xGa_{1-x}P$ 可以調整 III 族元素比，當 x ～ 0.49 時，其晶格常數與 GaAs 完全相同，即可在 GaAs 基板上成長高品質的磊晶層。利用上述的材料，已經可以形成 AlGaAs/GaAs 或 InGaP/GaAs 雙接面太陽電池，進一步還能形成三接面太陽電池，而目前高效率太陽電池採用的多接面組合為 Ge/InGaAs/InGaP，於下一節詳述之。

磊晶技術已經開發數十年之久，早期的磊晶技術以液相磊晶 (Liquid phase epitaxy) 為主，但是因為成長速度太快，不容易控制厚度，後來漸漸被分子束磊晶 (molecular beam epitaxy, MBE) 及有機金屬氣相磊晶 (metal-organic vapour phase epitaxy，MOVPE) 所取代，持續沿用至今，這兩種磊晶技術可說是 III-V 族光電元件發展的基石，在太陽電池的發展也扮演不可或缺的角色，以下分別介紹 MBE 及 MOVPE 的製程：

(1) 分子束磊晶 (MBE)

其原理是利用熱蒸鍍所需的 III-V 族元素至所需基板上，如同前述 CIGS 共蒸鍍設備，基本的架構亦如圖 11-36 所示，包含了真空腔體及數組蒸鍍源，不過 MBE 系統的腔體屬於超高真空 (10^{-9}～10^{-11}torr) 環境，為了維持高真空環境，系統至少會有三個以上真空腔，採用冷凍、吸附、離子、鈦昇華等幫浦以達成高真空環境，用傳送軸 (Transfer rod) 在真空腔內交互傳送，防止超高真空腔體接觸到低真空的環境，整體真空設備及維護的成本較高。熱蒸鍍源的每一個蒸鍍源都有獨立的熱電偶 (thermal couple) 溫度感測器、加熱絲、溫控器及擋板 (shutter)，蒸鍍源內部裝載材料的乾堝不能和材料相互反應，因此大部分的乾堝是以 PBN 製成，乾堝的幾何形狀、開口大小都會影響蒸鍍的均勻性及穩定性，由於系統屬於超高真空，蒸鍍材料的平均自由徑 (Mean free path) 很長，材料從乾堝蒸鍍至基板幾乎無氣體分子的碰撞，確保材料能有效地抵達基板形成磊晶層，MBE 的特點是材料品質高，背景雜質少，能夠精確控制磊晶層厚度到一層原子的厚度，系統內有電子槍 (RHEED gun) 可小角度入射試片表面並投射在螢光屏幕上，有特定的點狀、線狀圖案，藉此來監控原子層的磊晶情況，因此許多奈米級的結構也很容易被實現，可以用於設計量子井 (Quantum wells)、量子點 (Quantum dots) 等結構，許多前瞻的研究仍以 MBE 系統為最佳考量，但是缺點在於磊晶速度慢，生產速度慢，成本較高，若以商業化考量以有機金屬氣相磊晶更為重要。

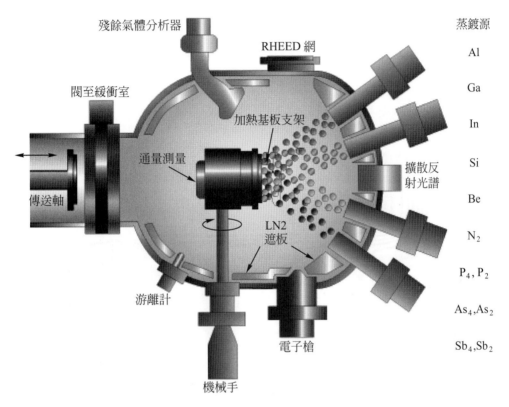

圖 11-36　分子束磊晶系統示意圖 [57]

(2)　有機金屬氣相磊晶 (MOVPE)

　　MOVPE 的原理完全與 MBE 不同，雖然屬於真空製程，但是不需要昂貴的超高真空設備，磊晶層是經由有機金屬與氣相氫化物產生化學反應而生成，有機金屬大多維持在恆溫狀態，溫度大多為室溫 25℃，少許材料溫度介於 5 ～ 35℃，以維持穩定的蒸氣壓，再利用載氣 (Carrier gas) 將兩種材料送入反應腔體，如圖 11-37 所示，載氣常用氫氣 (H_2)，氮化物材料磊晶則可用氮氣作載氣，基板位於腔體內部加熱旋轉載盤上，腔體有水平式也有垂直式，材質則有石英管或是不銹鋼腔體，反應的過程複雜，

有機金屬 (例如：TMG) 與氫化物 (例如：AsH₃) 藉由擴散進入試片上方的氣流層，並於加熱基板上反應形成化合物薄膜砷化鎵 (GaAs)，副產物及雜質則隨著載氣被帶離試片表面，反應成膜速度高於 MBE 成膜速度，較適合大規模商業量產，缺點是必須使用有毒氣體，目前商用量產設備均有完整的安全措施。

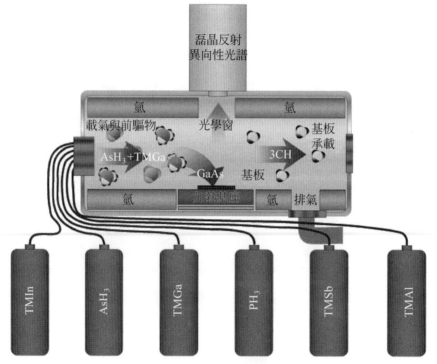

圖 11-37　有機金屬氣相磊晶示意圖[58]

11-4-2　單接面與串疊型多接面太陽電池及材料

　　GaAs 太陽電池發展開始於 1960 年代，根據理論計算 GaAs 單一接面的電池效率大約在 30%[59-60]，1970 年時 Zhores Alferov 的團隊在設計出第一個 GaAs 異質結構的太陽電池[61]。IBM 於 1972 年提出 GaAs 太陽電池加上 AlGaAs 視窗層結構[62]，可以減少表面態的載子復合，效率達到 16%，類似的結構在 1979 年 4cm² 電池效率可達 19%(AM0)[63]，1988 年代隨著 MOCVD 技術的大量運用，製作小面積電池效率可達 22.4%(AM1.5)[64]。為了發展量產製程，開始尋求替代基板以取代高成本的 GaAs 基板，鍺 (Ge) 基板有較低成本及較佳的機械強度，且晶格常數與 GaAs 接近，被應用來製作更大及更薄的 GaAs 太陽電池，厚度 90μm、面積 16cm²電池效率可達 17%，1988 年在 Ge 基板上量產 GaAs 太陽電池，厚度 90μm、面積 36cm²之電池效率已經可達 18%，1991 年面積 36cm²電池效率超過 20%[65]，近年來單接面 GaAs 太陽電池效率可達約 25%[66, 2]。

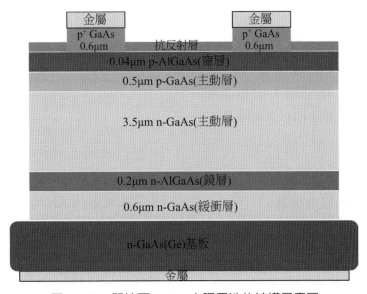

圖 11-38　單接面 GaAs 太陽電池的結構示意圖

單接面 GaAs 太陽電池的結構圖如圖 11-38 所示，基板為 GaAs 或 Ge 晶圓，送入 MBE 或 MOCVD 內，先後成長 GaAs 緩衝層、AlGaAs 反射層、GaAs 主動層 (吸收層)、表面 AlGaAs 視窗層，最後是低阻值金屬接觸層，便完成磊晶結構主體，後續再進行黃光半導體製程，進行蝕刻並鍍上電極及抗反射層部分，完成單一太陽電池，以下將針對各層作介紹：

(1)　基板

若吸收層材料為 GaAs，若不考慮變形磊晶，晶圓的選擇最佳為 GaAs，另一選擇則為晶格常數接近的 Ge，而且 Ge 基板的機械強度高，能夠製作厚度薄、面積大的太陽電池，然而基板的成本一直居高不下，而且基板的面積受限，降低基板成本是目前 III-V 太陽電池普及化的一大挑戰。

(2)　GaAs 緩衝層及 AlGaAs 反射層

III-V 族太陽電池主要操作區稱為主動區，一般磊晶成長吸收層之前，大多先成長 GaAs 緩衝層，可排除基板表面的問題，銜接後續的主結構層，隨後的 AlGaAs 為反射層，同時可以提升少數載子的收集效率，但是寬能隙的材料阻值較高，厚度增加反而造成效率降低。

(3) GaAs 主動層 (吸收層) 及 AlGaAs 窗層

一般厚度大約 2 ～ 4μm，由 p 型 GaAs 及 n 型 GaAs 所形成同質結構的吸收層，但是由於 GaAs 有表面態存在，增加載子的復合機率，對於太陽電池極為不利，因此多利用 AlGaAs 減少表面態所造成之復合。

(4) 低阻值金屬接觸層

由於 AlGaAs 能隙較大，阻值也較高，不利於與金屬接觸，因此多用高摻雜 (n > 1 × 10^{18}) 的 GaAs，當作與金屬接觸的表面層。

單接面 GaAs 太陽電池結構簡單，然而若效率要進一步提升的困難度高，而且距離理論極限值已經不遠，因此研究大多轉向開發多接面串疊式的太陽電池，串疊型太陽電池主要原理是利用不同的材料吸收不同能量的太陽光，可以提高整體太陽光的利用率，當然可以得到較高的轉換效率，以獲得更高的轉換效率，以 GaAs 太陽電池為基礎，最容易的雙接面電池結構，即是利用晶格常數接近的兩種材料 (AlGaAs 或 InGaP) 當作上吸收層材料，若採用 Ge 基板，Ge 晶格常數比 GaAs 晶格稍大，如此

晶格不匹配會導致效率降低，因此後期大多採用低 In 含量的 InGaAs 化合物來匹配 Ge 基板，二接面 (AlGaAs/GaAs) 及 (InGaP/InGaAs) 太陽電池的效率分別可達 27.6% 及 30.2%[67, 68]，隨著技術的成熟，三接面取代雙接面太陽電池成為目前效率最高的太陽電池，吸收層材料用 (Ge/(In)GaAs/InGaP) 三種材料堆疊而成，基本的結構如圖 11-39 所示，主體結構由三種材料的吸收層及兩個穿隧接面 (Tunnel-junction) 所組成，上電池為 InGaP 吸收能量 >1.82eV 的太陽光，中段電池為 (In)GaAs 吸收 1.82eV > E > 1.3eV 的太陽光，所含 In 成分會影響吸光範圍及材料特性，一般以磊晶品質為優先考量來決定 In 含量多寡，下方電池由 Ge 基板所形成的，吸收剩餘的太陽光 (1.3eV > E > 0.7eV)。穿隧接面由一組高摻雜 P 型及 N 型半導體結合而成，摻雜濃度必須控制得當，才能讓載子在穿隧接面順利流動，由於電池結構複雜，介面的控制格外重要，磊晶過程大多在高溫環境下，化合物及摻雜交互擴散的問題必須控制得當，效率才會提升，目前三接面太陽電池效率大多可超過 30%，最佳效率可達 33.8%[69]。多接面太陽電池的進展速度緩慢，主要在於結構複雜度提升，材料的選擇也有晶格匹配的限制，因此聚光模組的引入，能夠提高現有太陽電池的效率，詳述如下節。

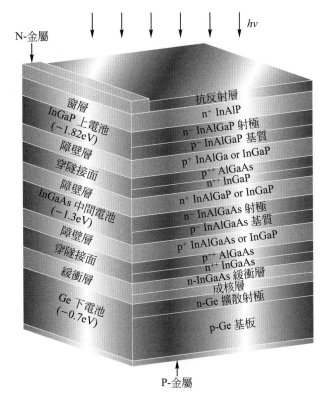

圖 11-39　三接面 Ge/(In)GaAs/InGaP 太陽電池結構示意圖

11-4-3　高效率聚光型太陽電池

　　聚光型太陽電池 (Concentrating Photovoltaic，簡稱 CPV) 的工作原理簡單的說就是一個太陽電池加上聚光鏡，如圖 11-40 所示，主要目的在將更多的太陽光聚集到太陽電池上，此類太陽電池特別適合 III-V 族晶圓型太陽電池的發展，III-V 族多接面太陽電池的轉換效率超過 30%，但是電池成本相對較高，而聚光鏡的成本低於太陽電池元件成本，卻能大幅增加電池效率，雖然必須增加聚光鏡製作的成本，整體成本仍然大幅降低。聚光的設計可以分為折射式透鏡與反射式反射鏡，反射鏡的效果較佳，但是大面積反射鏡的成本較高，透鏡的折射損耗較高，不過成本較低，也較常被使用在聚光型模組上。

　　然而聚光型太陽電池要達到最佳使用情況，必須外加追日系統 (即追蹤太陽的位置)，才能讓透鏡或反射鏡得到較好的聚焦點，成本也會上升，追日系統可分為主動式追日或是被動式追日，主動式追日系統利用光感測器感測太陽光的位置，隨時進行方位角度的修正，追蹤精度高，但是在天候不佳或光干擾嚴重的地區，感測器不易判定，將導致無法追蹤；被動追日系統則追蹤天文公式計算出的太陽軌跡，不易受到天候影響，但是單純機械控制系統難以精確追蹤太陽軌跡。

聚光型太陽電持有一個重要的參數：聚光比 (Concentration ratio, 常用 C 值來代表)，聚光比即透鏡面積與電池面積之比例，當透鏡面積爲 $1000cm^2$，電池面積爲 $1cm^2$，則聚光比爲 1000，一般常用的聚光比大約在 100 ～ 1000 之間，聚光比並非越大越好，高聚光比同時讓元件的操作溫度上升，容易有負面效應產生。

理論計算聚光型 (C = 1000) 單接面太陽電池效率最高可提升至 37%，二、三接面太陽電池則可提升至 50%、56%[70]，實驗室聚光型 GaAs 單接面太陽電池最好效率能夠達到 27-29%[71, 72, 2]，目前聚光型三接面太陽電池效率最高可達約 40-41%[9-11]，分別由下面三個不同研究團隊所發表：

1. 圖 11-41 爲美國研究團隊在 2007 年所發表聚光型 $In_{0.56}Ga_{0.44}P/In_{0.04}Ga_{0.92}As/Ge$(變質的) 與 $In_{0.50}Ga_{0.50}P/In_{0.01}Ga_{0.99}As/Ge$ (晶格匹配的) 三接面太陽電池[9]，在無聚光情況下，效率分別爲 31.3% 及 32%，經過聚光後，最好的效率分別可達 40.7% 及 40.1%。

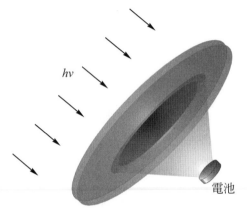

圖 11-40　聚光型模組示意圖

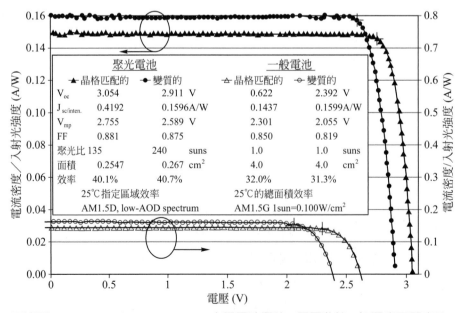

	聚光電池		一般電池	
	晶格匹配的	變質的	晶格匹配的	變質的
V_{oc}	3.054	2.911 V	0.622	2.392 V
$J_{sc/inten.}$	0.4192	0.1596A/W	0.1437	0.1599A/W
V_{mp}	2.755	2.589 V	2.301	2.055 V
FF	0.881	0.875	0.850	0.819
聚光比	135	240　suns	1.0	1.0　suns
面積	0.2547	0.267　cm^2	4.0	4.0　cm^2
效率	40.1%	40.7%	32.0%	31.3%
	25℃指定區域效率		25℃的總面積效率	
	AM1.5D, low-AOD spectrum		AM1.5G 1sun=0.100W/cm^2	

圖 11-41　三接面 $In_{0.56}Ga_{0.44}P/In_{0.04}Ga_{0.92}As/Ge$ 太陽電池電流 - 電壓曲線 (無聚光及聚光比 C=240)；三接面 $In_{0.50}Ga_{0.50}P/In_{0.01}Ga_{0.99}As/Ge$ 太陽電池電流 - 電壓曲線 (無聚光及聚光比 C=135)

2. 圖 11-42 為美國研究團隊在 2008 年所發表聚光型 $In_{0.49}Ga_{0.51}P$/ $In_{0.04}Ga_{0.96}As$/ $In_{0.37}Ga_{0.63}As$ 三接面太陽電池[10]，從量子效率頻譜可以清楚的看出多接面材料的吸收能譜，在聚光比為 326 的情況下轉換效率可達 40.8%。

3. 圖 11-43 為德國研究團隊在 2009 年所發表聚光型 $In_{0.65}Ga_{0.35}P$/

$In_{0.17}Ga_{0.83}As$/Ge 三接面太陽電池[11]，此研究選擇晶格不匹配的材料，利用變質 (metamorphic) 磊晶的方式，還能成功的抑制晶體的缺陷，得到非常優良的元件特性，電池面積為 $5.09mm^2$，在聚光比為 454 的情況下轉換效率可達 41.1%。

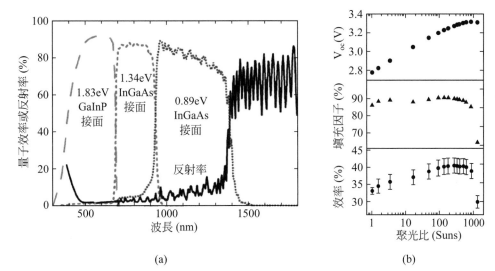

(a)　　　　　　　　　　(b)

圖 11-42　(a) 三接面 $In_{0.49}Ga_{0.51}P/In_{0.04}Ga_{0.96}As/In_{0.37}Ga_{0.63}As$ 太陽電池量子效率頻譜
　　　　　(b) 不同聚光比的情況下所對應的開路電壓、填充因子及效率曲線

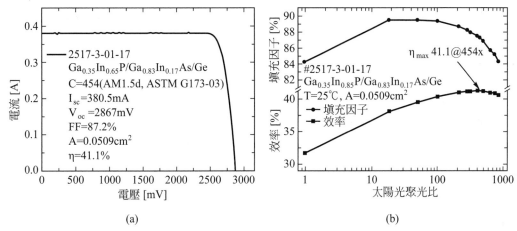

(a)　　　　　　　　　　(b)

圖 11-43　(a) 三接面 $In_{0.65}Ga_{0.35}P/In_{0.17}Ga_{0.83}As$/Ge 太陽電池電流 - 電壓曲線
　　　　　(b) 不同聚光比的情況下所對應的填充因子及效率曲線

❀ 11-5　結語

過去第 I 代太陽電池的發展因為成本高，往往需要政策補貼才能發展，第 II 代薄膜太陽電池正要起步，化合物薄膜太陽電池在成本上有極大的優勢，CdTe 太陽電池在短期內，產能爆發性成長，主要就是成本低廉，不過 Cd 污染的因素，可能使得發展漸漸以太陽電廠等集中區域為主。CIGS 太陽電池擁有跟 CdTe 類似的製程，成本也有機會低於每瓦一美元，轉換效率較高，模組效率直逼多晶矽太陽電池，又可以避免使用重金屬 Cd，具未來發展潛力。III-V 族化合物半導體在過去發展大多以太空為主，近年來因為超高效率太陽電池的進展，並搭配聚光模組，成本也在慢慢降低，先期有機會跨入一些特殊應用，未來繼續朝向低成本、高效率聚光模組的目標邁進。

化合物半導體太陽光電系統橫跨了半導體、電機、化學、材料、物理以及工程等各領域，上下游所需技術層面極廣，技術障礙雖不至於太高，目前發展速度仍然緩慢，不過台灣擁有豐富的半導體廠的製程經驗、面板廠的玻璃製程、封裝技術及 LED 化合物半導體磊晶技術，足以當作台灣發展的基石，只要能掌握關鍵技術、降低製造成本，便可在世界舞台上佔有一席之地。

參考文獻

1. E. Cartlidge, "Bright outlook for solar cells", Physics World (2007)

2. M. A. Green, K. Emery, Y. Hishikawa and W. Warta, "Solar Cell Efficiency Tables", Prog. Photovolt：Res. Appl. 17, 320 (2009)

3. http://www.empa.ch.

4. X Wu, JC Keane, RG Dhere, C DeHart, A Duda, TA Gessert, S Asher, DH Levi, Sheldon P, "16.5%-efficient CdS/CdTe polycrystalline thin-film solar cell", Conf. Proceedings, 17th European Photovoltaic Solar Energy Conference, 22–26, 995 (2001)

5. B. Yan, G. Yue, S. Guha "Status of nc-Si：H Solar Cells at United Solar and Roadmap for Manufacturing a-Si：H and nc-Si：H Based Solar Panels" in "Amorphous and Polycrystalline Thin-Film Silicon Science and Technology 2007", edited by V. Chu, S. Miyazaki, A. Nathan, J. Yang, H-W. Zan Materials Research Society Symposium Proceeding, 989 (2007)

6. Y. Tanaka, N. Akema, T. Morishita, D. Okumura and K. Kushiya, "Improvement of Voc upward of 600 mV/cell with CIGS-based absorber prepared by Selenization/Sulfurization", 17th EC Photovoltaic Solar Energy Conference, 989 (2001)

7. D. Cunningham, K. Davies, L. Grammond, E. Mopas, N. O' Connor, M. Rubcich, M. Sadeghi, D. Skinner and T. Trumbly, "Large area ApolloTM module performance and reliability", 28th IEEE Photovoltaic Specialist Conf., 13 (2000)

8. PA. Basore, "Pilot production of thin-film crystalline silicon on glass modules" 29th IEEE Photovoltaic Specialists Conference 49 (2002)

9. R.R. King, D.C. Law, K.M. Edmondson, C.M. Fetzer, G.S. Kinsey, H. Yoon, R.A. Sherif, N.H. Karam, Applied Physics Letters 90, 183516 (2007)

10. J.F. Geisz, D.J. Friedman, J.S. Ward, A. Duda, W.J. Olavarria, T.E. Moriarty, J.T. Kiehl, M.J. Romero, A.G. Norman, K.M. Jones, Applied Physics Letters 93, 123505 (2008)

11. Fraunhofer ISE, "World Record：41.1% efficiency reached for multi-junction solar cells" Press Release (2009)

12. NASA, Research and Technology 2001 49 (2001)

13. R. Frerichs, Phys. Rev. 72, 594 (1947)

14. D. Jenny, R. Bube, Phys. Rev. 96, 1190 (1954)

15. F. Kruger, D. de Nobel, J. Electron. 1, 190 (1955)

16. D. de Nobel, Philips Res. Rpts 14, 361–

17. J. Loferski, J. Appl. Phys. 27, 777 (1956)

18. W. A. Pinheiro, V. D. Falcão, L. R. de Oliveira Cruz, C. L. Ferreira, Materials Research, 9, 47 (2006

19. P. Meyers, A. Abken, E. Bykov, D. Dauson, R. Green, U. Jayamaha, R. Powell, S. Zafar "Technology in Support of Thin Film CdTe PV Module Manufacturing" First Solar review (2005)

20. J. Mimilya-Arroyo, Y. Marfaing, G. Cohen-Solal, R. Triboulet, Sol. Energy Mater. 1, 171 (1979)

21. G. Cohen-Solal, D. Lincot, M. Barbe, Conf. Rec. 4th ECPVSC, 621 (1982)

22. J. Ponpon, P. Siffert, Rev. Phys. Appl. 12, 427 (1977)

23. K. Mitchell, A. Fahrenbruch, R. Bube, J. Appl. Phys. 48, 829 (1977)

24. T. Nakazawa, K. Takamizawa, K. Ito, Appl. Phys. Lett. 50, 279 (1987).

25. R. Muller, R. Zuleeg, J. Appl. Phys. 35, 1550 (1964).

26. R. Dutton, Phys. Rev. 112, 785 (1958).

27. K. Yamaguchi, H. Matsumoto, N. Nakayama, S. Ikegami, Jpn. J. Appl. Phys. 16, 1203 (1977)

28. J. Britt, C. Ferekides, Appl. Phys. Lett. 62, 2851 (1993).

29. A. Morales-Acevedo, Solar Energy 80,

399 and 430–492 (1959)

675 (2006)

30. B. McCandless, S. Hegedus, 22nd IEEE Photovoltaic Specialist Conf. Record, 967 (1991)

31. I. Clemminck, M. Burgelman, M. Casteleyn, J. de Poorter, A. Vervaet, Conf. Rec. 22nd IEEE Photovoltaic Specialist Conf., 1114 (1991)

32. A. Romeo, M. Terheggen, D. Abou-Ras, D. L. Batzner, F.-J. Haug, M. Kalin, D. Rudmann and A. N. Tiwari, Prog. Photovolt : Res. Appl. 12, 93 (2004)

33. Y. Hamakawa "Thin-Film Solar Cells : Next Generation Photovoltaics and Its Applications" Springer (2004)

34. A. Luque, S. Hegedus, "Handbook of Photovoltaic Science and Engineering" John Wiley & Sons Ltd (2003)

35. G. Jensen, Ph.D. Dissertation, Stanford University, Department of Physics (1997).

36. D. H. Rose, F. S. Hasoon, R. G. Dhere, D. S. Albin, R. M. Ribelin, X. S. Li, Y. Mahathongdy, T. A. Gessert, P. Sheldon, Prog. Photovolt. 7, 331–340 (1999)

37. B. McCandless, J. Phillips, J. Titus, Conf. Rec. 2nd WCPVEC, 448 (1998)

38. B. McCandless, Y. Qu, R. Birkmire, Conf. Rec 1st WCPVSEC, 107 (1994)

39. L. Szabo, W. Biter, U. S. Patent 4,735,662 (1988).

40. H. Matsumoto, K. Kuribayashi, H. Uda, Y. Komatsu, A. Nakano and S. Ikegami, Sol. Cells 11, 367 (1984).

41. J. Britt, C. Ferekides, Appl. Phys. Lett. 62, 2851 (1993)

42. X. Wu, P. Sheldon, T.J. Coutts, D.H. Rose, and H.R. Moutinho, Proc. of 26th IEEE PVSC, 347 (1997)

43. A. Morales-Acevedo, Solar Energy 80, 675 (2006)

44. X. Wu, S. Asher et al., J Applied Physics, 89, 4564 (2001).

45. X. Wu, J. C. Keane, R. G. Dhere, C. DeHart, D. S. Albin, A. Duda, T. A. Gessert, S. Asher, D. H. Levi, and P. Sheldon, Proc. 17th European Photovoltaic Sol. Energy Conf, 995 (2001)

46. R. Noufi, A. M. Gabor, J. R. Tuttle, A. L. Tennant, M. A. Contreras, D. S. Albin, J. J. Carapella, "Method of fabricating high-efficiency Cu(In,Ga)(SeS)$_2$ thin films for solar cells" US patent : 5441897 (1995)

47. Y. Nagoya, K. Kushiya, M. Tachiyuki, O. Yamase, Solar Energy Materials and Solar Cells, 67, 247 (2001)

48. V. K. Kapur, A. Bansal, P. Le, O. I. Asensio, Thin Solid Films 431, 53 (2003)

49. J. K. J. van Duren, C. Leidholm, A. Pudov, M. R. Robinson, Y. Roussillon, Mater. Res. Soc. Symp. Proc. 1012, 259

(2007)

50. S. Wagner, J. Shay, P. Migliorato and H. Kasper, "CuInSe2/CdS heterojunction photovoltaic detectors" Appl. Phys. Lett. 25, 434 (1974).

51. L. Kazmerski, F. White and G. Morgan, "Thin-film CuInSe2/CdS heterojunction solar cells" Appl. Phys. Lett. 29, 268 (1976).

52. R. Mickelsen and W. Chen, Proc. 15th IEEE Photovoltaic Specialist Conf., 800 (1981).

53. K. Ramanathan, M. A. Contreras, C. L. Perkins, S. Asher, F. S. Hasoon, J. Keane, D. Young, M. Romero, W. Metzger, R. Noufi, J. Ward and A. Duda, Prog. Photovolt：Res. Appl. 11, 225 (2003)

54. K. Ramanathan, G. Teeter, J. C. Keane, R. Noufi, Thin Solid Films 480, 499 (2005)

55. M. A. Contreras, K. Ramanathan, J. AbuShama, F. Hasoon, D. L. Young, B. Egaas and R. Noufi, Prog. Photovolt：Res. Appl. 13, 209 (2005)

56. P. Jackson, R. Wurz, U. Rau, J. Mattheis, M. Kurth, T. Schlotzer, G. Bilger and J. H. Werner, Prog. Photovolt：Res. Appl. 15, 507 (2007)

57. FIRST center, ETH Zurich "Molecular Beam Epitaxy"

58. FIRST center, ETH Zurich "Metal Organic Vapor Phase Epitaxy"

59. W. Shockley and H. J. Queisser, J. Appl. Phys. 32, 510 (1961)

60. C. D. Mathers, J. Appl. Phys. 48, 3181 (1977)

61. Zh. I. Alferov, V. M. Andreev, M. B. Kagan, I. I. Protasov, and V. G. Trofim, 1970, Fiz. Tekh. Poluprovodn. 4, 2378

62. J.M. Woodall and H.J. Hovel, Appl. Phys. Lett. 21, 379 (1972)

63. S. Kamath, Proc. 18th IEEE Photovoltaic Specialist Conf. Record, 1224 (1983)

64. R. P. Gale, R. W. McClelland, B. D. King, J. V. Gormley, Proc. 20th IEEE Photovoltaic Specialist Conf. Record, 446 (1988)

65. C.H. Cheng, Y.C.M. Yeh, C.L. Chu, T. Ou, Proc. 22nd IEEE Photovoltaic Specialist Conf. Record, 353 (1991)

66. G. J. Bauhuis, P. Mulder, J. J. Schermer, E. J. HaverKamp, J. Van Deelen, P. K. Larsen, 20th European Photovoltaic Solar Energy Conference, 468 (2005)

67. B. C. Chung, G. F. Virshup, S. Hikido, and N. R. Kaminar, Appl. Phys. Lett. 55, 1741 (1989)

68. D. J. Friedman, Sarah R. Kurtz, K. A. Bertness, A. E. Kibbler, C. Kramer, J. M. Olson, D. L. King, B. R. Hansen, J. K. Snyder, Prog. Photovolt：Res. Appl. 3, 47 (1995)

69. J. F. Geisz, Sarah Kurtz, M. W. Wanlass, J. S. Ward, A. Duda, D. J. Friedman, J. M. Olson, W. E. McMahon, T. E. Moriarty, and J. T. Kiehl, Appl. Phys. Lett. 91, 023502 (2007)

70. C. H. Henry, J. Appl. Phys. 51, 4494 (1980)

71. N.R.Kaminar, D. D. Liu, H. F. MacMillan, L. D. Partain, M. Ladle Ristow, Conf. Rec. 20th IEEE Photovoltaic Specialist Conf., 766 (1988)

72. S.M. Vernon, S.P. Tobin, V.E. Haven, L.M. Geoffroy, M.M. Sanfacon, Proc. 22nd IEEE Photovoltaic Specialist Conf. Record, 353 (1991)

習作

一、問答題

1. 考慮一道波長為 0.7μm 入射光，單純考慮材料吸收特性來計算 (1) 使用 CIGS 吸收層，需要多少 CIGS 厚度可分別吸收掉 90% 及 99% 的入射光 (2) 若使用 GaAs 太陽電池，需要多少 GaAs 厚度可分別吸收掉 90% 及 99% 的入射光 (假設此波長下，CIGS、GaAs 吸收係數分別為 10^5 及 5×10^4)

2. 已 知 $CdTe_{1-x}S_x$ 能 隙 可 表 示 為 $Eg=2.4x+1.51(1-x)-1.8x(1-x)$，繪製不同成分比之能隙分佈圖。

3. 多接面串疊型太陽電池需要靠穿隧接面來相互連接，利用能帶圖解釋穿隧接面的載子流動。

太陽電池材料－
有機薄膜太陽電池

✿ 12-1　染料敏化太陽電池發展概況

　　隨著人類經濟文明的發展與生活水準的提高，人類對於能源的需求與消耗是越來越多也越來越快，截至目前為止，地球上有限的天然資源已被人類使用大半，且由於對能源的依存度愈來愈高，因此能源短缺以及消耗能源而衍生的大氣污染、地球暖化、廢棄物污染等環保問題，日益嚴重。傳統能源存量依估算：石油儲藏量剩下 1 兆 338 億桶 (Barrel)，尚可使用約 40 年；天然氣儲藏量剩下 146 兆立方公尺，可使用約 60 年；煤儲藏量剩下 9,842 億噸，可使用約 200 年；鈾儲藏量剩下 395 萬噸，可使用約 60 年。此外傳統能源發電後所排放 CO_2 更是嚴重，是造成地球暖化的主因，目前地球平均溫度比 20 年前高了 0.2℃以上。

　　為了降低對於能源的使用與地球環境的保護，發展「再生潔淨能源」及推廣利用已刻不容緩。1997 年簽訂的京都議定書，已於 2005 年 2 月 16 日生效，要求工業國家降低 CO_2 排放量，發展再生能源，降低碳的排放。未來全球對再生能源需求將逐年增長 (如圖 12-1 所示)，再生能源技術包括太陽能、風力及生質能等，其中太陽能源最大優點為無污染且為初級之能源，勢必為二十一世紀主流科技產業之一。

　　我國為因應全球氣候變化綱要公約之國際新潮流及善盡地球村一份子之職責，制訂國家再生能源發展方案並訂定 2020 年再生能源佔總發電容量 12% 的長程目標，以及研究再生能源補助、獎勵推廣目標與方針，積極推行再生能源之研發與應用。我國向來倚賴進口能源，而太陽光電產業是再生能源產業的明日之星，利用太陽能源亦是永續發展的重點項目，歷年來我國政府均戮力提升相關產業技術的研究發展水準。由於政府主導進行之技術研究開發工作，是定位在技術層次較高者，包括應用研究開發、關鍵性技術與零組件之開發等工作，透過這樣的研發成果再技術移轉給廠商，協助廠商建立關鍵性技術。

　　目前主流的太陽電池技術為應用單晶矽、多晶矽及非晶矽材為主的矽晶太陽電池，此類矽晶太陽電池由於使用半導體製程技術，且需大量矽晶圓，在高純度矽晶圓材料匱乏的今日，促使許多研究組織便將重心轉移至無需使用矽晶圓材料之矽薄膜太陽電池；相較於矽晶太陽電池，矽薄膜太陽電池使用的矽原料少、且元件厚度薄，比較不容易碎裂的矽薄膜太陽電池更適合應用於隨身型產品及製作可撓式太陽電池。但由於矽

薄膜太陽電池仍需一結晶化製程以提昇光電轉換效率，而通常此結晶化製程為高溫生長 (約 1000℃) 或低溫結晶化技術 (如 PECVD)，能量消耗及設備問題，使矽薄膜太陽電池製造成本居高不下。

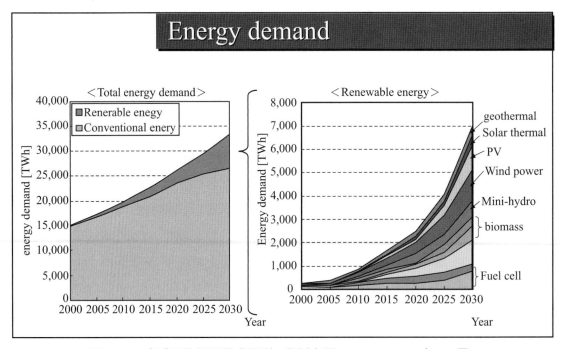

圖 12-1　全球再生能源需求預測 (資料來源：Sharp, 2004 年 11 月)

12-1-1　染料敏化太陽電池原理介紹

　　染料敏化太陽電池 (dye-sensitized solar cells, DSSCs) 為電化學型的太陽電池技術，與目前主流的矽晶和矽薄膜太陽電池的原理不同，染料敏化太陽電池的原料取得容易且無需太高價複雜的設備即可生產，整體的成本預估低於傳統矽基太陽電池，為具有發展潛力的第三代太陽電池。

　　染料敏化太陽電池的發展，在 1970 年代，所發表的光敏化型太陽電池，乃是利用光化學安定的二氧化鈦 (TiO_2)、二氧化錫 (SnO_2) 與二氧化鋅 (ZnO) 等氧化物作為吸收紫外光的半導體材料，在吸附色素後將可增加光感度，並發生光電效應的物理現象，但其光電效率是很低的，光電流約僅數 $10\mu A/cm^2$。然而於 1991 年由瑞士 M. Grätzel 教授於 Nature 期刊上發表 7.1% 的電池轉換

效率後，近來光電轉換效率已提高至約 12%，吸引學界及業界積極地投入相關技術研究與開發。染料敏化太陽電池主要是由工作電極 (working electrode)、相對電極 (counter electrode) 以及電解質 (electrolyte) 三個部分組成，其基本工作原理如圖 12-2 所示。在導電基板 (TCO) 上製作如 TiO_2、ZnO 或 SnO_2 等多孔性奈米無機半導體層，並在其材料上鍵結具光電轉換功能的敏化染料 (sensitizer)，如：有機金屬化合物或有機染料等，以製備電池之工作電極；而對電極材料通常為使用白金、碳材衍生物 (如：活性碳、奈米碳管等) 或導電高分子 (conducting polymer) 可快速進行電子交換及具電催化特性的材料；最後，在介於工作電極與對電極之間，使用可以使還原氧化態的染料回到基態以及維持元件內電荷平衡的電解質。

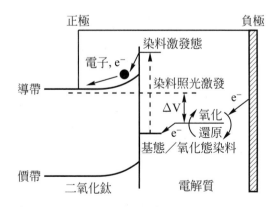

圖 12-2　染料敏化太陽電池運作原理示意圖

此一電池的基本工作原理可以分為四個部分加以說明之。

1. 吸收太陽光的能量，激發光敏分子呈現激發狀態，激發態的光敏分子將電子注入 TiO_2 半導體的傳導帶中。一般目前大多數光敏染料分子的光吸收波長範圍是在可見光區域，也就是約在 $400 \sim 800nm$ 之間。

2. 所導入的電子由 TiO_2 半導體薄膜層傳導至透明導電膜內 (TCO)，並傳到外線路。

3. 氧化態的光敏化分子從還原態的電解質中接受電子而回復到基態，而電解質則變為氧化狀態。

4. 氧化狀態的電解質從對電極中得到電子，而再回到還原態，以進一步再還原氧化態的光敏化分子。

相關光電化學反應式為：

(1)　陽極 (Anode)

　　光吸收 (Absorption)

　　$S + h\nu \rightarrow S^*$

　　電子注入 (Electron Injection)

　　$S^* \rightarrow S^+ + e^- (TiO_2)$

　　再生 (Regeneration)

　　$2S^+ + 3I^- \rightarrow 2S + I_3^-$

　　其中，三碘離子 (I_3^-) 是一種氧化劑的功能，接受外來供應的電子而還原回碘離子 (I^-)。

(2) 陰極 (Cathode)

還原 (reduce)

$$I_3^- + 2e^- (Pt) \rightarrow 3I^-$$

依據此一循環系統而形成所謂的染料敏化太陽電池，而其最大光電壓，是二氧化鈦半導體的費米能階與電解質的氧化還原電位的差值。在一般太陽光照射下，其照度為 $1kW/m^2$，將有 $0.6 \sim 0.8V$ 以及 $14 \sim 18mA/cm^2$ 的電流產生。

12-1-2 染料敏化太陽電池材料特性

目前全球針對染料敏化太陽電池之光電轉換效率提昇為主要研究重點，分別針對工作電極、光敏劑、電解質以及對電極等四個主要方向進行研發，以下將針對各部份做一介紹。

(1) 工作電極 (Working electrode)

在工作電極方面，最主要著重於 TiO_2 作為工作電極的材料，針對材料製備、電極製程、電極膜厚、奈米顆粒結晶與孔隙結構性質等研究較多；非 TiO_2 工作電極材料的研究則以 ZnO 最多，也有 ZnO 與 TiO_2 複合電極的相關研究，另外也有針對 SnO_2、Nb_2O_5、In_2O_3 以及 ZrO_2 作為緩衝層或是合成殼／核結構工作電極用於染料敏化太陽電池以降低電子再結合反應。但整體上而言，仍以價格低廉且安定性佳之 TiO_2 電極使用最多也最廣泛。TiO_2 是一種寬能隙的半導體，具有 $3.0 \sim 3.2eV$ 的能隙值；在自然界中，所存在的結構型態有銳鈦礦 (Anatase)、金紅石 (Rutile) 以及板鈦礦 (Brookite) 等三種，其代表性的結晶結構如圖 12-3 所示。其中銳鈦礦與金紅石是最常見，而銳鈦礦結構的 TiO_2 是最適合用於製備高效率染料敏化太陽電池。

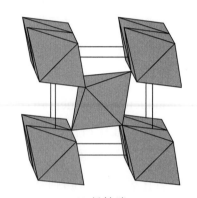

(a) 銳鈦礦

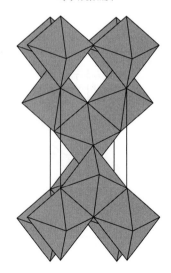

(b) 金紅石

圖 12-3　不同 TiO_2 型態結構示意圖

(2)　光敏化染料 (Sensitizer)

　　染料方面的研究可分兩大類：有機金屬錯合物及有機化合物染料，目前以釕錯合物 (Ru-complex) 的效率最佳，代表性結構為 N3 與 black dye(如圖 12-4 所示)，相對應之光電轉換波長範圍則如圖 12-5 所示。其他有機金屬錯合物染料包括：鉑 (Pt) 錯合物、鋨 (Os) 錯合物、鐵 (Fe) 錯合物及銅 (Cu) 錯合物等雖早期也有被探討，但是轉換效率還是不及釕錯合物的表現。

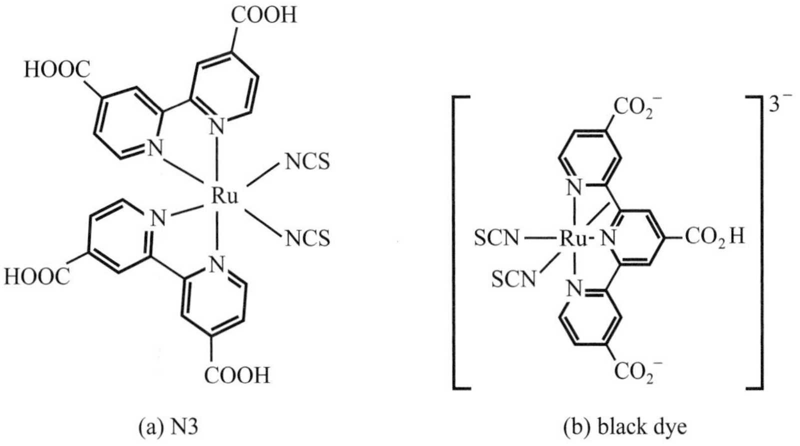

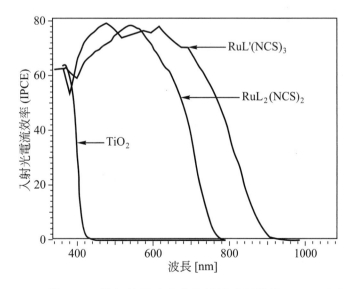

(a) N3　　　　　　　　(b) black dye

圖 12-4　N3 與 black dye 的化學結構式

圖 12-5　使用不同染料的電池之光電轉換波長範圍 (IPCE 表現)

有機染料方面以茜素 (Alizarin)、香豆素 (Coumarin)、花青素 (Cyanine) 衍生物、玫瑰紅 (Rhodamine) 衍生物以及天然色素,如葉綠素 (Chlorophyll) 及其衍生物的探討較為完整,相關結構如圖 12-6 所示。雖然有機染料有吸光係數較高的優勢,但是吸光範圍較窄,因此效率表現也尚不及釕錯合物,但是在固態電池系統或是堆疊結構電池方面則具有發展優勢。

無金屬有機染料

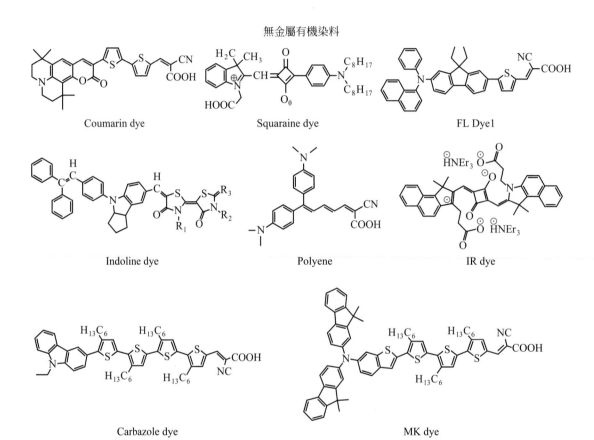

圖 12-6　相關有機染料之化學結構

(3)　電解質 (Electrolytes)

就電解質而言,相關研究方向有:無碘化、膠態化、固態化、離子液體與高分子膜等。其中,由於離子液體 (ionic liquid, IL) 的研究日廣,對於離子液體的測試結果顯示,離子性液體的確對染料敏化太陽電池的穩定性質有助益,且對熱與長期日照發電表現出良好的穩定性質。而一般為了提升元件的開路電壓 (V_{oc}),會在電解液中添加添加劑,最常被使用的為 4-tert-butyl-pyridine(TBP)。 當 TBP 與 TiO_2 上的缺陷鍵結後，界面缺陷狀態密度減少及電子再結合的機率減少，使得電池的 V_{oc} 值增加。

電解質材料因其存在的型態可分為液態、膠態與固態三類。其中，液態電解液一般是以注入技術，具有較高的導離度與高電極滲透性等優點，但是需要有優異的封裝材料與封裝方式為其關鍵因素。膠態電解質一般是以塗布或是注入技術，雖具有較低的漏液性優點，但是會有較低的導離度是其困難點。固態電解質 (或是電洞傳輸層) 一般是使用塗布成膜的技術；具有可導入卷對卷製程 (Roll-to-Roll) 及無漏液性等優點；然而，低的離子傳導性 (或電洞傳遞速度) 及封裝技術問題仍待克服。

(4)　相對電極 (Counter electrode)

染料敏化太陽電池之對電極，除了對白金 (Pt) 的催化特性、沈積量與沈積方式進行研究外，同時也使用相關碳材 (如：碳黑、活性碳、奈米碳管與石墨等) 或導電高分子作為對電極材料的應用；一般而言，目前仍以 Pt 作為透明對電極的應用最為普遍。對電極方面，相關研究方向有：低溫製程，高透明性製程，高耐蝕性與新的材料替代性等。

12-1-3　染料敏化太陽電池量產技術之開發與挑戰

染料敏化太陽電池目前最需要面對的問題為其電池壽命問題，而這個議題，最早認為是染料的關係，因為染料為一種有機物或是有機金屬錯合物，根本無法承受太陽光的照射，但經過多年的研究卻發現，只要將太陽光中的紫外光 (一般為波長小於 400nm) 阻隔，染料就不會有被分解的問題。因此在許多學者與研究機構的努力下，發現影響染料敏化太陽電池使用壽命最大的問題，應該來自於水氣的干擾 (圖 12-7)。

而水氣來源則可分為原料本身與外界侵入。原料本身的水氣，可以藉由原料控管達到要求，而外界的水氣，就必須藉由阻隔的手段來達到，因此封裝就成為是一個很重要的議題。相較於其它電子產品的封裝材料，由於染料敏化太陽電池封裝材料須與電解液接觸，電解液也會因受熱而膨脹，因此需要更佳之耐化性與接著性，以免電解液滲出，另外在封裝過程中受限於染料與電解液無法承受高溫，所以必須在較低的溫度 (< 80℃) 下完成封裝。

在大型化之染料敏化太陽電池設計與製備上，電解質如同電池中的血液，電解質一旦滲漏，則電池將無法運作，也將會影響使用者的意願。因此好的密封膠材與封裝技術在染料敏化太陽電池中是扮演著非常重要的角色。

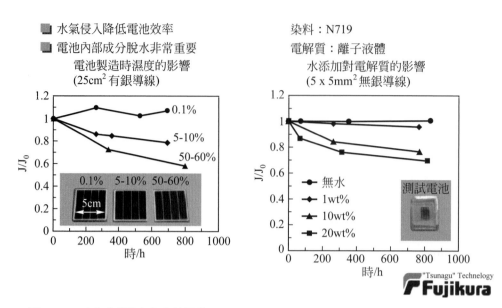

圖 12-7　水氣對電池壽命的影響 (2009 年 04 月第三屆 DSC-IC，Fujikura 報告)

　　一般電解質通常是腈基 (nitrile-based) 的溶劑為主，如乙腈 (acetonitrile)、甲氧基乙腈 (methoxyacetonitrile)、丙腈 (propionitrile) 等。由於 nitrile-based 溶劑具有高極性，且電解液中含有強氧化還原性的碘離子，因此大部分的有機材料會被電解液溶解，所以一般的膠材並無法提供足夠的電解液阻絕能力。如何維持膠材的可靠度與耐久性，在材料化學結構設計上必須做相當的實驗與設計，另外在密封技術上，模組製作如何達到快速、可靠、耐久也是封裝設計的重點。

　　在染料敏化太陽電池模組封裝中可分為電池之內部封裝與外部封裝，內部封裝的功能主要為阻擋電解液對電流收集導線的侵蝕與滲漏到電池外部造成發電元件失效；而外部封裝的目的則是為了阻擋外界環境水氣與氧氣滲入電池內。在電池內部封裝中，又可分為電池框膠與封孔膠，電池框膠的目的在於保護電池內部銀導線 (grid) 不被電解液腐蝕、提供與對電極間的間距 (gap)、防止電解液漏液等；電池在組裝與電解液灌注後，以封孔膠封孔完成最後步驟。

　　電池元件內部抵抗電解液封裝膠材的最基本的規格可分為水氣穿透率 (g/m^2・24hr)、與玻璃接著強度 (Kgf/cm^2)、耐電解液 (浸泡電解液中膠材重量損失)、斷裂伸長量 (%) 等，依不同材質而有不同性能表現；理想元件內部封裝膠材的水氣穿透率趨近於零，與玻璃接著強度大於玻璃斷裂值 (約 70Kgf/cm^2)，斷裂伸長量 >100%。電池內部封裝膠材除了杜邦 (Dupont) 公司的 Surlyn 已商品化外，目前各廠家仍在積極開發更高性能之封裝膠。

就材料分類而言，元件內部封裝材料通常可分為下列三大類：

(1)　熱硬化型 / 熱可塑型樹脂：

一般有機樹脂對電解液的耐久性皆不好，膠材容易被電解液腐蝕而無法通過太陽能模組所需的環境測試；最初 Grätzel 研究小組採用杜邦公司的 Surlyn 當作密封材料，此材料為乙烯與甲基丙烯酸共聚物，內有金屬離子錯合產生尺寸安定性與氣密性，對電解液也有良好的化學安定性，於文獻中可通過 80℃的熱測試 (電池面積 < 1cm^2)，不過缺點是融點較低 (約 80℃)，在實際戶外應用可能因為熱安定性不足影響實際應用，另外此熱融膠材必須先形成膠膜，再由膠膜刻劃電池所需被保護部分的圖形，在製程上也較為麻煩。

(2)　UV 硬化型樹脂：

在 UV 硬化型樹脂方面，由於壓克力化學結構對於耐溶劑性較低，容易因為電解液滲入膠材內而澎潤，強氧化 / 還原碘離子 (I^-/I_3^-) 更會對壓克力化學結構侵蝕，對於 UV 硬化型樹脂是很嚴苛的挑戰，目前市面上的 UV 膠，薄膜阻水率雖可達 10g/m^2 · 24hr 以下，玻璃接著力可達 70kgf/cm^2 以上，但最重要的問題是要克服對電解液的侵蝕，然而此類 UV 膠大部分屬於改質型的環氧樹脂，斷裂伸長率在 10% 以下，屬於脆性材料不太適合戶外使用。因此在封裝材料中樹脂原料的主體結構設計就很重要，樹脂中化學結構單純的 C-C(聚烯) 或 C-O(聚酯) 甚至 Si-O(聚矽氧烷) 鍵結對抗電解液能力皆不錯，不過與玻璃接著能力通常較弱，透水率也較高。

(3)　無機矽橡膠或陶瓷類密封膠：

至於無機矽橡膠 (silicon rubber) 或陶瓷玻璃類密封膠 (glass frit)，必須較高溫度或較長時間熔融或反應 (通常 > 150℃，1hr 以上)，雖然通常有較佳的氣密性與耐熱性，不過染料與電解液無法承受那麼高的溫度，容易受熱而裂解，所以在製程上必須先將電池框膠完成後再以循環注入方式染色，最後注入電解液、封孔完成封裝。以陶瓷類密封膠來說，通常利用網印方式將玻璃膠漿料網印於封裝位置上，再利用高溫燒結將上下兩極對位封合，但必須配合玻璃基板的熱膨脹係數與軟化溫度選用適合的玻璃粉，一般玻璃基板熱膨脹係數約在 90ppm/℃ 左右，玻璃軟化溫度約 520℃，可使用黏合劑 (binder) 調整網印玻璃粉漿料黏度。不過無機矽或陶瓷類密封膠需要較高的溫度與時間熔融，且封裝製程耗費時間較長，一般較不為市場接受。

另外，元件外部封裝主要功能為抵擋外界水氣與氧氣侵入電池內，在電池外層保護方面，在電池與模組外框間通常有塑膠彈性體材料作為黏著與緩衝使用，另外也可避免電池串接線路因外在環境腐蝕氧化。為了解決傳統高溫 (～ 150℃) 乙烯 - 醋酸乙烯共聚物 (EVA) 等封裝材料對染敏太陽電池造成的破壞，並防止自然環境長期侵襲水氣或空氣滲透到電池元件內，造成電池效率下降，未來將可選擇以矽橡膠為主的模組封裝膠材。

結合上述之內外部封裝材料，期能解決電池之封裝問題，生產高效率、高穩定性之染料敏化太陽電池與模組，將大幅縮短元件商品化時程。

染料敏化太陽電池在尺寸放大的研究中，有幾項必須面對的議題：

1. 隨電池面積放大而增高的表面電阻會造成元件內電阻 (internal resistance) 的增加，進而導致元件 FF 以及效率 η 的大幅下降。由表 12-1 可以得知當面積 (25mm^2 至 50mm^2) 漸漸放大的過程，FF 會持續的降低，甚至電池尺寸在超過 10mm × 10mm 後 FF 會開始遽減，面積由 0.5cm × 0.5cm 放大至 5cm × 5cm 時，FF 會衰減為原來的 50% 甚至更低。

表 12-1　不同尺寸的電池效率，由 5mm × 5mm 至 7mm × 7mm 的變化

活性面積	J_{sc}(mA/cm^2)	V_{oc}(V)	FF	H(%)
0.1498cm^2 ■	14.1	0.742	0.689	7.20
0.2852cm^2 ■	13.7	0.747	0.679	6.97
0.2827cm^2 ●	14.2	0.741	0.644	6.80
0.3493cm^2 ■	14.5	0.740	0.634	6.80
0.3493cm^2 ■	14.3	0.742	0.627	6.67
0.4999cm^2 ■	14.1	0.738	0.628	6.51

2. 網印大面積染料敏化太陽電池的工作電極，二氧化鈦在大面積導電玻璃上的均勻度，若是厚度差異太大，會造成電阻不同，繼而造成某區域持續會有較大的電流通過，造成這區域容易因過度通電，可能產生提前老化的現象。

其中，在大尺寸電池元件的設計上可利用兩種方法來改善 FF 下降的問題。第一種單一電池元件的放大，以佈局金屬線 (最常用爲銀線) 輔助電極的修飾來降低導電玻璃的面電阻，以提高電流收集效率與電池元件的整體光電轉換效率。此種方法的優點爲製程簡易以及損失的無效面積小，可保留較大的活性面積。但是在傳統的液態或膠態染敏電池元件中，這些高導電度的金屬線非常容易與電解液中的 I^-/I_3^- 反應，造成導線功能喪失，並破壞電解質成分，反而會使元件的 J_{sc} 下降與 FF 降低，甚至最後連電都無法導出。因此，金屬線的外部必須利用有機 (樹脂等) 或無機 (玻璃等) 的封裝材料加以保護。此類製程即爲主板 (master plate)(圖 12-8)。

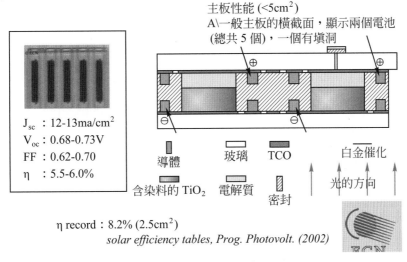

主板性能 ($<5cm^2$)
A\一般主板的橫截面，顯示兩個電池 (總共 5 個)，一個有填洞

J_{sc} : 12-13ma/cm^2
V_{oc} : 0.68-0.73V
FF : 0.62-0.70
η : 5.5-6.0%

導體　玻璃　TCO　白金催化
含染料的 TiO_2　電解質　密封　光的方向

η record : 8.2% ($2.5cm^2$)
solar efficiency tables, Prog. Photovolt. (2002)

圖 12-8　單顆電池放大的效率表現 (ECN)

第二種克服面電阻的方法，同樣需要利用金屬線來強化電流收集，但其設計方式爲多個小電池元件單元的串、並接模組設計，考量工業化量產製程設計與應用需求，發展出四大項的次模組結構，但不管哪一種結構，電池內電流傳導距離都必須小於 1cm 才可獲得較高效率，避免因內電阻損失電池發電效能，最後再將電池做外部的導線串接與封裝成爲模組。目前已發表大面積染敏模組內部結構如圖 12-9 表示，可分爲下列四種：

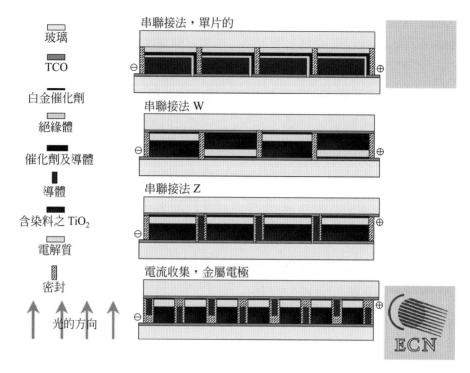

玻璃

TCO

白金催化劑

絕緣體

催化劑及導體

導體

含染料之 TiO_2

電解質

密封

光的方向

串聯接法，單片的

串聯接法 W

串聯接法 Z

電流收集，金屬電極

圖 12-9　染敏電池模組內部結構圖

(1)　金屬電極 (metal grid) 模組：

此類模組結構最早在 1995 被設計出來，並在 2007 年美國專利獲證 (美國專利 US 7253354 B2)。原理是在 10cm × 10cm 玻璃基板上，利用網印方式先將導電銀線印在玻璃基板的透明導電膜上面，銀線外側必須用絕緣封裝膠包覆，防止漏電流與電解液的腐蝕。此種結構可不需切割透明導電膜，可獲得較高的活性面積，製程較為容易，是目前使用最廣泛的製程方式 (如上圖 12-9 中最下面的圖示)。

(2)　Z-type 模組：

其結構如下圖 12-10 所示，於 2003 年美國專利獲證 (美國專利 US 6555741 B1)。首先將基板上的導電膜 (雷射) 斷路切割，分為個別獨立的小電池，兩個鄰近的電池可利用導電材料形成電池內部串聯 (interconnect)，提高電池的輸出電壓，減少因電阻損失的發電效能。電池內部串聯導線也必須用封裝材料將導電材料包覆，可避免漏電流與電解液的腐蝕，由於電池內電流傳導路徑類似 Z 形狀，故稱之 Z-type。由於基板上透明導電膜與

電池內部串聯電阻相對較高，可能由於串聯電阻增加，填充因子 (FF)

因而降低，影響電池最後輸出的效率。

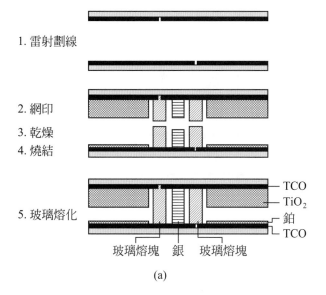

1. 雷射劃線

2. 網印
3. 乾燥
4. 燒結

5. 玻璃熔化

— TCO
— TiO$_2$
— 鉑
— TCO

玻璃熔塊　銀　玻璃熔塊

(a)

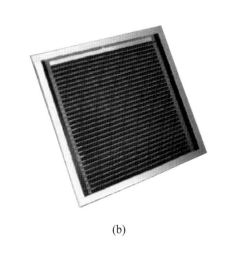

(b)

圖 12-10　Z-type 模組

(3)　W-type 模組：

結構如圖 12-11 所示，二氧化鈦與觸媒層在同一基板上相互交錯在一起，雖然也需在基板上做切割的動作，不過由於不需如 Z 型的電池內部串聯 (interconnect)，可避免內部串聯造成內電阻增加，損失模組輸出功率。目前並無此模組結構的專利發表，圖 12-11 為 Sharp 發表的日本專利 (日本專利 P2006-24574 A)，利用兩種不同染料分別在上下基板染色，得到較高的轉換效率 (> 6%)。此種類型模組可雙面受光，也因此上下基板也必須透明才行，另外由於內部電池互相交錯，會增加製程的複雜度，也由於

此結構設計，光源路徑可能會先經過二氧化鈦再從觸媒層穿透出去，與一般電池光路徑相反，與 Z-type 相較約損失 20% 的功率輸出。

(4)　Monolithic 模組：

此種製程最早由 Kay 與 Grätzel 發表，是一種連續、一層接一層 (layer by layer) 製程方式 (圖 12-12)，具有工業量產的潛力，且只需在一層透明導電玻璃上作業即可，可再降低材料成本，電極與觸媒層可為碳電極，可作為導電與催化效果之用，是一種理想的結構與製程方式，不過由於碳電極與基板間介面接著性不佳，填充因子 (FF) 因而偏低，降低模組性能表現。

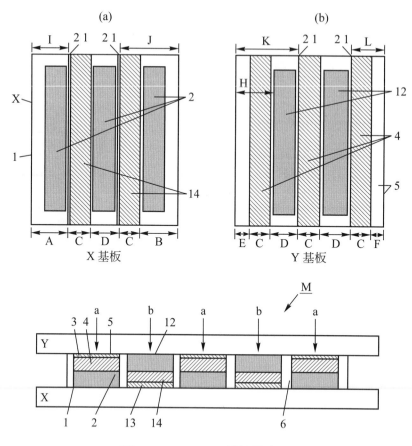

圖 12-11　W-type 模組示意圖

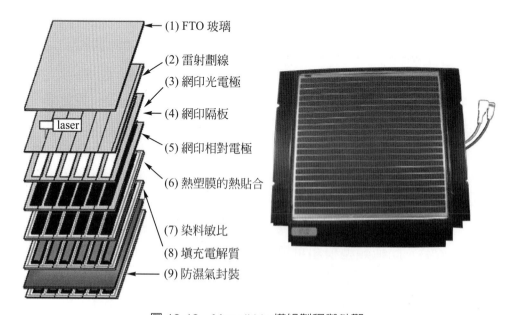

- (1) FTO 玻璃
- (2) 雷射劃線
- (3) 網印光電極
- (4) 網印隔板
- (5) 網印相對電極
- (6) 熱塑膜的熱貼合
- (7) 染料敏比
- (8) 填充電解質
- (9) 防濕氣封裝

圖 12-12　Monolithic 模組製程與外觀

12-1-4　可撓式染料敏化太陽電池

　　爲了拓展染料敏化太陽電池的應用性，許多廠商與研究單位紛紛投入可撓式染料敏化太陽電池的開發。現今一般製作可撓式染料敏化太陽電池的基材中，金屬片 / 板雖然可承受傳統 TiO_2 電極所需的燒結溫度 (～ 500℃)，但大部分的金屬材料在電解液中的化學穩定性卻不佳，Toivola 等人比較了數種工業金屬基材對電解液的抗化性後發現，碳鋼材中的鋅會與電解液反應，而使電解液失效，銅基材也不能使用於染料敏化太陽電池，其中只有不銹鋼與鈦基材可使用；但不銹鋼基材並非直接就可拿來製作電池，還必須經過特殊處理才可。Kang 等人發表直接將 TiO_2 製作於不銹鋼基材 (SUS 461) 上，電池效率只有 2.1%(活性面積 0.20cm^2)，但如果在不銹鋼基材 (StSt) 上鍍上 SiOx 及 ITO，即以 ITO/SiOx/StSt 爲基板的電池，效率則可達到 4.2%(活性面積 0.20cm^2)，作者推測是因爲 SiO_x 可隔離 ITO 和不銹鋼，因此避免電解液透過多孔性的 ITO 到不銹鋼而產生的漏電；另外 Grätzel 團隊亦發表一篇將 TiO_2 製作於金屬基材上的文獻，他們將 TiO_2 電極製作於 Ti 基材上，透過 $TiCl_4$ 溶液的前、後處理，可使效率達到 7.2%，但因爲使用的是不透光的金屬基材，電池必須背面照光，即光線必須從對電極透過電解液到達 TiO_2 電極，由於電子密度分佈不同，因此效率較相同條件下、正面照光的玻璃元件低了 2.7%。

　　相較於使用金屬基板，高透光耐化性的塑膠基材，因擁有較好的透光度及不錯的耐化性，因此塑膠基材是另一適合作爲軟性染料敏化太陽電池的基板。但受限於塑膠基材一般可操作溫度低於 200℃，因此目前發展出許多在低溫下促使 TiO_2 聯結的方式，如：低溫加熱 (low-temperature heating)、加壓 (compression)、微波照射 (microwave irradiation)、水熱法結晶 (hydrothermal crystallization)、和輔以紫外光照射的化學氣相沈積 (chemical-vapor deposition with UV irradiation) 等，其中以低溫加熱和加壓是生產速度較快的做法；以低溫加熱而言，日本 Miyasaka 團隊利用自製的 TiO_2 低溫漿料，塗布在 ITO/PEN(片電阻 13Ω/sq；Transmittance = 80%) 上，接著加熱至 110 – 150℃使多孔性的 TiO_2 層能附著在 ITO 上，並藉由變換不同成分的液態電解質，可使光電轉換效率達到 5.5%(活性面積 0.24cm^2)。

　　另一種可達高效率的低溫聯結方式爲加壓製程，2001 年 Hagfeldt 等人便提出以加壓法製備光電極用在染料敏化太陽電池中，在低光強度 (10mW/

cm^2) 下效率可達 5.2%，但是在高光強度 (100mW/cm^2) 下便降低到 3%。2007 年日本 Arakawa 團隊以濕式塗布技術將不同粒徑之 TiO$_2$ 製備成膜於 ITO/PEN 上，利用在 TiO$_2$ 薄膜上以 100MPa 的壓力幫助 TiO$_2$ 顆粒聯結，以此為工作

電極之染料敏化太陽電池效率最高可達 7.4%(活性面積 0.25cm^2)。

軟性染料敏化太陽電池除了可作為可攜式即時電源，亦可與 3C 相關產品與紡織產品結合，大大提升應用領域，相關應用如圖 12-13 所示。

可攜式應用地圖

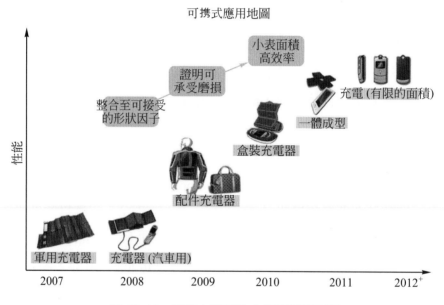

圖 12-13 軟性太陽電池之相關應用產品

⚛ 12-2 高分子太陽電池發展概況

目前固態高分子太陽電池系統，仍處於戰國時代，百家爭鳴。規模最大及發展最迅速為美國 Konarka 公司，除了請 Alan J. Heeger 擔任 Director 職務外，在 2004 年 9 月 Konarka 合併西門子 (Siemens) 有機光電研究團隊。並招攬 Dr. Christoph Brabec 為 Konarka 主力戰將。這些進程及合併整合動作，

使 Konarka 公司在高分子太陽光電領域確保領先的地位。表 12-2 為整理目前高效率的太陽電池報導，圖 12-14 為相對應材料的結構式圖，除了以 Alan Heeger 為主的研究團隊外，另有其他的後起之秀，如加州大學洛杉磯分校的 Prof. Yang Yang 與國內工研院材化所等研究團隊，分別發表新型太陽光電材料，其效率可達到 >5%。目前世界紀錄由 Konarka 與 M. Leclerc 所發

表，實驗室元件效率在美國國家再生能源實驗室 (National Renewable Energy Laboratory，NREL) 的認證下達到 6.1%，其結構如圖 12-14 所示。以聚 (2,7- 咔唑) (Ploy(2,7-carbazole)) 為主的 PCDTBT，其 V_{OC} 可達 0.88，加上 FF 值可達 0.66，使其具有高效率表現。另外美國

Plextronics，主要發展材料的研究團隊，其小型元件在 NREL 的認證下，亦達到接近 6%(Active Area = 0.1cm²) 轉換效率 (J_{SC} = 10mA/cm²，V_{OC} = 0.816V，FF = 0.71)。隨著相關進展與大量資源投入，預計在幾年內元件效率表現便有機會提升至 10% 以上。

表 12-2　高分子太陽電池技術比較表

代碼	V_{OC}(V)	J_{SC}(mA/cm²)	FF	η(%)(出處)
聚咔唑 (Konarka's)	0.88	10.6	0.66	6.1(A. J. Heeger, Konarka)
PSBTBT(1:1, LBG/PC₇₁BM)	0.68	12.7	0.55	5.1(Y. Yang, UC L. A.)
PCPDTBT(1:2, LBG/PC₇₁BM)	0.62	16.2	0.55	5.5(A. J. Heeger, UC S. B.)
PTB1(1:1.2, LBG/PC₇₁BM)	0.56	15.6	0.63	5.6L. P. Yu, U. Chicago)
PTPBT(1:3, LBG/PC₇₁BM)	0.83	?	?	> 5.5%(C. Ting, ITRI)
未揭露	?	?	?	5.98%(D. Laird/Plextronics)

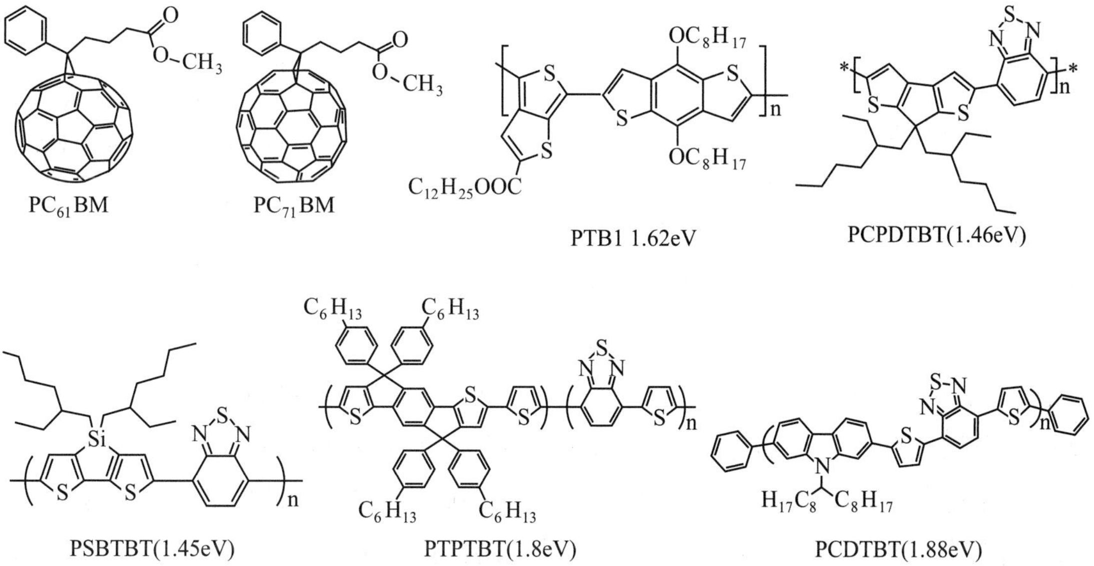

圖 12-14　新型共軛高分子材料結構

除了元件效率的演進之外，日本凸版資訊更宣布，將在 2010 年度推出與美國 Konarka Technologies 共同開發的固態高分子太陽電池薄膜產品，此產品具備在室內光等微弱的光線下，也能有效進行電力轉換的特性，二大公司合作之下，預計將於 2010 年前以低價格提供既輕又薄的固態高分子太陽電池薄膜產品。在 2009 年 2 月舉辦的 "PV EXPO 2009 第二屆國際太陽電池展" 上，Konarka 展出了安裝固態高分子太陽電池模組的皮包，該模組採用連續捲軸式方法製造而成，這些進展使固態高分子太陽電池真正邁進商業化的階段。

12-2-1 固態高分子太陽電池工作原理

高分子太陽電池之組成，主要將共軛高分子與碳材混摻 (圖 12-15(a))，其基板為玻璃或 PET 或 PEN 塑膠材質上方塗布 ITO(Indium Tin Oxide) 薄膜作為透明電極材料，接著塗布上 PEDOT：PSS 導電高分子，並在 PEDOT：PSS 之上的為光活性層，簡稱主動層 (Active Layer)，為此類太陽電池核心構造。最後蒸鍍金屬電極，即完成高分子太陽電池。光電效率的產生，主要由施體 (Donor) 材料 (共軛高分子；Conjugated Polymer) 貢獻，因共軛高分子材料具備高吸收係數，故其主動層厚度僅為

100nm (多 晶、CuInSe、CdTe：1μm、結晶矽：100μm)，為目前最輕薄的太陽電池技術。光電轉換詳細作用機制 (如圖 12-15(b) 所示)，主要分為下列幾個步驟：

① 主動層吸收太陽光，將電子從最高佔用分子軌域 (HOMO) 激發到低未佔用分子軌域 (LUMO) 形成激子。

② 於施體 (Donor) 及受體 (Acceptor) (PCBM：碳材) 界面，發生電荷分離電荷分離。

③ 主動層中的自由載子 (Free Carriers) 路徑選擇，過程中共軛高分子負責傳送電洞，而 PCBM(碳材) 傳送電子，當中電子 (電洞) 傳輸路徑管道必須暢通，以確保電子 (電洞) 持續的傳導到電極，避免產生電子 / 電洞再結合 (Recombination)。

④ 電荷收集。

因有機半導體材料激子具較高的束縛能 (Binding Energy；約在 0.2 ～ 1.0eV)，與無機材料 (矽的束縛能約 0.015eV) 相比，其束縛能約大 1 ～ 2 個級數。故於室溫條件下，有機材料無法形成自由的載子 (Free Carriers)，必

須藉由 Donor 型與 Acceptor 材料界面的勢能差，才能達到電子與電洞分離的效果，因此必須由二種材料混摻，才能有效地達到光電轉換功能。目前最常見之有機混成太陽光電系統，主要由 A. J. Heeger 與 F. Wudl 所發表的 BHJ 結構。由圖 12-15(a) 高分子太陽電池之元件結構，可更清楚地了解其元件構造。可以使用高分子 / 碳材混摻系統 (poly(3-hexylthiophene)(P3HT) 為 Donor，而〔6,6〕-phenyl-C61-butyric acid methyl ester(PCBM) 為 Acceptor 材料) 所組成的主動層材料，配合 ITO 基材與 Poly(3,4-ethylenedioxythiophene) poly(styrenesulfonate)(PEDOT：PSS) 組成的陽極及以陰極〔鋁 (Al)〕所構成，來製作光電轉換效率約 4% 的元件。其

結構看似簡單，然不同層材料的選擇，皆有其限制與功能。其中 ITO 為照光面的透明電極材料，必須具備高導電度 (<20Ω/sq；減少面積化的電阻所產生的效率下降) 及高穿透度功能 (於可見光區域穿透度 T%>85%，降低太陽光的損失，使主動層更有效吸收光)。而 PEDOT：PSS 主要功能，為修飾 ITO 的功函數 (Work Function) 減少電洞注入障壁 (Hole Injection Barrier，使電洞傳導效率提升)，並使基板平坦化，另外亦扮演電子阻擋 (Electron Blocking) 的角色。ITO/PEDOT 及 Al 電極的選擇，亦須考量能階的搭配，其 Work Function 必須配合共軛高分子的 HOMO(Highest Occupied Mo-lecular Orbital) 能階，才能有效地將電洞引導出來。

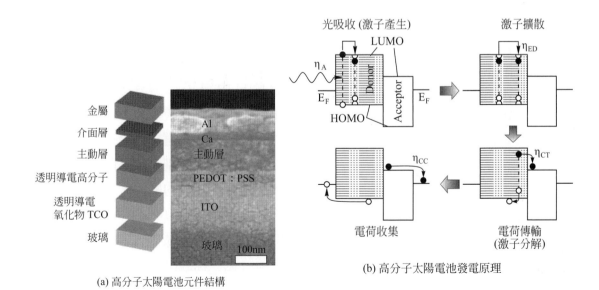

(a) 高分子太陽電池元件結構

(b) 高分子太陽電池發電原理

圖 12-15　高分子太陽電池元件結構與電池發電原理

12-2-2 電池效率與製程技術發展分析

主要影響 V_{oc} 的為主動層中 Donor 的 HOMO 以及 Acceptor 的 LUMO，在高分子太陽電池中，能階差約為 0.4～0.8eV，中間的損耗為電子傳輸反應 (Electron Transfer Reaction)。經由新的共軛高分子的設計合成，降低 Donor 材料的 HOMO 值則可有效提升元件 V_{oc}。而第二關鍵因素為增加光電流，如增加主動層厚度或經由分子設計及組合將主動層吸收往長波長方向紅位移。乍看之下，此構想非常合理，但如果仔細推敲思考電荷載子移動率 (Charge Carrier Mobility) 及激子生命週期 (Life Time) 就可瞭解其困難處。如果將主動層的厚度增加，將會使電荷載子距離增加，在移動率無法大幅改善下，電子再結合的機率將增加，主動層厚度與移動率會有一個平衡點。主要影響填充因子 (FF) 的因素，有元件中分路電阻 (Shunt Resistance) 及串聯電阻 (Series Resistance)，分給電阻方面主要是看主動層有無漏電流，而串聯電阻方面則有元件整體電阻及不同層材料間的接觸 (Contact) 或介面的電阻等因素，將上述條件最佳化，才能有效提升效能。詳究發電原理機構 (圖 12-15(b))，①在第一個步驟，可改進的方向為提升主動層材料的吸收效率與吸光範圍，如使用低能隙材料及堆疊型電池概念的導入，皆能有效提升光電流密度；②由於 Exciton 擴散距離 (Diffuse Length) 為 10nm 左右，於第二步驟中，必須藉由型態的控制，使 Donor 與 Accepter 材料形成優良的微觀相分離，如此將有助提升有效的激子濃度，繼而提升整體元件效率；③激子遇到界面時，其電荷轉移速度 (～p sec) 遠短於其他的競爭機制 (～μ sec)，故此光致電荷轉移過程，並不會伴隨能量損失，故只要激子能遇到 D/A 界面，便能有效使激子游離成自由的電子與電洞；④最後一個步驟，及自由離子的傳導，亦是最複雜的過程，首先材料必須擁有高及平衡的移動率，主動層材料的電子／電洞移動率需達到平衡，才能避免空間電荷 (Space Charge) 的累積，然一般而言 Donor (高分子) 與 Acceptor(PCBM) 的移動率相比，約差 1～2 階 (Order)，因此提升 Donor 材料的 Hole Mobility，亦為一重要課題。此外產生的自由離子，亦須沿著連續的路徑傳遞 (Continued Pathway)，避免自由離子於傳送過程中再結合 (Recombination) 機率的上升，通常這過程可由混摻溶劑選擇、退火 (Annealing) 等製程步驟來控制。以整體元件而言，各層材料間介面的關係，亦是必須掌握的問題，不良的介面，除了使元件的 Series Resistance 提高，也將使 FF 及光電流降低。綜觀上述要達到元件的極致表現，必須要對這些層次的問題有深度的瞭解。

12-2-3　高分子太陽電池量產技術之開發與挑戰

以傳統的矽晶太陽電池而言，由於高成本結構的科技產業投資製造成本，雖然油價高漲及溫室效應問題，使太陽電池高度發展，但對於如何降低成本達到 1 美元／瓦 (1USD/Wp) 以下，應該是產業持續努力的目標，目前以 First Solar 所公佈的數據中 CdTe 太陽電池已達到 1USD/Wp，然其使用的材料，具環保爭議。有機太陽電池雖具備相當多優良特性 (可攜帶、多次使用、環保)，然真正成本及實用性的考量，才是決定生產投資之關鍵因素。目前商業化必須同時配合模組效率、生命期、成本等三大因素。

以模組效率而言，由於 ITO 基板阻抗較金屬大 1 ～ 2 個級數，故大面積的製程下，面積的增加會導致效率的明顯下降，使用金屬電極及模組串並聯的方式能有效地使效率提升。目前報導中以 Plextronic(圖 12-16) 所展示的模組效率最高，於 NREL 認證下，其大型模組 (15.2cm × 15.2cm 模組尺寸，i.e.233cm^2 總面積；108cm^2 活性面積)，效率為 1.6%，以主動層面積而言為 3.4%，利用旋轉塗布法加上 Laser Ablation 的技術，製程大型模組，另外其報導中也顯示，元件亦具備相對優良的穩定度。

除了使用旋轉塗布方式，Knoarka 亦報導量產方式的製程，即以噴墨印刷 (Inkjet Printed) 及刮刀塗布 (Doctor Bladed) 方式進行元件製備，以元件效率分別達到 3.5% 及 4.1%，其元件結構　為 ITO/PEDOT：PSS(60nm Baytron PH；H.C. Stark 利用刮刀塗布)/P3HT：PCBM(1：1)/Ca/Ag，主動層面積為 20mm^2～ 1cm^2。以不同 P3HT 加上混摻溶劑的配合 (圖 12-17) 其刮刀塗布材料可達 4.1%(J_{SC} = 11.15mA/cm^2，FF = 0.64，V_{OC} = 0.58V)，其研究結果展示，以快速的噴墨印刷及刮刀塗布製程，是可製備出大面積高效率的有機太陽電池。

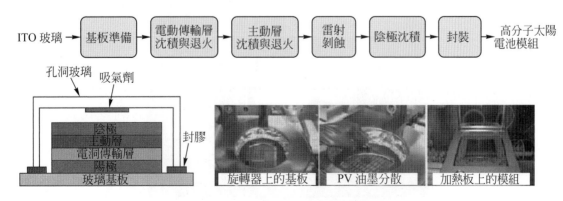

圖 12-16　Plextronic 元件模組製程

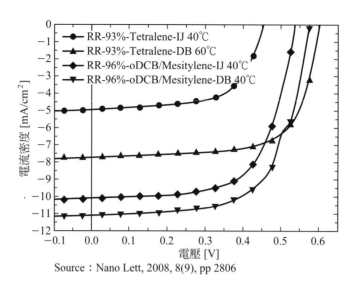

Source：Nano Lett, 2008, 8(9), pp 2806

圖 12-17　有機太陽電池利用噴墨式與括刀式製備電池之效能表現

　　另外丹麥 Dr. F. C. Krebs 亦於 2009 年的 Solar Energy Materials & Solar Cells 期刊中報導全溶液製程，且過程無眞空製程的卷對卷 (R2R) 模組製程 (如圖 12-18 所示)。其主要元件結構爲 PET/ITO/ZnO/ 主 動 層 /PEDOT/Ag，使用反向的元件結構，選用 175μm 的 PET 上鍍厚度 80nm 的 ITO 基材，利用 poly-(3-(2-methylhexan-2-yl)-oxy-carbonyldithiophene)(P3MHOCT) 與 ZnO 奈米粒子混摻溶液，調控溶液黏度及其表面張力，以方便溝模塗布方式，塗布 P3HT/PCBM；接著以同樣方式將 PEDOT 及 Ag 塗布在主動層上，此方式做出來的模組效率爲 0.37%，主動層覆蓋效率爲 0.84%。

圖 12-18　無眞空製程之卷對卷模組製程

12-2-4　穩定性測試

以有機材料充當太陽能的發電來源，其穩定度一定是最大問題。進入市場的最低門檻要求，一個低價的消費性元件，由消費性電子產品生命週期，可間接反映出應用在電子產品太陽電池生命期的要求，至少其生命期須維持在 3～5 年 (工作時數至少要超過 3000～5000 小時)，因此生命期必須要超出上述的值，才有相關發展利基。影響元件穩定度的因素，除須有效控制水氣及氧氣的滲透，及避免機械力及熱作用等外部因素的影響外，在元件內部，如不同層材料 (如 ITO、PEDOT：PSS、主動層及金屬電極之間界面問題) 之穩定度皆必須加以考量。圖 12-19 為

Konarka 在屋頂上的相關元件穩定度測試結果，一年後的軟性太陽能元件效率僅減少 20%，其報導亦指出使用的阻隔膜 (Barrier Film) 為商業上可取得的材料，不須以超低氧 / 水穿透的 Barrier 材料，便能達成目前的水準，除此之外 Plextronics 亦於 2008 年 SPIE 國際會議中 (圖 12-20 所示)，展示相關穩定度測試，起始元件效率為 4.2% 經過 6400 小時的測試後，其效率維持在 76% 附近。這些資料皆顯示高分子有機太陽電池實用性及可行性非常高。再加上進一步的詳細測試，如耐候性、紫外線 (UV) 曝曬，特別是塑膠基板，在這些條件的穩定度都確認後，必能大幅地提升此類材料的應用性。

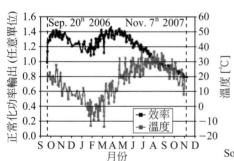

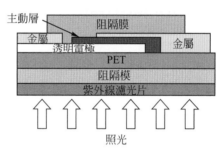

Source：Internation Summit on OPV Stability, Denver, Colorado, 2008

圖 12-19　有機太陽電池於屋頂上之穩定性測試

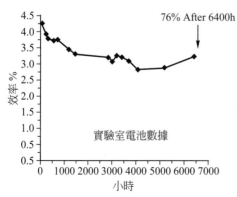

Source：International Summit on OPV Stability, Denver, colorado, 2008

圖 12-20　Plextronics 材料於屋頂上之穩定性測試

❀ 12-3　結語

目前染料敏化太陽電池效率可達 12%，而高分子有機太陽電池目前已可達 6% 以上的光電轉換效率，兩者都具有質輕、可撓、低成本的優點，使其成為備受注目的第三代新型態太陽電池系統。目前發展重點為效率之提升及製程放大技術，相關產品應用則鎖定在消耗性電子產品；如電腦、手錶、感應器及其他的創新應用；如手機充電器、玩具。另外，將電池元件整合到衣著、野外活動用品、建築材料及軍事用品也是可撓式元件的特色。目前相繼有國際大廠投入開發，相信在未來一、兩年後，相關產品應用將很快在市場進行銷售。

參考文獻

1. M. Toivola, F. Ahlskog, P. Lung, Solar Energy Materials & Solar cells 90 (2006) 2881.

2. M.K. Kang, N.G. Park, K.S. Ryu, S.H. Chang, K.J. Kim, Solar Energy Materials & Solar Cells 90 (2006) 574.

3. S. Ito, N. C. Ha, G. Rothenberger, P. Liska, P. Comte, S. M. Zakeeruddin, P. Péchy, M. K. Nazeeruddin, M. Gräzel, Chem. Commun. (2006) 4004.

4. Y. Kijitori, M. Ikegami, T. Miyasaka, Chem. Lett. 36 (2007) 190.

5. H. LindstrÖm, A. Holmberg, E. Magnusson, L. Malmqvist, A. Hagfeldt, J. Photochem. Photobio. A：Chem. 145 (2001) 107.

6. T. Yamaguchi, N. Tobe, D. Matsumoto, H. Arakawa, Chem. Commun. (2007) 4767.

7. T. Miyasaka, Y. Kijitori, T.N. Murakami, M. Kimura, S. Uegusa, Chem. Lett. 31 (2002) 1250.

8. D. Zhang, T. Yoshida, K. Furuta, H. Minoura and J. Photochem, Photobiol. A：Chem. 164 (2004) 159.

9. T.N. Murakami, Y. Kijitori, N. Kawashima, T. Miyasaka, Chem. Lett. 32 (2003) 1076.

10. T. Miyasaka, Y. Kijitori, J. Electrochemical Society 151 (2004) A1767.

11. D. Zhang, T. Yoshida, T. Oekermann, K. Furuta, H. Minoura, Adv. Funct. Mater. 16 (2006) 1228.

12. A. D. Pasquier, Electrochimica Acta 52 (2007) 7469.

13. C. Longo, J. Freitas, M. D. Paoli, J. Photochem. Photobio. A：Chem. 159 (2003) 33.

14. D. Gutiérrez-Tauste, I. Zumeta, E. Vigil, M. A. Hernández-Fenollosa, X. Domènech, J. A. Ayllón, J. Photochem. Photobio. A：Chem. 175 (2005) 165.

15. J. Nemoto, M. Sakata, T. Hoshi, H. Ueno, M. Kaneko, J. Electroanalytical Chem. 599 (2007) 23.

16. S. Uchida, M. Tomiha, H. Takizawa, M. Kawaraya, J. Photochem. Photobio. A：Chem. 164 (2004) 93.

17. D. Zhang, T. Yoshida, K. Furuta, H. Minoura, J. Photochem. Photobio. A：Chem. 164 (2004) 159.

18. J. Halme, J. Saarinen, P. Lund, Solar Energy Materials & Solar Cells 90 (2006) 887.

19. H. Kim, R.C. Y. Auyeung, M. Ollinger, G.. P. Kushto, Z. H. Kafaf i, A. Piqué, Appl. Phys. A 83 (2006) 73.

20. D. Zhang, T. Yoshida, H. Minoura, Adv. Mater. 15 (2003) 814.

21. T. Miyasaka, Y. Kijitori, T. N. Murakami, , N. Kawashima, Proc. Of SPIE Vol. 5215.

22. T. N. Murakami, Y. Kijitori, N. Kawashima, T. Miyasaka, J. Photochem. Photobio. A：Chem. 164 (2004) 187.

習作

一、問答題

1. 請說明染料敏化太陽電池的基本工作原理。

2. 舉例說明二氧化鈦的分子結構種類及其特性。

3. 如何使染料敏化太陽電池高效率化？

4. 請說明有機太陽電池的基本工作原理。

5. 請描述染料敏化太陽電池的能階變化圖，以及說明 p-n 型有機太陽電池的能階變化圖。

國家圖書館出版品預行編目資料

新能源關鍵材料 / 王錫福等編著. --初版.--新北市：全華圖書，2013.07
　　面　；　公分
　　ISBN 978-957-21-9088-3 (平裝)
　　1.電池工業 2.工程材料
468.1　　　　　　　　　　102013417

新能源關鍵材料

作者 / 王錫福、邱善得、薛康琳、蔡松雨

執行編輯 / 莊英樟

發行人 / 陳本源

出版者 / 全華圖書股份有限公司

郵政帳號 / 0100836-1 號

印刷者 / 宏懋打字印刷股份有限公司

圖書編號 / 06168

初版一刷 / 2013 年 12 月

定價 / 新台幣 420 元

ISBN / 978-957-21-9088-3(平裝)

全華圖書 / www.chwa.com.tw

全華網路書店 Open Tech / www.opentech.com.tw

若您對書籍內容、排版印刷有任何問題，歡迎來信指導 book@chwa.com.tw

臺北總公司(北區營業處)
地址：23671 新北市土城區忠義路 21 號
電話：(02) 2262-5666
傳真：(02) 6637-3695、6637-3696

南區營業處
地址：80769 高雄市三民區應安街 12 號
電話：(07) 381-1377
傳真：(07) 862-5562

中區營業處
地址：40256 臺中市南區樹義一巷 26-1 號
電話：(04) 2261-8485
傳真：(04) 3600-9806

歡迎加入 全華會員

● 會員獨享

會員享購書折扣、紅利積點、生日禮金、不定期優惠活動…等。

● 如何加入會員

填妥讀者回函卡直接傳真 (02) 2262-0900 或寄回，將由專人協助登入會員資料，待收到 E-MAIL 通知後即可成為會員。

如何購書

1. 網路購書

全華網路書店「http://www.opentech.com.tw」，加入會員購書更便利，並享有紅利積點回饋等各式優惠。

2. 全華門市、全省書局

歡迎至全華門市（新北市土城區忠義路 21 號）或全省各大書局、連鎖書店選購。

3. 來電訂購

(1) 訂購專線：(02) 2262-5666 轉 321-324
(2) 傳真專線：(02) 6637-3696
(3) 郵局劃撥（帳號：0100836-1　戶名：全華圖書股份有限公司）

※ 購書未滿一千元者，酌收運費 70 元。

OpenTech 全華網路書店
.com.tw

全華網路書店 www.opentech.com.tw
E-mail: service@chwa.com.tw

※ 本會員制如有變更則以最新修訂制度為準，造成不便請見諒。